高等职业教育"十四五"系列教材 机电类专业

U0367538

工矿企业供配电技术

主 编 鲁 佳 尚姝钰 王 超
副主编 李春锋 李永亮 段亚飞 彭小平
参 编 史学家 史万才

南京大学出版社

内容提要

本教材是机电一体化技术专业的工学结合优质核心课程教材之一。教材根据面向的工作岗位分为 9 个工程项目,共 23 个任务,详细介绍了供电系统、企业负荷计算与变压器的选择、短路电流的分析与应用、输电线路的选择与运行、高压电气设备的选择与运行、继电保护装置的安装与运行、变电所二次回路的安装与运行、供电安全技术应用和生产系统供电设计、职业工种岗位实操等内容。

本教材是机电类专业的核心课程教材,可供高等职业院校、成人高等院校等学校使用,也可作为机电技术人员继续教育培训用教材。

图书在版编目(CIP)数据

工矿企业供配电技术 / 鲁佳,尚姝钰,王超主编
 — 南京 :南京大学出版社,2023.8
 ISBN 978 - 7 - 305 - 27088 - 8

Ⅰ. ①工⋯ Ⅱ. ①鲁⋯ ②尚⋯ ③王⋯ Ⅲ. ①工业用电—供电—高等职业教育—教材②工业用电—配电系统—高等职业教育—教材 Ⅳ. ①TM727.3

中国国家版本馆 CIP 数据核字(2023)第 107346 号

出版发行　南京大学出版社
社　　址　南京市汉口路 22 号　　　邮　编　210093
出版人　金鑫荣
书　　名　**工矿企业供配电技术**
主　　编　鲁　佳　尚姝钰　王　超
责任编辑　吕家慧　　　　　编辑热线　025 - 83597482
照　　排　南京南琳图文制作有限公司
印　　刷　江苏苏中印刷有限公司
开　　本　787 mm×1092 mm　1/16　印张 25　字数 610 千
版　　次　2023 年 8 月第 1 版　2023 年 8 月第 1 次印刷
ISBN 978 - 7 - 305 - 27088 - 8
定　　价　65.00 元

网址:http://www.njupco.com
官方微博:http://weibo.com/njupco
官方微信号:njupress
销售咨询热线:(025) 83594756

前　言

　　本教材由平顶山工业职业技术学院的专职教师和中平能化集团的工程技术人员、技术骨干共同参与编写而成，是一本融理论、实践为一体的工学结合教材，旨在秉承党的二十大精神，助力实施党的二十大战略部署。

　　本教材是高等职业院校机电一体化专业所用的专业核心课程教材。

　　教材的编写以习近平新时代中国特色社会主义思想为指导，贯彻落实党的二十大战略部署。党的二十大报告提出了建设社会主义现代化强国的宏伟目标，强调科技创新、绿色发展、人才培养等重要方面。我们在教材编写中紧密结合这些要求，注重培养学生的创新精神、可持续发展意识和应用型人才的能力。

　　教材在编写过程中充分融入了党的二十大的内容和精神，从培养学生的技术应用能力出发，按照"立足行业，服务厂矿"的指导思想，根据"以就业为导向，突出学生能力培养"的原则进行编写，教材融入了近年来企业供电领域的新技术、新规范、新设备，在编写上尽量贴近生产、贴近实际，以相关规程、规范、标准为依据，在编写中进行了职业能力分析和研讨，并针对天通电力产业学院实训基地硬件设备的功能特点，注重结合各工种职业技能鉴定规范及新知识、新技术、新设备、新工艺的内容，力求做到专业技术知识的系统性和全面性。能够满足变电运行工、变电检修工、电测仪表工等供电主体专业工种实操技能需求，以基础实操技能为重点，突出了专业理论知识和实际操作相结合的职业教育特色，具有鲜明的应用性、适用性、先进性、启发性和科学性，充分体现了高等职业教育的特色，以适应培养应用型高技能人才的需要。

　　教材内容由9个工程项目，共23个学习性工作任务组成。9个工程项目分别是：供电系统运行分析；企业负荷分析与变压器的选择；高压电气设备选择、运行与维护；输电线路的选择与安装、维护；继电保护装置的安装、运行与维护；变电所二次回路安装与操作与维护；供电安全设备运行与维护、生产系统供电设计和职业工种岗位练兵。23个学习性工作任务分别是：变配电系统运行分析；变电所位置确定及设备布置；企业负荷分析；补偿电容器的选择与安装；变压器的选择；选择矿用高压电气设备；高压电气设备安装、操作、维护；输电线路的选择；安装、维护和检修输电线路；电力系统继电保护的认识；高压输配电线路的继电保护；变电所直流电源系统；变电所（站）综合自动化系统的操作与维护；触电的预防；漏电保护装置的选择、安装、使用和维护；接地与接零保护装置的安装、使用和维护；过电压保护设备选择、运行与维护；电气设备选择；电气设备的安装、操作、维护；生产系统的供电系统设计；变电运行工职场练兵；变电检修工职场练兵；电测仪表工职场练兵。

　　本教材由平顶山工业职业技术学院的鲁佳、尚姝钰、王超任主编，河南天通电力有限公司的李春锋、李永亮、段亚飞，长沙航空职业技术学院的彭小平任副主编，中国中平能化集团神马集团工程塑料有限责任公司的史学家和平顶山工业职业技术学院史万才参与编写。

　　本教材在编写过程中，得到了中平能化集团各生产厂矿工程技术人员的大力支持、帮助和配合，在此表示诚挚的感谢！

　　本教材在编写的过程中，参考了许多文献资料，我们谨向这些文献资料的编著者和提供者表示衷心的感谢！

　　由于种种原因所限，书中不妥之处在所难免，恳请读者在使用教材时提一些宝贵意见和建议，以便下次修订时改进。

编者
2022 年 02 月

目　录

项目一　供电系统运行分析

学习目标

知识目标：

1. 企业对供电的基本要求。
2. 电力负荷的分类。
3. 电力系统中性点的运行方式。
4. 电力系统额定电压等级。
5. 电力网各种结线方式分类。
6. 矿井供电系统的分类、特点和适用对象。
7. 熟悉变电所位置确定原则。
8. 熟悉变电所设备的布置类型和方式。
9. 认识变电所主要电气设备(元件)并知道其作用。

能力目标：

1. 能根据电力负荷的类型确定配电方案。
2. 能说出电力网各种结线方式的特点和应用对象。
3. 能确定电力网的结线方式。
4. 能分析变配电供电系统图。

素养目标：

1. 有自学热情和独立学习的态度；能对所学内容进行较为全面的比较、概括和阐释。
2. 有自主工作的热情和创新精神。
3. 提高学生的工作组织能力。
4. 提高学生的社会实践能力。
5. 培养学生的职业道德意识。
6. 培养学生严慎细实的工作态度。
7. 提高学生团结协作的能力。
8. 提高学生分析和解决问题的能力。
9. 培养学生热爱科学、实事求是的学风和创新意识、创新精神。

学习指南

1. 小组成员共同学习所收集的资料，了解变配电供电系统的组成。
2. 小组成员共同按照任务要求和工作要求编写《分析变配电供电系统工作计划》。计划要符合实际、可行。

3. 小组成员共同探讨和修改工作计划,确定最佳工作计划,做出决策,同时确定小组人员分工。

4. 根据工作计划的分工和工作步骤,各司其职,分工合作,实施分析变配电供电系统工作任务。

5. 组长负责按照工作计划步骤指挥实施;监督者负责检查控制项目,严格检查控制工作过程;实施者负责计划实施操作,服从组长指挥和监督者监督。

6. 工作完成后,小组成员分别对工作过程和工作结果进行自我评价、小组评价和师傅评价。

7. 针对存在的问题小组共同制订改进措施。

教学引导

1. 安全意识。

2. 供电要求。

3. 结合矿井供电系统模型讲授。

4. 在校内供电实训基地上课。

任务一　　变配电系统运行分析

任务要求:

1. 准备工作:① 做好记录。② 结合教材变配电供电系统图进行分析。③ 结合学院供电模型进行分析、变配电供电系统。

2. 分析:① 电源供电回路数。② 高、低压部分接线方式。③ 高、低压母线负荷分配情况。④ 主接线情况。⑤ 各设备负荷类型。⑥ 涉及的设备作用。⑦ 各线路及设备的额定电压等级。

工作情况:

1. 工作情况:电力是企业生产的主要能源。由于井下特殊的环境,为了减少井下自然灾害对人身和设备的危害,这就要求我们对企业采取一些特殊的供电要求和管理方法。作为一个企业的机电技术人员,应该会分析企业变配电系统,并掌握企业变配电系统中所涉及的一些知识。这是对一个企业的机电技术人员的基本要求。

2. 工作环境:从井下特殊的环境入手,进一步分析企业对供电电源和电压的基本要求、负荷类型和供电接线方式等,包括井下和地面的供电系统。最终达到能够分析企业的供电系统及掌握相关知识。

3. 学习情景:学习的主要思路就是围绕企业对供电的基本要求及如何来实现这些基本要求。难点是一些供电接线方式的理论分析。学习时注意工矿企业供电与其他行业供电的区别。

工作要求：

1. 分析变配电供电系统图要求：正确、严谨、科学、详细、全面。

2. 分析变配电供电设备要求：主要分析其作用、接线位置、接线方法等。

相关知识

一、井下特殊的环境

（1）有易燃、易爆危险品。井下的空气中含有瓦斯及煤尘，在其达到一定含量时，如遇到电气设备或线路产生电弧、电火花和局部高温时，就会燃烧和爆炸。井下采掘工艺需要用电雷管，电气设备对地的漏泄电流可能会将电雷管引爆。同时井下停电停风后，还会造成瓦斯积聚，引起瓦斯和煤尘爆炸危险。

（2）空间狭窄。井下硐室、巷道、采掘工作面等需要安装电气设备的空间都比较狭窄，电气设备的体积受到一定限制，使人体接触电气设备的机会较多，容易发生触电事故。

（3）有矿压。井下由于岩石和煤层的压力，常会发生冒顶片帮事故，电气设备（特别对电缆）很容易受到这些外力的砸、碰、挤、压。

（4）空气潮湿。井下空气比较潮湿，湿度一般在90％以上，并且机电硐室和巷道经常有滴水及淋水，电气设备很容易受潮。

（5）有高温。井下有些机电硐室和巷道的温度较高，因而使井下电气设备的散热条件较差。

（6）负荷大，移动频繁。采掘工作面的电气设备经常移动，启动频繁。生产中由于受自然条件变化的影响，用电设备的负荷变化较大，有时会产生短时过载。

（7）有水。由于井下地质条件发生变化，雨季期间，井下有发生突水事故的可能，其出水量往往为正常涌水量的几倍甚至几十倍。一旦突然出水，要求排水设备迅速开动，以保证矿井安全。此时应有足够的供电能力，以保证全部排水设备正常工作。井下如发生全部停电事故，超过一定的时间后，可能发生生产系统或全井被淹的重大事故。

由于存在以上特殊条件，在考虑井下供电系统时，除必须严格遵守《煤矿安全规程》及《煤炭工业矿井设计规范》中有关的规定外，还应注意安全、可靠、经济、合理。

二、企业对供电的基本要求

1. 供电可靠

（1）要求供电不间断。

（2）对重要负荷供电应绝对可靠，如主排水泵、矿井主通风机等。

（3）采用双回路独立电源供电。

2. 供电安全

（1）供电安全包括人身和设备安全。

（2）依照《煤矿安全规程》和有关技术规程规定，进行工作，确保供电安全。

3. 供电质量

（1）要求用电设备在额定参数下运行，因为此时性能最好。

（2）反映供电质量指标主要有两个：频率和电压。频率：50 Hz，要求偏差在±0.5 Hz内，即额定频率的1%，一般由发电厂决定。电压：各种电气设备要求电压偏差也不一样，一般工作情况下电动机允许电压偏差为±5%，过高或过低都有烧坏电动机的可能。

4. 供电经济

在保证供电安全、可靠，质量的前提下：

（1）尽量降低基本建设投资。

（2）尽可能降低设备、材料、有色金属的消耗。

（3）尽量降低电能消耗和维修费用等。

三、电力负荷的分类及目的

1. 一类负荷（一级负荷）

（1）定义：凡因突然中断供电可能造成人身伤亡或重大设备损坏、造成重大经济损失或在政治上产生不良影响的负荷。例如：矿井通风机、主排水泵等。

（2）供电要求：两个独立电源供电。

2. 二类负荷（二级负荷）

（1）定义：凡因突然停电造成大量减产或大量废品的负荷。例如：采煤工作面、压风机等。

（2）供电要求：两个独立电源供电或专用线路。

3. 三类负荷（三级负荷）

（1）定义：指除一、二类负荷以外的其他负荷。例如：职工学校宿舍、地面附属车间及矿井机修厂等。

（2）供电要求：单回路供电、多负荷共用一条输电线路。

负荷分类的目的：确保一类负荷供电不间断，保证二类负荷用电，考虑三类负荷供电。

四、电力系统中性点的运行方式

电力系统中性点的运行方式决定了单相接地后的运行情况，供电可靠性、保护方法及人身安全等问题。

（一）中性点不接地系统

图1-1(a)所示为中性点不接地的供电系统，其中性点不与大地相接。由于供电系统的三相导线与地之间存在分布电容，所以在导线中引起了容性的附加电流。图中C_U、C_V和C_W分别表示各相导线的对地电容。在三相对地绝缘良好的情况下，三相导线的对地电容相等，可视为对称负载，所以此时中性点电位与大地电位相等，三相导线的对地电压分别等于三个相电压，并且对称。此时各相对地电容电流也是对称的，且超前相应的相电压90°，其矢量和为零，地中无容性电流流过，如图1-1(b)所示。

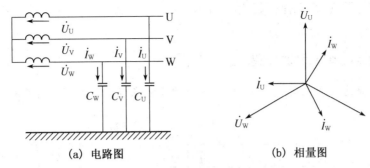

(a) 电路图　　　　　　　　(b) 相量图

图 1-1　中性点不接地系统电流分布

1. 解释

中性点不接地系统(图 1-1)。

2. 优缺点

(1) 优点:单相接地时,线电压仍对称,不影响供电,提高供电的可靠性,且接地电流小。

(2) 缺点:单相接地时,非接地相对地电压升高 $\sqrt{3}$ 倍,易击穿绝缘薄弱处,造成两相接地短路。

3. 适用范围

(1) 井下。

(2) 66 kV 及以下高压电网。

4. 单相接地电容电流计算

(1) 架空线路单相接地电容电流:

$$I_{E1} = \frac{UL}{350} \tag{1-1}$$

(2) 电缆线路单相接地电容电流:

$$I_{E2} = \frac{UL}{10} \tag{1-2}$$

(3) 总单相接地电容电流:

$$I = I_{E1} + I_{E2} \tag{1-3}$$

式中:I——接地点的接地电容电流,A;

　　　U——电网的线电压,kV;

　　　L——连接在一起的同一电压等级的线路总长度,km。

规程规定:22~66 kV 电网单相接地时,若故障点的电容电流总和大于 10 A,10 kV 电网电容电流总和大于 20 A,3~6 kV 电网电容电流总和大于 30 A 时,易产生断续电弧。断续电弧将在电网产生 L、C 震荡,在系统中产生 $(3~4)U_e$ 的过电压,可能使绝缘薄弱处击穿,造成短路故障。

应对措施:

① 限时:单相接地时间不应超过 2 小时,井下要求立即断电。

② 装设绝缘监视、接地保护装置。

③ 转换线路。

(二) 中性点经消弧线圈接地系统

1. 中性点接地电容电流超过限度时,可采用中性点经消弧线圈接地系统

2. 接法(图 1-2)

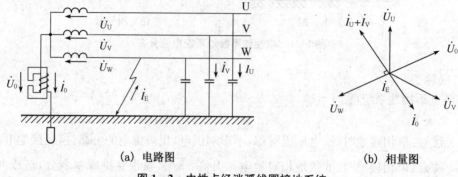

(a) 电路图   (b) 相量图

图 1-2 中性点经消弧线圈接地系统

3. 消弧线圈的结构、工作状态

(1) 结构:消弧线圈是一个有铁心的可调电感线圈,有 5~9 个插头,可调节匝数,减小间隙。线圈电阻很小,感抗很大,可看成纯电感元件。

(2) 工作状态:工作在补偿状态。若消弧线圈的感抗调节合适,将使接地电流降到很小,达到不起弧的程度。

4. 优缺点

(1) 优点:单相接地时,线电压仍对称,不影响供电,单相接地时,运行不允许超过 2h,提高供电的可靠性。

(2) 缺点:单相接地时,非接地相对地电压升高 $\sqrt{3}$ 倍,易击穿绝缘薄弱处,造成两相接地短路。

(三) 中性点直接接地系统

1. 引入

中性点直接接地的电力系统发生单相接地时即形成单相接地短路。单相短路电流比线路正常负荷电流大得多,对系统危害很大。因此这种系统中装设的短路保护装置动作,切断线路,切除接地故障部分,使系统的其他部分恢复正常运行。110 kV 及以上的电力系统通常都采取中性点直接接地的运行方式。在低压 380/220 V 配电系统中,三相四线制、三相五线制的 TN 系统和 TT 系统也都采取中性点直接接地方式。接线方法如图 1-3 所示。

2. 优缺点(对应中性点不接地系统)

(1) 优点:单相接地时,其他两相对地电压不会升高,降低对系统的绝缘要求。接地电流大,提高了保护装置的可靠性。

(2) 缺点:单相接地时,构成短路,电流大(称为大接地电流系统)。

3. 适用范围

(1) 110 kV 及以上电压等级的电网(绝缘只按相电压考虑)。在高压电网中,为提高系统的可靠性,广泛采用自动重合闸装置。一次重合成功率为 60%~90%,二次成功率为 15% 左右,三次成功率为 3% 左右。

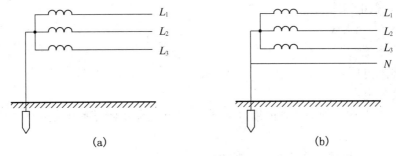

图 1-3 中性点直接接地系统

(2) 地面 380/220 V 三相四线制供电系统,获得两种电压等级。中性点接地也是为了当变压器高、低压间绕组绝缘损坏,高压窜入低压系统时,避免人体触及高电压,是降低人身接触电压的一项安全措施。

五、电力系统额定电压等级

1. 电力系统

由各种电压的电力线路将一些发电厂、变电所和电力用户联系起来的一个发电、输电、变电、配电和用电的整体,称为电力系统。即电能的产生(发电)—变换(升压)—传输(输电)—分配(降压)—使用(用户消耗)。电力系统构成如图 1-4 所示。

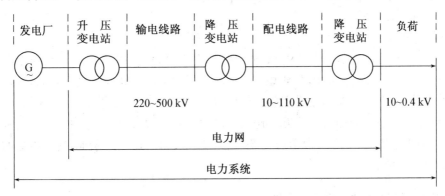

图 1-4 电力系统构成图

2. 高压输电

$$P = \sqrt{3}U\cos\varphi \qquad\qquad (1-4)$$

当 P、$\cos\varphi$ 一定时,$I \propto 1/U$。

式中:P——输电功率,W;

$\quad\quad U$——输电电压,V;

I——输电电流，A；

$\cos\varphi$——功率因数。

3. 并网发电

(1) 将电力系统中各发电厂之间以输电线路相连。

(2) 优点：供电可靠、经济。

4. 企业的电源来源

(1) 电力系统。

(2) 地方发电厂。

(3) 自备发电厂。

当然可以是上述 2 种或 3 种的组合。例如，中平能化集团某矿就是由电力系统和自备发电厂供电。

5. 有一类负荷的矿山总变电所应有两个独立电源

6. 额定电压：电气设备运行状态最佳，效益最好时的电压

7. 常用的电压等级：127 V、220 V、380 V、660 V、1140 V……

8. 电源电压的选择

$$U \geqslant 5.5\sqrt{0.6\,L + \frac{P}{100}} \tag{1-5}$$

式中：U——系统电压，kV；

L——供电距离，km；

P——供电容量，kW。

考虑因素：

(1) 企业附近电源的电压等级，用电设备的电压；

(2) 用电设备容量；

(3) 供电距离。

实际上，在矿区用电负荷和用电点确定后，接着需要确定供电电压。矿区供电电压在某些情况下是比较容易选择的，而在某些情况下不进行方案比较就很难确定，而这些比较又往往与供电系统、变电所位置和数量有关；反过来矿区供电电压的变化，也必然影响变电所的位置，数量和供电系统的构成。当方案比较经济性差异不大时，在设计中应尽可能采用高一级的电压，使高电压深入用户，以节省电耗，给系统发展留有适当的余地，保证电能的质量和安全经济地供配电。

六、电力网各种结线方式分类

(一) 电力网的分类

1. 电力网

电力系统中各级电压的电力线路及其联系的变电所，称为电力网或电网。即由变电所及各种不同电压等级的输电、配电线路组成。

2.任务

输电和配电。

3.分类

电网可按电压高低和供电范围大小分为区域电网和地方电网。区域电网的范围大,电压一般在220kV及以上。地方电网的范围小,最高电压一般不超过110kV。企业供电系统就属于地方电网的一种。

(二) 电力网的结线方式

1.放射式电网(图1-5)

(1)分类:单回路、双回路。

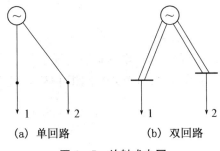

(a) 单回路　　　　(b) 双回路

图1-5　放射式电网

(2)优缺点

优点:线路独立、可靠性高、继电保护整定简单。

缺点:总线路长、不经济。

(3)适用对象:负荷容量大或孤立的重要用户。

2.干线式电网(图1-6)

(1)分类:单回路、双回路。

(2)优缺点(相对于放射式的优缺点而言)

优点:总线路短、投资小。

缺点:用户相互影响、可靠性低、保护整定困难。

(3)适用对象:单回路干线式一般使用三类负荷供电,双回路干线式一般使用二、三类负荷供电。

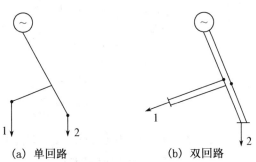

(a) 单回路　　　　　(b) 双回路

图1-6　干线式电网

3. 环式电网(图1-7)

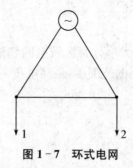

图1-7 环式电网

(1) 分类:开环电网、闭环电网。

(2) 优缺点

优点:总设备少,投资小,可靠性高。

缺点:负荷容量相差太大时不经济,继电保护整定复杂。

(3) 适用对象:负荷容量相差不太大,彼此之间相距较近,离电源都较远,且对供电可靠性要求较高的重要用户。

七、变电所结线

变电所结线包括一次结线、母线结线和配出线结线。

(一) 一次结线

一次结线:是指受电线路与主变压器之间的结线。

1. 线路—变压器组结线(图1-8)

这种结线适用于三类负荷,主要有三种形式。

(1) 隔离开关作为进线开关:适用线路短,容量小(切断空载电流)。例如:变电所内部。如图1-8(a)所示。

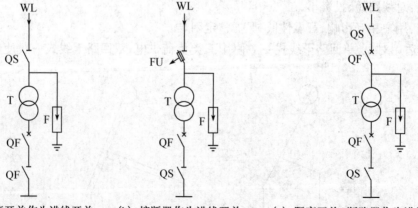

(a) 隔离开关作为进线开关   (b) 熔断器作为进线开关   (c) 隔离开关+断路器作为进线开关

图1-8 线路变压器组结线

（2）熔断器作为进线开关：适用线路长，容量小。例如：农村、小型企业。如图 1-8（b）所示。

（3）隔离开关＋断路器作为进线开关：适用线路长，容量大。例如：大、中型企业。如图 1-8（c）所示。

2. 桥式结线

可靠性高，两个电源，两台变压器。

（1）全桥结线：如图 1-9（a）所示。

（2）内桥结线：如图 1-9（b）所示。

（3）外桥结线：如图 1-9（c）所示。

中平能化集团焦庄、八站、程庄、蒲城站等大部分 35 kV 变电站均采用全桥接线。

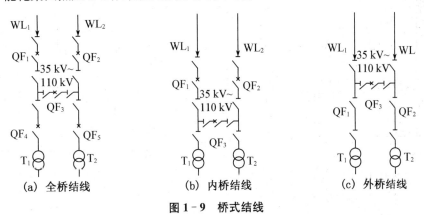

| (a) 全桥结线 | (b) 内桥结线 | (c) 外桥结线 |

图 1-9 桥式结线

（二）二次母线

接线图如图 1-9 所示，包括一次母线和二次母线的接法。

变电所二次母线：主变压器出线侧所联结的母线，如图 1-10 所示。

1. 单母线结线

如图 1-10（a）所示，适用容量小，可靠性不高的负荷。

2. 双母线结线

如图 1-10（b）所示，适用大容量变电所、高电压、重要的线路。中平能化集团月台变电站 110 kV、35 kV 母线均采用双母线接线形式。

3. 单母线分段式结线

如图 1-10（c）所示，负荷对称、兼顾平衡（大多数用的是这种）。

当然，单母线分段也有带旁母接线的形式。断路器经过长期运行和切断数次短路电流后都需要检修。为了能使采用单母线分段或双母线的配电装置检修断路器时，不致中断该回路供电，可增设旁路母线。

通常，旁路母线有三种接线方式：有专用旁路断路器的旁路母线接线，如图 1-10（d）所示；母联断路器兼做旁路断路器的旁路母线接线，如图 1-10（e）所示；用分段断路器兼作旁路断路器的旁路母线接线，如图 1-10（f）所示。

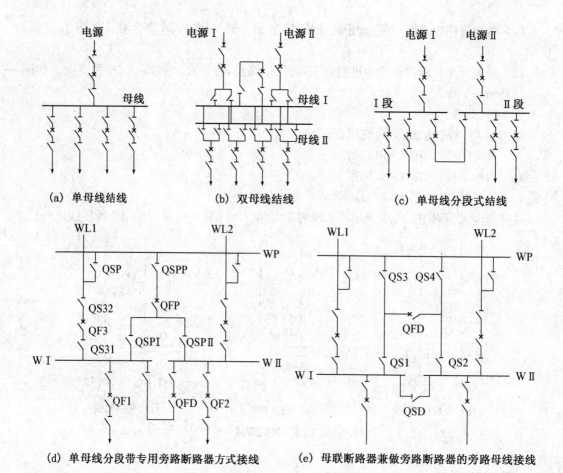

(a) 单母线结线　　　　(b) 双母线结线　　　　(c) 单母线分段式结线

(d) 单母线分段带专用旁路断路器方式接线　　(e) 母联断路器兼做旁路断路器的旁路母线接线

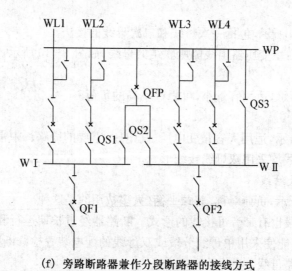

(f) 旁路断路器兼作分段断路器的接线方式

图 1-10　母线的结线形式

（三）配出线的结线

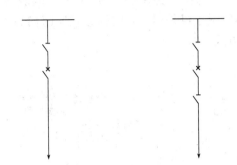

(a) 隔离开关+断路器　　(b) 隔离开关+断路器+隔离开关

图 1-11　配出线隔离开关的配置

1. **配电开关的种类**

隔离开关、负荷开关、熔断器和断路器。

2. **隔离开关布置及适用对象**

负荷开关+熔断器：适用容量小、不重要的用户。

隔离开关+断路器：如图 1-11(a)所示，适用容量大、比较重要的用户，单回路。

隔离开关+断路器+隔离开关：如图 1-11(b)所示，适用容量大、重要的用户，双回路。

3. **停送电操作**

在具有隔离开关和断路器的控制电路中，送电时，先合隔离开关（如果有上、下隔离开关，应先合上隔离开关后合下隔离开关），后合断路器。停电时，先断开断路器，后断开隔离开关（如果有上、下隔离开关，应先断开下隔离开关后断开上隔离开关）。因为隔离开关无灭弧装置。

4. **总配电所的主结线**

(1) 单母线：对三类负荷供电。

(2) 单母线分段：可靠性高，负荷大（独立双电源：对一、二类负荷供电；非独立电源：对二、三类负荷供电）。

八、矿井供电系统分析

矿井供电系统主要有两种型式：一种是深井供电系统；另一种是浅井供电系统。

工矿的受电电源，一般来源于电力系统的区域变电站或发电站，送到矿山后再变、配给工矿的用户，组成工矿供电系统。

工矿受电电压为 6～110 kV，视煤矿井型及所在地区的电力系统的电压而定，一般为 35～110 kV 的双电源受电，经总降压站以 6～10 kV 电压向地面车间、井下变电所及高压用电设备等配电，组成的高压供电系统，各变电所经变压器向低压用电设备配电，组成低压供电系统。决定矿井供电系统的主要因素有井田范围、煤层埋藏深度、矿井年产量、开采方式、井下涌水量以及开采机械化和电气化程度等。对于开采煤层深、用电负荷大的矿井，可通过井筒将 6～10 kV 高压电缆送入井下，一般称为深井供电。如煤层埋藏深度，距地表 100～150 m，且电力负荷较小时，可通过井筒或钻孔将 660 V 低压电能和高压直接用电缆送入井下称为浅井供电。根据具体情况也可采用上述两种方式同时向井下供电，或初期采用浅井供电，后期采用深井供电等方式。

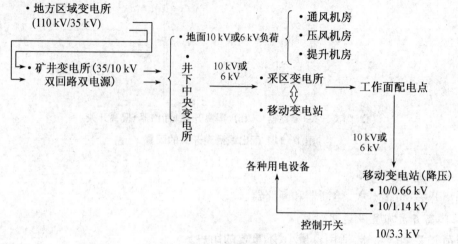

图 1-12 矿井供电系统示意图

1. 深井供电系统

(1) 特点：井下设立中央变电所。

(2) 决定因素：煤层深，井下负荷大，涌水量大等。

(3) 组成：地面变电所、井下中央变电所、生产系统变电所、移动变电站、用电设备。

(4) 供电回路数：两路或两路以上。

(5) 井下中央变电所的结线

井下中央变电所是井下供电的枢纽，它担负着向井下供电的重要任务。

根据《煤矿安全规程》的规定，对井下中央变电所和主排水泵房的供电线路，不得少于两回路，当任一回路停止供电时，其余回路应能担负矿井全部负荷。所以，为了保证井下供电的可靠性，由地面变电所引至中央变电所的电缆数目至少应有两条，并分别引自地面变电所的两段 6(10)kV 母线上。

中央变电所的高压母线采用单母线分段结线方式，母线段数与下井电缆数对应，各段母线通过高压开关联络。正常时联络开关断开，母线采用分列运行方式；当某条电缆故障退出运行时，母线联络开关合闸，保证对负荷的供电。

水泵是井下中央变电所的重要负荷，应保证其供电可靠，水泵总数中已包括备用水泵，因此每台水泵可用一条专用电缆供电。

水泵、生产系统用电、向电机车供电的硅整流装置的整流变压器、低压动力和照明用的配电变压器，应分散接在各段母线上，防止由于母线故障，影响供电可靠性和造成大范围停电影响安全和生产。

当水泵采用低压供电时，配电变压器最少应有两台，每台变压器的容量均应满足最大涌水量时的供电要求。

（6）生产系统变电所的结线

生产系统变电所的主结线应根据电源进线回路数、负荷大小、变压器台数等因素确定。

① 单电源进线。对单电源进线的生产系统变电所，如变压器不超过两台且无高压配出线，可不设电源进线开关；有高压配出线，为了操作方便，应设电源进线开关。适用于负荷小的工作面，炮采工作面。

② 双电源进线。对双电源进线的生产系统变电所，采用单母线结线时，电源线路应一条线路工作、一条线路备用；采用单母线分段结线时，两回电源应同时工作，但母线联络开关应断开，使两回电源线路分列运行。双电源进线适用于有综采工作面或下山生产系统有排水泵的生产系统变电所。

变电所每台动力变压器都应装有一台高压配电箱进行控制和保护。

变压器采用分列运行，每台变压器的低压侧各装有一台总馈电开关，各变压器形成独立的供电系统。

每台变压器的低压侧都装有一台检漏继电器，它与变压器低压侧总馈电开关配合起漏电保护作用。当总馈电开关内有漏电保护时不再装设检漏继电器。

（7）井底车场附近的低压用电设备的供电，是由设在中央变电所的变压器降压后供给；生产系统内的低压用电设备的供电由生产系统变电所降压后供给。生产系统内综采工作面的低压用电设备可由生产系统变电所引出高压电缆，送到置于工作面附近移动变电站，降压后供给。

2. 浅井供电系统

（1）特点：井下不设立中央变电所。

（2）决定因素：煤层埋藏不深（一般离地表100～200 m）、井田范围大、井下负荷不大、涌水量小的矿井，可采用浅井供电系统，如图1-13所示。

（3）浅井供电的三种方式

① 井底车场及其附近巷道的低压用电设备，可由设在地面变电所的配电变压器降压后，用低压电缆通过井筒送到井底车场配电所，再由井底车场配电所将低压电能送至各低压用电设备。井下架线式电机车所用直流电源，可在地面变电所整流，然后将直流电用电缆沿井筒送到井底车场配电所后供给。

② 当生产系统负荷不大或无高压用电设备时，生产系统用电由地面变电所用高压架空线路，将电能送到设在生产系统地面上的变电室或变电亭，然后把电压降为380 V或660 V后，用低压电缆经钻孔送到井下生产系统配电所，由生产系统配电所再送给工作面配电点和低压用电设备。

③ 当生产系统负荷较大或有高压用电设备时，用高压电缆经钻孔将高压电能送到井下生产系统变电所，然后降压向生产系统低压负荷供电。

在浅井供电系统中，由于生产系统用电是通过生产系统地表直通井下的钻孔向生产系统供电的，所以也称为钻孔供电系统。为防止钻孔孔壁塌落挤压电缆，钻孔中敷设有钢管，电缆穿过钢管送至井下生产系统。

（4）优缺点：浅井供电系统，可节省井下昂贵的高压电气设备和电缆，减少井下变电硐

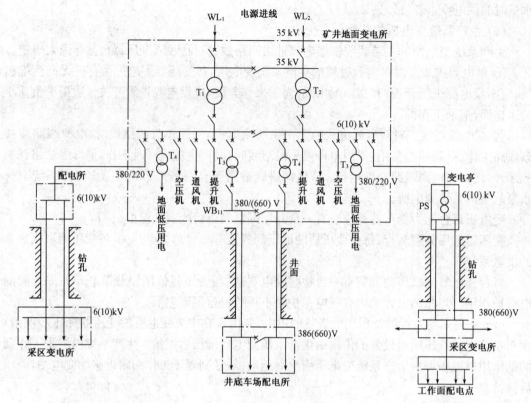

图 1-13 浅井供电系统

室的开拓量,所以比较经济、安全。其不足之处是需打钻孔和敷设钢管,钢管用完后不能回收。

矿井供电究竟采用哪种供电方式,应根据矿井的具体情况经技术经济比较后确定。

巩固提升

一、工作案例:某矿变配电系统运行分析情况

任务实施指导书

工作任务	变配电系统运行情况分析
任务要求	分析:1. 电源供电回路数。 2. 高、低压部分接线方式。 3. 高、低压母线负荷分配情况。 4. 主接线情况。 5. 各设备负荷类型。 6. 涉及的设备作用。 7. 线路及设备的额定电压等级。
责任分工	1 人负责按照计划步骤指挥分析;1 人负责有关记录;1~2 人负责监督分析;多人负责分析。

(续表)

阶段	实施步骤	防范措施	应急预案
一、准备	1. 分工。		
	2. 做好记录用具:记录本、钢笔等。		
	3. 到变电所去。	戴上安全帽。	
二、分析	1. 电源供电回路数。	结合理论学习。	
	2. 高、低压部分接线方式。	结合理论学习。	
	3. 高、低压母线负荷分配情况。	结合理论学习。	
	4. 主接线情况。	结合理论学习。	
	5. 各设备负荷类型。	结合理论学习。	
	6. 涉及的设备作用。	结合理论学习。	
	7. 线路及设备的额定电压等级。	结合理论学习。	
三、收尾	1. 查看记录。	有无缺项。	对照计划。
	2. 分析结果。	教师审阅。	

工作记录表

工作时间		指挥者		记录员	
工作地点		监督者		分析人	
记录内容	1. 电源供电回路数。				
	2. 高、低压部分接线方式。				
	3. 高、低压母线负荷分配情况。				
	4. 主接线情况。				
	5. 各设备负荷类型。				
	6. 涉及的设备作用。				
	7. 线路及设备的额定电压等级。				
说明					

二、实操案例:根据图 1-14 分析某企业变配电系统

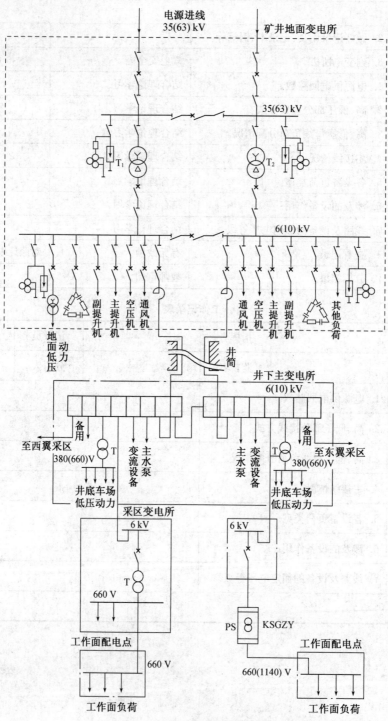

图 1-14 某企业深井供电系统

<h3 style="text-align:center">学习评价反馈书(自评、互评、师评等)</h3>

考核项目		考核标准	配分	自评分	互评分	师评分
知识点	1. 井下特殊的环境。	完整说出满分；少说一条扣2分。	5			
	2. 企业对供电的基本要求。	完整说出满分；少说一条扣2分。	5			
	3. 电力负荷的分类。	完整说出满分；少说一条扣2分。	5			
	4. 电力系统中性点的运行方式。	完整说出满分；少说一条扣2分。	5			
	5. 电力系统额定电压等级。	至少说出5种；少一种扣2分。	5			
	6. 电力网和变电所结线方式分类及特点。	完整说出满分；少说一条扣2分。	5			
	小计		30			
技能点	1. 根据电力负荷的类型确定配电方案。	熟练确定满分；不熟练确定7～14分；不会确定0分。	15			
	2. 指出电力网各种结线方式的特点和应用对象。	完整的满分；不完整的7～14分；不会的0分。	15			
	3. 确定电力网和变电所的结线方式。	熟练确定满分；不熟练确定7～14分；不会确定0分。	15			
	4. 看懂供电系统图。	熟练看懂满分；不熟练的7～14分；不会的0分。	15			
	小计		60			
素养点	1. 学习态度。	遵守纪律、态度端正、努力学习者满分；否则0～1分。	2			
	2. 学习习惯。	思维敏捷、学习热情高涨满分；否则0～1分。	2			
	3. 发表意见情况。	积极发表意见、有创新建议、意见采用满分；否则0～1分。	2			
	4. 相互协作情况。	相互协作、团结一致满分；否则0～1分。	2			
	5. 参与度和结果。	积极参与、结果正确；否则0～1分。	2			
	小计		10			
合计			100			

说明:1. 考评时间为30分钟,每超过1分钟扣1分;2. 要安全文明工作,否则老师酌情扣1～10分。

主讲教师(签字):＿＿＿＿＿＿　指导教师(签字):＿＿＿＿＿＿

效果检查:

学习总结:

思考练习题：

1. 井下环境有哪些特殊情况？
2. 企业对供电有哪些基本要求？
3. 电力负荷如何分类？
4. 电力系统中性点的运行方式有哪几种？各有什么特点？
5. 常见的工矿供电系统的额定电压等级有哪些？
6. 电力网各种结线方式有哪几类？各有什么特点？

任务二　变电所位置确定及设备布置

任务要求：

1. 能确定变电所位置。
2. 能确定变电所的结线方式。
3. 能布置变电所的设备。

工作情况：

1. 变电所担负着电力系统接受电能、变换电压和分配电能的任务，是一个企业供电的枢纽。正确选择变电所的位置并进行设备布置，对企业供电系统的合理布局、提高供电的可靠性、经济性和供电质量都是至关重要的。

2. 变电所设备布置要根据变电所的结构和设备的实际情况进行。

工作要求：

1. 独立按照收集资料、制订计划、做出决策、实施计划、检查控制、评价反馈的步骤进行工作。
2. 收集资料并自学，使自己达到知识目标。
3. 所订计划必须符合安全规程、操作规程、质量标准、组织周密严谨、具有指导意义和创新精神。
4. 所做决策必须是经过方案比较后确定的最佳计划。
5. 必须严格按照工作计划实施计划。
6. 计划实施过程中严格执行检查控制，以防止人身和设备事故发生。
7. 按照任务要求对工作过程和工作结果进行评价；总结经验教训，制订改进措施。

相关知识

一、变电所所址确定

（一）地面变电所位置确定

1. 位置选择原则

（1）接近负荷中心。

（2）节约用地。

（3）进出线方便。

（4）变电所所址有适宜的地质条件。

（5）交通方便。

（6）避开污秽环境。

（7）电缆进出线和设备的运输要方便。

（8）与其他建筑物保持足够的防火间距。

2．具体位置

由于工矿企业的大部分负荷在井下，再结合上面确定变电所所址应考虑到因素。一般应该把地面变电所的位置确定在工矿企业主、副井附近比较合适。

（二）井下中央变电所位置确定

井下中央变电所的任务：接受地面变电所高压电能、变换电压、配出高低压电能向井下中央车场附近和井下所有电气设备提供电能。

1．位置选择原则

（1）尽量位于负荷中心，以节省电缆减少电能与电压损失。

（2）电缆进出线和设备的运输要方便。

（3）变电所通风要良好。

（4）变电所的顶、底板坚固，无淋水。

2．具体位置

考虑上述条件，一般变电所设置在井底车场附近，并与中央水泵房相邻。

（三）生产系统变电所位置确定

生产系统变电所的任务：接受中央变电所高压电能、变换电压、配出高低压电能向轨道绞车和各采煤工作面和掘进工作面等设备供电。

生产系统变电所位置的确定原则，与中央变电所基本相同，但是根据生产系统生产的特殊性还要求每个生产系统最好只设一个变电所向全生产系统供电，如不可能，也应尽量少设变电所，并尽量减少变电所的迁移次数。

根据以上要求，通常将生产系统变电所设置在生产系统装车站附近，或在上（下）山与运输平巷交叉处，或两个上（下）山之间的联络巷中。

（四）综采工作面供电（移动变电站位置确定）

综合机械化采煤工作面，单机容量和设备的总容量都很大，其回采速度又快，若仍采用固定变电所供电，既不经济，又不易保证电压质量。因此必须采用移动变电站供电，以缩短低压供电距离，使高压深入负荷中心，将综采工作面供电电压提高到 1140 V，以利于保证供电的经济性和供电质量。目前我国高产高效工作面使用的设备，其额定电压已达 3300 V。由生产系统配电所—移动变电站—工作面电气设备组成。

(五) 工作面配电点位置确定

(1) 适用情况:工作面电气设备多或距离生产系统变电所较远,方便工作面配电点电气设备的停送电。

(2) 组成:生产系统变电所——工作面配电点的供电方式。

(3) 位置:为保证安全,采煤工作面配电点一般设在距工作面 50～70 m 处的巷道中;掘进工作面配电点一般设在距掘进头 80～100 m 处的巷道中,配电点至掘进设备的电缆长度以不超过 100 m 为宜。

(4) 配电点开关的设置:工作面配电点设有控制工作面各种设备的电磁起动器以及电钻(照明)综合保护装置,3 台及其以上开关的配电点都需要设置自动馈电开关作为配电点的总开关,以便检修电磁起动器时切断总开关,实现断电检修和维护,保证人身安全。

二、变电所设备安装布置

以某矿真实设备安装布置为例,了解矿井变电所设备的安装布置。

1. 地面变电所设备安装布置

中平能化集团各矿大都是室外高压设备,室内设备高压一室低压一室或高压一段低压一段。

2. 井下中央变电所设备安装布置

1) 硐室要求

井下中央变电所应特别注意防水、通风及防火问题。为了防水,变电所地面应比井底车场的轨面标高高出 0.5 m。为了使变电所有良好的通风条件,当硐室长度超过 6 m 时,应设两个出口,保证硐室内的温度不超过附近巷道 5 ℃。变电所的出口装设两重门,即铁板门和铁栅栏门。平时铁栅栏门关闭,铁板门打开,以利于通风。在发生火灾时,将铁门关闭以隔绝空气,便于灭火和防止火灾蔓延。

为了防火,硐室用耐火材料建成,其出口 5 m 以内巷道也用耐火材料建成;硐室内的电缆须采用不带黄麻保护层的;硐室内还必须设有砂箱及灭火器材。

中央变电所硐室是全矿井下电力总配电站,为了节约输入、输出电缆线,配电均衡,安装维修方便和便于提供新鲜风流等目的,宜将变电所置于副井与井底车场连接处附近,只有在布置上受到限制时,中央变电所才单独布置。同时,因中央水泵房是主要用电户,为使管线安装简单、节省,管理集中,中央变电所常与中央水泵房联合布置形式,如图 1-15 和图 1-16 所示。

2) 设备布置

(1) 布置原则:中央变电所在进行设备布置时,应将变压器与配电装置分开布置,高、低压配电装置分开布置。

(2) 布置方式:设备与墙壁之间,各设备之间应留有足够的维护与检修通道,完全不需要从两侧或后面维护检修的设备,可互相靠紧和靠墙放置。考虑发展余地,变电所的高压配电设备的备用位置应按设计最大数量的 20% 考虑,且不少于两台。低压设备的备用回路,也按最多馈出回路数的 20% 考虑。

中央变电所硐室由配电室、变压器室、通道与电缆道组成。其平面布置如图 1-17 所示。

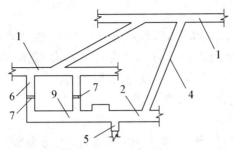

图 1-15 矿井涌水量小,水泵设备简单时的联合布置图

1—斜(立)井;2—中央水泵房硐室;3—中央变电所硐室;4—管子道;

5—水仓;6—通道;7—防水、防火密闭门

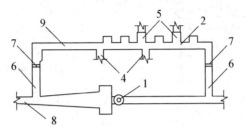

图 1-16 涌水量量大,水泵设备多时的联合布置图

1—斜(立)井;2—中央水泵房硐室;3—中央变电所硐室;4—管子道;

5—水仓;6—通道;7—防水、防火密闭门;8—运输大巷

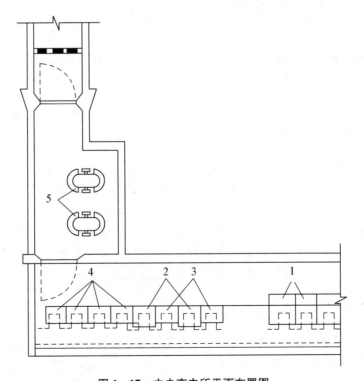

图 1-17 中央变电所平面布置图

1—高压开关柜;2—整流器;3—直流配电模式;4—低压开关柜;5—变压器

3. 生产系统变电所设备安装布置

生产系统变电所的防水、防火、通风等安全措施与中央变电所相同。生产系统变电所设备的变压器可与配电设备布置在同一硐室内；变电所的高、低压设备应分开布置；检漏继电器放置在固定于硐室墙壁的支架上。各设备之间、设备与墙壁之间均应留有维护和检修通道，不从侧面和背后检修的设备可不留通道。

4. 综采工作面供电(移动变电站)设备安装布置

综采工作机电设备布置如图 1-18 所示，移动变电站通常设置在距工作面 150～300 m 的顺槽中，工作面每推进 100～200 m，变电站向前移动一次。

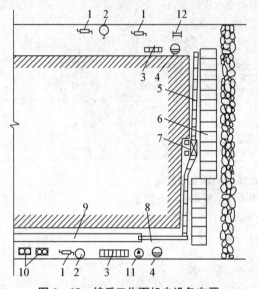

图 1-18　综采工作面机电设备布置

1—小绞车；2—小水泵；3—配电点；
4—电钻照明变压器综合装置；5—工作面输送机；
6—液压支架；7—采煤机；8—转载机；
9—胶带输送机；10—移动变电站

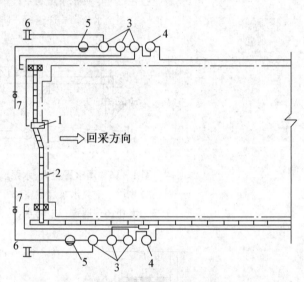

图 1-19　采煤工作面配电点的布置及配电示意图

1—采煤机；2—输送机；3—启动器；
4—自动开关；5—电钻变压器综合装置；
6—回柱绞车；7—煤电钻

5. 工作面配电点设备安装布置

为了便于操作工作面的动力设备，必须在工作面附近巷道中设置控制开关和启动器，这些设备的放置地点即工作面配电点。

工作面配电点可分为采煤与掘进两种。采煤工作面配电点，一般距采煤工作面 50～80 m；掘进工作面配电点，一般距掘进工作面 80～100 m，工作面配电点也随工作面的推进而前移。图 1-19 所示为采煤工作面配电点的布置及配电示意图。

三、主要电气设备(元件)及其作用

(1) 高压配电箱：控制高压电气设备，如主排水泵、控制变压器、控制线路等。

(2) 矿用变压器：变换电压等级，向电气设备供电。

(3) 移动变电站：变换电压等级，向综采工作面采煤机、刮板输送机和转载机等电气设备供电。

　　（4）采煤机:综采工作面采煤用。

　　（5）装载机:接采煤机采下的煤炭、向后面是运输机输送。

　　（6）输送机:使采煤工作面的煤炭向外面运输。

　　（7）电钻照明变压器综合装置:变换电压等级到127V,向煤电钻或照明装置供电。

　　（8）液压支架:支护顶板。

　　（9）启动器:用于控制装载机、刮板输送机等。

　　（10）自动馈电开关:控制向工作面供电的线路。

　　（11）煤电钻:井下采掘工作面打眼用手持电钻。

巩固提升

一、工作案例:某工矿企业中央变电所位置确定及电气设备的布置

任务实施指导书

工作任务	＿＿＿＿＿中央变电所位置确定及电气设备的布置		
任务要求	1. 按照井下设备安装措施做好准备工作。 2. 按照《矿井维修电工操作规程》要求检测、排除故障,检修质量满足《井下电气设备检查标准》。 3. 按照变电所所址选择原则进行确定位置。 4. 按照变电所的结构和设备的实际情况进行设备布置。		
责任分工	1人负责分工;2～3人制订变电所位置的确定计划,包括记录;2～3人确定设备的布置方案,包括记录。		
阶段	实施步骤	防范措施	应急预案
一、准备	1. 做好组织工作,按照现场实际有组长分工。	课前要预习,并携带查阅、收集的有关资料。	分工要注意学生的个性、学习情况、个人特点。
	2. 携带有关铅笔、记录本、尺子等记录用品和有关技术资料和有关设备说明书等。		
	3. 安全防护用具。	胶鞋、矿帽、矿灯、自救器等。	熟悉安全避险路线。
二、变电所位置确定	4. 认真研究技术资料。		
	5. 认真研究电气设备的使用说明书。	带上所有电气设备的使用说明书和变电所供电设计说明书。	
	6. 确定变电所位置。	分析确定依据。	做好记录。

（续表）

阶段	实施步骤	防范措施	应急预案
三、设备布置	7. 检查各设备是完好情况。	① 各螺母、弹簧垫片零件不得丢失、是否完好。② 配件、备件是否缺少。	做好有关部门的通信联络工作准备。
	8. 按照矿用电气设备的安装要求、设备体积，并结合变电所实际情况，确定设备布置方案。	① 分析变电所形状。② 熟悉设备安装措施。	
	9. 按照确定位置布置设备。	结合施工设计进行。	做好安全防护工作。准备一些小零件和易损件，一旦丢失零件或损坏部件，必须立即更换上备件。
四、现场处理	10. 检查有关资料和用具。	资料齐全。	做好记录
	11. 清理现场。	现场干净、整洁。	
	12. 填写工作记录单。		
	13. 总结。	写出总结材料。	

工作记录表

工作时间		指挥者		记录员	
工作地点		监督者		分析人	
记录内容	1. 变电所位置确定依据。（大家讨论）				
	2. 主要设备名称及作用。（大家说）				
	3. 设备布置依据。（大家讨论）				
	4. 设备布置图。（绘出来）				
说明					

二、实操案例：综采工作面配电点位置确定与设备布置

根据任务要求，请同学自行写出工作计划书，并按照计划书实施控制、评价反馈。

任务要求：

1. 按照收集资料确定综采工作面配电点位置确定与设备布置。

2. 按照《矿井维修电工操作规程》要求检测、排除故障，检修质量满足《井下电气设备检查标准》。

3. 按照《煤矿电气安装工操作规程》安装，安装质量满足《煤矿安装工程质量检验评定标准》要求。

学习评价反馈书

考核项目		考核标准	配分	自评分	互评分	师评分
知识点	1. 矿井供电系统的分类、特点和适用对象。	完整说出满分；少说一条扣2分。	10			
	2. 变电所确定原则。	完整说出满分；少说一条扣2分。	10			
	3. 认识变电所主要电气设备（元件）并知道其作用。	完整说出满分；说错一条扣2分。	10			
	小计		30			
考核项目		考核标准	配分	自评分	互评分	师评分
技能点	1. 确定变电所位置。	熟练确定满分；不熟练确定10～19分；不会确定0分。	20			
	2. 确定变电所的结线方式。	完整的满分；不完整的10～19分；不会的0分。	20			
	3. 布置变电所的设备。	熟练确定满分；不熟练确定10～19分；不会确定0分。	20			
	小计		60			
情感点	1. 学习态度。	遵守纪律、态度端正、努力学习者满分；否则0～1分。	2			
	2. 学习习惯。	思维敏捷、学习热情高涨满分；否则0～1分。	2			
	3. 发表意见情况。	积极发表意见、有创新建议、意见采用满分；否则0～1分。	2			
	4. 相互协作情况。	相互协作、团结一致满分；否则0～1分。	2			
	5. 参与度和结果。	积极参与、结果正确；否则0～1分。	2			
	小计		10			
合计			100			

说明：1. 考评时间为30分钟，每超过1分钟扣1分；2. 要安全文明工作，否则老师酌情扣1～10分。

主讲教师（签字）：_____　　指导教师（签字）：_____

效果检查：

学习总结：

思考练习题：

1. 井下各类变电所位置的确定需要考虑哪些原则？

2. 矿井供电系统分哪几类？说出其各自的特点和适用对象。

3. 井下中央变电所、生产系统变电所有哪些主要电气设备？

附：某矿井下中央变电所设备布置例图

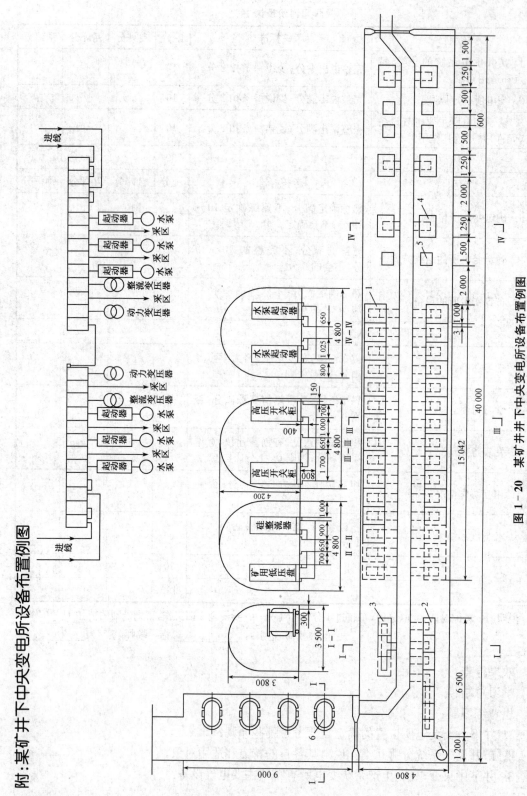

图 1-20 某矿井下中央变电所设备布置例图

1—高压开关柜；2—矿用低压开关；3—整流柜；4—水泵起动器；5—起动电抗器；6—动力变压器；7—照明变压器

项目二　企业负荷分析与变压器的选择

学习目标

知识目标：

1. 电力负荷的分类。

2. 电力系统额定电压等级。

3. 掌握用电设备按照工作制的分类及负荷统计方法。

4. 掌握用需用系数法进行计算 企业负荷的方法。

5. 功率因数有关基本概念。

6. 提高自然功率因数意义和方法。

7. 功率因数的补偿方法。

8. 变压器选择原则。

9. 变压器的经济运行分析方法。

能力目标：

1. 能进行负荷统计。

2. 能进行负荷计算。

3. 能制订提高自然功率因数的方案。

4. 能确定电容器的补偿方案。

5. 能选择补偿电容器。

6. 能确定补偿电容器的接线方式。

7. 能确定变压器的型号、台数、容量。

8. 能分析变压器经济运行情况。

素养目标：

1. 有自学热情和独立学习的态度；能对所学内容进行较为全面的比较、概括和阐释。

2. 有自主工作的热情和创新精神。

3. 提高学生的工作组织能力。

4. 提高学生的社会实践能力。

5. 培养学生的职业道德意识。

6. 培养学生严慎细实的工作态度。

7. 提高学生团结协作的能力。

8. 提高学生分析和解决问题的能力。

9. 培养学生热爱科学、实事求是的学风和创新意识、创新精神。

学习指南

1. 小组成员共同学习所收集的资料，了解变配电供电系统的组成。

2. 小组成员共同按照任务要求和工作要求编写《分析变配电供电系统工作计划》。计划要符合实际、可行。

3. 小组成员共同探讨和修改工作计划，确定最佳工作计划，做出决策，同时确定小组人员分工。

4. 根据工作计划的分工和工作步骤，各司其职，分工合作，实施分析变配电供电系统的工作任务。

5. 组长负责按照工作计划步骤指挥实施；监督者负责检查控制项目，严格检查控制工作过程；实施者负责计划实施操作，服从组长指挥和监督者监督。

6. 工作完成后，小组成员分别对工作过程和工作结果进行自我评价、小组评价和师傅评价。

7. 针对存在的问题小组共同制订改进措施。

教学引导

1. 安全意识。

2. 供电要求。

3. 结合矿井供电系统模型讲授。

4. 在校内供电实训基地上课。

任务一　　企业负荷分析

任务要求：

1. 准备工作：① 做好记录。② 中平能化集团某矿变电所，结合供电系统图进行负荷统计。

2. 分类统计：① 地面、井下负荷。② 高、低压负荷。③ 按照负荷工作制统计。④ 按照负荷安装场所统计。⑤ 注意涉及的设备作用、安装位置。⑥ 注意各设备之间的连接关系。⑦ 注意各线路及设备的额定电压等级。

工作情况：

1. 利用合理方法进行负荷的统计和计算，为企业供电系统电气设备，输电线路和继电保护装置的选择提供重要的依据。

2. 从具体工作矿地面变电所入手按照负荷的类型进行统计。

3. 围绕企业负荷统计的作用来学习本任务。学习时注意工矿企业供电与其他行业供电的区别。

工作要求：

1．统计分析企业负荷时要求：正确、严谨、科学、详细、全面。

2．深刻理解企业负荷统计分析的作用。

相关知识

一、用电设备工作制

1．长时连续工作制用电设备

（1）解释：这类工作制的设备一般在恒定负荷下运行，且运行时间长到足以使之达到热平衡状态，导体通过电流达到稳定温升的时间大约为（3～4）τ，τ为发热时间常数，$\tau \geqslant$ 10 min。

（2）举例：通风机、水泵、空气压缩机、电机发电机组、电炉和照明灯等。

（3）负荷功率说明：计算依据就是铭牌上的额定功率。

2．短时工作制用电设备

（1）解释：这类工作制的设备在恒定负荷下运行的时间短（短于达到热平衡所需的时间），而停歇时间长（长到足以使设备温度冷却到周围介质的温度）。

（2）举例：矿用调度小绞车、控制闸门的电动机等。

（3）负荷性质容量小可不考虑；容量大的适当考虑。

3．断续周期工作制用电设备

（1）断续周期工作制：这类工作制的设备周期性地时而工作，时而停歇，如此反复运行，而工作周期一般不超过10分钟，无论工作或停歇，均不足以使设备达到热平衡。

（2）举例：如电焊机和吊车电动机等。

（3）负荷持续率：断续周期工作制的设备，可用"负荷持续率"（又称暂载率）来表征其工作特征。负荷持续率为一个工作周期内工作时间与工作周期的百分比值，用ε表示，即

$$\varepsilon = \frac{t}{T} \times 100\% = \frac{t}{t+t_0} \times 100\% \qquad (2\text{-}1)$$

式中：T为工作周期；t为工作周期内的工作时间；t_0为工作周期内的停歇时间。

（4）断续周期工作制设备的额定容量（铭牌功率）P_N，是对应于某一标准负荷持续率ε_N的。

对于起重类设备：

$$P_N = P_{N \cdot \varepsilon} \sqrt{\frac{\varepsilon_N}{\varepsilon}} = P_{N \cdot \varepsilon} \sqrt{\frac{\varepsilon_N}{25\%}} = 2 P_{N \cdot \varepsilon} \sqrt{\varepsilon_N} \qquad (2\text{-}2)$$

对于电焊类设备：

$$P_N = P_{N \cdot \varepsilon} \sqrt{\frac{\varepsilon_N}{\varepsilon}} = P_{N \cdot \varepsilon} \sqrt{\frac{\varepsilon_N}{100\%}} = P_{N \cdot \varepsilon} \sqrt{\varepsilon_N} = S_N \cos \varphi_N \sqrt{\varepsilon_N} \qquad (2\text{-}3)$$

式中：$P_{N \cdot \varepsilon}$、S_N——设备铭牌上的额定有功功率，kW；额定视在功率，kVA；

$\cos \varphi_N$——额定功率因数；

P_N——换算为统一要求负荷持续率下的用电设备额定功率,kW;

ε、ε_N——统一要求的负荷持续率和额定负荷持续率。

二、需用系数法

用电设备组实际的负荷容量与额定容量的比值,称为需用系数。根据用电设备额定容量及需用系数,计算实际负荷的方法,称为需用系数法。

(一) 单台用电设备的需用系数

$$K_{de}=\frac{K_{lo}}{\eta \eta_w} \tag{2-4}$$

式中:K_{lo}——用电设备的负荷系数,它等于设备实际输出的最大功率 P 与其额定容量 P_N 之比,即 $K_{lo}=P/P_N$;

η——用电设备实际负荷时的效率;

η_w——供电线路的效率,一般取 0.95 左右。

(二) 成组用电设备的需用系数

$$K_{de}=\frac{K_{si}K_{lo}}{\eta_w \eta_{wm}} \tag{2-5}$$

式中:K_{si}——该组用电设备的同时系数,它等于该组设备在最大负荷时,同时工作设备的额定容量之和 $\sum P_{N \cdot si}$ 与用电设备总额定容量 $\sum P_N$ 的比值,即 $K_{si} = \sum P_{N \cdot si} / \sum P_N$;

K_{lo}——该组用电设备的负荷系数,它等于同时工作设备的总实际输出功率 $\sum P_{si}$ 与同时工作设备总额定容量 $\sum P_{N \cdot si}$ 之比,即 $K_{lo} = \sum P_{si} / \sum P_{N \cdot si}$;

η_w——供电线路的效率;

η_{wm}——同时工作设备的加权平均效率。

$$\eta_{wm}=\frac{P_1 \eta_1+P_2 \eta_2+\cdots+P_n \eta_n}{P_1+P_2+\cdots+P_n} \tag{2-6}$$

式中:P_1、$P_2 \cdots P_n$——同时工作的各设备的实际功率,kW;

η_1、$\eta_2 \cdots \eta_n$——同时工作的各设备的实际效率。

三、负荷计算方法

1. 单台用电设备的计算负荷

$$P_{ca}=K_{de}P_N \tag{2-7}$$

$$Q_{ca}=P_{ca}\tan\varphi \tag{2-8}$$

式中:P_{ca}、Q_{ca}——用电设备的实际有功计算负荷,kW;无功计算负荷,kvar;

K_{de}、$\tan\varphi$——该台设备的需用系数及实际功率因数角的正切值。

2. 成组用电设备的计算负荷

$$P_{ca} = K_{de} \sum P_N \qquad (2-9)$$

$$Q_{ca} = P_{ca} \tan \varphi_{wm} \qquad (2-10)$$

$$S_{ca} = \frac{P_{ca}}{\cos \varphi_{wm}} \qquad (2-11)$$

式中：P_{ca}、Q_{ca}、S_{ca}——该组用电设备的实际有功功率，kW；无功功率，kvar；视在功率，kVA；

$\sum P_N$——该组用电设备的总额定容量，kVA；

K_{de}、$\cos\varphi_{wm}$——该组用电设备的需用系数、加权平均功率因数，可查表；

$\tan \varphi_{wm}$——与 $\cos\varphi_{wm}$ 对应的正切值。

$\cos \varphi_{wm}$ 也可按下式计算：

$$\cos \varphi m = \frac{P_1 \cos \varphi_1 + P_2 \cos\varphi_2 + \cdots + P_n \cos\varphi_n}{P_1 + P_2 + \cdots + P_n} \qquad (2-12)$$

式中：$\cos \varphi_1$、$\cos \varphi_2 \cdots \cos \varphi_n$——同时工作的各用电设备的实际功率因数；

P_1、$P_2 \cdots P_n$——同时工作的各用电设备的实际功率，kW。

3. 变电所总负荷的计算

计算原则：

（1）按逐级计算法确定计算负荷：从末端到首端。

统计全变电所总计算负荷时，应从供电系统最末端开始逐级向电源侧统计。

（2）分组原则：按生产环节、设置地点分。

统计时先将各车间用电设备按生产环节和设备装设地点分组（当组内负荷暂载率不同时，应换算成统一暂载率下的额定容量，有单相负荷时按规定换算成三相负荷），然后按式（2-7）计算各组用电设备的计算负荷。当某一供电干线有多个用电设备组时，则将该干线上各用电设备组的计算负荷相加后乘以组间最大负荷同时系数，即得该干线的计算负荷。当供电线路上有变压器时，加上变压器的损耗，即变压器一次侧线路的计算负荷。统计总变电所或车间变电所二次母线上的总计算负荷时，应将母线各配出线计算负荷相加，再乘以组间最大负荷同时系数。其计算公式如下：

$$P_\Sigma = K_{sp} \Sigma P_{ca} \qquad (2-13)$$

$$Q_\Sigma = K_{sq} \Sigma Q_{ca} \qquad (2-14)$$

$$S_\Sigma = \sqrt{P_\Sigma^2 + Q_\Sigma^2} \qquad (2-15)$$

式中：ΣP_{ca}、ΣQ_{ca}——各组用电设备的有功、无功计算负荷之和；

K_{sp}、K_{sq}——考虑各组用电设备最大负荷不同时出现的有功、无功组间最大负荷同时系数，组数越多，其值越小，一般取 $K_{sp} = 0.85 \sim 0.95$，$K_{sq} = 0.9 \sim 0.97$；

P_Σ、Q_Σ、S_Σ——干线或变电所二次母线的总有功、无功、视在计算负荷。

各级电网的 K_{sp} 或 K_{sq} 的连乘积不应小于 0.8。

巩固提升

一、工作案例:根据中平能化集团某矿的负荷统计及计算分析

任务实施指导书

工作任务	_____的负荷统计及计算分析		
任务要求	1. 准备工作:① 做好记录。② 到企业变电所,结合供电系统图进行负荷统计。2. 分类统计:① 地面、井下负荷。② 高、低压负荷。③ 按照负荷工作制统计。④ 按照负荷安装场所统计。⑤ 注意涉及的设备作用、安装位置。⑥ 注意各设备之间的连接关系。⑦ 注意各线路及设备的额定电压等级。3. 做好负荷计算分析工作。		
责任分工	1 人负责分工;2~3 人制订负荷统计计划,包括记录;负荷统计后共同进行计算分析工作,包括记录。		
阶段	实施步骤	防范措施	应急预案
一、准备	1. 做好组织工作,按照现场实际有组长分工。	课前要预习,并携带查阅、收集的有关资料。	分工要注意学生的个性、学习情况、个人特点。
	2. 携带有关铅笔、记录本、尺子等记录用品和有关技术资料和有关设备说明书等。		
二、变电所负荷统计	3. 认真研究技术资料。	做好带上所有电气设备的使用说明书和变电所供电系统设计说明书。	进入变电所要戴上安全帽。
	4. 认真研究供电系统图。		
	5. 统计变电所负荷。	分析统计类型和依据。	做好记录。
三、负荷计算分析	6. 熟悉有关功率、功率因数等计算公式。		可携带有关电工学书籍。
	7. 按照要求进行负荷计算。	不要出错、细心。	
四、现场处理	8. 分析计算数据。	资料齐全。	做好记录。
	9. 经老师或技术人员审核。		
	10. 现场清理。	现场干净、整洁。	
	11. 填写工作记录单。		

工作记录表

工作时间		指挥者		记录员	
工作地点		监督者		分析人	
记录内容	负荷统计表				
说明					

二、实操案例

如图 2-1 所示为某矿某采面移变供电系统图,请根据此图进行负荷统计和计算分析。

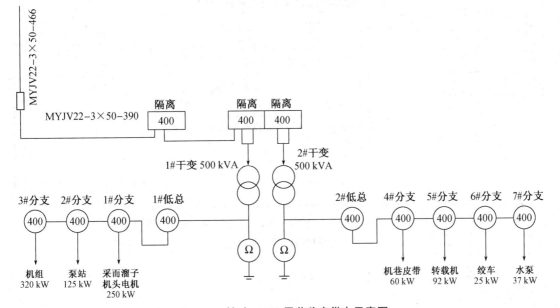

图 2-1　某矿 21030 风巷移变供电示意图

学习评价反馈书

考核项目		考核标准	配分	自评分	互评分	师评分
知识点	1. 用电设备工作制。	完整说出并能举例满分;少说一条扣 4 分。	10			
	2. 需用系数法。	完整说出满分;不完整得 5~9 分;不会 0 分。	10			
	3. 负荷计算步骤。	完整说出满分;不完整得 5~9 分;不会 0 分。	10			
小计			30			

（续表）

考核项目		考核标准	配分	自评分	互评分	师评分
技能点	1. 会进行负荷统计。	会进行负荷统计满分；不熟练得15～29分；不会0分。	30			
	2. 会进行负荷计算。	完整的满分；不完整的15～29分；不会的0分。	30			
	小计		60			
情感点	1. 学习态度。	遵守纪律、态度端正、努力学习者满分；否则0～1分。	2			
	2. 学习习惯。	思维敏捷、学习热情高涨满分；否则0～1分。	2			
	3. 发表意见情况。	积极发表意见、有创新建议、意见采用满分；否则0～1分。	2			
	4. 相互协作情况。	相互协作、团结一致满分；否则0～1分。	2			
	5. 参与度和结果。	积极参与、结果正确；否则0～1分。	2			
	小计		10			
合计			100			

说明：1. 考评时间为60分钟，每超过1分钟扣1分；2. 要安全文明工作，否则老师酌情扣1～10分。

主讲教师（签字）：_____　　指导教师（签字）：_____

效果检查：

学习总结：

思考练习题：

1. 用电设备按照工作制分哪几类？

2. 负荷计算的原则是什么？

3. 负荷计算的步骤是什么？

任务二　补偿电容器的选择与安装

任务要求：

1. 准备工作：做好记录。

2. 根据负荷分析结果、电压等级和变电所的实际情况选择电容器的接线方法，要求正确、适用。

3. 电容器的选择计算:正确、合理、适用、经济。

4. 补偿方案选择合情、合理。

工作情况:

1. 工作情况:根据国家规定,对于用电企业,当功率因数 $\cos\varphi<0.9$ 时将给予处罚,因此为了提高功率因数,就要设法降低无功功率。提高功率因数的方法较多,通常是人为增加容性负载来抵消供电系统的感性负载,从而从整体上提高企业的功率因数。所以合理选择补偿电容器就显得非常重要。

2. 工作环境:以企业地面变电所为例进行补偿电容器的选择与安装。

3. 学习情景:学习的主要思路就是围绕补偿电容器的选择和接线来学习本任务。学习时注意供电电压的等级。

工作要求:

1. 按照收集资料、制订计划、做出决策、实施计划、检查控制、评价反馈的步骤进行工作。

2. 收集资料并自学,并使自己达到知识目标。

3. 所订计划符合安全规程、操作规程、质量标准、组织周密严谨、具有指导意义和创新精神。

4. 所做决策必须是经过方案比较后确定的最佳计划。

5. 必须严格按照工作计划实施计划。

6. 按照任务要求对工作过程和工作结果进行评价;同时总结经验,定出改进措施。

相关知识

一、功率因数有关基本概念

1. 功率因数

在交流电路中,电压与电流之间的相位差(φ)的余弦叫作功率因数,用符号 $\cos\varphi$ 表示,在数值上,功率因数是有功功率 P 和视在功率 S 的比值,即 $\cos\varphi=P/S$。

2. 自然功率因数

自然功率因数就是指一个供电系统或设备本身固有的功率因数,其值决定于本身的用电参数(例如:结构,用电性质等)。不增加专门的设备,采取合理的技术措施,改进用电设备的运行情况,提高负荷功率因数的方法称为提高负荷的自然功率因数。倘若自然功率因数偏低,不能满足标准和节约用电的要求,就需设置人工补偿装置来提高功率因数。由于设置人工补偿装置需增加投资,所以提高电动机自然功率因数具有较重要的意义。

二、提高功率因数意义和方法

1. 提高功率因数的意义

由于矿山企业采用感应电动机和变压器等具有感性负载性质的用电设备,特别是在近年来大功率晶闸管的应用,供电系统除供给有功功率外,还需供给大量无功功率,使发电和输配电设备的能力不能充分利用。为此,必须提高用户的功率因数,减少对电源系统的无功功率需求量。

提高功率因数对矿山企业具有下列实际意义：

(1) 提高电力系统的供电能力。在发电和输、配电设备的安装容量一定时，提高用户的功率因数，相应减少了无功功率和视在功率的需求量。在同样设备条件下，增大了电力系统的供电能力。

(2) 减少供电网络中的电压损失，提高供电质量。由于用户功率因数的提高，使网络中的电流减少。因此网络中的电压损失减少，网络末端用电设备的电压质量得到提高。

(3) 降低供电网络中的功率损耗。当线路电压和输送的有功功率一定时，功率因数越高，则网络中的功率损耗越少。

(4) 降低企业产品的成本。由于提高功率因数可减少网络和变压器中的电能损耗，使企业电费降低。

由上述原因可知，提高用户功率因数具有重大经济意义。所以，国家奖励企业用户提高功率因数，为了促进电力用户提高功率因数，我国电力部门实行电费奖惩制度。对于功率因数高于 0.9 的用户给予奖励；对于功率因数低于 0.9 的用户进行罚款。

可见，提高功率因数，对充分利用现有的输电、配电及电源设备，保证供电质量，减少电能损耗，提高供电效率，降低生产的成本，提高经济效益等有着十分重要的意义。

2. 提高自然功率因数的方法

(1) 选：正确选择与合理地使用电动机，使其经常在满载或接近满载的情况下运行，因为在这种情况下电动机的功率因数较高。正确地选择、合理地使用电动机和变压器，在条件允许的条件下，尽量选择鼠笼型电动机。避免空载、轻载运行。

(2) 调：合理地调节负荷，避免变压器空载和轻载运行。

(3) 换：更换设备为节能设备，对大容量、长时间工作的矿井通风机采用同步电动机，使其工作在过激状态。

三、功率因数的补偿方法

如果负荷的自然功率不能满足要求时，即 $\cos \varphi < 0.9$ 时，应采取人工补偿的方法提高负荷的功率因数。

目前矿山企业广泛采用并联电容器进行无功功率的补偿。电力电容器具有节省投资、功率损失小、运行维护方便、故障范围小的特点。采用人工补偿法来提高功率因数，广泛采用并联电容器进行补偿。

(一) 电容器无功容量的计算

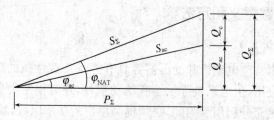

图 2-2　补偿前后的功率三角形

$$Q_c = P_i(\tan \varphi_{ANT} - \tan \varphi_{ac}) \qquad (2-16)$$

式中：Q_c——电容器所需补偿容量；

$\quad\quad P_\Sigma$——补偿前负荷的有功功率；

$\quad\quad \varphi_{ANT}$——补偿前功率因数角；

$\quad\quad \varphi_{ac}$——补偿后功率因数角。

(二) 电容器(柜)台数的确定

需电容器台数：

$$N = \frac{Q_c}{q_{nc}\left(\dfrac{U_w}{U_{nc}}\right)^2} \qquad (2-17)$$

每相所需电容器台数：$n = \dfrac{N}{3}$ 取其相等或稍大的偶数，因为变电所采用单母线分段式结线。

式中：q_{nc}——单台电容器的额定容量，kvar；

$\quad\quad U_w$——电容器的实际工作电压，kV；

$\quad\quad U_{NC}$——电容器的额定电压，kV。

(三) 电容器的补偿方式和联接方式

1. 电容器的补偿方式

电容器的补偿方式有三种，即单独就地补偿方式、分散补偿方式和集中补偿方式。

(1) 单独就地补偿方式。将电容器直接与用电设备并联，共用一套开关设备。这种补偿方式的优点是补偿效果最好，不但能减少高压电源线路和变压器的无功负荷，而且能减少干线和分支线的无功负荷。其缺点是电容器将随着用电设备一同工作和停止，所以利用率较低、投资大、管理不方便。这种补偿方式只适用于长期运行的大容量电气设备及所需无功补偿容量较大的负荷，或由较长线路供电的电气设备。

(2) 分散补偿方式。将全部电容器分别安装于各配电用户的母线上，各处电压等级可能不同。这种补偿方式的优点是电容器的利用率比单独就地补偿方式高，能减少高压电源线路和变压器中的无功负荷。其缺点是不能减少干线和分支线的无功负荷、操作不够方便、初期投资较大。

(3) 集中补偿方式。将电容器集中装设在企业总变电所的母线上，以专用的开关控制。这种补偿方式的优点是电容器的利用率较高、管理方便、能够减少电源线路和变电所主变压器的无功负荷。其缺点是不能减少低压网络和高压配出线的无功负荷。

目前，为便于管理维护，矿山企业多采用集中补偿方式。

2. 电容器的联接方式

当电容器额定电压按电网的线电压选择时，应采用三角形接线。因为电容器的容量与其端电压的平方成正比，如采用星形接线，此时电容器接在相电压上，则其容量仅为额定容量的1/3，造成不必要的浪费。但是当电容器采用三角形接线时，如某一电容器内部击穿，就形成了相间短路故障,有可能引起电容器膨胀、爆炸,使事故扩大。而星形接线当某一电容器击穿时,工频故障电流仅为并联电容器组额定电流的 3 倍,而且不形成相间短路故障。所以三角形接线只适用于电压不高的场合。一般企业 35/10 kV 变电所的 10 kV 母线,当相间短路容量不超过 50 MVA、容量不大于 300 kvar 的电容器组,可采用三角形接线,其他情况应采用中性点不接地的星形或双星形接线。此时电容器额定电压应按电网的相电压选择。

据国家电力公司统计,在电力系统中发生电容器爆炸事故大多是三角形接线。因此,在近几年来,电力系统 10 kV 侧的大容量的电容器组,为了安全运行的要求,一般都采用星形接线。因为星形(中性点不接地)接线的最大优点是当一台电容器发生故障时,其故障电流仅为其额定电流(相电流)的 3 倍,不会形成相间短路;而如果是三角形接线,其故障电流则为二相短路电流,因而星形接线对电容器运行来说比较安全。

电容器组还应单独装设控制、保护和放电设备。电容器组的放电设备必须保证在电容器与电网的连接断开时,放电 1 min,电容器组两端的残压在 50 V 以下,以保证人身安全。通常 1000 V 以上的电容器组用电压互感器作为放电设备。单独补偿方式的电容器组由于与用电设备直接相连,所以不需要另外装设放电设备,此时可通过用电设备放电。

电容器放电回路中不得装设熔断器或开关,以免放电回路断开,危及人身安全。

四、案例分析——某矿站补偿装置的设计说明

1. 6 kV Ⅰ 段

根据资料,6 kV Ⅰ 段年用电量测算见表 2-1。

表 2-1　6 kV Ⅰ 段年计算电量　　　(单位:×10^4 kWh,×10^4 kvar)

6 kV Ⅰ 段	4 月	5 月	平均	全年
有功电量	443.60	382.80	413.20	4958.40
无功电量	243.80	223.60	233.70	2804.40

假定年最大负荷利用小时数 T_m 取 18 h×330 d=5940 h,则 Ⅰ 母经补偿 2400 kvar 后(已有):

$P_1 = 8347.5$ kW

$Q_1 = 4721.2$ kvar

$S_1 = 9590.1$ kVA

$\cos \varphi_1 = 0.870$

功率因数按要求补偿至 0.95,则需新增无功补偿容量:

$\Delta Q_1 = 8347.5 \times \tan(\arccos 0.870 - \arccos 0.95)$ kvar=1667.5 kvar

考虑变压器无功损失:

$Q_{T1} = 20000 \times [0.006 + 0.08 \times (9590.1/20000)^2]$ kvar=487.9 kvar

6 kV Ⅰ 段需新增无功补偿容量:$Q = 2155.4$ kvar

选用 TBBZ 型 6 kV 柜式并联电容器自动投切成套装。总容量为 2400 kvar,分 600 kvar ＋600 kvar＋600 kvar＋600 kvar 4 组。

2. 6 kV Ⅱ段

根据资料,6 kV Ⅱ段年用电量测算见表 2-2。

表 2-2　6 kV Ⅱ段年计算电量　（单位:万 kWh,万 kvar）

6 kV Ⅱ	4 月	5 月	平均	全年
有功电量	374.90	447.00	410.95	4931.40
无功电量	291.90	299.50	295.70	3548.40

假定年最大负荷利用小时数 T_m 取 18 h×330 d＝5940 h,则Ⅱ母经补偿 2310 kvar 后(已有):

$P_2 = 8302.0$ kW

$Q_2 = 5973.7$ kvar

$S_2 = 10227.9$ kVA

$\cos\varphi_2 = 0.812$

功率因数按要求补偿至 0.95,则需新增无功补偿容量:

$\Delta Q_2 = 8302.0×\tan(\arccos 0.812 - \arccos 0.95)$ kvar ＝2624.3 kvar

考虑变压器无功损失:

$Q_{T2} = 20000×[0.006 + 0.08×(10227.9/20000)^2]$ kvar ＝538.4 kvar,

6 kV Ⅱ段需新增无功补偿容量:$Q = 3162.8$ kvar。

选用 TBBZ 型 6 kV 柜式并联电容器自动投切成套装。起总容量为 3600 kvar,分 600 kvar＋600 kvar＋600 kvar＋600 kvar 4 组。

巩固提升

一、工作案例:补偿电容器的选择与安装

任务实施指导书

工作任务	＿＿＿＿＿＿补偿电容器的选择与安装
任务要求	1. 准备工作:做好记录。 2. 根据企业的供电系统图进行补偿电容器的选择。 3. 根据企业的供电系统图进行补偿电容器的安装。 4. 做好负荷的统计。 5. 注意涉及的设备作用、安装位置。 6. 注意各设备之间的连接关系。 7. 注意各线路及设备的额定电压等级。
责任分工	1 人负责分工;1 人确定补偿电容器的接线方案,包括记录;2～3 人选择补偿电容器,包括记录。

(续表)

阶段	实施步骤	防范措施	应急预案
一、准备	1. 做好组织工作,按照现场实际有组长分工。	课前要预习,并携带查阅、收集的有关资料。	分工要注意学生的个性、学习情况、个人特点。
	2. 携带有关铅笔、记录本、尺子等记录用品和供电系统图和有关设备说明书等。	做好带上所有电气设备的使用说明书和变电所供电系统图。	
二、补偿电容器接线方案的确定	3. 认真研究供电系统图。		
	4. 分析电压等级与补偿电容器接线方案的确定之间的关系。	做好带上所有电气设备的使用说明书和变电所供电系统设计说明书。	
	5. 确定补偿电容器接线方案。	分析统计类型和依据。	做好记录。
三、补偿电容器的选择	6. 负荷统计与计算。	可携带有关电工学书籍。	可参见前面已作负荷统计工作
	7. 补偿电容器的选择计算。	不要出错、细心。	
	8. 选择出补偿电容器。	实用、经济。	
四、现场处理	9. 分析计算数据。	资料齐全。	做好记录
	10. 经老师或技术人员审核。		
	11. 现场清理。	现场干净、整洁。	
	12. 填写工作记录单。		

工作记录表

工作时间		指挥者		记录员	
工作地点		监督者		分析人	
记录内容	1. 电源供电回路数。				
	2. 高、低压部分接线方式。				
	3. 高、低压母线负荷分配情况。				
	4. 主接线情况。				
	5. 各设备负荷类型。				
	6. 涉及的设备作用。				
	7. 线路及设备的额定电压等级。				
	8. 补偿电容器的接线方案。				
	9. 负荷统计与分析(可附表)。				
	10. 补偿电容器选择有关计算。				
	11. 补偿电容器选择确定。				
说明					

二、实操案例

表2-3和表2-4分别是某矿和某矿地面的负荷统计表,请根据此表选择选择电容器并确定接线方案。

表2-3 某矿负荷统计表

用电设备名称	设备容量		需用系数	功率因数	正切值	计算负荷				年电能损耗/MWh
	安装容量	工作容量				有功功率	无功功率	视在功率	计算电流	
一、地面高压										
1. 主井提升机	800	800	0.9	0.85	0.62	720	446.4	847	81.5	244500
2. 副井绞车	550	550	0.77	0.8	0.62	424	263	498.8	48	144000
3. 压风机	4×250	2×250	0.8	0.9	0.62	200	124	235.3	22.6	67800
4. 主扇风机	2×1480	1480	0.7	0.8	0.75	1036	777	1295	125	375000
5. 工业广场低压	1000	1000	0.68	0.7	0.82	680	558	879	85	255000
二、井下部分										
6. 一100 主排水泵	1440	360	0.8	0.8	0.78	1152	898.5	1461	140	420000
7. 一440 主排水泵	4760	1×680	0.8	0.8	0.78	3808	2970	4829	464	1392000
8. 戊二生产系统	2672	2672	0.7	0.7		1870				
9. 丁一、丁二	3708	3708	0.7	0.7		2595				
三、其他										
10. 家属区	800	800								
11. 洗煤厂	250	250								
合计	15980	11620		0.92		8805				

表2-4 某矿负荷统计表

编号	名称	类别	设备容量/kW	需用系数 K_d	$\cos\varphi$	$\tan\varphi$	计算负荷			
							有功功率/kW	无功功率/kvar	视在功率/kVA	计算电流/A
1	金工车间	动力	300	0.25	0.6	1.33	75	99.75	124.8	189.6
2	锻工车间	动力	262	0.3	0.6	1.33	78.6	104.5	130.8	198.7
3	铆工车间	动力	102.5	0.3	0.45	1.98	30.8	60.9	68.2	103.6
4	电修车间	动力	50	0.35	0.65	1.17	17.5	20.5	26.9	40.9

（续表）

编号	名称	类别	设备容量/kW	需用系数 K_d	$\cos\varphi$	$\tan\varphi$	计算负荷 有功功率/kW	无功功率/kvar	视在功率/kVA	计算电流/A
总计(380 V 侧)		动力	714.5				201.9	285.69		
			$K_{sp}=0.95$ $K_{sq}=0.97$		0.57		191.8	277.1	337	512

学习评价反馈书

考核项目		考核标准	配分	自评分	互评分	师评分
知识点	1. 功率因数有关基本概念。	能正确说出功率因数和自然功率因数等概念得满分；少说一个扣3分。	6			
	2. 提高自然功率因数意义和方法。	完整说出满分；不完整得 2～5 分；不会 0 分。	6			
	3. 功率因数的补偿方法步骤。	完整说出满分；不完整得 2～7 分；不会 0 分。	8			
	小计		20			
技能点	1. 会制订提高自然功率因数的方案。	会正确制订得满分；不熟练得 5～9 分；不会 0 分。	10			
	2. 会确定电容器的补偿方案。	会正确确定得满分；不熟练得 5～9 分；不会 0 分。	10			
	3. 会选择补偿电容器。	会正确选择得满分；不熟练得 5～9 分；不会 0 分。	10			
	4. 会确定补偿电容器的接线方式。	会正确确定得满分；不熟练得 5～9 分；不会 0 分。	10			
	5. 会安装补偿电容器。	会正确安装得满分；不熟练得 5～9 分；不会 0 分。	10			
	小计		50			
情感点	1. 学习态度。	遵守纪律、态度端正、努力学习者满分；否则 0～5 分。	6			
	2. 学习习惯。	思维敏捷、学习热情高涨满分；否则 0～5 分。	6			
	3. 发表意见情况。	积极发表意见、有创新建议、意见采用满分；否则 0～5 分。	6			
	4. 相互协作情况。	相互协作、团结一致满分；否则 0～5 分。	6			
	5. 参与度和结果。	积极参与、结果正确；否则 0～5 分。	6			
	小计		30			
合计			100			

说明:1.考评时间为30分钟,每超过1分钟扣1分;2.要安全文明工作,否则老师酌情扣1~10分。

主讲教师(签字):＿＿＿＿＿＿ 指导教师(签字):＿＿＿＿＿＿

效果检查:

学习总结:

思考练习题:

1. 简述提高自然功率因数意义和方法。

2. 简述用补偿电容器来提高功率因数的原理。

3. 简述补偿电容器的选择步骤。

4. 简述补偿电容器接线方式的确定因素。

任务三 变压器的选择

任务要求:

1. 准备工作:做好记录。

2. 根据负荷分析结果、电压等级和变电所的实际情况选择电容器的接线方法,要求正确、适用。

3. 电容器的选择计算:正确、合理、适用、经济。

4. 补偿方案选择合情、合理。

工作情况:

1. 工作情况:主变压器是企业地面变电所的重要设备,通过对各类负荷统计分析,正确选择主变压器的型号、台数、容量以及运行方式,确保企业供电的安全可靠和经济。

2. 工作环境:以企业负荷为例选择主变。

3. 学习情景:学习的主要思路就是围绕企业主变压器选择和经济运行分析来学习本任务。学习时注意供电电压的等级和接线方式。

工作要求:

1. 准备工作:全面、细致。

2. 记录要完善、实用。

3. 负荷的统计计算分析结果要准确。

4. 电压等级要结合实际情况,可行。

5. 选择主变压器的型号、台数和容量,要求正确、安全、可靠、合理、适用、经济。

相关知识

一、变压器选择原则和方法

(一) 选择原则

以供电安全、可靠、经济为前提,同时考虑发展余地。

(二) 变电所主变压器的选择

1. 具有一类负荷的变电所

具有一类负荷的变电所,应满足用电负荷对供电可靠性的要求。根据《煤炭工业矿井设计规范》规定,矿井变电所的主变压器一般选用两台,当其中一台停止运行时,另一台应能保证安全及原煤生产用电,并不得少于全矿计算负荷的 80%;《工业企业总平面设计规范》也规定,对具有大量一、二类负荷的变电所,一般选用两台变压器,当其中一台故障或检修时,另一台能对全部一、二类负荷继续供电,并不得小于全部负荷的 70%。

2. 只有二、三类负荷的变电所

对只有二、三类负荷的变电所,可只选用一台变压器,但应敷设与其他变电所相联的联络线作为备用电源。对季节负荷或昼夜负荷变劫较大的,宜于采用经济运行方式的变电所,也可以采用两台变压器。

3. 变电所主变压器容量的确定

(1) 当变电所选用两台变压器且同时运行时,每台主变压器容量应按下式计算:

$$S_{N \cdot T} \geqslant \frac{K_{t \cdot p} P_{\Sigma}}{\cos \varphi_{ac}} = K_{t \cdot p} S_{ac} \qquad (2-18)$$

式中:P_{Σ} ——变电所总的有功计算负荷,kW;

$\quad S_{N \cdot T}$ ——变压器的额定容量,kVA;

$\quad \cos \varphi_{ac}$ ——变电所人工补偿后的功率因数,一般应在 0.95 以上;

$\quad S_{ac}$ ——变电所人工补偿后的视在容量,kVA;

$\quad K_{t \cdot p}$ ——故障保证系数,根据全企业一、二类负荷所占比重确定,对企业取 $K_{t \cdot p}$ 不应小于 0.8,企业 $K_{t \cdot p}$ 不应小于 0.70。

(2) 当两台变压器采用一台工作、一台备用运行方式时,则变压器的容量应按下式计算:

$$S_{N \cdot T} \geqslant S_{ac} \qquad (2-19)$$

(3) 当变电所只选一台变压器时,主变压器容量 $S_{N \cdot T}$ 应满足全部用电负荷的需要(一般应考虑 15%～25% 的富裕容量)。即

$$S_{N \cdot T} \geqslant (1.15 \sim 1.25) S_{ac} \qquad (2-20)$$

主变压器型号的选择应尽量考虑采用低损耗、高效率的变压器。目前广泛使用的低损

耗电力变压器有 SL_7、SFL_7、S_7、S_9 等型号。部分常用电力变压器技术数据见表 2－5。

表 2－5　常用电力变压器的技术数据

型号	额定容量(kVA)	额定电压(kV)		额定损耗(kW)		阻抗电压(%)	空载电流(%)	连接组	重量(t)	外形尺寸(mm)		
		高压	低压	空载	短路					长	宽	高
S9—400/10	400			0.84	4.2	4	1.9		1.65	1500	1230	630
S9—500/10	500			1	5	4	1.9		1.90	1570	1250	1670
S9—630/10	630			1.2	6.2	4.5	1.8		2.38	1880	1530	1980
S9—800/10	800	10;	0.4	1.4	7.5	4.5	1.5	Y,yn0	3.22	2200	1550	2320
S9—1000/10	1000	6.3;		1.72	10	4.5	1.2		3.95	2280	1560	2480
S9—1250/10	1250	6		2.2	11.8	4.5	1.2		4.65	2310	1910	2630
S9—1600/10	1600			2.45	14	4.5	1.1		5.21	2350	1950	2700
SL7—5000/35	5000			6.57	36.7	7	0.9	Y,d11	11	2880	2370	3690
SL7—6300/35	6300			8.2	41	7.5	0.9	Y,d11	11.34	3350	2520	3760
SPL7—8000/35	8000			11.5	45	7.5	0.8	YN,d11	17.1	4100	3060	3430
SFL7—10000/35	10000		6.3	13.6	53	7.5	0.8	YN,d11	18.6	3920	3230	3780
SFL7—12500/35	12500	35		16	63	8	0.7	YN,d11	24.3	4110	3360	4560
SFL7—16000/35	16000		10.5	19	77	8	0.7	YN,d11	27.6	4220	3260	4150
SFL7—20000/35	20000			22.5	93	8	0.7	YN,d11	32.1	4230	4030	4350
SFL7—8000/63	8000			14	47.5	9	1.1		19.9	4140	3370	4185
SFL7—10000/63	10000			16.5	56	9	1.1		22.7	3765	3810	4230
SFL7—12500/63	12500		6.3	19.5	66.5	9	1		22.7	3765	3810	4230
SFl7—16000/63	16000	63	10.5	23.5	81.5	9	1	YN,d11	30.4	4875	3720	4775
SFL7—20000/63	20000			27.5	99	9	0.9		37.1	4970	4610	4760

二、变压器的经济运行分析方法

变压器运行过程中,在绕组和铁心中都会产生一定的功率损耗。变压器的功率损耗包括有功功率损耗(简称有功损耗)和无功功率损耗(简称无功损耗)两部分。

(一) 变压器的损耗计算

1. 变压器的有功功率损耗

变压器的有功功率损耗由两部分组成:一部分是变压器额定电压时的空载损耗,通常称为铁损;另一部分是变压器带负荷时绕组中的损耗,通常称为铜损。变压器的铜损与变压器的负荷率的平方成正比。所以变压器的有功功率损耗为

$$\Delta P_T = \Delta P_{i \cdot T} + \Delta P_{N \cdot T} \beta^2 \qquad (2-21)$$

式中:ΔP_T——变压器的有功功率损耗,kW;

$\Delta P_{i \cdot T}$——变压器在额定电压时的空载损耗,kW,见表 2－3;

$\Delta P_{N\cdot T}$——变压器在额定负荷时的短路损耗,kW,见表 2-3;

β——变压器的负荷率(亦称负荷系数),它等于变压器的实际负荷容量与其额定容量的比值。

2. 变压器的无功功率损耗

变压器的无功功率损耗由两部分组成:一部分是变压器空载时的无功损耗,它与变压器的空载电流百分数有关;另一部分是变压器带负荷时的无功损耗,它与变压器的短路电压百分数及变压器的负荷率有关。所以变压器的无功功率损耗为

$$\Delta Q_T = \Delta Q_{i\cdot T} + \Delta Q_{N\cdot T}\beta^2 = \frac{I_0\%}{100}S_{N\cdot T} + \frac{u_s\%}{100}S_{N\cdot T}\beta^2 \qquad (2-22)$$

式中:ΔQ_T——变压器的无功功率损耗,kvar;

$\Delta Q_{i\cdot T}$——变压器空载时的无功功率损耗,kvar;

$\Delta Q_{N\cdot T}$——变压器额定负荷时的无功功率损耗,kvar;

$I_0\%$——变压器的空载电流百分数,见表 2-3;

$u_s\%$——变压器的短路电压百分数,即阻抗电压,见表 2-3;

$S_{N\cdot T}$——变压器的额定容量,kVA。

如果缺乏变压器的有关数据时,变压器的功率损耗可以按下式估算:

有功损耗 $\qquad\qquad\qquad \Delta P_T = 0.02P_T \qquad\qquad\qquad (2-23)$

无功损耗 $\qquad\qquad\qquad \Delta Q_T = 0.1Q_T \qquad\qquad\qquad (2-24)$

式中:P_T、Q_T——变压器的实际有功、无功负荷。

(二) 变压器经济运行分析

1. 无功功率经济当量的概念

电力系统的有功损耗,不仅与设备的有功损耗有关,还与设备的无功损耗有关,这是因为设备消耗的无功功率,也是由电力系统供给的。由于无功功率的存在,使得系统中的电流增大,从而使电力系统的有功损耗增加。

为了计算电气设备的无功损耗在电力系统中引起的有功损耗,引入一个换算系数 K_{ec} 称为无功功率经济当量。它表示当电力系统输送 1 kvar 的无功功率时,在电力系统中增加的有功功率损耗千瓦数,单位是 kW/kvar。即

$$K_{ec} = \frac{kW}{kvar} \qquad\qquad\qquad (2-25)$$

无功功率经济当量 K_{ec} 的值与输电距离、电压变换次数等因素有关。

对于发电机直配用户: $\qquad\qquad K_{ec} = 0.02 \sim 0.04$

对于经两级变压的用户: $\qquad\qquad K_{ec} = 0.05 \sim 0.07$

对于经三级及以上变压的用户: $\qquad K_{ec} = 0.08 \sim 0.1$

2. 变压器的经济运行

(1) 变压器运行损耗的计算

变压器的有功损耗是变压器运行时自身的损耗,而变压器的无功损耗会引起系统有功

损耗的增加。因此,应将变压器的无功损耗换算成等效的有功损耗,然后计算变压器运行时总的功率损耗。当变压器运行时的功率损耗最小时,运行费用最低,此时变压器的运行方式即为经济运行方式。

单台变压器运行时其功率损耗可按下式计算:

$$\Delta P_{\mathrm{I}} = \Delta P_{\mathrm{T}} + K_{\mathrm{ec}}\Delta Q_{\mathrm{T}} = \Delta P_{\mathrm{i\cdot T}} + \beta^2 \Delta P_{\mathrm{N\cdot T}} + K_{\mathrm{ec}}(\Delta Q_{\mathrm{i\cdot T}} + \beta^2 \Delta Q_{\mathrm{N\cdot T}})$$

$$= \Delta P_{\mathrm{i\cdot T}} + K_{\mathrm{ec}}\Delta Q_{\mathrm{i\cdot T}} + \left(\frac{S_{\mathrm{ac}}}{S_{\mathrm{N\cdot T}}}\right)^2 (\Delta P_{\mathrm{N\cdot T}} + K_{\mathrm{ec}}\Delta Q_{\mathrm{N\cdot T}}) \qquad (2-26)$$

式中: K_{ec}——无功功率经济当量,kW/kvar;

S_{ac}——变电所的负荷容量(此时为变压器的实际负荷容量),kVA。

两台同容量变压器并联运行时,其总运行功率损耗应为此时单台变压器运行损耗的2倍。同理,当 n 台同容量变压器并联运行时,其总运行功率损耗为此时一台变压器运行损耗的 n 倍,即

$$\Delta P_n = n(\Delta P_{\mathrm{T}} + K_{\mathrm{ec}}\Delta Q_{\mathrm{T}}) + n\beta^2(\Delta P_{\mathrm{N\cdot T}} + K_{\mathrm{ec}}\Delta Q_{\mathrm{N\cdot T}})$$

$$= n(\Delta P_{\mathrm{i\cdot T}} + K_{\mathrm{ec}}\Delta Q_{\mathrm{i\cdot T}}) + n\left(\frac{S_{\mathrm{ac}}}{nS_{\mathrm{N\cdot T}}}\right)2(\Delta P_{\mathrm{N\cdot T}} + K_{\mathrm{ec}}\Delta Q_{\mathrm{N\cdot T}}) \qquad (2-27)$$

(2) 变压器的经济运行

根据负荷的变化情况,调整变压器的运行方式,使其在功率损耗最小的条件下运行,称为变压器的经济运行。

对于单台运行的变压器,要使变压器运行经济,就必须满足变压器单位容量的有功损耗换算值 $\Delta P_{\mathrm{I}}/S$ 最小。令 $\mathrm{d}(\Delta P_{\mathrm{I}}/S)/\mathrm{d}S = 0$,可求得单台变压器的经济负荷 S_{ec} 为

$$S_{\mathrm{ec}} = S_{\mathrm{N\cdot T}}\sqrt{\frac{\Delta P_{\mathrm{i\cdot T}} + K_{\mathrm{ec}}\Delta Q_{\mathrm{i\cdot T}}}{\Delta P_{\mathrm{N\cdot T}} + K_{\mathrm{ec}}\Delta Q_{\mathrm{N\cdot T}}}} \qquad (2-28)$$

单台变压器运行时的经济负荷率 β_{ec} 为

$$\beta_{\mathrm{ec}} = \sqrt{\frac{\Delta P_{\mathrm{i\cdot T}} + K_{\mathrm{ec}}\Delta Q_{\mathrm{i\cdot T}}}{\Delta P_{\mathrm{N\cdot T}} + K_{\mathrm{ec}}\Delta Q_{\mathrm{N\cdot T}}}} \qquad (2-29)$$

一般电力变压器的经济负荷率 $\beta_{\mathrm{ec}} = 50\%$ 左右。

对于有两台变压器的变电所,变压器怎样运行才最经济呢? 根据式2-26和式2-27可绘出变压器功率损耗 ΔP_{I} 与变压器负荷 S 的关系曲线,如图2-3所示。图中 ΔP_{I} 为一台变压器运行时的损耗; ΔP_{II} 为两台变压器并联运行时的损耗。由图可见,两条曲线的交点 A 所对应的负荷 S_{cr} 就是变压器经济运行的临界负荷。

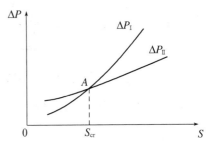

图2-3　变压器经济运行的临界负荷

由图2-3可看出:当 $S < S_{\mathrm{cr}}$ 时,因 $\Delta P_{\mathrm{I}} < \Delta P_{\mathrm{II}}$,一台变压器运行经济;当 $S > S_{\mathrm{cr}}$ 时,因 $\Delta P_{\mathrm{II}} > \Delta P_{\mathrm{I}}$,两台变压器运行经济。

当 $S = S_{\mathrm{cr}}$,则 $\Delta P_{\mathrm{I}} = \Delta P_{\mathrm{II}}$,即

$$\Delta P_{i\cdot T}+K_{ec}\Delta Q_{i\cdot T}+\left(\frac{S_{ac}}{S_{N\cdot T}}\right)^2(\Delta P_{N\cdot T}+K_{ec}\Delta Q_{N\cdot T})$$

$$=2\Delta P_{i\cdot T}+K_{ec}\Delta Q_{i\cdot T}+2\left(\frac{S_{ac}}{S_{N\cdot T}}\right)^2(\Delta P_{N\cdot T}+K_{ec}\Delta Q_{N\cdot T}) \qquad (2-30)$$

由此可求得两台变压器并联经济运行的临界负荷 S_{cr} 为

$$S_{cr}=S_{N\cdot T}\sqrt{2\frac{\Delta P_{i\cdot T}+K_{ec}\Delta Q_{i\cdot T}}{\Delta P_{N\cdot T}+K_{ec}\Delta Q_{N\cdot T}}} \qquad (2-31)$$

当一台变压器运行与两台同容量变压器并联运行损耗相同时,称一台变压器运行时的临界负荷率。即

$$\beta_{ec}=\frac{S_{cr}}{S_{N\cdot T}}=\sqrt{2\frac{\Delta P_{i\cdot T}+K_{ec}\Delta Q_{i\cdot T}}{\Delta P_{N\cdot T}+K_{ec}\Delta Q_{N\cdot T}}} \qquad (2-32)$$

同理,当变电所设置 n 台容量相同的变压器时,则 n 台与 $n-1$ 台经济运行的临界负荷 S_{cr} 为

$$S_{cr}=S_{N\cdot T}\sqrt{n(n-1)\frac{\Delta P_{i\cdot T}+K_{ec}\Delta Q_{i\cdot T}}{\Delta P_{N\cdot T}+K_{ec}\Delta Q_{N\cdot T}}} \qquad (2-33)$$

三、案例分析——选择主变压器

资料参数:已知某矿 6 kV 的 I 段电源母线上用电设备的技术数据为:$P_1=8347.5$ kW,$Q_1=4721.2$ kvar,$S_1=9590.1$ kVA,$\cos\varphi_1=0.870$。6 kV 的 II 段电源母线上用电技术数据为:$P_2=8302.0$ kW,$Q_2=5973.7$ kvar,$S_2=10227.9$ kVA,$\cos\varphi_2=0.812$。试求该矿井总降压变电所的计算负荷,并选择主变压器,确定变压器的经济运行方式。

【解】

1. 全矿计算负荷

计算全矿 6 kV 侧总的计算负荷:

$P_{ca}=P_1+P_2=8347.5$ kW$+8302.0$ kW$=16649.5$ kW

$Q_{ca}=Q_1+Q_2=4721.2$ kvar$+5973.7$ kvar$=10694.9$ kvar

应考虑各组间最大负荷同时系数,取 $K_{sp}=0.9$,$K_{sq}=0.95$,则

$P_{\Sigma}=K_{sp}\sum P_{ca}=0.9\times16649.5$ kW$=14985.6$ kW

$Q_{\Sigma}=K_{sq}\sum Q_{ca}=0.95\times10694.9$ kvar$=10160.2$ kvar

$S_{\Sigma}=\sqrt{P_{\Sigma}^2+Q_{\Sigma}^2}=\sqrt{14985.6^2+10160.2^2}$ kVA$=18105.2$ kVA

$\cos\varphi_{ANT}=\dfrac{P_{\Sigma}}{S_{\Sigma}}=\dfrac{14985.6}{18105.2}=0.828$

2. 功率因数的提高

(1)电容器补偿容量计算

电容器所需补偿容量。因全矿自然功率因数:$\cos\varphi_{ANT}=0.828$,低于0.9,所以应进行人工补偿,补偿后的功率因数应达到0.95以上,即 $\cos\varphi_{ac}=0.95$。则全矿所需补偿容量为

$$Q_c = P_\Sigma(\tan\varphi_{ANT} - \tan\varphi_{ac}) = 14985.6 \times (0.677 - 0.329)\,\text{kvar} = 5214.99\,\text{kvar}$$

（2）电容器柜数及型号的确定

电容器拟采用星形接线接在变电所的二次母线上，每组容量为 600 kvar、额定电压为 $6.3/\sqrt{3}$ kV 的电容器，则电容器柜总数为

$$N = \frac{Q_c}{q_{N\cdot C}\left(\dfrac{U_w}{U_{N\cdot C}}\right)^2} = \frac{5214.99}{600 \times \left(\dfrac{6/\sqrt{3}}{6.3/\sqrt{3}}\right)^2} = 9.6$$

由于电容器柜要分接在两段母线上，且为了在每段母线上构成星形接线，每段母线上的电容器柜也应分成相等的两组，所以每段母线上每组的电容器柜数 n 为

$$n = \frac{N}{2} = \frac{9.6}{2} = 4.8$$

取不小于计算值的整数，则 $n=5$；变电所电容器柜总数 $N=2n=2\times5=10$ 台。

（3）电容器的实际补偿容量

$$Q_c = q_{N\cdot C}N\left(\frac{U_w}{U_{N\cdot C}}\right)^2 = 600 \times 10 \times \left(\frac{6/\sqrt{3}}{6.3/\sqrt{3}}\right)^2 = 5442.2\,\text{kvar}$$

（4）人工补偿后的功率因数

$$Q_{ac} = Q_\Sigma - Q_c = 10160.2\,\text{kvar} - 5442.2\,\text{kvar} = 4718\,\text{kvar}$$

$$S_{ac} = \sqrt{P_\Sigma^2 + Q_\Sigma^2} = \sqrt{14985.6^2 + 4718.0^2}\,\text{kVA} = 15710.75\,\text{kVA}$$

$$\cos\varphi_{ac} = \frac{P_\Sigma}{S_{ac}} = \frac{14985.6}{15710.75} = 0.954$$

功率因数符合要求。

3. 主变压器的选择

由于本变电所有一类负荷，所以选择两台主变压器。当为两台同时工作时，每台变压器的容量为

$$S_{N\cdot T} \geqslant S_T = K_{t\cdot p}S_{ac} = 0.8 \times 15710.75\,\text{kVA} = 12568.6\,\text{kVA}$$

经统计全矿一、二类负荷的计算负荷：有功功率 14985.6 kW，无功功率 4718 kvar。再考虑一段母线退出运行后，电容器的补偿容量为总补偿容量的一半，此时的无功功率为 $(10160.2 - 5442.2)/2$ kvar=2359 kvar，所以其总的视在计算容量为

$$\sqrt{14985.6^2 + 2359^2}\,\text{kVA} = 15170.14\,\text{kVA}$$

查表确定选择 SFL7—16000/35 型变压器两台（实际中平能化集团某矿选择 SRNZ—20000/35 型变压器两台）。

变压器的负荷率为

$$\beta = \frac{S_{ac}}{2S_{N\cdot T}} = \frac{15170.14}{2 \times 16000} = 0.472$$

巩固提升

一、工作案例:选择主变压器

任务实施指导书

工作任务	选择_____主变压器		
任务要求	1. 准备工作:做好记录。 2. 根据企业的负荷分析结果和电压等级进行主变的选择。 3. 确定主变的接线方式。 4. 做好主变的经济运行分析。 5. 注意各线路及设备的额定电压等级。		
责任分工	1人负责分工;1人确定主变的接线方案,包括记录;1～2人选择主变,包括记录;1～2人进行主变的经济运行分析,包括记录。		
阶段	实施步骤	防范措施	应急预案
一、准备	1. 做好组织工作,按照现场实际有组长分工。	课前要预习,并携带查阅、收集的有关资料。	分工要注意学生的个性、学习情况、个人特点。
	2. 携带有关铅笔、记录本、尺子等记录用品和供电系统图和有关设备说明书等。	带上所有电气设备的使用说明书和变电所供电系统图。	
二、主变接线方案的确定	3. 认真研究供电系统图。		
	4. 分析电压等级和对供电的要求确定主变的接线方案。	带上所有电气设备的使用说明书和变电所供电系统设计说明书。	做好记录。
三、主变的选择	5. 认真分析负荷统计与计算的结果。	可携带有关电工学书籍。	可参见前面已作负荷统计工作。
	6. 进行主变选择的有关计算。	不要出错、细心。	
	7. 选择出主变的型号、数量和容量。	安全、可靠、实用、经济。	
四、主变的经济运行分析	8. 计算临界负荷。		
	9. 主变经济运行分析。		需要说明。
五、现场处理	10. 分析计算数据。	资料齐全。	做好记录。
	11. 经老师或技术人员审核。		
	12. 现场清理。	现场干净、整洁。	
	13. 填写工作记录单。		

工作记录表

工作时间		指挥者		记录员	
工作地点		监督者		分析人	
记录内容	1. 电源供电回路数。				
	2. 高、低压部分接线方式。				
	3. 高、低压母线负荷分配情况。				
	4. 主变的接线方案。				
	5. 各设备负荷类型。				
	6. 涉及的设备作用。				
	7. 线路及设备的额定电压等级。				
	8. 主变选择的有关计算结果。				
	9. 选择出主变的型号、数量和容量。				
	10. 计算临界负荷。				
	11. 主变经济运行时代负荷率。				
说明					

二、实操案例：选择某矿主变压器

已知某矿年产量为 150 万吨,地区电源电压为 63 kV,矿井全部用电设备的技术数据: $P=16266.2\ \text{kW}$, $Q=10532.7$, $\cos\varphi=0.839$。试求该矿井总降压变电所的计算负荷,并选择主变压器;计算全矿吨煤电耗及确定变压器的经济运行方式。

学习评价反馈书

考核项目		考核标准	配分	自评分	互评分	师评分
知识点	1. 变压器选择原则。	完整说出满分;不完整得 2~14 分;不会 0 分。	15			
	2. 变压器的经济运行分析方法。	完整说出满分;不完整得 2~14 分;不会 0 分。	15			
	小计		30			
技能点	1. 会确定变压器的型号。	会正确确定得满分;不熟练得 7~14 分;不会 0 分。	15			
	2. 会确定变压器的台数。	会正确确定得满分;不熟练得 7~14 分;不会 0 分。	15			
	3. 会确定变压器的容量。	会正确确定得满分;不熟练得 7~14 分;不会 0 分。	15			
	4. 会分析变压器经济运行情况。	会正确分析得满分;不熟练得 7~14 分;不会 0 分。	15			
	小计		60			

(续表)

	考核项目	考核标准	配分	自评分	互评分	师评分
情感点	1. 学习态度。	遵守纪律、态度端正、努力学习者满分；否则 0～1 分。	2			
	2. 学习习惯。	思维敏捷、学习热情高涨满分；否则 0～1 分。	2			
	3. 发表意见情况。	积极发表意见、有创新建议、意见采用满分；否则 0～1 分。	2			
	4. 相互协作情况。	相互协作、团结一致满分；否则 0～1 分。	2			
	5. 参与度和结果。	积极参与、结果正确；否则 0～1 分。	2			
	小计		10			
合计			100			

说明：1. 考评时间为 30 分钟，每超过 1 分钟扣 1 分；2. 要安全文明工作，否则老师酌情扣 1～10 分。

主讲教师(签字)：_____ 指导教师(签字)：_____

效果检查：

学习总结：

思考练习题：

1. 负荷计算的原则是什么？

2. 简述变压器具体选择的方法步骤。

项目三　矿用高压电气设备选择、运行与维护

学习目标

知识目标：

1. 短路类型、原因、危害。

2. 短路电流的计算方法。

3. 短路电流计算的目的和任务。

4. 短路电流的热效应和力效应。

5. 导体最小热稳定截面确定方法。

6. 成套电气设备的校验方法。

7. 电弧产生的原因及灭弧方法。

8. 常用高压电器技术参数。

9. 常用高压电器的选择方法。

10. 电气设备的组成、结构和原理。

11. 安装、使用、操作高压电气设备的方法。

12. 维护和检修高压电气设备的方法。

13. 高压电气设备故障分析和处理方法。

能力目标：

1. 能计算三相短路电流。

2. 能计算两相和单相短路电流。

3. 能确定导体最小热稳定截面。

4. 能校验成套电气设备的热稳定。

5. 能选择高压电器的型式。

6. 能选择和校验常用高压电器。

7. 能安装、使用、操作高压电气设备。

8. 能维护和检修高压电气设备。

9. 能分析和处理高压电气设备故障。

10. 具有紧急事件处理能力。

11. 具有工作现场处理能力。

素养目标：

1. 有自学热情和独立学习的态度；能对所学内容进行较为全面的比较、概括和阐释。

2. 有自主工作的热情和创新精神。

3. 提高学生的工作组织能力。

4. 提高学生的社会实践能力。

5. 培养学生的职业道德意识。

6. 培养学生严慎细实的工作态度。

7. 提高学生团结协作的能力。

8. 提高学生分析和解决问题的能力。

9. 培养学生热爱科学、实事求是的学风和创新意识、创新精神。

学习指南

1. 对照真空自动馈电开关阅读说明书和电路原理图,了解真空自动馈电开关工作原理及安装、调节、试验、维修步骤。

2. 对说明书中不懂的地方,进一步学习相关资料。

3. 学习上述标准、规范、规程,了解真空自动馈电开关工作原理及安装、调节、试验、维修要求。

4. 编写《矿用隔爆真空自动馈电开关安装、维护、检修工作计划》。

5. 小组讨论,综合各工作计划合理部分,确定最佳工作计划,做出决策。

6. 根据工作计划的分工和工作步骤,实施矿用隔爆真空自动馈电开关的安装、调试、维护、检修。

7. 按照工作计划的检查控制项目,进行工作过程的检查控制。

8. 工作完成后,分别对工作过程和工作结果进行自我评价、小组评价和教师评价。

教学引导

1. 安全意识。

2. 供电要求。

3. 结合矿井供电系统模型讲授。

4. 在校内供电实训基地上课或到实习基地去现场上课。

任务一 选择矿用高压电气设备

任务要求:

1. 准备工作:① 做好记录。② 结合教材熟悉设备的作用、特点。③ 结合学院供电实训基地的设备进行选择设备。

2. 根据短路电流的危害和分析短路电流的目的进行短路电流的有关计算,要求正确、安全、可靠、合理、经济。

3. 选择高压电气设备要求:正确、合理、适用、经济。

4. 设备的试运行。

5. 高压设备的操作程序和方法。

6. 设备常见故障的分析与处理。

工作情况：

1. 工作情况：① 根据运行经验，破坏电力系统正常运行的故障最常见、危害最大的是各种短路现象。本次任务通过短路电流的分析和计算，采取合适的保护措施，确保供电的安全。短路电流的计算是我们进行设备选择和保护整定必须要掌握的基本知识。② 根据短路电流的效应以及短路电流的计算结果，选择和校验电气设备及导体的截面。

2. 工作环境：以中平能化集团某矿实际情况为例进行短路电流的计算分析和设备的选择。

3. 学习情景：学习的主要思路就是围绕中平能化集团某矿井下某采煤工作面短路电流的计算分析和高压设备的选择来学习本任务。学习时注意供电电压的等级和接线方式。

工作要求：

1. 按照收集资料、制订计划、做出决策、实施计划、检查控制、评价反馈的步骤进行工作。

2. 收集资料并自学，使自己达到知识目标。

3. 所订计划符合安全规程、操作规程、质量标准、组织周密严谨、具有指导意义和创新精神。

4. 所做决策必须是经过方案比较后确定的最佳计划。

5. 必须严格按照工作计划实施计划。

6. 按照任务要求对工作过程和工作结果进行评价；同时总结经验，定出改进措施。

相关知识

一、短路的类型、原因及危害

（一）短路的种类

在供电系统中危害最大的故障就是短路。短路就是供电系统中不等电位的点没有经过用电器而直接相连通。

在三相系统中，短路的基本形式有三相短路、单相短路以及两相接地短路。各种短路的示意图如图 3-1 所示。

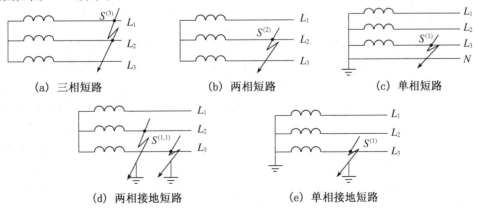

（a）三相短路　　　　（b）两相短路　　　　（c）单相短路

（d）两相接地短路　　　　　　（e）单相接地短路

图 3-1　短路的种类

当三相短路时,由于短路回路阻抗相等,三相电流和电压仍是对称的,故又称为对称短路,而出现其他类型短路时,不仅每相电路中的电流和电压数值不等,其相角也不同,这些短路总称为不对称短路。

短路的电压与电流的相位差较正常时增大,接近于90°。

单相短路只发生在中性点直接接地系统或三相四线制系统中。

其他:层间、层间短路。主要指电动机、变压器和线圈等。

最关键的两个短路电流:一个是最大短路电流,主要用于选择设备、导线,另一个是最小短路电流,主要用于继电保护装置整定、校验。

(二)造成短路原因

形成短路的原因很多,主要有以下几个方面:

(1)元件损坏,例如设备绝缘材料老化,设计制造安装及维护不良等造成的设备缺陷发展成短路。

(2)气象条件影响,例如雷击过电压造成的闪络放电,由于风灾引起架空线断线或导线覆冰引起电杆倒塌等。

(3)人为过失,例如运行人员带负荷拉刀闸,检修线路或设备时未排除接地线就合闸供电等。

(4)其他原因,例如挖沟损伤电缆,鸟兽风筝跨接在载流裸导体上等。

(三)短路的危害

1. 特点

(1)电流剧增至正常电流的几十甚至几百倍(电流大)。

(2)系统电压骤降。

2. 后果

(1)在工业供电系统中发生短路故障时,在短路回路中短路电流要比额定电流大几倍至几十倍,可达数千安甚至更大,短路电流通过电气设备和导线必然要产生很大的电动力。

(2)设备通过短路电流将使其发热增加,如短路持续时间较长,电气设备可能由于过热造成导体熔化或绝缘损坏。

(3)短路时故障点往往有电弧产生,它不仅可能烧坏故障元件,且可能殃及周围设备。

(4)在短路点附近电压显著下降。系统中最主要的电力负荷是异步电动机,它的电磁转矩同端电压的平方成正比,电压下降时,电动机的电磁转矩显著减小,转速随之下降,当电压大幅度下降时,电动机甚至可能停转,造成产品报废、设备损坏等严重后果。

(5)发生不对称短路时,不平衡电流产生的磁通,可以在附近的电路内感应出很大的电动势,对于架设在高压电力线路附近的通信线路或铁道信号系统会产生严重的影响。

(6)当短路点离发电厂很近时,有可能造成发电机失去同步,而使整个电力系统的运行解列。这是短路故障的最严重后果。

综上所述,短路危害是严重的,但是只要精心设计、认真施工、加强日常维护、严格遵守操作规程,大多数短路故障是有可能避免的。

（四）保护措施

装设电抗器、熔断器、继电保护装置、微机保护等。

（五）计算短路电流的目的和任务

（1）正确选择和校验电气设备。电力系统中的电气设备在短路电流的电动力效应和热效应作用下，必须不受损坏，以免扩大事故范围，造成更大的损失。在设计时必须校验所选择的电气设备的电动力稳定度和热稳定度，因此就需要计算发生短路时流过电气设备的短路电流。如果短路电流太大，必须采用限流措施。

（2）继电保护的设计和整定。关于电力系统中应配置什么样的继电保护，以及这些保护装置应如何整定，必须对电力网中可能发生的各种短路情况逐一加以计算分析，才能正确解决。

（3）电气主接线方案的确定。在设计电气主接线方案时往往能出现这种情况：一个供电可靠性高的接线方案，因为电的联系强，在发生故障时，短路电流太大以至必须选用昂贵的电气设备，而使所设计的方案在经济上不合理，这时若采取一些措施，例如适当改变电路的接法，增加限制短路电流的设备，或者限制某种运行方式的出现，就会得到既可靠又经济的主接线方案。总之，在评价和比较各种主接线方案选出最佳者时，计算短路电流是一项很重要的内容。

（六）计算短路电流需要的资料

了解变电所主接线系统，主要运行方式，各种变压器的型号、容量、有关各种参数；供电线路的电压等级，架空线和电缆的型号，有关参数、距离；大型高压电机型号和有关参数，还必须到电力部门收集下列材料：

（1）电力系统现有总额定容量及远期的发展总额定容量。

（2）与本变电所电源进线所连接的上一级变电所母线，在最大运行方式下的短路电流，和最小运行方式下的短路电流或短路容量。

（3）企业附近有发电厂的应收集各种发电机组的型号、容量、次暂态电抗、连线方式、变压器容量和短路电压百分数，输电线路的电压等级，输电线型号和距离等。

（4）通常变电所有两条电源进线，一条运行，另一条备用，应判断哪条进线的短路电源较大，哪条较小，然后分别计算最大运行方式下和最小运行方式下的短路电流。

二、短路电流的计算方法

（一）绝对值法（有名值法、欧姆法）

采用绝对值法计算短路电流时，电压、电流、阻抗等物理量直接带单位参加计算，其公式中的各物理量都是有单位名称的量。在计算低压供电系统的短路电流时，由于高压系统的阻抗与低压系统的阻抗相比很小，高压系统阻抗可忽略不计，减少了折算工作。故在低压电网中计算短路电流时多采用绝对值法计算短路电流。下面针对低压电网短路电流计算介绍怎样应用绝对值法计算短路电流。

1. 绝对值法计算低压短路电流时的简化条件

(1) 在低压电网中,向短路点供电的变压器容量如果不超过供电电源容量 3% 时,在计算短路电流时认为变压器高压侧端电压不变。在供电中大部分都满足这一条件。

(2) 对低压电网一般不允许忽略电阻的影响,只有当短路回路的总电阻小于或等于总电抗的 1/3 时才允许忽略电阻。

(3) 电缆、母线长度超过 10 m 时不能忽略。

2. 绝对值法计算短路电流的步骤

绝对值法计算短路电流的步骤与相对值法相同,同样分为绘制短路计算电路图、绘制等值电路图、计算回路总阻抗、计算短路电流四个步骤。其绘制短路计算电路图、绘制等值电路图与相对值法相同,以下介绍短路回路总阻抗计算、短路电流计算。

3. 短路回路总阻抗计算

(1) 短路回路中各元件阻抗的计算

短路回路中的阻抗元件有电源(电源系统或发电机)、变压器、输电线路、电抗器等。

① 电源系统阻抗的计算

若已知向短路点供电变压器高压系统的短路容量便可求出系统的电抗。由于电源系统的电抗远大于电阻,可将电阻忽略不计,只考虑电抗即可。电源系统的电抗计算为

$$X_{sy} = \frac{U_{av}^2}{S_s} = \frac{U_{av}}{\sqrt{3}\, I_s^{(3)}} \tag{3-1}$$

式中:X_{sy}——电源系统的电抗,Ω;

U_{av}——电源母线上的平均电压,kV;

S_s——电源母线上的短路容量,kVA;

$I_s^{(3)}$——电源母线上的三相短路电流,kA。

平均电压的选取见表 3-1。

② 变压器的阻抗计算

变压器的阻抗计算式为

$$Z_T = \frac{u_s\%}{100} \cdot \frac{U_{2N \cdot T}^2}{S_{N \cdot T}} \tag{3-2}$$

式中:Z_T——变压器的阻抗,Ω;

$u_s\%$——变压器短路电压百分数,由变压器技术参数表查得;

$U_{2N \cdot T}$——变压器二次额定电压,kV;

$S_{N \cdot T}$——变压器的额定容量,kVA。

变压器的电阻计算式为

$$R_T = \Delta P_{N \cdot T} \frac{U_{2N \cdot T}^2}{S_{N \cdot T}^2} \tag{3-3}$$

式中:R_T——变压器的电阻,Ω;

$\Delta P_{N \cdot T}$——变压器的短路损耗,MW,可由变压器技术参数表中查得。

变压器的电抗计算式为

$$X_{\mathrm{T}} = \sqrt{Z_{\mathrm{T}}^2 - R_{\mathrm{T}}^2} \tag{3-4}$$

式中：X_{T}——变压器的电抗，Ω。

对大容量电力变压器，$X_{\mathrm{T}} \gg R_{\mathrm{T}}$，$R_{\mathrm{T}}$ 可忽略不计，$Z_{\mathrm{T}} \approx X_{\mathrm{T}}$。对小容量变压器，其电阻不能忽略。变压器的电阻和电抗可直接从技术参数表中查出。

③ 输电线路阻抗计算

输电线路电抗计算式为

$$X_\omega = x_0 L \tag{3-5}$$

式中：X_ω——输电线路电抗，Ω；

x_0——输电线路每公里电抗，Ω/km；其值与导线直径和相间距离等因素有关，短路电流计算采用平均值，见表 3-1；

L——输电线路长度，km。

表 3-1 不同电压等级的各种线路电抗平均值

线 路 种 类	电 抗 （Ω/km）
架空单回路电压在 1 kV 以上到 220 kV	0.4
架空单回路电压在 1 kV 以下	0.3
35 kV 电缆线路	0.12
1 kV 到 10 kV 电缆线路	0.07～0.08
1 kV 以下电缆线路	0.06～0.07

输电线路电阻计算公式为

$$R_\omega = \frac{L}{\gamma_{\mathrm{sc}} A} \tag{3-6}$$

式中：R_ω——输电线路的电阻，Ω；

L——导线的长度，m；

A——导线的截面积，mm^2；

γ_{sc}——导线材料的电导率，$\mathrm{m}/(\Omega \cdot \mathrm{mm}^2)$。

各种电缆芯线在不同温度下的电导率见表 3-2。

线路电阻也可由下式计算：

$$R_\omega = r_0 \cdot L \tag{3-7}$$

式中：r_0——输电线路每千米电阻，Ω/km，见表 3-3。

表 3-2　电缆的电导率

电缆种类	电 导 率[m/(Ω·mm²)]		
	20 ℃	65 ℃	80 ℃
铜芯软电缆	53	42.5	—
铜芯铠装电缆	—	48.6	44.3
铝芯铠装电缆	32	28.8	—

表 3-3　6 kV 高压铠装电缆阻抗　　　　　　　　　　　（单位：Ω/km）

芯线截面(mm²)	铜 芯		铝 芯	
	电 阻	电 抗	电 阻	电 抗
16	1.344	0.068	2.298	0.068
25	0.858	0.066	1.444	0.066
35	0.613	0.064	1.032	0.064
50	0.429	0.063	0.772	0.063
70	0.307	0.061	0.516	0.061
95	0.226	0.060	0.380	0.060
120	0.179	0.060	0.301	0.060
150	0.143	0.060	0.241	0.060
185	0.116	0.060	0.195	0.060

注：1. 表中电阻为芯线温度 65℃时的电阻值；2. 10 kV 高压电缆的电抗值按 0.08 Ω/km 计算。

④ 电抗器的电抗计算

电抗器是用来限制短路电流的电器，其电抗值计算公式为

$$X_r = \frac{x_r\%}{100} \cdot \frac{U_{N\cdot r}}{\sqrt{3}\,I_{N\cdot r}} \tag{3-8}$$

式中：X_r——电抗器的电抗，Ω；

$\quad x_r\%$——电抗器的百分数电抗，可查电抗器的技术参数；

$\quad U_{N\cdot r}$——电抗器的额定电压，kV；

$\quad I_{N\cdot r}$——电抗器的额定电流，kA。

（2）短路回路的总阻抗计算

在计算短路回路的总阻抗时，由于短路回路中各元件的连接方式各有不同，所以应根据电工基础原理将它们化简为简单电路，然后再进行总阻抗的计算。各种不同电网的变换及基本公式见表 3-4。

在计算短路回路的总阻抗时，短路回路中各元件所在线路可能不属同一电压等级，所以

还应把不同电压等级电路的元件阻抗折算到短路点所在电路的电压等级上,才能进行总阻抗的计算。阻抗的折算应满足折算前后元件消耗的功率不变原则进行,即折算公式为

$$R' = R \cdot \left(\frac{U_{\text{av}\cdot 2}}{U_{\text{av}\cdot 1}}\right)^2$$

$$X' = X \cdot \left(\frac{U_{\text{av}\cdot 2}}{U_{\text{av}\cdot 1}}\right)^2 \qquad (3-9)$$

式中:R'、X'——折算后的等效电阻与电抗,Ω;

R、X——折算前电路元件实际电阻与电抗,Ω;

$U_{\text{av}\cdot 1}$——元件所在电网的平均电压,kV;

$U_{\text{av}\cdot 2}$——短路点所在电网的平均电压,kV。

表 3-4　不同电网变换及其基本公式

变换名称	变换前的网络	变换后的网络	变换后网络元件的阻
串联	X_1　X_2　X_3	X_Σ	$X_\Sigma = X_1 + X_2 + \cdots + X_n$
并联	X_1　X_2　X_3	X_Σ	$X_\Sigma = \dfrac{1}{\dfrac{1}{X_1} + \dfrac{1}{X_2} + \dfrac{1}{X_3} + \cdots + \dfrac{1}{X_n}}$
三角形变换成等值星形	X_{WU}　X_{UV}　X_{VW}	U　X_{U}　X_{W}　X_{V}	$X_{\text{U}} = \dfrac{X_{\text{UV}} \cdot X_{\text{WU}}}{X_{\text{UV}} + X_{\text{VW}} + X_{\text{WU}}}$ $X_{\text{V}} = \dfrac{X_{\text{UV}} \cdot X_{\text{VW}}}{X_{\text{UV}} + X_{\text{VW}} + X_{\text{WU}}}$ $X_{\text{W}} = \dfrac{X_{\text{WU}} \cdot X_{\text{VW}}}{X_{\text{UV}} + X_{\text{VW}} + X_{\text{WU}}}$
星形变换成等值三角形	U　X_{U}　X_{W}　X_{V}	X_{WU}　X_{UV}　X_{VW}	$X_{\text{UV}} = X_{\text{U}} + X_{\text{V}} + \dfrac{X_{\text{U}} \cdot X_{\text{V}}}{X_{\text{W}}}$ $X_{\text{VW}} = X_{\text{W}} + X_{\text{V}} + \dfrac{X_{\text{W}} \cdot X_{\text{V}}}{X_{\text{U}}}$ $X_{\text{WU}} = X_{\text{W}} + X_{\text{U}} + \dfrac{X_{\text{W}} \cdot X_{\text{U}}}{X_{\text{V}}}$

把短路回路化简和将不同电压等级元件阻抗折算后,可计算短路回路的总阻抗。短路回路总阻抗计算式为

$$Z_\Sigma = \sqrt{R_\Sigma^2 + X_\Sigma^2} \qquad (3-10)$$

式中:R_Σ——短路回路的总电阻,Ω;在计算低压电网的最小短路电流时,应计入短路点的电弧电阻值 R_{ea},R_{ea}取 $0.01\ \Omega$。

X_Σ——短路回路的总电抗,Ω。

（3）短路电流计算

① 绘制短路计算电路图。

② 绘制等值电路图。

③ 计算短路回路中各元件的电阻和电抗,然后将不同电压等级元件电阻和电抗进行折算。

④ 计算短路回路总阻抗。

⑤ 计算短路电流。

对无限大电源容量系统发生三相短路时,其短路属对称短路,计算公式为

$$I_{s}^{(3)} = \frac{U_{av}}{\sqrt{3}\,Z_{\Sigma}} = \frac{U_{av}}{\sqrt{3}\,\sqrt{R_{\Sigma}^2 + X_{\Sigma}^2}} \tag{3-11}$$

式中:U_{av}——短路点所在处线路平均电压,kV;

$I_{s}^{(3)}$——三相短路电流,kA。

(二) 相对值法(标幺值法)

1. 相对值(标幺值法、相对单位制法)

基本容量,工程设计通常取 100 MVA。基本电压选各元件及短路点线路的平均电压 U_{av},计算电压个元件线电压。

$$I_{da} = \frac{S_{da}}{\sqrt{3}\,U_{da}} \tag{3-12}$$

$$I_{da} = \frac{U_{da}}{\sqrt{3}\,I_{da}} = \frac{U_{da}^2}{S_{da}} \tag{3-13}$$

$$S_{\cdot da} = \frac{S}{S_{da}} \tag{3-14}$$

$$U_{\cdot da} = \frac{U}{U_{da}} \tag{3-15}$$

$$I_{\cdot da} = \frac{I}{I_{da}} = \frac{\sqrt{3}\,U_{da}I}{S_{da}} \tag{3-16}$$

$$X_{\cdot da} = \frac{X}{X_{da}} = X\frac{\sqrt{3}\,I_N}{U_{da}} = X\frac{S_{da}}{U_{da}} \tag{3-17}$$

式中:S、U、I、X——各物理量的实际值;

$S_{\cdot da}$、$U_{\cdot da}$、$X_{\cdot da}$——各物理量的相对基准值。

2. 系统各元件相对基准电抗值的计算

(1)电源系统的相对基准电抗

$$X_{sy\cdot da} = \frac{X_{sy}}{X_{da}} = \frac{\dfrac{U_{av}^2}{S_s}}{\dfrac{U_{da}^2}{S_{da}}} = \frac{S_{da}}{S_s} \tag{3-18}$$

$$X_{sy\cdot da} = \frac{X_g''\%}{100}\frac{S_{da}}{S_{N\cdot g}} \tag{3-19}$$

（2）变压器的相对基准电抗

$$X_{T \cdot da} = \frac{u_z \%}{100} \frac{S_{da}}{S_{N \cdot T}} \qquad (3-20)$$

（3）电抗器的相对基准电抗

$$X_{r \cdot da} = \frac{x_z \%}{100} \frac{U_{N \cdot r}}{I_{N \cdot r}} \frac{I_{da}}{U_{da}} = \frac{x_r \%}{100} \frac{U_{N \cdot r}}{\sqrt{3} I_{N \cdot r}} \frac{S_{da}}{U_{da}^2} \qquad (3-21)$$

（4）线路的相对基准电抗

$$X_{w \cdot da} = X_w \frac{S_{da}}{U_{da}^2} = x_0 L \frac{S_{da}}{U_{da}^2} \qquad (3-22)$$

$$R_{w \cdot da} = R_w \frac{S_{da}}{U_{da}^2} = r_0 L \frac{S_{da}}{U_{da}^2} \qquad (3-23)$$

3．短路电流的计算

（1）短路电流的相对基准值

$$I_{s \cdot da}^{(3)} = \frac{I_s^{(3)}}{I_{da}} = \frac{\dfrac{U_{av}}{\sqrt{3} X_\Sigma}}{\dfrac{U_{da}}{\sqrt{3} X_{da}}} = \frac{X_{da}}{X_\Sigma} = \frac{1}{X_{\Sigma \cdot da}} \qquad (3-24)$$

（2）短路电流的计算

$$I_s^{(3)} = I_{s \cdot da}^{(3)} I_{da} = \frac{I_{da}}{X_{\Sigma \cdot da}} \qquad (3-25)$$

（3）三相短路容量

$$S_{s \cdot da}^{(3)} = \frac{S_s}{S_{da}} = \frac{\sqrt{3} U_{av} I_s^{(3)}}{\sqrt{3} U_{da} I_{da}^{(3)}} = \frac{I_s^{(3)}}{I_{da}} = \frac{1}{X_{\Sigma \cdot da}} \qquad (3-26)$$

$$S_S = S_{s \cdot da} S_{da} = \frac{S_{da}}{X_{\Sigma \cdot da}} = \sqrt{3} U_{av} I_S^{(3)} \qquad (3-27)$$

（三）不对称短路电流的计算

包括两相短路、单相短路电流的计算。

1．两相短路电流的计算

（1）解析法计算两相短路电流：忽略电阻

低压电网两相短路电流用于校验开关保护装置的灵敏度，在计算短路电流时，需计算出最小两相短路电流，所以首先要选择短路点。在井下供电系统中，每一个开关都有一定的保护范围，其在保护范围内最远点发生短路时，短路电流最小，选择这样的点为短路点，求其两相短路电流。如果开关的保护装置能在此电流下可靠动作，在保护范围内其他任何点发生两相短路，保护装置均能动作。计算短路电流的计算电路图如图 3-2 所示，短路点 S 选在保护范围的末端。两相短路电流计算公式为

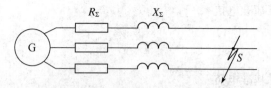

图 3-2　系统两相短路电流计算图

$$I_s^{(2)} = \frac{U_{av}}{2Z_\Sigma} = \frac{U_{av}}{2\sqrt{R_\Sigma^2 + X_\Sigma^2}} \qquad (3-28)$$

式中：U_{av}——短路点所在线路的平均电压，kV；

$\quad Z_\Sigma$——短路回路的总阻抗，Ω；

$\quad I_s^{(2)}$——两相短路电流，kA。

由式(3-11)和式(3-28)可得出同一点短路时，三相短路电流与两相短路电流之间的关系式为

$$I_s^{(2)} = \frac{\sqrt{3}}{2}I_s^{(3)} = 0.866I_s^{(3)} \qquad (3-29)$$

因此在计算出三相短路电流时，由式(3-29)可计算出两相短路电流。

（2）查表法计算井下低压电网两相短路电流

低压电网两相短路电流的计算除上述方法计算外，工程中常采用查表法计算低压电网两相短路电流，查表法计算两相短路电流是一种简单、快速的计算方法。

在无限大电源容量系统中，低压电网短路电流的大小取决于电力变压器和低压电缆的阻抗。当变压器的型号、容量和电缆的截面一定时，短路电流的大小就是电缆长度的函数。如果已知电缆长度 L，就可直接求出两相短路电流的大小。所以，根据变压器的型号和容量，列出不同长度的电缆所对应的短路电流表，通过短路点至变压器之间的电缆长度查出所对应的短路电流大小。在实际低压电网中，各段电缆的截面积是不相等的，如果对多种截面的电缆线路列短路电流表，就显得表格庞大而繁杂，不利于查算。因此，为了使表格简化和提高查表的速度，将不同低压电缆截面统一到一个标准截面下，即在阻抗不变的原则下，把不同截面和长度的电缆换算成统一标准截面下的等效长度。对 380 V、660 V 和 1120 V 系统，当导线采用电缆时，取电缆的标准截面为 50 mm^2；对 127 V 系统，取电缆的标准截面为 4 mm^2。

把不同截面电缆长度换算到标准截面下的等效长与实际电缆长度的比值称为换算系数，用 K_{ct} 表示。其等效长度也称为换算长度，用 L_{ct} 表示。换算长度 L_{ct} 与实际长度 L 之间的关系为

$$L_{ct} = K_{ct}L \qquad (3-30)$$

式中：L_{ct}——电缆的换算长度，m；

$\quad K_{ct}$——换算系数；

$\quad L$——电缆的实际长度，m。

利用查表法计算低压电网两相短路电流的步骤：

① 绘制短路计算电路图,在图中选定短路计算点;

② 通过查表或计算确定各段电缆的换算长度 L_{ct};

③ 求出短路点至变压器二次侧全部电缆的总换算长度;

④ 根据变压器的型号、容量、二次侧电压及电缆的总换算长度,在相应的变压器栏目下查出对应的两相短路电流值。

2. 单相短路电流的计算

在 380/220 V 三相四线制供电系统中,常需要计算单相短路电流,用于校验保护装的灵敏度。而单相短路也属不对称短路,其短路电流的计算公式同两相短路电流一样均可用对称分量法分析得出。

(1) 对称分量法计算单相短路电流

$$I_{s}^{(1)} = \frac{3U_{\varphi}}{\sqrt{(R_{1\Sigma} + R_{2\Sigma} + R_{0\Sigma} + 3R_{ea})^2 + (X_{1\Sigma} + X_{2\Sigma} + X_{0\Sigma})^2}} \tag{3-31}$$

式中:R_{ea}——电弧电阻,一般取 10 mΩ;

  $I_{s}^{(1)}$——单相短路电流,kA;

  U_{φ}——变压器二次侧平均相电压,取 230 V;

  $R_{1\Sigma}$、$R_{2\Sigma}$、$R_{0\Sigma}$——短路回路总的正序、负序和零序电阻,mΩ;

  $X_{1\Sigma}$、$X_{2\Sigma}$、$X_{0\Sigma}$——短路回路总的正序、负序和零序电抗,mΩ。

短路回路中正序、负序阻抗相等,正序阻抗即为计算三相短路电流时用阻抗。短路回路的零序阻抗,对高压系统由于变压器都为 Y, Y_{n0} 接线,这样低压侧单相短路时,零序电流不能在高压侧流通,故认为高压系统无零序阻抗。变压器的零序电抗可查表获得,电流互感器、开关的零序阻抗等于正序阻。三相四线制配电线路的零序阻抗计算式为

$$R_0 = R_{0\varphi} + 3R_{0n}$$
$$X_0 = X_{0\varphi} + 3X_{0n} \tag{3-32}$$

式中:R_0、X_0——线路的零序电阻、电抗,mΩ;

  $R_{0\varphi}$、$X_{0\varphi}$——相线的零序电阻、电抗,mΩ;

  R_{0n}、X_{0n}——零线的零序电阻、电抗,mΩ。

(2) 相零回路法计算单相短路电流

为了简化计算引入"相—零"回路阻抗,其短路电流计算式为

$$I_{s}^{(1)} = \frac{U_{\varphi}}{\sqrt{(R_{T\cdot\varphi} + R_{\varphi n\cdot\Sigma} + R_{ea})^2 + (X_{T\cdot\varphi} + X_{\varphi n\cdot\Sigma})^2}} \tag{3-33}$$

式中:$R_{T\cdot\varphi}$、$X_{T\cdot\varphi}$——变压器的单相(相—零)电阻、电抗,mΩ;

  $R_{\varphi n\cdot\Sigma}$、$X_{\varphi n\cdot\Sigma}$——短路回路(相—零)的总电阻、电抗,mΩ。

在单相短路回路中,任一元件(变压器、线路)的相—零阻抗由下式计算:

$$R_{\varphi n}(\text{或 } R_{T\cdot\varphi}) = \frac{1}{3}(R_1 + R_2 + R_0)$$

$$X_{\varphi n}(\text{或 } X_{T\cdot\varphi}) = \frac{1}{3}(X_1 + X_2 + X_0) \tag{3-34}$$

式中:R_1、R_2、R_0——元件的正序、负序、零序电阻,$m\Omega$;

　　X_1、X_2、X_0——元件的正序、负序、零序电抗,$m\Omega$。

常用三相双线圈铝线配电电力变压器和部分电缆的各序阻抗见表3-5和表3-6。其他元件请查有关手册。

表3-5　常用三相双线圈铝线配电电力变压器的零序阻抗(归算到400 V侧)　(单位:$m\Omega$)

电压(kV)	容量(kVA)	阻抗电压(%)	零序电阻	零序电抗	相零电阻	相零电抗
10(6)/0.4	100	4	312	425	124.75	177.75
	125					
	160		240	318	92.78	129.39
	200		204	268	77.87	108.25
	250		162	216	61.40	87.88
	315		122	174	46.33	70.30
	400					
	500	4.5	58	110	22.61	44.55
	630		40	84	15.97	35.15
	800		36	60	13.96	25.67
	1000		34	46	12.87	19.88
	1250		30	38	11.17	16.32
	1600		24	32	8.83	13.55

表3-6　500 V聚氯乙烯绝缘四芯电力电缆每米阻抗值　(单位:$m\Omega/m$)

芯线标准截面 (mm²)	温度为65℃时的电阻值				正、负序电抗 X_1、X_2、X	零序电抗	
	铝		铜				
	相线 R	零线 R_{0n}	相线 R	零线 R_{0n}		相线 $X_{0\varphi}$	零线 X_{0n}
3×4+1×2.5	9.237	14.778	5.482	8.772	0.100	0.114	0.129
3×6+1×4	6.158	9.237	3.665	5.482	0.099	0.115	0.127
3×10+1×6	3.695	6.158	2.193	3.665	0.094	0.108	0.125
3×16+1×6	2.309	6.158	1.371	3.665	0.087	0.104	0.134
3×25+1×10	1.057	3.695	0.895	2.193	0.082	0.101	0.137
3×35+1×10	1.077	3.695	0.639	2.193	0.080	0.100	0.138
3×50+1×16	0.754	2.309	0.447	1.371	0.079	0.101	0.135
3×70+1×25	0.538	1.057	0.319	0.895	0.078	0.079	0.127
3×95+1×35	0.397	1.077	0.235	0.639	0.079	0.097	0.125
3×120+1×35	0.314	1.077	0.188	0.639	0.076	0.095	0.130
3×150+1×50	0.251	0.754	0.151	0.447	0.076	0.093	0.120
3×180+1×50	0.203	0.754	0.123	0.447	0.076	0.094	0.128

三、案例分析——计算三相短路电流

案例 1： 某生产系统供电系统如图 3-3 所示。已知井下中央变电所 6 kV 母线上的短路容量为 50 MVA，由井下中央变电所至生产系统变电所的高压电缆为 ZLQ-3×35 型铠装电缆，长度为 2000 m，其余参数如图所示。试计算 S 点的三相短路电流。

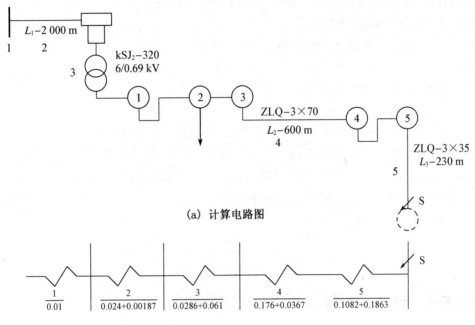

(a) 计算电路图

(b) S点短路的等值电路图

图 3-3　某生产系统供电系统图

【解】

1. 计算短路回路阻抗

（1）电源系统电抗

$$X_{sy} = \frac{U_{av}^2}{S_s} = \frac{6.3}{50}\,\Omega = 0.794\,\Omega$$

折算到 660 V 侧：

$$X'_{sy} = X_{sy} \cdot \left(\frac{U_{av\cdot2}}{U_{av\cdot1}}\right)^2 = 0.794 \times \left(\frac{0.69}{6.3}\right)^2\,\Omega = 0.01\,\Omega$$

（2）高压电缆的阻抗

电抗：　　$X_{\omega1} = x_{01} \cdot L_1 = 0.078 \times 2\,\Omega = 0.156\,\Omega$

电阻：　　$R_{\omega1} = r_{01} \cdot L_1 = 0.992 \times 2\,\Omega = 1.984\,\Omega$

折算到 660 V 侧：　　$X'_{\omega1} = x_{\omega1} \cdot \left(\frac{U_{av\cdot2}}{U_{av\cdot1}}\right)^2 = 0.156 \times \left(\frac{0.69}{6.3}\right)^2\,\Omega = 0.00187\,\Omega$

$$R'_{\omega1} = R_{\omega1} \cdot \left(\frac{U_{av\cdot2}}{U_{av\cdot1}}\right)^2 = 1.984 \times \left(\frac{0.69}{6.3}\right)^2\,\Omega = 0.024\,\Omega$$

（3）变压器的阻抗

由变压器的技术参数表查得 KSJ$_2$—320 型变压器的阻抗为

$$X_T = 0.061\ \Omega \qquad\qquad R_T = 0.0286\ \Omega$$

（4）低压干线电缆 L_2 的阻抗

电抗：$\quad X_{\omega 2} = x_{02} \cdot L_2 = 0.0612 \times 0.6\ \Omega = 0.0367\ \Omega$

电阻：$\quad R_{\omega 2} = r_{02} \cdot L_2 = 0.294 \times 0.6\ \Omega = 0.176\ \Omega$

（5）低压支线电缆 L_3 的阻抗

电抗：$\quad X_{\omega 3} = x_{03} \cdot L_3 = 0.081 \times 0.23\ \Omega = 0.1863\ \Omega$

电阻：$\quad R_{\omega 3} = r_{03} \cdot L_3 = 0.4704 \times 0.23\ \Omega = 0.1082\ \Omega$

（6）S 点短路时短路回路总阻抗

$$X_\Sigma = X'_{sy} + X'_{\omega 1} + X_T + X_{\omega 2} + X_{\omega 3}$$
$$= (0.01 + 0.00187 + 0.061 + 0.0367 + 0.1863)\Omega = 0.296\ \Omega$$
$$R_\Sigma = R_{\omega 1}' + R_T + R_{\omega 2} + R_{\omega 3} + R_{ea}$$
$$= (0.024 + 0.0286 + 0.176 + 0.1082 + 0.01)\Omega = 0.367\ \Omega$$
$$Z_\Sigma = \sqrt{R_\Sigma^2 + X_\Sigma^2} = \sqrt{0.367^2 + 0.296^2}\ \Omega = 0.471\ \Omega$$

2. S 点的三相短路电流

$$I_s^{(3)} = \frac{U_{av}}{\sqrt{3}\,Z_\Sigma} = \frac{690}{\sqrt{3} \times 0.471}\ A = 845\ A$$

四、案例分析——计算两相和单相短路电流

案例 2：某车间变电所供电系统如图 3-4(a)所示，有关参数见图，试求 S$_1$ 点的三相、两相、单相短路电流。

【解】

1. 绘制电路图

（1）短路计算电路图如图 3-4(a)所示。

（2）绘制等值电路图如图 3-4(b)所示。

2. 计算 S$_1$ 点的三相、两相短路电流

（1）短路回路各元件的阻抗计算

在计算短路回路的总阻抗时，短路回路中各元件所在线路属不同电压等级，所以把不同电压等级电路的元件阻抗折算到短路点所在电路的电压等级上，然后才能进行总阻抗的计算。阻抗的折算应满足折算前后元件消耗的功率不变原则进行。

高压系统的电抗（忽略电阻）：

$$X_1 = \frac{U_{av}^2}{S_s}\left(\frac{U_{av\cdot 2}}{U_{av\cdot 1}}\right)^2 = \frac{U_{av}^2}{S_s} = \frac{400^2}{200 \times 10^3}\ m\Omega = 0.8\ m\Omega$$

变压器的阻抗：

$$Z_2 = \frac{u_s\%}{100}\frac{U_{2N\cdot T}^2}{S_{N\cdot T}} = \frac{4.5}{100} \times \frac{400^2}{1000}\ m\Omega = 7.2\ m\Omega$$

表 3－7 常用三相双线圈铝线配电电力变压器的零序阻抗(归算到 400V 侧) （单位：mΩ）

电压(kV)	容量(kVA)	阻抗电压(%)	零序电阻	零序电抗	相零电阻	相零电抗
10(6)/0.4	100	4	312	425	124.75	177.75
	125					
	160		240	318	92.78	129.39
	200		204	268	77.87	108.25
	250		162	216	61.40	87.88
	315		122	174	46.33	70.30
	400	4.5				
	500		58	110	22.61	44.55
	630		40	84	15.97	35.15
	800		36	60	13.96	25.67
	1000		34	46	12.87	19.88
	1250		30	38	11.17	16.32
	1600		24	32	8.83	13.55

表 3－8 500 V 聚氯乙烯绝缘四芯电力电缆每米阻抗值 （单位：mΩ/m）

芯线标准截面 (mm²)	温度为 65 ℃时的电阻值				正、负序电抗 X_1、X_2、X	零序电抗	
	铝		铜				
	相线 R	零线 R_{0n}	相线 R	零线 R_{0n}		相线 X_0	零线 X_{0n}
3×4+1×2.5	9.237	14.778	5.482	8.772	0.100	0.114	0.129
3×6+1×4	6.158	9.237	3.665	5.482	0.099	0.115	0.127
3×10+1×6	3.695	6.158	2.193	3.665	0.094	0.108	0.125
3×16+1×6	2.309	6.158	1.371	3.665	0.087	0.104	0.134
3×25+1×10	1.057	3.695	0.895	2.193	0.082	0.101	0.137
3×35+1×10	1.077	3.695	0.639	2.193	0.080	0.100	0.138
3×50+1×16	0.754	2.309	0.447	1.371	0.079	0.101	0.135
3×70+1×25	0.538	1.057	0.319	0.895	0.078	0.079	0.127
3×95+1×35	0.397	1.077	0.235	0.639	0.079	0.097	0.125
3×120+1×35	0.314	1.077	0.188	0.639	0.076	0.095	0.130
3×150+1×50	0.251	0.754	0.151	0.447	0.076	0.093	0.120
3×180+1×50	0.203	0.754	0.123	0.447	0.076	0.094	0.128

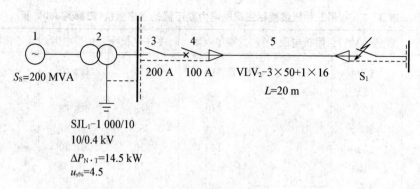

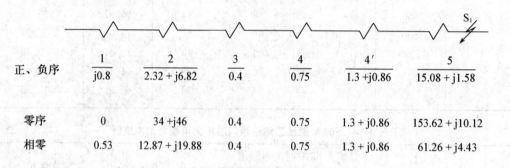

(a) 计算电路图

正、负序

	1	2	3	4	4′	5
	j0.8	2.32 + j6.82	0.4	0.75	1.3 + j0.86	15.08 + j1.58

零序	0	34 + j46	0.4	0.75	1.3 + j0.86	153.62 + j10.12
相零	0.53	12.87 + j19.88	0.4	0.75	1.3 + j0.86	61.26 + j4.43

(b) 等值电路图

图 3-4 某车间变电所供电系统图

变压器的电阻　　$R_2 = \Delta P_{N \cdot T} \dfrac{U_{2N \cdot T}^2}{S_{N \cdot T}^2} = 14.5 \times \dfrac{400^2}{1000^2} \text{ m}\Omega = 2.32 \text{ m}\Omega$

变压器的电抗　　$X_2 = \sqrt{Z_T^2 - R_T^2} = \sqrt{7.2^2 - 2.32^2} \text{ m}\Omega = 6.82 \text{ m}\Omega$

电缆相线电阻　　$R_5 = r_0 L = 0.754 \times 20 \text{ m}\Omega = 15.08 \text{ m}\Omega$

电缆相线电抗　　$X_5 = x_0 L = 0.079 \times 20 \text{ m}\Omega = 1.58 \text{ m}\Omega$

注：r_0、x_0 查表。

取刀开关接触电阻 $R_3 = 0.4 \text{ m}\Omega$；自动开关接触电阻 $R_4 = 0.75 \text{ m}\Omega$；自动开关过电流线圈电阻 $R'_4 = 1.3 \text{ m}\Omega$，电抗 $X'_4 = 0.86 \text{ m}\Omega$；母线电阻忽略。各元件阻抗填入等值电路中图。

(2) 短路回路总阻抗计算

$R_\Sigma = R_1 + R_2 + R_3 + R_4 + R'_4 + R_5$

$\quad = (0 + 2.32 + 0.4 + 0.75 + 1.3 + 15.08) \text{m}\Omega = 19.85 \text{ m}\Omega$

$X_\Sigma = X_1 + X_2 + X_3 + X_4 + X'_4 + X_5$

$\quad = (0.8 + 6.82 + 0 + 0 + 0.86 + 1.58) \text{m}\Omega = 10.06 \text{ m}\Omega$

(3) 计算短路电流

三相短路电流　$I_{s1}^{(3)} = \dfrac{U_{av}}{\sqrt{3}\sqrt{R_\Sigma^2 + X_\Sigma^2}} = \dfrac{400}{\sqrt{3}\sqrt{19.85^2 + 10.06^2}} \text{ kA} = 10.4 \text{ kA}$

三相短路电流冲击值　$i_{im} = 1.84 I'' = 1.84 \times 10.4 \text{ kA} = 19.1 \text{ kA}$

两相短路电流　$I_{s1}^{(2)} = 0.866 I_{s1}^{(3)} = 0.866 \times 10.4 \text{ kA} = 9.0 \text{ kA}$

3. 计算 S_1 点的单相短路电流

(1) 计算短路回路阻抗

以上计算的阻抗为各元件的正序阻抗,而负序阻抗等于正序阻抗,计算单相短路电流只需求出各元件的零序阻抗,即可计算出单相短路电流。各元件的零序阻抗如下:

高压系统无零序阻抗。开关的零序阻抗等于正序阻抗。

变压器的零序阻抗(查表)得 $R_{02}=34$ mΩ, $X_0=46$ mΩ。

电缆的相线零序阻抗(查表):相线零序电阻 $R_5=R_{0\varphi}=r_{0\varphi}L=0.754\times20$ mΩ $=15.08$ mΩ,相线零序电抗 $X_{0\varphi}=x_{0\varphi}L=0.101\times20$ mΩ $=2.02$ mΩ。

电缆的零线零序阻抗(查表):零线零序电阻 $R_{0n}=r_{0n}L=2.309\times20$ mΩ $=46.18$ mΩ,零线零序电抗 $X_{0n}=x_{0n}L=0.160\times20$ mΩ $=2.7$ mΩ。

电缆线路的零序阻抗:零序电阻 $R_{05}=R_{0\varphi}+3R_{0n}=(15.08+3\times46.18)$ mΩ $=153.62$ mΩ,零序电抗 $X_{05}=X_{0\varphi}+3X_{0n}=(2.02+3\times2.7)$ mΩ $=10.12$ mΩ

(2) 计算短路回路各序总阻抗

正序总电阻、电抗等于负序总电阻、电抗与三相短路计算相同,即

$$R_{1\Sigma}=R_{2\Sigma}=R_\Sigma=19.85 \text{ mΩ}$$

$$X_{1\Sigma}=X_{2\Sigma}=X_\Sigma=10.06 \text{ mΩ}$$

零序总电阻、总电抗:

$$R_{0\Sigma}=R_{02}+R_{03}+R_{04}+R'_{04}+R_{05}=(34+0.4+0.75+1.3+153.62)\text{mΩ}=190.07\text{mΩ}$$

$$X_{0\Sigma}=X_{02}+X'_{04}+X_{05}$$
$$=(46+0.86+10.12) \text{ mΩ}=56.98 \text{ mΩ}$$

(3) 对称分量法计算 S_1 点的单相短路电流

$$I_{s1}^{(1)}=\frac{3U_\varphi}{\sqrt{(R_{1\Sigma}+R_{2\Sigma}+R_{0\Sigma}+3U_{ea})^2+(X_{1\Sigma}+X_{2\Sigma}+X_{0\Sigma})^2}}$$
$$=\frac{3\times230}{\sqrt{(19.85+19.85+190.07+3\times10)^2+(10.06+10.06+56.98)^2}}\text{kA}$$
$$=2.55 \text{ kA}$$

(4) 相零回路法计算 S_1 点的单相短路电流

① 相零回路阻抗

高压系统相—零阻抗(忽略电阻): $X_{\varphi n\cdot1}=\frac{1}{3}(0.8+0.8)\text{mΩ}=0.53\text{ mΩ}$

变压器的单相电阻(查表): $R_{T\cdot\varphi}=12.87$ mΩ

变压器的单相电抗(查表): $X_{T\cdot\varphi}=19.88$ mΩ

$$R_{\varphi n\cdot5}=\frac{1}{3}(R_{1\cdot5}+R_{2\cdot5}+R_{0\cdot\varphi5}+3R_{0n\cdot5})L$$
$$=\frac{1}{3}(0.754+0.754+0.754+3\times2.309)\times20 \text{ mΩ}=61.26 \text{ mΩ}$$

电缆的相—零回路阻抗:

$$X_{\varphi n\cdot5}=\frac{1}{3}(X_{1\cdot5}+X_{2\cdot5}+X_{0\varphi\cdot5}+3X_{0n\cdot5})L$$

$$= \frac{1}{3}(0.079 + 0.079 + 0.101 + 3 \times 0.135) \times 20 \text{ m}\Omega = 4.43 \text{ m}\Omega$$

对刀开关和自动开关其正、负、零序阻抗相等,相零阻抗经计算后也与正序阻抗相等。其相零回路阻抗:

$$R_{\varphi n \cdot \Sigma} = R_{\varphi n \cdot 3} + R_{\varphi n \cdot 4} + R'_{\varphi n \cdot 4} + R_{\varphi n \cdot 5} = (0.4 + 0.75 + 1.3 + 61.26)\text{m}\Omega = 63.71 \text{ m}\Omega$$

$$X_{\varphi n \cdot \Sigma} = X_{\varphi n \cdot 1} + X'_{\varphi n \cdot 4} + X_{\varphi n \cdot 5} = (0.53 + 0.86 + 4.43)\text{m}\Omega = 5.82 \text{ m}\Omega$$

② S_1 点单相短路电流的计算

$$I_{s1}^{(1)} = \frac{U_\varphi}{\sqrt{(R_{T \cdot \varphi} + R_{\varphi n \cdot \Sigma} + R_{ea})^2 + (X_{T \cdot \varphi} + X_{\varphi n \cdot \Sigma})^2}}$$

$$= \frac{230}{\sqrt{(12.87 + 63.71 + 10)^2 + (19.88 + 5.82)^2}} \text{kA} = 2.55 \text{ kA}$$

案例 3:已知某矿中央变电所的 1♯、2♯、3♯、4♯井筒电缆型号及长度:MYJV42 - 3 × 150 - 740 m。求母线最小运行方式下两相短路电流。

【解】 $R = 0.143 \times 0.74/2 = 0.053 \text{ m}\Omega$

$X = 0.06 \times 0.74/2 + 0.395 + 0.577 = 0.994 \text{ m}\Omega$ $\quad Z = 1$

母线最小运行方式下两相短路电流:$6.3/2 \times 1 \text{ kA} = 3.15 \text{ kA}$。

五、短路电流的热效应和力效应

当供电系统发生短路故障时,通过导体的短路电流要比正常工作电流大很多倍。虽然有继电保护装置能在很短时间内切除故障,但短路电流通过电气设备及载流导体时,导体的温度仍有可能被加热到很高的程度,导致电气设备的损坏。短路电流通过电气设备及载流导体时,一方面要产生很大的电动力,即电动力效应;另一方面要产生很高的热量,即热效应。

(一) 短路电流的电动力效应

短路电流通过平行导体产生的电磁效应。

当两根平行导体中分别有电流流过时,导体间将产生作用力,当三相短路电流通过在同一平面的三相导体时,中间相所处的情况最严重。

1. 三相平行载流导体的电动力

中间相承受的最大电动力 $F^{(3)}$ 为短路时的最大电动力。

(1) 计算公式

$$F^{(3)} = 0.173 K_s \, i_{im}^2 \frac{L}{a} \tag{3-35}$$

式中:$F^{(3)}$——三相短路时,中间一相导体所受的电动力,N;

$\quad i_{im}$——三相短路时,短路冲击电流值,kA;

$\quad L$——平行导体的长度,m;

$\quad a$——两导体中心线间的距离,m;

$\quad K_s$——导体的形状系数。

导体的形状系数 K_s 与导体的截面形状、几何尺寸及相互位置有关。对圆形截面的导体、正方形截面的导体其形状系数 $K_s=1$；当两导体之间的空隙距离大于导体截面的周长时取 $K_s=1$；其他矩形截面形状系数查图 3-5 中的曲线求得形状系数 K_s。由图可见，当矩形导体平放时，$m>1$，则 $K_s>1$；竖放时，$m<1$，$K_s<1$。

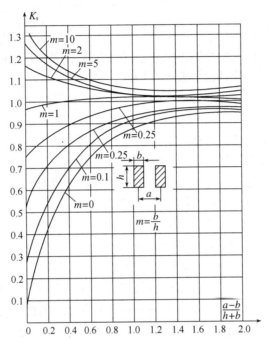

图 3-5　矩形母线截面导体的形状系数

（2）作用

用来校验电气设备和导线的动稳定性。

2. 用电气设备的短路电流来选择电气设备

如果三相供电线路发生三相短路，可以证明，三相母线平行放置，其中间一相所受的电动力最大。此时电动力的最大瞬时值为

$$F^{(3)} = 1.76K_s [i_{im}^{(3)}]^2 \frac{L}{a} \times 10^{-8} \qquad (3-36)$$

式中：$F^{(3)}$——三相短路时，中间一相导体所受的电动力，kg；

　　　$i_{im}^{(3)}$——三相短路时，短路电流的冲击值，A。

由于三相短路电流的冲击值比两相短路流冲击值大，即 $i_{im}^{(3)}=1.15 i_{im}^{(2)}$，所以三相短路比两相短路的电动力也大 1.15 倍。因此，对电气设备和导体的电动力校验均用三相短路电流冲击值进行校验。

各种电器设备如断路器、成套配电装置的导体机械强度、截面和布置方式、几何尺寸出厂时都已确定。为了便于选用，制造厂家对其通过计算和试验，并在产品技术参数中直接给出了电气设备允许通过的最大电流峰值，这一电流称为电气设备的动稳定电流，用符号 i_{es} 表示。有的厂家还给出了允许通过的最大电流有效值，用符号 I_{es} 表示。

在选用电气设备时,其动稳定电流 i_{es} 和 I_{es} 应大于或等于短路电流的冲击峰值和冲击有效值。即

$$i_{es} \geqslant i_{im}$$
$$I_{es} \geqslant I_{im} \tag{3-37}$$

（二）短路电流的热效应

在电路发生短路时,极大的短路电流将使导体温度迅速升高,称为短路电流的热效应。短路电流通过时,导体和电器各部件温度(或发热效应)应不超过允许值。

由于导体具有电阻,当导体通过电流时将产生电能损耗。这种电能损耗转换为热能,一方面使导体的温度升高,另一方面向周围介质散热。当导体内产生的热量与导体向周围介质散发的热量相等时,导体就保持在一定的温度。

当供电线路发生短路时,强大的短路电流将使导体的温度迅速升高。由于短路后保护装置很快动作切除短路故障,认为短路电流通过导体的时间不长。因此,在短路过程中,可不考虑导体向周围介质的散热,近似认为在短路时间内短路电流在导体中产生的热量全部用来升高导体的温度。

图 3-6 所示为短路后导体温度对时间的变化示意曲线,表示导体由正常工作状态进入短路状态后温度的变化过程。设导体周围介质温度为 θ_o,正常工作于额定状态的温度为 θ_p,当时间为 t_1 时刻发生短路,导体温度近似直线上升。在 t_2 时刻保护装置将短路故障切除,此时温度不再上升,其温度为 θ_s。短路时导体中产生热量虽然很大,导体温升很高,但其作用时间很短,所以允许超过 θ_p 很多。如果作用时间稍长,将会使绝缘烧毁和造成导体退火、氧化。因此规定了各种导体的短时允许温度 $\theta_{p \cdot s}$ 与长时允许温度 θ_p(正常工作温度)的差值,即导体的最大短时允许温升 $\tau_{p \cdot s}$($\tau_{p \cdot s} = \theta_{p \cdot s} - \theta_p$)。

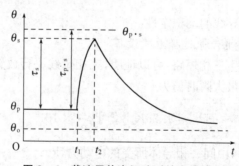

图 3-6　载流导体在短路时的发热情况

不同导体的长时允许温度 θ_p、短时允许温度 $\theta_{p \cdot s}$ 和最大短时允许温升 $\tau_{p \cdot s}$ 见表 3-9。

表3-9 各种导体的长时允许温度 θ_{p}、短时允许温度 $\theta_{\mathrm{p\cdot s}}$ 和最大短时允许温升 $\tau_{\mathrm{p\cdot s}}$

导体种类和材料		长时允许温度 θ_{p}（℃）	短时允许温度 $\theta_{\mathrm{p\cdot s}}$（℃）	短时最大允许温升 $\tau_{\mathrm{p\cdot s}}$（℃）	热稳定系数 C
母线排	铜	70	320	250	175
	铝	70	220	150	97
	钢(不与电器直接连接时)	70	420	350	70
	钢(与电器直接连接时)	70	320	250	60
油浸纸绝缘电缆	铜芯 10 kV 及以下	80	280	200	165
	铝芯 10 kV 及以下	80	230	150	90
	25～30 kV	80	205	125	95
橡皮电缆	铜芯	65	200	135	145
	铝芯	65	200	135	100

规定了导体的最大短时允许温升 $\tau_{\mathrm{p\cdot s}}$ 后,导体或电气设备的短路热稳定条件确定公式为

$$\tau_{\mathrm{p\cdot s}} \geqslant \tau_{\mathrm{s}} \qquad (3-38)$$

式中:τ_{s}——电气设备或载流导体短路时的实际温升,℃。

(三) 短路电流假想作用时间的计算

假想作用时间与短路电流的变化特性有关。要计算短路后导体的最高温度 θ_{s},必须计算短路过程中短路流 i_{s} 在导体中产生的热量 θ_{ts}。根据焦耳—楞次定律,短路电流在导体中产生热量为

$$\theta_{\mathrm{ts}} = \int_{0}^{t_{\mathrm{s}}} i_{\mathrm{s}}^{2} R_{\mathrm{av}} \mathrm{d}t \qquad (3-39)$$

式中:i_{s}——短路电流,A;

R_{av}——导体的平均电阻,Ω;

t_{s}——短路电流存在的时间,s。

短路电流是一个幅值变化的量。在有限大电源容量系统中,短路电流周期分量的幅值也在变化,利用上式计算发热量比较困难,在实际中采用简化方法进行计算。这种简化方法是将短路电流产生的热量假设是由短路电流稳态值 I_{ss} 经某一假想时间所产生。由于短路电流由周期分量和非周期分量组成,在短路过程中总的发热量应等于这两个短路电流分量的发热量之和。对应两个分量,假想时间也应由周期分量假想时间和非周期分量假想时间组成。根据这种假想,短路电流的发热量为

$$\theta_{\mathrm{ts}} = I_{\mathrm{ss}}^{2} R_{\mathrm{av}} t_{\mathrm{i}} = I_{\mathrm{ss}}^{2} R_{\mathrm{av}} t_{\mathrm{i\cdot pe}} + I_{\mathrm{ss}}^{2} R_{\mathrm{av}} t_{\mathrm{i\cdot ap}} = I_{\mathrm{ss}}^{2} R_{\mathrm{av}} (t_{\mathrm{i\cdot pe}} + t_{\mathrm{i\cdot ap}}) \qquad (3-40)$$

则短路电流的假想作用时间为

$$t_{\mathrm{i}} = t_{\mathrm{i\cdot pe}} + t_{\mathrm{i\cdot ap}} \qquad (3-41)$$

式中：t_i——短路电流的假想作用时间，s；

$t_{i·pe}$——短路电流周期分量的假想作用时间，s；

$t_{i·ap}$——短路电流非周期分量的假想作用时间，s。

上式说明，短路电流的稳态值 I_{ss} 在假想作用时间 t_i 内，导体中所产生的热量等于短路电流 i_s 在实际作用时间内所产生的热量。短路电流的假想作用时间 t_i 等于短路电流周期分量假想作用时间 $t_{i·pe}$ 和非周期分量假想作用时间 $t_{i·ap}$ 之和。在无限大电源容量系统中，认为整个短路过程短路电流的周期分量不衰减。因此，周期分量假想作用时间就等于短路电流的实际作用时间 $t_{i·pe}=t_s$。

短路电流的实际作用时间 t_s 等于距短路点最近的主要保护装置的动作时间 t_r 和断路器的分闸时间 t_c 之和，即

$$t_s = t_r + t_c \tag{3-42}$$

保护装置的动作时间 t_r 由保护装置的整定时限确定。断路器的分闸时间 t_c，对快速断路器取 0.15 s；对低速断路器取 0.2 s。

在有限大电源容量系统中，短路电流的周期分量假想作用时间需查曲线求得，用时请查有关手册。

非周期分量的假想作用时间 $t_{i·ap}$，无论对有限大电源容量系统，还是无限大电源容量系统，均可由解析法得。即

$$t_{i·ap} = 0.05(\beta')^2 \tag{3-43}$$

对于无限大电源容量系统，由于 $I''=I_{ss}(\beta'=I''/I_{ss})$，短路电流非周期分量的假想作用时间 $t_{i·ap}=0.05$ s。于是短路电流总的假想作用时间为

$$t_i = t_s + 0.05 \tag{3-44}$$

当短路电流持续时间较长时（$t_s>1$ s），导体的发热量主要由短路电流周期分量决定。忽略短路电流非周分量的影响，认为 $t_i=t_{i·pe}=t_s$。当短路电流持续时间较短时（$t_s<1$ s），需要计算非周期分量对导体发热量的影响。

（四）电气设备的热稳定校验

对于高压配电箱、电抗器、隔离开关、油断路器等高压成套电气设备，导体的材料和截面一定，其温升主要取决于通过设备的电流大小和电流作用时间的长短。为了方便用户进行热稳定性效验，生产厂家在设备参数中给出了与某一时间 t（如 1 s、5 s、10 s 等）相对应的热稳定电流 I_{ts}，由此可直接通过下式进行热稳定校验，即

$$I_{ts}^2 t \geqslant I_{ss}^2 t_i \tag{3-45}$$

式中：I_{ts}——电气设备的热稳定电流，A；

t——与 I_{ts} 相对应的热稳定时间，s。

六、导体最小热稳定截面的确定

在工程计算中，常需要确定满足短路热稳定条件的最小允许导体截面积 A_{min}。由于认

为短路电流所产生的热量全部用于提高导体的温度，产生温升 τ_s。导体在短路时的热平衡方程式为

$$I_{ss}{}^2 R_{av} t_i = AL\gamma C_{av}\tau_s \qquad\qquad (3-46)$$

式中：A ——导体的截面积，mm^2；

　　L ——导体的长度，m；

　　γ ——导体的密度，g/cm^2；

　　C_{av} ——导体的平均比热，$g/(g\cdot℃)$。

将 $R_{av} = \dfrac{L}{\gamma_{sc}A}$ 代入上式得：$I_{ss}^2 t_i = \gamma_{sc}\gamma C_{av}\tau_s A^2$

对于电力系统中某一确定点 I_{ss}^2，t_i 是一个定值。当安装在确定点的电气设备导体材料选定时 C_{av}、γ、γ_{sc} 均为常数。由上式可以看出，如果导体的截面积 A 越小，则 τ_s 越高。当 τ_s 等于导体材料的最大短时允许温升 $\tau_{p\cdot s}$ 时，导体满足热稳定条件的最小截面 A_{min} 便可确定。将 $\tau_s = \tau_{p\cdot s}$ 代入上式得导体的最小截面为

$$A_{min} = \frac{I_{ss}}{\sqrt{\gamma_{sc}\gamma C_{av}\tau_{p\cdot s}}}\sqrt{t_i} = \frac{I_{ss}}{C}\sqrt{t_i} \qquad\qquad (3-47)$$

式中：I_{ss} ——三相短路电流稳态值，A；

　　$\sqrt{t_i}$ — 短路电流的假想作用时间，s；

　　C ——导体材料的热稳定系数，它与导体材料的电导率、密度、平均比热、最大短时允许温升有关。

不同材料导体的热稳定系数见表 3-9。当所选用导体截面积 $A \geqslant A_{min}$ 时，便可满足导体的热稳定条件。

七、成套电气设备的校验方法

对于高压配电箱、电抗器、隔离开关、油断路器等高压成套电气设备，导体的材料和截面一定，其温升主要取决于通过设备的电流大小和电流作用时间的长短。为了方便用户进行热稳定性效验，生产厂家在设备参数中给出了与某一时间 t（如 1 s、5 s、10 s 等）相对应的热稳定电流 I_{ts}，由此可直接通过下式进行热稳定校验，即

$$I_{ts}{}^2 t \geqslant I_{ss}{}^2 t_i \qquad\qquad (3-48)$$

式中：I_{ts} ——电气设备的热稳定电流，A；

　　t ——与 I_{ts} 相对应的热稳定时间，s。

八、电弧产生的原因及灭弧方法

（一）电弧的发生与后果

1. 游离

气体的中性质点，分离为正离子与自由电子的现象叫作气体的游离。

2. 电弧产生的条件

（1）电压 10～20 V 以上

（2）电流：80～100 mA 以上

（3）内部原因

① 热电子发射。当金属被加热到很高的温度时，金属中自由电子的热运动加剧，其中一部分自由电子获得足够的能量可以摆脱正电荷的束缚而逸出金属表面，叫作热电发射。热电发射存在于电弧的始终。在触头开始分离时，由于接触压力和接触面积的减少触头接触电阻迅速增大，触头迅速发热，在阴极触头表面会出现强烈的炽热点（阴极斑），从而发生热电发射。当电弧形成以后，由于电弧的高热造成的阴极斑使阴极表面的热电子发射持续不断。

② 强电场发射。当金属（阴极）的表面具有很强的电场时，金属中的自由电子在电场力的作用下被拉出金属表面，这种现象叫作强电场发射。在触头分离时，触头之间便形成电场。加到触头之间的电压愈高，触头间的距离愈小，则电场的强度愈大。在开关切断电路触头开始分离或开关接通电路触头快要闭合时，触头的间隙很小，强电场发射的现象便会出现。

③ 碰撞游离。处于电场中的自由电子，在电场力的作用下向着阳极的方向做加速度运动，从电场中获得能量使自身的动能不断增加。如果在它积累了足够的动能之后碰撞了气体的中性质点（分子和原子），便可能从中性质点中打出一个或几个自由电子，而使被碰撞的中性质点游离。这种游离形式叫作碰撞游离。任何气体由于种种原因总有一些自由电子存在，所以气体是否会游离关键在于自由电子在碰撞中性质点前是否能积累足够的动能。根据物理学的认识，自由电子在电场中所积累的动能决定于所受的电场力和自由行程，前者与电场强度成正比，后者与气体压力成反比。所以电场强度愈大，气体的压力愈小，气体愈容易发生碰撞游离。否则相反。

此外，气体的温度也是气体是否容易发生碰撞游离的条件。因为气体的温度较高时气体中自由电子的能量较大，只需获得较少的能量便可游离。

④ 热游离现象。如果气体的温度很高，气体的中性质点会产生剧烈而又不规则的热运动。这些具有足够动能的高速中性质点互相碰撞，也会使中性质点游离。气体热游离的强度，除决定于气体的温度外，还与气体的种类和压力有关。在压力相同的条件下，不同种类的气体发生热游离的温度不同。压力影响气体质点的密度，压力增大时气体质点密度增大气体质点过早碰撞的机会增多，质点不容易获得较大的动能因此不容易游离。

3. 起弧过程

触点开始分离时触头间的电场很强，这时由于强电场发射产生的自由电子在电场的作用下向阳极加速运动。在这些自由电子积累了足够的动能而碰撞气体的中性质点时使中性质点游离，打出一个或几个自由电子。新形成的自由电子也开始向阳极移动，于是会使更多的气体质点游离。这种现象持续存在的结果，使触头间的气体迅速游离充满了带正电和负电的质点，有大量的电子自阴极流向阳极。这就是气体放电，即所见到的电弧。

随着触头分断距离的增大触头间电场强度逐渐削弱，碰撞游离不再起主要作用，以后的气体导电主要由热游离维持。因为电弧中心的温度高达 10000 ℃以上，电弧表面的温度也有 3000～4000 ℃。一般气体在 9000～10000 ℃就发生热游离,而金属蒸气在 4000 ℃时就发生热游离。所以电弧一旦形成,依靠热游离便可维持气体继续放电。

电弧的产生是靠气体的碰撞游离,而维持电弧依靠气体的热游离。因此起弧时触头间需要较高的电压,而维持电弧只需要较低的电压。

4. 后果

温度高达 10000 ℃,烧坏电气设备、造成短路。

(二) 电弧的熄灭与发展

(1) 去游离:当气体游离之后,它的相反的变化过程即带电质点的消失过程也就开始了,这种过程叫作去游离。

(2) 当游离速率大于去游离速率时,电弧增强;当游离速率等于去游离速率时,电弧维持;当游离速率小于去游离速率时,电弧熄灭。

(3) 去游离形式:去游离有复合与扩散两种方式。

① 复合

气体中带正电的质点与带负电的质点相接触时,互相交换多余的电荷而成为中性质点的现象叫作复合。

在弧柱中进行复合的带电质点,主要是正负离子。自由电子与正离子直接复合的可能性很小,因为自由电子的运动速度约为离子运动速度的 1000 倍。自由电子与正离子复合是借助于中性质点进行的,首先自由电子在碰撞时附着在中性质点上形成负离子,然后质量与运动速度大致相等的正负离子互相吸引接触,交换多余的电荷而变成中性质点。

正负离子相对运动的速度愈小愈容易复合,所以复合强度与电场强度有关。电场愈弱,复合强度愈大。在交流电弧中,当触头间的电压接近于零时复合进行得特别强烈,这就是交流电弧比直流电弧容易熄灭的原因。

复合强度还与电弧的温度和截面有关,温度愈低,截面愈小,复合进行得愈强烈。

当电弧与固体介质的表面相接触时,复合也变得比较强烈。因为电子是较活动的质点,它先使固定介质表面充电到某一负电位,然后将正离子吸引到介质的表面进行复合。

② 扩散

带电质点从电弧中逸出进入周围介质的现象叫作扩散。扩散的原因,一方面是由于电弧和周围介质的温度相差很大,另一方面是由于电弧内和周围介质中离子浓度相差很大。用较冷的未游离的气体吹动电弧,能使扩散加强。如使电弧在周围介质中移动,也会得到同样效果。

电弧中离子的扩散强度决定于电弧和周围介质的温度差,也决定于电弧周长与截面积的比,这两个值愈大扩散得愈快。

(三) 开关电器常用的灭弧方法

交流开关的电弧能否迅速熄灭,取决于弧隙介质绝缘强度的恢复和弧隙恢复电压。而弧隙介质绝缘强度的提高,又有赖于去游离的加强。因此加强弧隙的去游离速度,降低弧隙电压的恢复速度与最大值,均能促使电弧熄灭。目前开关电器采用的灭弧方法主要有以下几种：

1. 速拉灭弧法

迅速拉长电弧，可使电弧中的电场骤降，从而削弱了碰撞游离，增强了带电质点的复合作用，加速电弧的熄灭。这种灭弧方法是开关电器中普遍采用的最基本的一种灭弧法。

用高压开关断路弹簧。触头分离速度 $4 \sim 5 \text{ m/s}$。开关电器中普遍使用的一种方法。

2. 冷却灭弧法

降低电弧的温度，可削弱热游离，增强带电质点的复合作用，有助于电弧的熄灭。这种灭弧方法在开关电器中的应用也比较普遍。

3. 吹弧灭弧法

利用外力（如气流、油流或电磁力）来吹动电弧，使电弧加速冷却，同时拉长电弧，迅速降低电弧中的电场强度，使带电质点的复合和扩散增强，从而加速电弧的熄灭。

按吹弧方向分，可分为横吹和纵吹两种，如图 3-7 所示。按外力的性质分，可分为气吹、油吹、电动力吹和磁吹等方式，如图 3-8 所示。

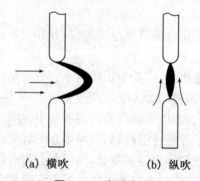

(a) 横吹　　　　(b) 纵吹

图 3-7　吹弧方式

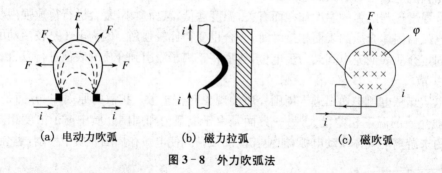

(a) 电动力吹弧　　　(b) 磁力拉弧　　　(c) 磁吹弧

图 3-8　外力吹弧法

4. 狭缝灭弧法

使电弧在固体介质的狭缝中运动，一方面加强了冷却与复合作用，加强去游离；另一方面电弧被拉长，弧径被压小，弧电阻增大，促使电弧迅速熄灭。

填料式熔断器属于狭缝灭弧法。

5. 长弧切短法

如图 3-9 所示，触头间的电弧在电磁力作用下，进入与电弧垂直放置的、彼此绝缘的金属栅片内(由 A 处移向 B 处),将一个长弧分成若干个短弧。在交流电路中,利用近阴极效应,即当电流过零时所有短弧同时熄灭,在每一短弧的阴极附近立即出现 150～250 V 的绝缘强度。由于各段短弧是串联的,所以短弧的数目越多,总的绝缘强度就越高。当总绝缘强度大于外加电压时,电弧就不再重燃。此外,金属栅片也有冷却电弧的作用,这种方法常用于低压交流开关中。

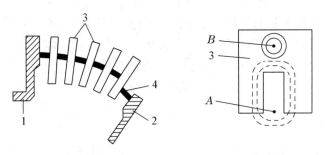

(a) 消弧栅侧视图　　　(b) 消弧栅片切割原理图

图 3 - 9　将长弧切割成若干短电弧

1—静触头;2—动触头;3—消弧栅片;4—电弧

6. 多断口灭弧法

这种方法是在开关的同一相内制成两个或多个断口,如图 3 - 10 所示。当断口增加时,相当于电弧长度与触头分离速度成倍提高,因而提高了开关的灭弧能力。这种方法多用在高压开关中。

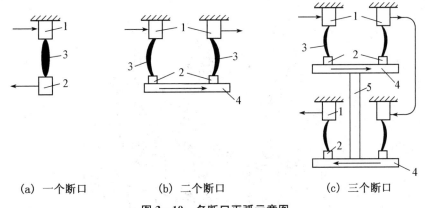

(a) 一个断口　　　　(b) 二个断口　　　　(c) 三个断口

图 3 - 10　多断口灭弧示意图

1—静触头;2—动触头;3—电弧;4—触头桥;5—绝缘拉杆

7. 其他

除上述灭弧方法外,开关电器在设计制造时,还采取了限制电弧产生的措施。如开关触头采用不易发射电子的金属材料制成;触头间采用绝缘油、六氟化硫气体、真空等绝缘和灭弧性能好的绝缘介质等。工作触头用铜(镀银)制作。灭弧触头用铜钨制作。

九、常用电气设备的组成、结构和原理

(一) 高压隔离开关

高压隔离开关的功能主要是隔离高压电源,以保证其他设备和线路的安全检修。因此它的结构有如下特点:断开后有明显可见的断开间隙,而且断开间隙的绝缘及相间绝缘都是足够可靠的,能充分保证人身和设备的安全。隔离开关没有专门的灭弧装置,因此不允许带负荷操作。然而可用来通断一定的小电流,如励磁电流不超过 2 A 的空载变压器、电容电流不超过 5 A 的空载线路以及电压互感器和避雷器电路等。

高压隔离开关按安装地点不同,分户内式和户外式两大类。如图 3-11 所示是 GN8 型户内高压隔离开关的外形。

隔离开关与熔断器配合使用,可作为 180 kVA 及以下容量变压器的电源开关。

电力设计技术规范规定隔离开关可用于下列情况的小功率操作:

(1) 切、合电压互感器及避雷器回路;

(2) 切、合励磁电流不超过 2 A 的空载变压器;

(3) 切、合电容电流不超过 5 A 的空载线路;

(4) 切、合电压在 10 kV 以下,负荷电流不超过 15 A 的线路;

(5) 切、合电压在 10 kV 以下,环路均衡电流不超过 70 A 的线路。

隔离开关的选择按电网电压,长时间最大工作电流及环境条件选型,按短路电流校验其动、热稳定性。

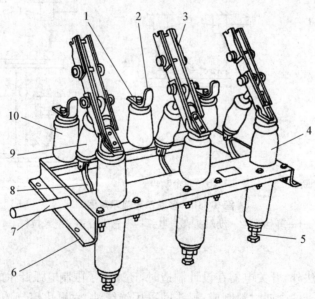

图 3-11 GN8-10/600 型高压隔离开关

1—上接线端子;2—静触头;3—闸刀;4—套管绝缘子 5—下接线端子;

6—框架;7—转轴;8—拐臂;9—升降绝缘子;10—支柱绝缘子

（二）高压断路器

1. 高压断路器的功能

高压断路器不仅能通断正常负荷电流,而且能接通和承受一定时间的短路电流,并能在保护装置作用下自动跳闸,切除短路故障,以保证电力系统及设备的安全运行。

2. 断路器的型号

高压断路器的型号是由字母和数字组成,其含义说明如下:

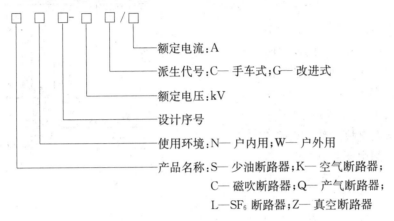

额定电流:A

派生代号:C— 手车式;G— 改进式

额定电压:kV

设计序号

使用环境:N— 户内用;W— 户外用

产品名称:S— 少油断路器;K— 空气断路器;
C— 磁吹断路器;Q— 产气断路器;
L—SF₆断路器;Z— 真空断路器

3. 断路器的技术数据

（1）额定电压 U_N

指额定线电压,应与标准线路电压适应,并标于断路器的铭牌上,对110 kV 及以下的高压断路器,其最高工作电压为额定电压的1.15 倍。

（2）额定电流 I_N

指断路器可以长期通过的最大电流。断路器长期通过额定电流时,其各部分的发热温度不超过允许值。它决定了断路器的触点结构及导电部分截面。额定电流一般有 200 A、400 A、600 A、1000 A、1500 A、2000 A 等几种。

（3）额定开断电流 I_{NK}

指由断路器灭弧能力所决定的能可靠开断的最大电流有效值。额定开断电流应大于所控设备的最大短路电流。

（4）额定断流容量 S_{Nd}

指额定开断电流 I_{Nk} 和额定电压 U_N 乘积的 $\sqrt{3}$ 倍,即

$$S_{Nd} = \sqrt{3}U_N I_{Nk} \qquad (3-49)$$

（5）极限通过电流

指断路器在冲击短路电流作用下所承受电动力的能力,它以电流峰值标出。

（6）热稳定电流

某规定时间内允许通过的最大电流有效值,表明断路器承受短路电流热效应的能力,它与持续时间一同标出。

（7）合闸时间

指自发出合闸信号(即合闸接触器带电)起,到断路器触点接通时为止所经过的时间。要求断路器的实际合闸时间不大于厂家要求的合闸时间。

(8) 固有跳闸时间

指自发出跳闸信号到断路器三相触点均分离的最短时。要求实际跳闸时间不大于厂家要求的跳闸时间。断路器的实际开断时间等于开关固有跳闸时间加上熄弧时间。

4. 高压断路器的基本工作原理

高压断路器的基本工作原理如图 3-12 所示。

系统发生故障后,继电保护装置使分闸电磁铁 12 有电动作,分闸搭钩 11 顺时针方向转动,合闸机构 9 的合闸位置不能维持,在断路弹簧的作用下,拐臂 13、14 逆时针转动,拉杆 6 带动可动触头 3 向下运动,动、静触头分开,将系统故障部分切除。

断路器合闸时,合闸电磁铁 10 的线圈有电,将合闸机构 9 向上顶,并拉紧分闸弹簧了,使拐臂 13、14 顺时针方向转动。拉杆 15 推动动触头 3 向上运动,与静触头 2 接触,连通系统回路,当合闸机构达到合闸位置后,被分闸搭钩卡住,而保持在合闸位置,然后合闸电磁铁断电,铁芯落下复位。

5. 高压断路器分类

高压断路器按其采用的灭弧介质分,有油断路器、六氟化硫断路器、真空断路器以及压缩空气断路器、磁吹断路器等。其中应用最广的是油断路器。

油断路器按其油量多少和油的功能,又分为多油和少油两大类。多油断路器的油量多,其油一方面作为灭弧介质,另一方面又作为相对地(外壳)甚至相与相之间的绝缘介质。少油断路器的油量很少(一般只几千克),其油只作为灭弧介质。一般 6~35 kV 户内配电装置中均采用少油断路器。下面重点介绍我国目前广泛应用的 SN10-10 型户内少油断路器,并简介应用日益广泛的六氟化硫断路器和真空断路器。

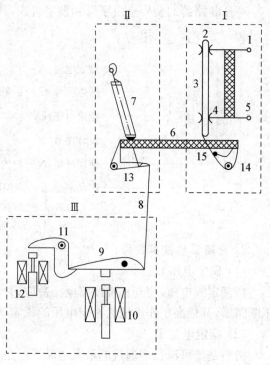

图 3-12 断路器的工作原理图

1、5——接线端子;2——静触头;3——动触头;4——中间触头,6——绝缘拉杆;7——分闸弹簧;8、15——分闸拉杆;9——合闸机构;10——合闸电磁铁;11——分闸搭钩;12——分闸电磁铁;13、14——拐臂

(1) SN10-10 型高压少油断路器

SN10-10 型少油断路器是我国统一设计、推广应用的一种新型少油断路器。按其断流容量分,有 Ⅰ、Ⅱ、Ⅲ 型。

图 3-13 所示是 SN10-Ⅰ 型高压少油断路器的外形图,其一相油箱内部结构的剖面图如图 3-14 所示。

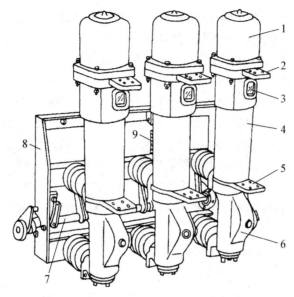

图 3 - 13　SN10 - 10 型高压少油断路器

1—铝帽；2—上接线端子；3—油标；4—绝缘筒；5—下接线端子

6—基座；7—主轴；8—框架；9—断路弹簧

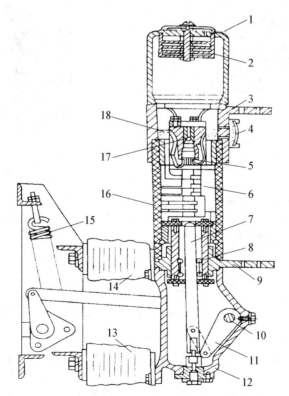

图 3 - 14　SN10 - 10 型高压少油断路器的一相油箱内部结构

1—铝帽；2—油气分离器；3—上接线端子；4—油标；5—插座式静触头；6—灭弧室；

7—触头(导电杆)；8—中间滚动触头；9—线端子；10—转轴；11—拐臂；12—基座；13—下支柱绝缘子；

14—上支柱绝缘子；15—断路弹簧；16—绝缘筒；17—逆止阀；18—绝缘油

这种少油断路器由框架、传动机构和油箱等三个主要部分组成。油箱是其核心部分。油箱下部是由高强度铸铁制成的基座。操作断路器导电杆(动触头)的转轴和拐臂等传动机构就装在基座内。基座上部固定着中间滚动触头。油箱中部是灭弧室。外面套的是高强度绝缘筒。油箱上部是铝帽。铝帽的上部是油气分离室。铝帽的下部装有插座式静触头。插座式静触头有3～4片弧触片。断路器合闸时,导电杆插入静触头,首先接触的是其弧触片。断路器跳闸时,导电杆离开静触头,最后离开的是其弧触片。因此,无论断路器合闸或跳闸,电弧总在弧触片与导电杆端部弧触头之间产生。为了使电弧能偏向弧触片,在灭弧室上部靠弧触片一侧嵌有吸弧铁片,利用电弧的磁效应使电弧吸往铁片一侧,确保电弧只在弧触片与导电杆之间产生,不致烧损静触头中主要的工作触片。

这种断路器的导电回路是:上接线端子→静触头→导电杆(动触头)→中间滚动触头→下接线端子。

断路器的灭弧,主要依赖于如图3-15所示的灭弧室。图3-16是灭弧室的工作示意图。

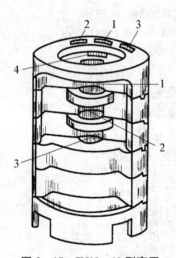

图3-15　SN10-10型高压
少油断路器的灭弧室

1—第一道灭弧沟;2—第二道灭弧沟;3—第三道
灭弧沟;4—吸弧铁片

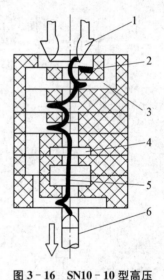

图3-16　SN10-10型高压
少油断路器的灭弧室工作示意图

1—静触头;2—吸弧铁片;3—横吹灭弧沟;
4—纵吹油囊;5—电弧;6—动触头

断路器跳闸时,导电杆向下运动。当导电杆离开静触头时,产生电弧,使油分解,形成气泡,导致静触头周围的油压骤增,迫使逆止阀(钢珠)动作,钢珠上升堵住中心孔。这时电弧在近乎封闭的空间内燃烧,从而使灭弧室内的油压迅速增大。当导电杆继续向下运动,相继打开一、二、三道灭弧沟及下面的油囊时,油气流强烈地横吹和纵吹电弧。同时由于导电杆向下运动,在灭弧室形成附加油流射向电弧。由于油气流的横吹与纵吹以及机械运动引起的油吹的综合作用,从而使电弧迅速熄灭。而且这种断路器跳闸时,导电杆是向下运动的,导电杆端部的弧根部分总与下面的新鲜冷油接触,进一步改善了灭弧条件,因此它具有较大的断流容量。

这种少油断路器,在油箱上部设有油气分离室,其作用是使灭弧过程中产生的油气混合物旋转分离,气体从油箱顶部的排气孔排出,而油滴则附着内壁流回灭弧室。

SN10-10 等型少油断路器可配用 CS2 等型手动操作机构、CD10 等型电磁操作机构或 CT7 等型弹簧储能操作机构。手动操作机构能手动和远距离跳闸,但只能手动合闸,其结构简单,可交流操作。电磁操作机构能手动和远距离跳、合闸,但需直流操作,且合闸功率大。弹簧储能操作机构亦能手动和远距离跳、合闸,而且操作电源交、直流均可,但结构较复杂,价较高。如需实现自动合闸或自动重合闸,则必须采用电磁操作机构或弹簧操作机构。由于采用交流操作电源较为简单经济,弹簧操作机构的应用越来越广。

(2) 高压六氟化硫断路器

六氟化硫(SF_6)断路器,是利用 SF_6 气体作灭弧和绝缘介质的一种断路器。

SF_6 是一种无色、无味、无毒且不易燃的惰性气体,在 150 ℃ 以下时,化学性能相当稳定。但它在电弧的高温作用下要分解,分解出的氟(F_2)有较强的腐蚀性和毒性,且能与触头的金属蒸气化合为一种具有绝缘性能的白色粉末状的氟化物。因此这种断路器的触头一般都设计成具有自动净化的作用。然而由于上述的分解和化合作用所产生的活性杂质,大部分能在电弧熄灭后几个微秒的极短时间内自动还原,而且残余杂质可用特殊的吸附剂(如活性氧化铝)清除,对人身和设备都不会有什么危害。SF_6 不含碳元素(C),这对于灭弧和绝缘介质来说,是极为优越的特性。上述油断路器是用油作灭弧和绝缘介质的,而油在电弧高温作用下要分解出碳,使油中的含碳量增高,从而降低了油的绝缘和灭弧性能。因此油断路器在运行中要经常注意监视油色,适时分析油样,必要时要更换新油。而 SF_6 断路器就无此麻烦。SF_6 又不含氧元素(O),因此它不存在触头氧化的问题。因此 SF_6 断路器较之空气断路器,其触头的磨损较少,使用寿命增长。SF_6 除具有上述优良的物理、化学性能外,还具有优良的电绝缘性能。在 300 kPa 下,其绝缘强度与一般绝缘油的绝缘强度大体相当。特别优越的是 SF_6 在电流过零时,电弧暂时熄灭后,具有迅速恢复绝缘强度的能力,从而使电弧难以复燃而很快熄灭。

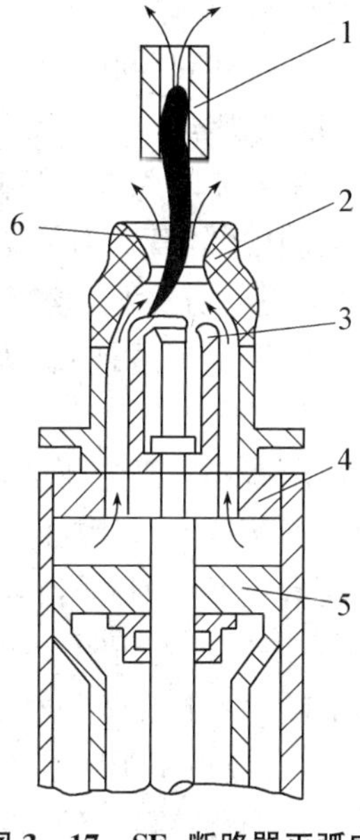

SF_6 断路器的结构,按其灭弧方式分,有双压式和单压式两类。双压式具有两个气压系统,压力低的作为绝缘,压力高的作为灭弧。单压式只有一个气压系统,灭弧时,SF_6 的气流靠压气活塞产生。单压式结构简单,我国现在生产的 LN1、LN2 型 SF_6 断路器均为单压式。

SF_6 断路器灭弧室见图 3-17。断路器的静触头和灭弧室中的压气活塞是相对固定不动的;跳闸时装有动触头和绝缘喷嘴的气缸由断路器操动机构通过连杆带动,离开静触头,造成气缸与活塞的相对运动,压缩 SF_6,使之通过喷嘴吹弧,从而使电弧迅速熄灭。

图 3-17 SF_6 断路器灭弧室工作示意图

1—静触头;2—绝缘喷嘴;3—动触头;4—气缸(连同动触头由操动机构传动);5—压气活塞(固定);6—电弧

SF_6断路器与油断路器比较,具有下列优点:断流能力强,灭弧速度快,电绝缘性能好,检修周期(间隔时间)长,适于频繁操作,而且没有燃烧爆炸危险。但缺点是:要求加工精度很高,对其密封性能要求更严,因此价格比较昂贵。

SF_6断路器主要用于需频繁操作及有易燃易爆危险的场所,特别是用作全封闭式组合电器。

SF_6断路器配用 CD10 等型电磁操作机构或 CT7 等型弹簧操作机构。

（3）高压真空断路器

高压真空断路器,是利用真空(气压为 $10^{-2}\sim$ 10^{-6} Pa)灭弧的一种断路器,其触头装在真空灭弧室内。由于真空中不存在气体游离的问题,所以这种断路器的触头断开时很难发生电弧。但是在感性电路中,灭弧速度过快,瞬间切断电流 i 将使 di/dt 极大,从而使电路出现过电压($U_L = Ldi/dt$),这对供电系统是不利的。因此,这"真空"不能是绝对的真空,实际上能在触头断开时因高电场发射和热电发射产生一点电弧,这电弧称之"真空电弧",它能在电流第一次过零时熄灭。这样,燃弧时间既短(至多半个周期),又不致产生很高的过电压。

真空断路器的灭弧室结构图如图 3-18 所示。真空灭弧室的中部,有一对圆盘状的触头。在触头刚分离时,由于高电场发射和热电发射而使触头间发生电弧。电弧温度很高,可使触头表面产生金属蒸气。随

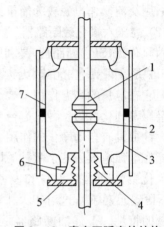

图 3-18　真空灭弧室的结构

1—静触头；2—动触头；3—屏蔽罩；4—波纹管；5—与外壳封接的金属法兰盘；6—波纹管屏蔽罩；7—玻壳

着触头的分开和电弧电流的减小,触头间的金属蒸气密度也逐渐减小。当电弧电流过零时,电弧暂时熄灭,触头周围的金属离子迅速扩散,凝聚在四周的屏蔽罩上,以致在电流过零后只几个微秒的极短时间内,触头间隙实际上又恢复了原有的高真空度。因此,当电流过零后虽很快加上高电压,触头间隙也不会再次击穿,也就是说,真空电弧在电流第一次过零时就能完全熄灭。

真空断路器具有体积小、重量轻、动作快、寿命长、安全可靠和便于维护检修等优点,但价格较贵,主要适用于频繁操作的场所。

另外,还有压缩空气断路器、自产气断路器、磁吹断路器。

6. 断路器的选择

一般情况下可选择真空断路器和六氟化硫断路器。现在很少选择油断路器。对于污秽地点应选用防污型断路器。

断路器操作机构的选择应与断路器的控制方式、安装情况及操作电源相适应。选择断路器的技术参数时,应按额定电压和额定电流选择,按断流能力和短路时的动稳定性和热稳定性校验。

（三）高压负荷开关

高压负荷开关，具有简单的灭弧装置，因而能通断一定的负荷电流和过负荷电流，但它不能断开短路电流，因此它必须与高压熔断器串联使用，以借助熔断器来切断短路故障。

高压负荷开关主要用于负荷容量不大、对继电保护要求不高、不太重要的电路中。

高压负荷开关的类型较多，这里着重介绍一种应用最多的户内压气式高压负荷开关。

图 3 - 19 是 FN3 - 10RT 型户内压气式负荷开关的外形结构图。上半部为负荷开关本身，很像一般隔离开关，实际上它是在隔离开关的基础上加一个简单的灭弧装置。负荷开关上端的绝缘子就是一个简单的灭弧室，它不仅起支持绝缘子的作用，而且内部是一个气缸，装有由操动机构主轴传动的活塞，其作用类似打气筒。绝缘子上部装有绝缘喷嘴和弧静触头。当负荷开关分闸时，在闸刀一端的弧动触头与绝缘子上的弧静触头之间产生电弧。由于分闸时主轴转动而带动活塞，压缩气缸内的空气而从喷嘴往外吹弧，使电弧迅速熄灭。当然分闸时还有电弧迅速拉长及本身电流回路的电磁吹弧作用。但总的来说，负荷开关的灭弧断流能力是很有限的，只能断开一定的负荷电流及过负荷电流。负荷开关不能配以短路保护装置来自动跳闸，其热脱扣器只用于过负荷保护。

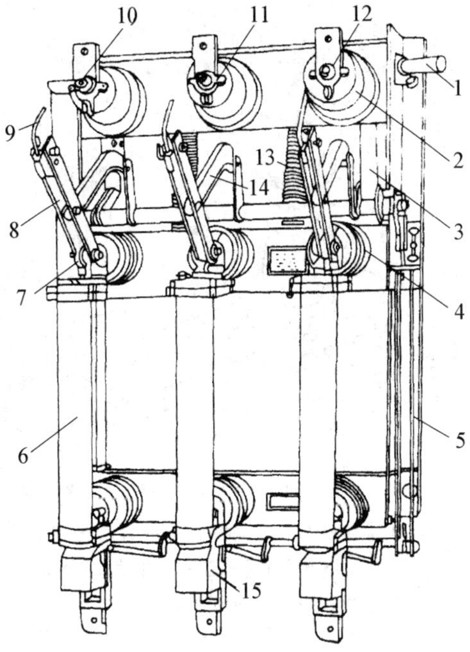

负荷开关的灭熄装置简单，断流容量小，不能切断短路电流。只有与熔断器配合使用，才能起到断路器的作用。

负荷开关结构简单、尺寸小、价格低，与熔断器配合可作为容量不大（400 kVA 以下）或不重要用户的电源开关，以代替油断路器。

负荷开关按额定电压和额定电流选择，按动、热稳定性进行校验。当负荷开关配有熔断器时，应校验熔断器的断流容量，其动、热稳定性则可不校验。

负荷开关一般选用 CS3 型手动操动机构。

图 3 - 19　FN3 - 10RT 型高压负荷开关

1—主轴；2—上绝缘子兼气缸；3—连杆；4—下绝缘子；5—框架；6—RN1 型高压熔断器；7—下触座；8—闸刀；9—弧动触头；10—绝缘喷嘴（内有弧静触头）；11—主静触头；12—上触座；13—断路弹簧；14—绝缘拉杆；15—热脱扣器

（四）熔断器

熔断器是一种应用最早的保护装置。熔断器是一种当所在电路的电流超过规定值并经一定时间后，使其熔体熔化而分断电流、断开电路的一种保护电器。熔断器的功能主要是对电路及电路设备进行短路保护，但有时也具有过负荷保护的功能。其优点是构造简单，价格低廉,适用于过流保护。缺点是操作不够方便,保护配合较难满足要求。

1. 高压熔断器

图 3-20 所示是 RN1、RN2 型高压熔断器的外形结构,图 3-21 所示是其熔管剖面示意图。

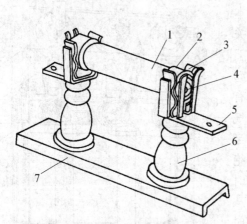

图 3-20　RN1、RN2 型高压熔断器

1—瓷熔管;2—金属管帽;3—弹性触座;
4—熔断指示器;5—接线端子;
6—瓷绝缘子;7—底座

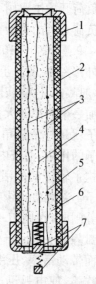

图 3-21　RN1、RN2 型高压熔断器的
熔管剖面示意图

1—管帽;2—瓷管;3—工作熔体;
4—指示熔体;5—锡球;6—石英砂
镇料;7—熔断指示器(虚线表示指
示器在熔体熔断时弹出)

由图 3-20 可知,熔断器的工作熔体(铜熔丝)上焊有小锡球。锡是低熔点金属,过负荷时锡球受热首先熔化,包围铜熔丝,铜锡的分子互相渗透而形成熔点较铜的熔点低的铜锡合金,使铜熔丝能在较低的温度下熔断,这就是所谓"冶金效应"。它使得熔断器能在不太大的过负荷电流或较小的短路电流时动作,提高了保护的灵敏度。又由图可知,这种熔断器采用几根熔丝并联,以便在它们熔断时能产生几根并行的电弧,利用粗弧分细灭弧法来加速电弧的熄灭。而且这种熔断器的熔管内是充填有石英砂的,熔丝熔断时产生的电弧完全在石英砂内燃烧,因此灭弧能力很强,能在短路后不到半个周期即短路电流未达冲击值之前即能完全熄灭电弧、切断短路电流,从而使熔断器本身及其所保护的电压互感器不必考虑短路冲击电流的影响,因此这种熔断器属于"限流"熔断器。

当短路电流或过负荷电流通过熔体时,工作熔体熔断后,指示熔体也相继熔断,其红色的熔断指示器弹出,如图 3-21 中虚线所示,给出熔断的指示信号。

2. RW4 和 RW10(F)型户外高压跌落式熔断器

跌落式熔断器,又称跌开式熔断器,广泛用于环境正常的室外场所,既可作6~10 kV 线路的设备的短路保护,又可在一定条件下,直接用高压绝缘钩棒(俗称令克棒)来操作熔管的分合。一般的跌开式熔断器如 RW4-10(G)型等,只能无负荷下操作,或通断小容量的空载变压器和空载线路等,其操作要求与隔离开关相同。而负荷型跌落式熔断器如 RW10-10(F)型,则能带负荷操作,其操作要求与负荷开关相同。

图 3-22 是 RW4-10(G)型跌落式熔断器的基本结构。这种跌落式熔断器串接在线路上。正常运行时,其熔管上端的动触头借熔丝张力拉紧后,利用钩棒将此动触头推入上静触头内锁紧,同时下动触头与下静触头也相互压紧,从而使电路接通。当线路上发生短路时,短路电流使熔丝熔断,形成电弧。消弧管由于电弧烧灼而分解出大量气体,使管内压力剧增,并沿管道形成强烈的气流纵向吹弧,使电弧迅速熄灭。熔丝熔断后,熔管的上动触头因失去张力而下翻,使锁紧机构释放熔管,在触头弹力及熔管自重作用下,回转跌开,造成明显可见的断开间隙。

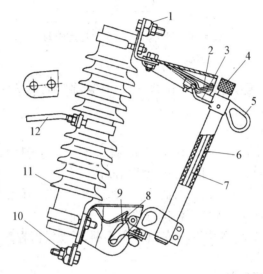

图 3-22　RW4-10(G)型跌开式熔断器

1—上接线端子;2—上静触头;3—上动触头;4—管帽(带薄膜);5—操作环;
6—熔管(外层为酚醛纸管或环氧玻璃布管,内套纤维质消弧管);7—铜熔丝;
8—下动触头;9—下静触头;10—下接线端子;11—绝缘瓷瓶;12—固定安装板

这种跌开式熔断器采用了"逐级排气"的结构。由图 3-22 可以看出,其熔管上端在正常运行时是封闭的,可以防止雨水浸入。在分断小的短路电流时,由于上端封闭形成单端排气,使管内保持足够大的压力,这样有利于熄灭小的短路电流所产生的电弧。而在分断大的短路电流时,由于管内产生的气压大,使上端薄膜冲开而形成两端排气,这样有助于防止分断大的短路电流时可能造成的熔管爆裂,从而有效地解决了自产气熔断器分断大小故障电流的矛盾。

RW10-10(F)型跌落式熔断器是在一般跌落式熔断器的静触头上加装简单的灭弧室,因而能带负荷操作。这种负荷型跌落式熔断器有推广应用的趋向。

跌落式熔断器依靠电弧燃烧使产气管分解产生的气体来熄灭电弧,即使是负荷型跌落式熔断器加装有简单的灭弧室,其灭弧能力都不强,灭弧速度不快,不能在短路电流到达冲击值之前熄灭电弧,因此属"非限流"熔断器。

3. RW10-35 型高压熔断器(图 3-23)

额定值:额定电流 0.5 A、断流容量 2000 MVA;

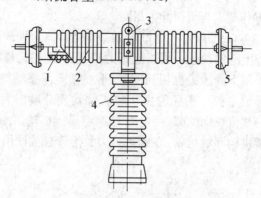

图 3-23　RW10-35 型高压熔断器

安装地点:户外;

保护对象:35 kV 电压互感器;2～10 A、600 MVA,其他设备。

4. 低压熔断器

(1) 分类(结构和用途分)

RC 系列插入式熔断器,RL 系列螺旋式熔断器,RM 系列无填料封闭式熔断器,RT 系列有填料封闭式熔断器,RLS 系列螺旋式快速熔断器。

(2) RM 系列无填料封闭管式熔断器

① 结构:内壁采用易分解灭弧气体的纤维管、变截面熔体。

② 原理:分解气体灭弧。短路时熔体在窄部熔断、过负荷时在宽窄结合部熔断。

③ 作用:井下低爆开关。

(3) RL1 型螺旋式熔断器

① 结构:如图 3-24 所示。

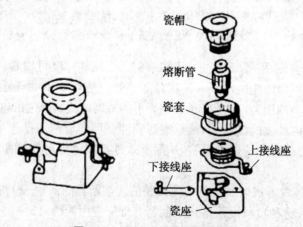

图 3-24　RL1 型螺旋式熔断器

② 特点:属于限流熔断器。

③ 作用:用于小电流主电路、控制电路、井下低爆开关。

(4) RTO 型有填料密封管式熔断器

① 结构:如图 3 - 25 所示。

② 特点:属限流熔断器。

③ 应用:短路电流较大的低压电路中、配低压控制屏。

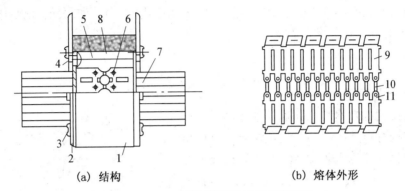

(a) 结构　　　　　　　　　　(b) 熔体外形

图 3 - 25　RTO 型有填料密封管式熔断器

1—滑石陶瓷外壳;2—金属盖板;3—螺栓;4—熔断指示器;5—指示熔体;6—工作熔体;

7—刀型触头;8—紫铜栅片;9—琴型触头;10—锡桥;11—小孔

5. 高压熔断器选择

首先应根据使用环境、负荷种类、安装方式和操作方式等条件选择出合适的类型,然后按照额定电压、额定电流及额定断流能力选择熔断器的技术参数。在选择和校验熔断器技术参数时,应注意以下几点:

(1) 对于限流型熔断器,熔断器的额定电压与所在电网的电压应为同一电压等级,若熔断器的电压等级高于电网的电压等级,如 10 kV 的熔断器用于 6 kV 线路上,熔体熔断时将会产生过电压。

(2) 在校验熔断器的断流能力时,对于限流型熔断器用次暂态电流 I'',对于非限流型熔断器用冲击短路电流的有效值 I_{im}。

(3) 利用产气灭弧的熔断器,选择时,熔断器安装处短路电流的最大、最小值,应在熔断器分断电流的上、下限范围内。否则,短路电流过大,管内气压过高,会造成熔管爆炸;电流过小,产气量太少,管内压力过低而达不到灭弧的目的。

(4) 熔断器的额定电流应大于熔体的额定电流,否则熔断器将会因过热而损坏。

(五) 互感器

互感器按其作用分为电流互感器和电压互感器。电流互感器又称仪用变流器。电压互感器又称仪用变压器。它们统称为互感器。

从基本结构和工作原理来说,互感器就是一种特殊变压器。是一种测量用的电压、电流变换器。根据二次回路的继电器、测量仪表及检视装置的需要设置。一般情况下,每一进、出线回路装设一组电流互感器,每一段母线上装设一组电压互感器。

1. 互感器的主要功能

（1）用来使仪表、继电器等二次设备与主电路绝缘。这既可避免主电路的高电压直接引入仪表、继电器等二次设备，又可防止仪表、继电器等二次设备的故障影响主电路，提高一、二次电路的安全性和可靠性，并有利于人身安全。

（2）用来扩大仪表、继电器等二次设备的应用范围。例如用 5 A 的电流表，通过不同变流比的电流互感器就可测量不同值的电流。同样，用 100 V 的电压表，通过不同变压比的电压互感器就可测量不同等级的电压。而且，由于采用互感器，可使二次仪表、继电器等设备的规格统一，有利于这些设备的批量生产。

2. 类型

（1）电流互感器

① 基本结构原理

电流互感器的基本结构原理图如图 3-26 所示。它的结构特点是：一次绕组匝数很少，有的型式电流互感器还没有一次绕组，利用穿过其铁心的一次电路作为一次绕组（相当于匝数为 1），且一次绕组导体截面大；而二次绕组匝数很多，导体较细。工作时，一次绕组串接在一次电路中，而二次绕组则与仪表、继电器等的电流线圈相串联，形成一个闭合回路。由于电流线圈的阻抗很小，电流互感器工作时二次回路接近于短路状态。二次绕组的额定电流一般为 5 A。

电流互感器的一次电流 I_1 与其二次电流 I_2 之间有下列关系：

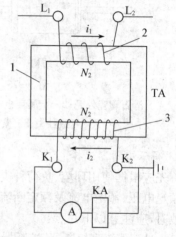

图 3-26 电流互感器的基本结构原理
1—铁心；2—一次绕组；3—二次绕组

$$I_1 \approx (N_2/N_1)I_2 \approx K_i I_2 \qquad (3-50)$$

式中：N_1、N_2 为电流互感器一次和二次绕组匝数；

K_i 为电流互感器的变流比，一般表示为额定的一次和二次电流之比，即

$$K_i = I_{1N}/I_{2N} \qquad (3-51)$$

② 电流互感器的类型和型号

电流互感器的类型很多。按一次绕组的匝数分，有单匝式（包括母线式、芯柱式、套管式）和多匝式（包括线圈式、线环式、串级式）。按一次电压分，有高压和低压两大类。按用途分，有测量用和保护用两大类。按准确度级分，测量用电流互感器有 0.1、0.2、0.5、1、3、5 等级，保护用电流互感器有 5 P 和 10 P 两级。

高压电流互感器多制成不同准确度级的两个铁心和两个二次绕组，分别接测量仪表和继电器，以满足测量和保护的不同要求。电气测量对电流互感器的准确度要求较高，且要求在短路时仪表受的冲击小，因此测量用电流互感器的铁心在一次电路短路时应易于饱和，以限制二次电流的增长倍数。而继电保护用电流互感器的铁心则在一次电流短路时不应饱和，使二次电流能与一次短路电流成比例地增长，以适应保护灵敏度的要求。

图 3-27 所示是户内高压 LQJ-10 型电流互感器的外形图。它有两个铁心和两个二次绕组,分别为 0.5 级和 3 级、0.5 级用于测量,3 级用于继电保护。

图 3-28 所示是户内低压 LMZJ-0.5 型(500～800/5A)的外形图。它不含一次绕组,穿过其铁心的母线就是其一次绕组(相当于 1 匝)。它用于 500 V 及以下的配电装置中。

以上两种电流互感器都是环氧树脂或不饱和树脂浇注绝缘的,较老式的油浸式和干式电流互感器尺寸小、性能好、安全可靠,因此现在生产的高低压成套配电装置中大都采用这类新型电流互感器。

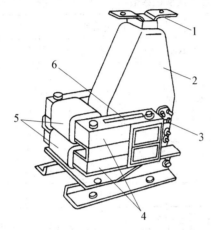

图 3-27　LQJ-10 型电流互感器

1—一次接线端子;2—一次绕组(树脂浇注);
3—二次接线端子;4—铁心;5—二次绕组;
6—警告牌(写"二次侧不得开路"等字样)

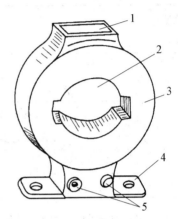

图 3-28　LMZJ1-0.5 型电流互感器

1—铭牌;2—一次母线穿孔;3—
铁心,外绕二次绕组,树脂浇注;
4—安装板;5—二次接线端子

③ 电流互感器的选择

根据使用环境和安装条件确定电流互感器的类型,然后按正常工作条件及短路参数确定其规格。选择步骤如下:

a. 额定电压的选择。电流互感器的额定电压应大于或等于电网的额定电压。

b. 一次额定电流的选择。电流互感器原边额定电流 I_{1N} 应大于等于 1.2～1.5 倍最大长时工作电流 I_{ca},即

$$I_{1N} \geqslant (1.2 \sim 1.5) I_{ca} \tag{3-52}$$

c. 准确等级校验。电流互感器的准确等级应与二次设备的要求相适应。0.2 级用于精密测量;0.5 级用于计费仪表;1.0 级用于测量仪表;3 级和 10 级用于指示仪表和继电保护装置。5P 和 10P 仅用于继电保护互感器的准确等级与二次负载的容量有关,如容量过大,准确等级下降,要满足准确等级要求,二次负载的总容量 S_{2L} 应小于或等于该准确等级所规定的额定容量 S_{2N},即

$$S_{2N} \geqslant S_{2L} \tag{3-53}$$

电流互感器的二次电流已标准化(5A),故二次容量仅取决于二次负载电阻 R_{2L},即

$$S_{2L} = I_2^2 R_{2L} \qquad\qquad (3-54)$$

$$R_{2L} = K_{kx2} \Sigma R_{mk} + K_{kx1} R_w + R_c \qquad (3-55)$$

式中：K_{kx1}、K_{kx2}——接线系数，决定于互感器二次接线方式，其值见表 3-10；

　　　ΣR_{mk}——测量仪表和继电器线圈的内阻，Ω；

　　　R_w——连接导线的电阻，Ω；

　　　R_c——导线连接时的接触电阻，一般取 0.05～0.1 Ω。

表 3-10　电流互感器二次接线系数

接线方式		接线系数	
		K_{kx1}	K_{kx2}
单相		2	1
三相星形		1	1
两相星形	三线接负载	$\sqrt{3}$	$\sqrt{3}$
	两线接负载	$\sqrt{3}$	1
两相差接		$2\sqrt{3}$	$\sqrt{3}$
三角形		3	3

　　在二次负载电阻中考虑连接线的电阻是因为仪表和继电器的内阻均很小，所以连接线的电阻不能忽视。在安装距离确定后，为了满足准确等级要求，连接线的电阻应为

$$R_w \leqslant \frac{S_{2N} - I_{2N}^2 (K_{kx2}\sum R_{mk} + R_e)}{K_{kx1} I_{2N}^2} \qquad (3-56)$$

　　连接导线的计算截面应为

$$A_w = \frac{L}{\gamma_{sc} R_w} \qquad\qquad (3-57)$$

式中：γ_{sc}——导线的电导率，m/(Q·mm^2)，铜线取 53，铝线取 32；

　　　L——导线的长度，m；

　　　A_w——连接导线的截面积，mm^2。

　　连接导线一般采用铜线，其最小截面不得小于 1.5 mm^2，最大不得超过 10 mm^2。

　　d. 动稳定校验。电流互感器满足动稳定的条件：

$$K_{es}\sqrt{2}\, I_{1n} \geqslant i_{im} \qquad\qquad (3-58)$$

式中：K_{es}——动稳定倍数，由产品目录查出；

　　　i_{im}——三相短路冲击电流，kA。

　　e. 热稳定校验。电流互感器满足热稳定的条件：

$$K_{ts} \geqslant \frac{I_{ss}}{I_{1N}}\sqrt{\frac{t_j}{t}} \qquad\qquad (3-59)$$

式中：K_{ts}——对应于 t 的热稳定倍数，由产品目录查出；

t——给定的热稳定时间,一般为 1 s;

I_{ss}——三相稳态短路电流有效值,A;

t_i——短路电流的假想作用时间,s。

f. 10%误差校验。为了保证继电器可靠动作,对继电保护用的电流互感器的误差不应超过 10%。因此对所选电流互感器应进行 10%误差校验。

产品样本中提供的电流互感器的 10%误差曲线,是在电流误差为 10%时一次电流倍数 m(一次最大电流与额定电流之比)与二次负载阻抗 Z_{2L} 之间的关系。

校验时根据二次回路的相负载阻抗从所选择电流互感器的 10%误差曲线上查出允许的一次电流倍数 m,其值应大于保护装置动作的实际电流倍数 m_{ca}。即

$$m > m_{ca} = \frac{1.1 I_{op}}{I_{1N}} \tag{3-60}$$

式中:I_{op}——保护装置的动作电流;

I_{1N}——电流互感器的一次额定电流;

1.1——考虑电流互感器 10%误差的系数。

④ 电流互感器使用注意事项

a. 电流互感器在工作时其二次侧不得开路。电流互感器在工作时二次侧不允许开路。在安装时,其二次接线要求牢靠,且不允许接入熔断器和开关。

b. 电流互感器的二次侧有一端必须接地。互感器二次侧一端接地,是为了防止其一、二次绕组间绝缘击穿时,一次侧的高电压窜入二次侧,危及人身和设备的安全。

c. 电流互感器在连接时,要注意其端子的极性。

(2) 电压互感器

① 基本结构原理和结线方案

电压互感器的基本结构原理图如图 3-29 所示。它的结构特点:一次绕组匝数很多,而二次绕组匝数很少,相当于降压变压器。工作时,一次绕组并联在一次电路中,而二次绕组并联仪表、继电器的电压线圈。由于这些电压线圈的阻抗很大,所以电压互感器工作时二次绕组接近于空载状态。二次绕组的额定电压一般为 100 V。

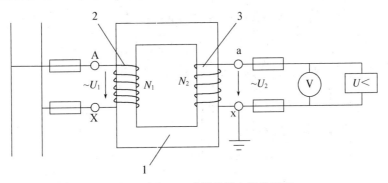

图 3-29　电压互感器的基本结构原理
1—铁心;2——次绕组;3—二次绕组

电压互感器的一次电压 U_1 与其二次电压 U_2 之间有下列关系：

$$U_1 \approx (N_1/N_2)U_2 \approx K_u U_2 \tag{3-61}$$

式中：N_1、N_2 为电压互感器一次和二次绕组匝数；K_u 为电压互感器的变压比，一般表示为其额定一、二次电压比，即

$$K_u = U_{1N}/U_{2N}。 \tag{3-62}$$

电压互感器在三相电路中有如图 3-30 所示的四种常见的结线方案。

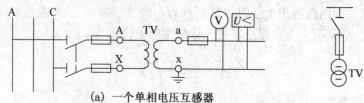

(a) 一个单相电压互感器

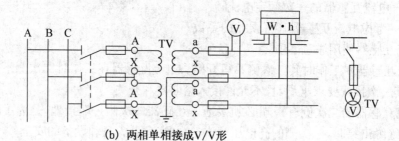

(b) 两相单相接成V/V形

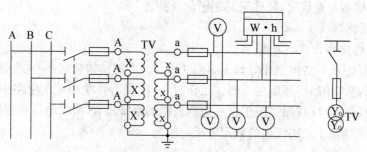

(c) 三个单相接成Y_0/Y_0形

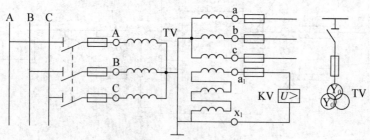

(d) 三个单相三绕组或一个三相五芯柱三绕组电压
互感器接成Y_0/Y_0/Δ(开口三角)形

图 3-30 电压互感器的结线方案

a. 一个单相电压互感器的结线[见图3-30(a)]供仪表、继电器接于一个线电压。

b. 两个单相电压互感器接成V/V形[见图3-30(b)]供仪表、继电器接于三相三线制电路的各个线电压,它广泛应用在变配电所的6～10 kV高压配电装置中。

c. 三个单相电压互感器接成Y_0/Y_0形[见图3-30(c)]供给要求线电压的仪表、继电器,并供电给接相电压的绝缘监视电压表。由于小接地电流系统在一次侧发生单相接地时,另两相电压要升高到线电压,所以绝缘监视电压表不能接入按相电压选择的电压表,而要按线电压选择,否则在发生单相接地时,电压表可能被烧毁。

d. 三个单相三绕组电压互感器或一个三相五芯柱三绕组电压互感器接成$Y_0/Y_0/\triangle$(开口三角)形[见图3-30(d)]其接成Y_0的二次绕组,供电给需线电压的仪表、继电器及绝缘监视用电压表。接成$\triangle$(开口三角)形的辅助二次绕组,接电压继电器。一次电压正常工作时,由于三个相电压对称,开口三角形两端的电压接近于零。当某一相接地时,开口三角形两端将出现近100 V的零序电压,使电压继电器动作,发出信号。

② 电压互感器的类型和型号

电压互感器按相数分,有单相和三相两类。按绝缘及其冷却方式分,有干式(含环氧树脂浇注式)和油浸式两类。图3-31所示是应用广泛的单相三绕组、环氧树脂浇注绝缘的户内JDZJ-10型电压互感器外形。

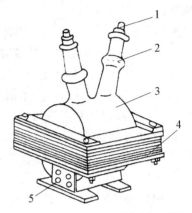

图3-31　JDZJ-10型电压互感器
1——次接线端于;2—高压绝缘套管;3——、二次绕组;环氧树脂浇注;4—铁心(壳式);5—二次接线端子

③ 电压互感器的选择

根据使用地点、安装条件及用途确定出互感器的型号后,再按下述步骤选择:

a. 一次额定电压的选择。电压互感器一次额定电压U_{1N}应与其所在电网的电压U_w相适应,其值应满足:

$$1.1U_{1N} > U_w > 0.9U_{1N} \tag{3-63}$$

式中:1.1、0.9——电压互感器最大误差所允许的一次电压波动范围。

电压互感器的二次电压在任何情况下都不得超过标准值(100 V),因此其二次绕组的额定电压应按表3-11进行选择。

表3-11　电压互感器二次绕组的额定电压　　　　(单位:V)

绕组	二次主绕组		二次辅助绕组	
高压侧接线	接于电网线电压上	接于电网相电压上	电网中性点直接接地	电网中性点不直接接地
二次绕组电压	100	$100\sqrt{3}$	100	$100\sqrt{3}$

b. 按准确等级与二次负荷进行校验。所选电压互感器应满足二次设备在用途上对准

确等级的要求。电压互感器的准确等级应按下列原则选择：

供给计费用的电度表，应选 0.5 级的电压互感器；

向监视用电度表、功率表或电压继电器等供电的电压互感器，其准确等级应为 1 级；

作一般电压监视用或补偿电容器放电用的电压互感器准确度等级可取 3 级。

按二次负荷校验电压互感器的准确等级时，应使互感器的二次容量 S_{2L} 小于或等于互感器在该等级下所规定的二次额定容量。

通常电压互感器的各相负荷并不完全相等，在确定准确等级时，应取最大负载相作为校验依据。

电压互感器多采用限流型熔断器保护，故不做短路稳定性校验。

④ 电压互感器的使用注意事项

a. 电压互感器在工作时其二次侧不得短路。由于电压互感器一、二次侧都是在并联状态下工作的，如发生短路，将产生很大的短路电流，有可能烧毁互感器，甚至影响一次电路的安全运行。因此电压互感器的一、二次侧必须装设熔断器以进行短路保护。

b. 电压互感器的二次侧有一端必须接地。这与电流互感器二次侧接地的目的相同，也是为了防止一、二次绕组的绝缘击穿时，一次侧的高电压窜入二次侧，危及人身和设备的安全。

c. 电压互感器在连接时，也要注意其端子的极性。

（六）限流电抗器

1. 短路电流的限制

电网短路电流太大不但设备选择困难，并且很不经济。因此对过大的短路电流加以限制，使所选电器经济合理是十分必要的。限制短路电流的方法是增加短路回路的总阻抗，具体方法：

（1）改变电网的运行方式

如变并联运行为分列运行，提高同路的总阻抗达到限流目的。其优点是不需专门设备，继电保护简单。一般优先考虑此方案，只有技术上或效果上不能满足要求时才考虑其他方案。

（2）在回路中串入限流电抗器来增加短路总阻抗。限流电抗器有普通型与分裂型两种，普通电抗器的电感线圈固定在无铁芯的绝缘架上，三相电抗器由三个线圈组成。

分裂电抗器每相一个进线两个出线，两出线在电抗器上产生的磁势相反，正常运行时其电抗压降很小。当一路出线回路发生故障时，磁势平衡受到破坏，电抗增大，从而起到限流作用，就限流而言希望电抗值越大越好，但普通型电抗器的电抗值越大，正常工作时电压损失也越大，不利于保证供电质量。因此在电网条件允许时，选用分裂电抗器可以解决这一问题。

目前矿用普通电抗器多为 NKL 型水泥电抗器，为了减少占地面积多采用三相重叠放置。

2. 电抗器的结构

在企业高压供电系统中，通常采用水泥电抗器限制短路电流。水泥电抗器由纱包绝缘铜或铝绞线绕制成线圈，在专设的支架上浇注成水泥支柱，再放到真空中干燥后涂漆制成。涂漆可以防止水分浸入，因此在运行中应特别注意电抗器的漆皮状况及其清洁状况。

水泥电抗器没有铁心，这是因为铁心线圈的电抗值随着铁心的饱和程度不同变化较大。当流过正常负荷电流时，铁心不饱和，绕组电抗较大；而流过短路电流时，铁心趋于磁饱和状态，绕组电抗很小，限流作用反而减弱。另外，铁心产生涡流和磁滞损耗，会使供电效率降低。

电抗器的三相绕组可以水平布置，也可以垂直叠装在一起布置，也可以成品字型布置。在企业变电所一般多采用垂直布置方式，如图3-32所示。在垂直布置时，中间一相绕组的绕向应与上、下绕组的绕向相反。这是为了当两相冲击短路电流流过电抗器时，使相邻两相绕组之间产生的电动力相互吸引而不是相互排斥。这样可使支柱绝缘子承受压力而不是拉力，使抗压强度高于抗拉强度的支柱绝缘子工作更稳定可靠。

水泥电抗器结构简单，价格低廉，工作可靠。主要缺点是尺寸大，笨重。

3. 水泥电抗器的选择

电抗器应根据额定电压、额定电流和百分电抗选择，并校验电压损失及短路时的动、热稳定性。

下面介绍百分电抗的选择及电压损失校验。其他选择校验项目同其他设备。

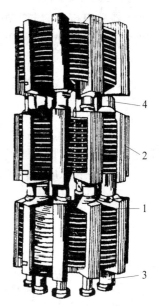

图3-32 水泥电抗器
1—绕组；2—水泥固定支柱；
3—对地绝缘支柱绝缘子；4—
相间绝缘支柱绝缘子

（1）电抗器百分电抗值的选择

① 短路回路所要求的相对基准电抗

欲限制短路容量到某一数值，则短路回路所要求的相对基准电抗的最小值应为

$$X_{\cdot da} = \frac{S_{da}}{S_{s\cdot max}} \tag{3-64}$$

式中：$X_{\cdot da}$——限制短路电流所需的总相对基准电抗的最小值；

S_{da}——计算短路电流时选取的基准容量，MVA；

$S_{s\cdot max}$——短路回路所允许的短路容量最大值，MVA（欲限制短路容量到此值）。

② 限流所需电抗器的相对基准电抗

设未串电抗器前短路回路固有的相对基准电抗为 $X_{\Sigma\cdot da}$，则串入短路回路的电抗器，其相对基准电抗的最小值 $X_{r\cdot da}$ 应为

$$X_{r\cdot da} = X_{\cdot da} - X_{\Sigma\cdot da} \tag{3-65}$$

③ 确定电抗器的相对额定电抗百分数

$$x_r\% = 100 X_{r\cdot da} \frac{\sqrt{3}\, I_{N\cdot r}}{U_{N\cdot r}} \frac{U_{da}^2}{S_{da}} \tag{3-66}$$

式中：$x_r\%$——电抗器的百分电抗值；

$I_{N\cdot r}$——电抗器的额定电流，kA；

$U_{N\cdot r}$——电抗器的额定电压，kV；

U_{da}——短路计算时所选取的电抗器所在线路的相对基准电压（电抗器所在电网的平均电压），kV。

根据上式的计算结果，选取标准百分电抗值等于或稍大于上式计算值的电抗器。

（2）校验电抗器的电压损失

当电抗器通过负荷电流时，将在电抗器上产生电压损失，电抗器正常工作时允许的电压损失百分数 $\Delta U_r\%$ 一般不应超过 4～5，即为额定电压的 4%～5%；否则，会使受电端电压过低，影响供电质量。在电抗器上产生的电压损失应按下式计算：

$$\Delta U_r\% = x_r\% \frac{I_{ca}}{I_{N\cdot r}}\sin\varphi \qquad (3-67)$$

式中：I_{ca}——流过电抗器的最大长时工作电流，A；

φ——负荷的功率因数角。

4. 部分水泥电抗器的技术数据（表 3-12）

表 3-12　部分水泥电抗器的技术数据

型号	额定电流(A)	额定电压(kV)	通过容量(kVA)	无功容量(kvar)	额定电抗(%)	75℃时一相中损耗(W)	短路稳定性(A) 动稳定电流	短路稳定性(A) 1 s热稳定电流	每相重量(kg)	外形尺寸(mm) 外径	外形尺寸(mm) 单相高度	外形尺寸(mm) 瓷座中心直径	外形尺寸(mm) 水平布置时相间最小中心距	单相瓷座数量(件)
NKL-6-200-4	200	6	3×694	27.8	4	1740	12750	9900	400	1085	725	720	1400	8
NKL-6-200-5	200	6	3×694	34.7	5	2050	10200	9900	415	1150	815	810	1400	8
NKL-6-200-6	200	6	3×694	41.6	6	2350	8500	9880	527	1085	905	720	1400	8
NKL-6-200-8	200	6	3×694	55.5	8	2880	6300	9850	530	1105	995	720	1400	8
NKL-6-200-10	200	6	3×694	69.4	10	3340	5100	9800	585	1105	1085	810	1250	8
NKL-6-300-3	300	6	3×1040	31.2	3	1500	19500	17600	380	945	725	720	1600	10
NKL-6-300-4	300	6	3×1040	41.6	4	2340	19100	12800	435	945	815	720	1550	10
NKL-6-300-5	300	6	3×1040	52	5	2580	15300	12650	405	1085	725	720	1550	8
NKL-6-300-6	300	6	3×1040	62.5	6	2910	12800	12700	410	1085	725	720	1550	8
NKL-6-300-8	300	6	3×1040	83.3	8	3620	9560	12700	430	1085	815	720	1550	8
NKL-6-300-10	300	6	3×1040	104	10	4140	7650	12700	490	1105	905	810	1550	8
NKL-6-400-3	400	6	3×1385	41.6	3	2170	26000	21350	570	1059	995	810	1900	10
NKL-6-400-4	400	6	3×1385	55.4	4	2900	25500	19500	640	1105	995	810	1800	10
NKL-6-400-5	400	6	3×1385	69.2	5	3080	20400	19500	659	1085	1085	720	1800	8
NKL-6-400-6	400	6	3×1385	82.9	6	3330	17000	15700	377	1105	725	810	1600	8
NKL-6-400-8	400	6	3×1385	111	8	4050	12750	15500	426	1085	725	720	1500	8
NKL-6-400-10	400	6	3×1385	138.7	10	4760	10200	15500	480	1105	815	810	1500	8

5. 案例

某矿井下中央变电所 6 kV 母线总负荷为 4000 kVA，$\cos\varphi = 0.8$，为限制短路电流地面变电所 6 kV 母线分列运行，用两条电缆向井下供电。目前中央变电所母线的短路容量为 80 MVA，矿用 $PB_2 - 6$ 型高压配电箱断流容量为 50 MVA，下井回路短路电流假想作用时间 $t_i = 1.2$ s。试选择电抗器。

【解】

(1) 确定电抗器型号及百分电抗值

① 电抗器的额定电压与额定电流的选择

井下总负荷电流为

$$I_{ca} = \frac{S}{\sqrt{3}\,U_N} = \frac{4000}{\sqrt{3} \times 6}\ \text{A} = 385\ \text{A}$$

通过电抗器的最大长时工作电流。根据《煤矿安全规程》的规定向井下中央变电所供电的线路，当一回路停止供电时，其余回路应能担负全部负荷的供电，所以本例中的任一电缆的最大长时工作电流应为井下的总负荷电流。因此，电抗器的最大长时工作电流也应为 385A。

查表 3 - 12 初步选择额定电压为 6 kV，额定电流为 400 A 的 NKL - 6 - 400 型铝线水泥电抗器。

② 电抗器额定电抗百分数的选择

系统固有的相对基准电抗。取基准容量为 100 MVA，系统固有相对基准电抗值为

$$X_{\Sigma \cdot da} = \frac{S_{da}}{S_s} = \frac{100}{80} = 1.25$$

限流所需的相对基准电抗为

$$X_{\cdot da} = \frac{S_{da}}{S_{s \cdot max}} = \frac{100}{50} = 2$$

限流所需电抗器的相对基准电抗为

$$X_{r \cdot da} = X_{\cdot da} - X_{\Sigma \cdot da} = 2 - 1.25 = 0.75$$

电抗器百分电抗值为

$$x_r\% = 100 X_{r \cdot da} \frac{\sqrt{3}\,I_{N \cdot r}}{U_{N \cdot r}} \frac{U_{da}^2}{S_{da}} = 100 \times 0.75 \times \frac{\sqrt{3} \times 0.4}{6} \times \frac{6.3^2}{100} = 3.44$$

选择标准百分电抗值 $x_r\% = 4$，电抗器的全型号为 NKL - 6 - 400 - 4。

计算串入电抗器后中央变电所母线的短路容量。电抗器的实际相对基准电抗值为

$$X_{r \cdot da} = \frac{x_r\%}{100} \frac{U_{N \cdot r}}{\sqrt{3}\,I_{N \cdot r}} \frac{S_{da}}{U_{da}^2} = \frac{4}{100} \times \frac{6}{\sqrt{3} \times 0.4} \times \frac{100}{6.3^2} = 0.87$$

串入电抗器后短路回路的总相对基准电抗值为

$$X_{\cdot da} = X_{\Sigma \cdot da} + X_{r \cdot da} = 1.25 + 0.87 = 2.12$$

串电抗器后中央变电所 6 kV 母线上的短路容量为

$$S_s = \frac{S_{da}}{X_{\cdot da}} = \frac{100}{2.12} \text{ MVA} = 47.2 \text{ MVA}$$

（2）电抗器的校验

① 短路稳定性校验

查表 3-12,NKL-6-400-4 型电抗器的动稳定电流为 25.5 kA,1 s 热稳定电流为 19.5 kA,设电抗器出口处短路电流为

$$I'' = I_{ss} = 4.5 \text{ kA}$$

动稳定校验：

$$i_{im} = 2.55 I'^{(3)} = 2.55 \times 4.5 \text{ kA} = 11.47 \text{ kA} < 25.5 \text{ kA}$$

动稳定校验合格。

热稳定校验：

$$I_{ts}^2 t = 19.5^2 \times 1 = 380.25 > I_{ss}^2 t_i = 4.5^2 \times 1.2 = 24.3$$

满足热稳定条件。

② 电压损失校验

$$\Delta U_r \% = x_r \% \frac{I_{ca}}{I_{N \cdot r}} \sin \varphi = 4 \times \frac{385}{400} \times 0.6 = 2.3 < 4$$

故所选电抗器正常工作时的电压损失符合要求。

（七）成套配电设备与组合电器

成套配电装置是将各种有关的开关电器、测量仪表、保护装置和其他辅助设备按照一定的方式组装在统一规格的箱体中,组成一套完整的配电设备。使用成套配电装置,可使变电所布置紧凑、整齐美观,操作和维护方便,并可加快安装速度,保证安装质量,但耗用钢材较多,造价较高。目前变电所 10 kV 以下的配电设备均为成套装置。

成套配电装置分一次电路方案和二次电路方案。一次电路方案是指主回路的各种开关、互感器、避雷器等元件的接线方式。二次方案是指测量、保护、控制和信号装置的接线方式。电路方案不同,配电装置的功能和安装方式也不相同。用户可根据需要选择不同的一次、二次电路方案。

成套配电装置按电压及用途分,可分为高压开关柜、低压配电屏及动力、照明配电箱等。

1. 高压成套配电装置

高压成套配电装置又称高压开关柜,用来接受和分配高压电能,并对电路实行控制、保护及监测。高压开关柜种类很多,下面介绍几种新型开关柜。

（1）KYN28A-12 型高压开关柜概述

① 应用

KYN28A-12 型高压开关柜系 3~10 kV,三相交流 50 Hz 单母线及单母线分段系统的成套配电装置。主要用于发电厂、中小型发电机送电、企事业配电以及电业系统的二次变电所的受电、送电及大型高压电动机起动等的控制、保护、监测。

图 3-33　KYN28A-12 型高压开关柜外形

② 结构简介

主结构开关柜属于铠装式金属封闭开关设备。整体是由柜体和中置式可抽出部件(即手车)两大部分组成。柜体分四个单独的隔室,外壳防护等级为 IP4X,各小室间和断路器室门打开时防护等级为 IP2X。具有架空进出线、电缆进出线及其他功能方案,经排列组合后能成为各种方案形式的配电装置。本开关柜可以从正面进行安装调试和维护,因此它可以背靠背组成双重排列和靠墙安装,提高开关柜的安全性、灵活性,减少了占地面积。

隔室开关柜主要电气元件都有其独立的隔室,即断路器手车室、母线室、电缆室、继电器仪表室,各隔室间防护等级都达到 IP2X。除继电器室外,其他三隔室都分别有泄压通道。由于采用了中置式形式,使电缆室空间位置大大增加,达到设备可接多路电缆的目的。

手车骨架采用薄钢板经 CNC 机床加工后组装而成。手车的机械联锁安全、可靠、灵活。根据用途不同手车可分断路器手车、电压互感器手车、避雷器手车、计量手车、隔离手车、所用变手车、接地手车。同规程手车可以百分之百自由互换。手车在柜体内有断开位置、试验位置和工作位置,每一位置都分别有定位装置,以保证联锁可靠。各种手车均采用蜗轮、蜗杆摇动推进、退出,其操作轻便、灵活。手车当需要移开柜体时,用一只专用转运车,就可以方便取出,进行各种检查、维护。因采用中置式形式,使整个小车体积小,检查、维护都极为方便。断路器手车上装有真空断路器及其他辅助设备。当手车用转运车运入柜体断路器室时,便能可靠锁定在断开位置/试验位置,由柜体位置显示灯显示其所在位置。而且只有完全锁定后,才能摇动推进机构,将手车推向工作位置。手车到工作位置后,推进手柄即摇不动,其对应位置显示灯便显示其所在位置。手车的机械联锁能可靠保证手车只有在工作位置或试验位置,断路器才能进行合闸,而且手车只有在分闸状态,断路器手车才能移动。

防止误操作的联锁装置开关柜内装有安全可靠的联锁装置,完全满足"五防"的要求:

a. 仪表室门上装有提示性的按钮或者 KK 型转换开关,以防止误合、误分断路器手车。

b. 断路器手车在试验或工作位置时,断路器才能进行合分操作,而且在断路器合闸后,手车无法移动,防止了带负荷误推拉断路器。

c. 当接地开关处在分闸位置时,断路器手车(断路器断开状态)才能从试验/断开位置移至工作位置。当断路器手车处于试验/断开位置时,接地开关才能进行合闸操作(接地开关可带电压显示装置)。这样实现了防止带电误合接地开关及防止了接地开关处在闭合位置时移动断路器手车。

d. 接地开关处于分闸位置时,前下门及后门都无法打开,防止了误入带电间隔。

e. 装有电磁闭锁回路的断路器手车在试验或工作位置,而没有控制电压时,仅能手动分闸,但不能合闸。

f. 断路器手车在工作位置时,二次插头被锁定不能拔除。

g. 按使用要求各柜体间可装电气联锁及机械联锁。本开关柜还可以在接地开关操作机构上加装电磁铁锁定装置以提高作用可靠性,其订货时按用户的需求选择。

带电显示装置开关柜内设有检测一次回路运行的可显件即带电显示装置。该装置由高压传感器和可携带式显示器两单元组成,经电线连接为一体。该装置不仅可以提示高压回路带电状态,而且还可以与电磁锁配合,实现对开关手柄、网门的强制闭锁,达到防止带电关合接地开关、防止误入带电间隔等,从而提高配套产品的防误性能。

为了防止在高湿度和温度变化较大的气候环境中产生凝露带来危险,在断路器室和电缆室内分别装设凝露控制器,以便改善柜内环境。

(2) KYN-10型金属铠装封闭移开式高压开关柜

移开式即手车式,它是把断路器、电压互感器、避雷器等需要经常检修的电器元件,都安装在一个有滚轮的小车上,小车可以从箱体中拉出柜外进行检修或将小车整体更换。本开关柜具有"五防"功能,即防止误操作断路器、防止带负荷分合隔离开关、防止带电挂接地线、防止带地线合闸和防止误入带电间隔。

本产品系三相交流 50 Hz,额定电压 3～10 kV,中性点不接地的单母线及单母线分段系统的户内成套配电装置,适用于各类型发电厂、变电站及企业。

图3-34所示为KYN1-10型开关柜的外形及结构示意图。开关柜是用钢板弯制焊接而成的全封闭型结构,该产品由继电仪表室 1、手车室 9、母线室 16 和电缆室 19 四个部分组成,各部分用钢板分隔,螺栓连接。

① 手车

手车内架由角钢和钢板弯制而成。根据用途,可分为断路器手车、电压互感器避雷器手车、电容器避雷器手车、所用变压器手车、隔离手车及接地手车等。同类型、同规格的手车可以互换。

手车上的面板就是柜门,装有铭牌、观察窗等。开启手车内的照明灯可观察断路器的油位指示。柜门正中装有手车定位旋钮及位置指示标牌。当转动锁定旋钮时,可将手车锁定在工作位置、试验位置及断开位置,并在面板上显示出位置状况。两旁有紧急分闸装置及合分闸位置指示器,能清楚反映少油断路器的工作状态。手车底部装有接地触头及 4 个滚轮,使手车能沿柜内的导轨移动。在手车正面装有 1 个万向滚轮,它使车底 2 个前轮搁空,2 个后轮配合可使手车在柜外灵活转动。

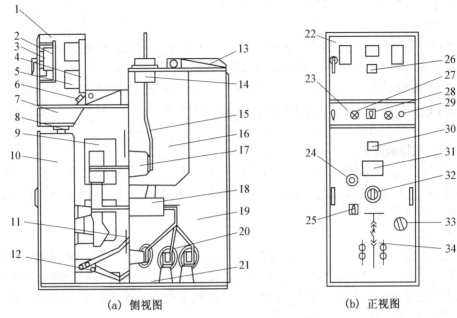

(a) 侧视图　　　　　　　　　　(b) 正视图

图 3－34　KYN1－10 型开关柜外形结构示意图

1—仪表继电器室；2—内门；3—电度表；4—继电器安装板；5—继电器；6—端子排；7—控制小母线室；8—二次触头及防护机构；9—手车室；10—断路器手车；11—金属活门；12—提门机构；13—泄压装置；14—穿墙套管；15—主母线；16—主母线室；17—触头盒；18—电流互感器；9—互感器电缆室；20—主母线套管；21—接地开关联锁操作轴；22—仪表门；23—操作板；24—推进机构摇把孔；25—分合闸指示；26—带电显示装置；27—信号灯；28—断路器控制开关；29—手车照明灯开关；30—铭牌；31—观察窗；32—手车位置指示旋钮；33—紧急分闸手把；34——次接线标志

手车在工作位置时，一次、二次回路接通；手车在试验位置时，一次回路断开，二次回路接通，断路器可做分合闸试验；手车在断开位置时，一次、二次回路全部断开，手车与柜体保持机械联系。

②柜体

柜体由手车室、主母线室、电流互感器（电缆）室等功能单元组成，各单元由钢板弯制焊接而成，各单元之间用金属板分隔。手车室后壁处装有 3～6 只带隔离静触头的触头盒。在触头盒的口部装有随手车推进、拉出而开启、关闭的两组接地帘门。当检修隔离静触头时，上、下两组帘门可分别打开。手车室左侧为辅助回路电缆小室，从底部直通仪表室。右侧装有接地开关及后门联锁操作轴。两侧的手车定位板及手车推进轨迹板与手车上联锁机构及推动机构配合，可实现由于手车的进出、手车的误操作以及运行状态时短路电流产生的电动斥力使车体移位，造成主回路隔离插头起弧等事故。顶部装有 24 芯的二次静触头及二次静触头的防护装置。底部装有手车识别装置、接地母线及手车导轨。母线室设在柜体后上方，在柜内金属隔板上配有套管绝缘子，以限制事故蔓延到邻柜。电流互感器（电缆）室在柜后部，内装电流互感器、接地开关、电缆盒固定架等，通过机构变化可实现左右联络，并可装设电压互感器。在开关柜手车室和母线室的上方设压力释放装置，供断路器或母线在发生故障时释放压力或排泄气体,以确保开关柜的安全。

③ 仪表继电器室

仪表继电器室通过减震器固定在手车室上方,可防止由于震动引起二次回路元件的误动作。仪表室正面的仪表门可装指示仪表、信号继电器等。信号灯可以装在仪表门下面的操作板上,也可根据要求装在仪表门上,中间内门及后面安装板可装继电器等。仪表箱后壁为15回路的小母线室,仪表室底部装有二次回路接线端子。二次控制电缆由手车室左侧引入。

④ 接地及接地开关

开关柜设有 6×40 的接地母线,安装在电缆室。手车与柜体的电气连接通过铜质动静触头压接,并引接到接地母线上,形成柜内接地系统。接地开关安装在电缆室,采用活动式操作手柄进行分合闸操作。

⑤ 加热器

在高湿地区或温度有较大变化的场合,开关柜内设备退出运行时,有产生凝露的可能。因而在开关柜内装设加热器,用提高温度的方法降低相对湿度,使得空气中的水蒸汽不能凝结。本开关柜配制的加热器为管状式,功率为 300W,安装在手车室前端的下面。加热器为可变件,按用户需要装设。

⑥ 联锁装置

为了实现"五防",柜内的联锁装置有:

a. 由于手车面板上装有位置指示旋钮的机械闭锁,所以只有断路器处于分闸位置时,手车才能抽出或推入,防止带负荷操作隔离触头。

b. 由于断路器与接地开关装有机械联锁,只有断路器分闸、手车抽出后,接地开关才能合闸。手车在工作位置时,接地开关不能合闸,防止带电挂接地线。

c. 接地开关接地后,手车只能推进到试验位置,防止带地线合闸。

d. 柜后上、下门装有联锁,只有在停电后手车抽出、接地开关接地后,才能打开后下门再打开后上门。通电前,只有先关上后上门,再关后下门,接地开关才能分闸,使手车推入到工作位置,防止误入带电间隔。

e. 仪表板上装有带钥匙的控制开关(防误型插座),防止误分、误合断路器。

(3) KGN-10 型交流金属封闭铠装固定式高压开关柜

固定式是指它的电器元件固定安装在开关柜的箱体中,封闭铠装是指所有电器元件包括母线都安装在一个具有封闭金属外壳的箱体中。KGN-10 型开关柜也具有"五防"功能,它将代替老式的 GG 系列、GSG 系列、GPG 系列等固定式开关柜。

图 3-35 所示为 KGN-10 型开关柜的外形及结构图。它的柜体骨架由角钢或钢板弯制而成,柜内以接地金属板分割成母线室、断路器室、操作机构室、继电器室及压力释放通道。

(4) HXGN-10(F·R)/630-SF₆ 环网开关柜

本产品属于国内新产品。利用 SF_6 作绝缘介质,比空气绝缘具有设备体积小、绝缘性能强、灭弧性能好等特点,且结构简单,操作方便,运行安全可靠,产品接近国际先进水平。适合在 3~10 kV 供电系统中作电能控制和保护装置,用于环网供电或辐射供电的工业区、

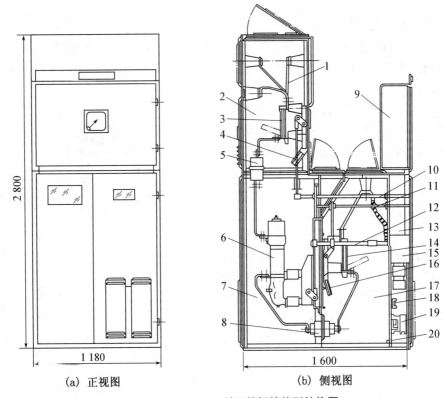

图 3-35　KGN-10 型开关柜的外形结构图

1—母线；2—母线室；3—上隔离开关；4—接地开关；5—套管；6—断路器；7—断路器室；
8—电流互感器；9—继电器室；10—上隔离开关操作轴；11—下隔离开关操作轴；12—断路器操作轴；
13—操作机构室；14—下隔离开关；15—断路器操作机构；16—接地开关；17—电缆室；18—熔断器；
19—合闸接触器；20—接地母线

商业区和居民小区的供电。

环网开关柜进线的主要方案有以下六种：

① 电缆进出线和一个负荷开关——熔断器组合电器间隔。

② 二个负荷开关电缆进出线间隔和一个负荷开关——熔断器组合间隔。

③ 二个负荷开关电缆进出线间隔和二个负荷开关——熔断器组合间隔。

④ 三个负荷开关电缆进出线间隔和一个负荷开关——熔断器组合间隔。

⑤ 三个负荷开关电缆进出线间隔。

⑥ 四个负荷开关电缆进出线间隔。

2. 低压成套配电装置

低压成套配电装置有开启式低压配电屏和封闭式低压开关柜两种。开启式配电屏的电器元件采用固定安装、固定接线；封闭式开关柜的元件有固定安装式、抽出式（抽屉式和手车式）与固定插入混合安装式几种。目前我国生产的低压配电柜常用的有：PGL 系列低压配电屏；BFC 系列抽出式低压开关柜；GGK1 系列电动机控制中心；GCL1 系列动力中心；GGD低压配电柜和 XL 类动力配电箱与 XM 类照明配电箱；多米诺（DOMION）组合式开关柜等。

（1）PGL 系列低压配电屏

PGL 系列交流低压配电屏适用于发电厂、变电站、厂矿企业，并在交流 50 HZ，额定工作电压不超过 380 V 的低压配电系统中作动力、配电、照明之用。这种固定式配电屏技术先进，结构合理、安全、可靠，可取代过去普遍应用的 BSL 型。

图 3-36 所示为 PGL 系列低压配电屏的外形结构图。PGL 系列配电屏为开启式双面维护的低压配电装置，采用薄钢板及角钢焊接组合而成，屏前有门，屏面上方仪表板为可开启的小门，可装仪表。屏后骨架上方有主母线装于绝缘框上，并设有母线防护罩，中性母线装在屏下方的绝缘子上。配电屏有良好的保护接地系统，提高了防触电的安全性。屏面下部有两扇向外开的门，门内有继电器和二次端子等；屏面中部装有开关操作手柄、控制按钮、指示灯等。刀开关、熔断器、自动开关、电流互感器、电压互感器等都安装在屏内。根据屏内安装的电器元件的类型和组合形式不同，分为多种一次线路方案，用户可根据需要选用。

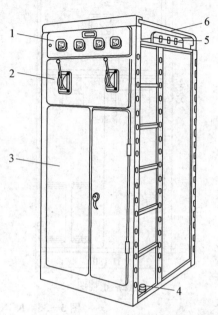

图 3-36　PGL 系列低压配电屏的外形结构图
1—仪表门；2—操作板；3—检修门；4—中性母线绝缘子；5—母线绝缘框；6—母线防护罩

（2）BFC 系列抽屉式低压开关柜关柜

开关柜各单元回路的主要电气设备均安装在抽屉或手车中，当某一单元回路故障时，可立即换上备用单元或手车，以迅速恢复供电，这样既提高了供电可靠性，又便于对故障设备进行检修。这种开关柜的密闭性能好，可靠性高，结构紧凑，占地面积小，但与 PGL 比较结构复杂，钢材耗用多，价格高。

图 3-37 所示为 BFC-2B 型抽屉式开关柜的结构示意图。它的基本骨架由钢板弯制件与角钢焊接而成，设备装设方式有手车式和抽屉式两种，抽屉式又分为单面抽屉柜和双面抽屉柜两种。单面抽屉柜前部是抽屉小室，装有抽屉单元，抽屉右侧装有二次回路端子排 23、二次插头(座)12、一次出线插座及一次插座引至柜底部一次端子室 11 的绝缘线。柜的后部装有立放的三相铜母线，抽屉的一次进线插座 21 直接插在该母线上。柜的前后两面均装有小门，前面抽屉小室的小门上可安装测量表计、控制按钮、空气开关操作手柄等。双面抽屉柜的前后两面均装有抽屉单元，母线立放在柜的中间。抽屉靠电气联锁装置的压板与轨道配合，可使抽屉处于工作位置及试验位置。抽屉装设的电气联锁装置是用以防止抽屉带负荷从工作位置抽出。

3. 成套配电装置的选择

成套配电装置包括高压、低压两种。其选择主要是确定装置的型号、一次电路方案及电气参数的选择与校验。

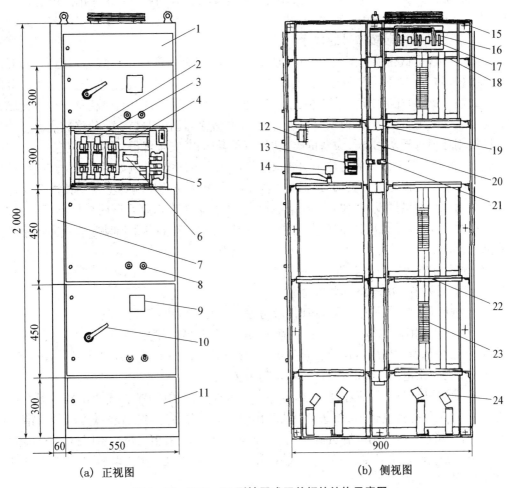

(a) 正视图　　　　　　　　　(b) 侧视图

图 3-37　BFC-2B 型抽屉式开关柜的结构示意图

1—主母线室小门；2—抽屉；3—熔断器；4—电流互感器；5——次出线插座；6—热继电器；
7—侧板 8—按钮；9—电流表；10—空气开关操作手柄；11——次端子室；12—二次插头座；
13——次出线插头；14—电气联锁行程开关；15—通风孔；16—主母线夹；17—主母线；18—隔板；
19—支母线夹；20—支母线；21——次进线插座；22—轨道；23—二次端子排；24——次端子排

(1) 确定配电装置的型号

① 高压成套配电装置型号的选择

高压成套配电装置按安装地点和使用环境分，可分为户内型、户外型、普通型、封闭型、矿用一般型和矿用隔爆型等。按电器元件在高压开关柜内的安装方式分，可分为固定式和移开式两种。固定式维护检修不方便，但价格较低；移开式价格虽高，但灵活性好，又便于维护检修，适用于大型变电所或可靠性要求较高的变电所。按开关柜的安装方式和维护要求分，又分为靠墙或不靠墙安装、单面或双面维护。双面维护的开关柜只能离墙安装，由柜后引出架空线的开关柜也必须离墙安装。单面维护、电缆出线时可靠墙安装。

在高压开关柜中大都装设少油断路器，对于频繁通断或短路故障较多的线路，要选用装有真空断路器的开关柜。选择高压开关柜时还应考虑其操作机构,手动式用于小型变电所,电磁式用于大、中型变电所。

② 低压成套配电装置型号的选择

在 500 V 以下低压动力配电系统中,现常用 PGL 型低压配电屏。其为户内安装,开启式双面维护,防护性能好,运行安全。与 BDL、BSL 系列老产品相比元件动稳定性好,分断电流能力高。此外,还有 BFC 系列抽屉式开关柜,主要设备都装在抽屉或手车上,单元回路故障时可立即换上备用件,迅速恢复供电,但其结构复杂,消耗钢材较多,价格较高。

按使用环境选择矿用电气设备的类型时,应符合《煤矿安全规程》的有关规定。

此外,还应根据工作机械对控制的要求选择电气设备的类型,例如对有爆炸危险的矿井井下供电线路用的低压总开关、分路开关和配电点总开关应选择隔爆型自动馈电开关。对不经常启动的小型机械设备,如井下局部通风机、生产系统小水泵及照明变压器等,一般选用隔爆手动启动器。隔爆磁力启动器主要用于控制和保护矿井井下启动频繁或需远距离控制的机械设备。

(2) 成套配电装置一次电路方案的选择

① 高压开关柜一次电路方案的确定

选择高压开关柜的一次电路方案时,应考虑以下几个因素:

a. 开关柜的用途。高压开关柜按用途分,可分为进线柜、配出线柜、电压互感器柜、避雷器柜、联络柜和所用变压器柜等。开关柜的用途不同,柜内电气元件和接线方式也不同。确定开关柜的一次电路方案时,应首先考虑其用途。

b. 负荷情况。对于负荷容量大、继电保护要求较高的用电户,必须使用断路器进行控制和保护;对于负荷容量较小、继电保护的动作时限要求不太严格、且灵敏度有较大潜力的不太重要的用电户,可采用装有负荷开关与熔断器的高压开关柜。对于单回路供电的用户,开关柜中只要求在断路器靠近母线一侧装设隔离开关;对于双回路供电的用户,断路器的两侧均应装设隔离开关。

c. 开关柜之间的组合情况。变电所的进线柜和联络柜,由于安装需要,往往选用两种不同方案的开关柜组合使用。对组合使用的开关柜,应注意其左、右联络方向,不可选错,否则将给安装带来困难。

d. 进出线及安装布置情况。对于进线开关柜,有电缆进线和架空进线两种。架空进线又分为柜顶进线和柜后进线两种。对于出线开关柜,也有电缆出线和架空出线两种。为了保证足够的安全距离,两个架空出线柜不得相邻布置,中间至少应隔一个其他方案的开关柜。

此外,在选择一次电路方案时,还应考虑开关柜中电流互感器的个数,以满足保护和测量的需要。

② 低压配电装置一次接线方案的选择

低压配电屏一次接线方案的选择,应考虑以下几点:

a. 保证对重要用户供电的可靠性。对重要负荷应采用双回路供电,例如向高压主、副井提升机的控制系统和低压主、副提升机等设备供电一般应采用双回路供电。

b. 恰当地确定配电屏出线的控制保护方案,对线路较长、负荷较大的分路,一般应装设刀开关和自动开关;线路较短、负荷较小的分路,可用负荷开关或带灭弧罩的刀开关或熔断器作分路的控制和保护。

c. 确定配电屏进线的控制保护方案。根据出线数的多少,各出线的控制、保护方式和配电变压器容量的大小,确定配电屏的进线及其控制、保护方案。

分路较多、变压器容量较大时,应装设总刀开关和总自动开关;分路较少、变压器容量较小时,可用刀开关和熔断器作总开关和总保护。

配电变压器容量较小,低压线路较短,分路较少且未装设漏电保护开关时,应装设带有或配有漏电保护的总自动开关。若分路都装有漏电保护开关,总自动开关可不设漏电保护装置。

此外,系统接线应有一定的灵活性,以便于检修和保障生产的正常进行,应力求接线简单,操作方便、安全。当变电所采用两台 6(10)/0.4 kV 变压器时,一般采用分段单母线接线;当变电所采用一台变压器时,则采用单母线接线。

（3）成套配电装置电气参数的选择校验

当高压开关柜的型号和一次电路方案确定以后,开关柜中所装电气元件的型号也就基本确定。下一步应对柜内电气元件的技术参数进行选择和校验。主要开关电器的选择和校验方法如前所述。有些高压配电装置,如矿用隔爆高压配电箱,厂家已进行配套生产,选择时,只需按配电箱所给技术数据选择和校验即可。

低压配电屏的型号和一次线路方案确定后屏内主要电器也就基本确定。电器参数的选择主要根据额定电流选择。

有时将开关电器与变电设备等组合在一起,构成变电所组合电器,以减小占地面积。

四、案例分析——选择高压开关柜

资料:某矿主井负荷为 630kW,电压为 6kV。试按照电流选择高压开关柜。

选择说明:查表格取值,需用系数 0.8,功率因数 0.85。

由 $I_{ca} = \dfrac{K_{de} \sum P_N \times 10^3}{\sqrt{3} U_N \cos \varphi_{wm}}$ 得 $I_{ca} = \dfrac{0.8 \times 630 \times 10^3}{\sqrt{3}\, 6\,000 \times 0.85}$ A $= 135$ A

选择 KYN28A－12 型高压开关柜,电流变比为 150/5。

巩固提升

一、工作案例:选择高压开关柜

任务实施指导书

工作任务	选择＿＿＿＿＿＿高压开关柜
任务要求	1. 准备工作:做好记录。 2. 根据中平能化集团某矿的某一电路负荷统计分析结果和电压等级进行高压开关柜。 3. 注意线路及设备的结构及各组成元件的作用。
责任分工	1 人负责分工;1～2 人进行负荷统计计算和短路电流计算等,包括记录;1～2 人根据有关参数选择高压开关柜,包括记录。

(续表)

阶段	实施步骤	防范措施	应急预案
一、准备	1. 做好组织工作,按照现场实际有组长分工。	课前要预习,并携带查阅、收集的有关资料。	分工要注意学生的个性、学习情况、个人特点。
	2. 携带有关铅笔、记录本、尺子等记录用品和供电系统图和有关设备说明书等。	做好带上所有电气设备的使用说明书和变电所供电系统图。	
二、参数计算分析	3. 认真研究供电系统图。		
	4. 分析电压等级。	带上变电所供电系统设计说明书。	做好记录。
	5. 负荷统计计算分析。	带上变电所供电系统设计说明书。	做好记录。
	6. 短路电流计算结果分析。确定高压开关柜。	带上变电所供电系统设计说明书。	做好记录。
三、高压开关柜的选择	7. 确定高压开关柜。	可携带有关设备目录。安全、可靠、实用、经济。	
四、现场处理	8. 分析计算数据。	资料齐全。	做好记录。
	9. 经老师或技术人员审核。		
	10. 现场清理。	现场干净、整洁。	
	11. 填写工作记录单。		

工作记录表

工作时间		指挥者		记录员	
工作地点		监督者		分析人	
记录内容	1. 负荷类型。				
	2. 负荷电压等级。				
	3. 负荷统计及计算分析结果。				
	4. 短路电流计算分析。				
	5. 设备结构、组成元件作用。				
	6. 选择出高压开关柜。				
	7. 现场处理情况。				
说明					

二、实操案例:根据下列资料选择高压开关柜

资料:某矿东主井绞车负荷为 320 kW,电压为 6 kV。试按照电流选择高压开关柜。

学习评价反馈书

	考核项目	考核标准	配分	自评分	互评分	师评分
知识点	1. 电弧产生的原因及灭弧方法。	完整说出满分;不完整得 2~7 分;不会 0 分。	8			
	2. 常用高压电器技术参数。	老师抽问,正确说出满分;不完整得 2~7 分;不会 0 分。	8			
	3. 常用高压电器类型、特点、作用等。	老师抽问,正确说出满分;不完整得 2~7 分;不会 0 分。	8			
	4. 常用高压电器的选择原则。	完整说出满分;不完整得 2~7 分;不会 0 分。	8			
	5. 常用高压电器具体的选择方法。	老师抽问,正确说出满分;不完整得 2~7 分;不会 0 分。	8			
	小计		40			
技能点	1. 会选择高压电器。	会正确选择高压电器得满分;不熟练得 15~24 分;不会 0 分。	25			
	2. 会校验常用高压电器。	会正确校验常用高压电器得满分;不熟练得 15~24 分;不会 0 分。	25			
	小计		50			
情感点	1. 学习态度。	遵守纪律、态度端正、努力学习者满分;否则 0~1 分。	2			
	2. 学习习惯。	思维敏捷、学习热情高涨满分;否则 0~1 分。	2			
	3. 发表意见情况。	积极发表意见、有创新建议、意见采用满分;否则 0~1 分。	2			
	4. 相互协作情况。	相互协作、团结一致满分;否则 0~1 分。	2			
	5. 参与度和结果。	积极参与、结果正确;否则 0~1 分。	2			
	小计		10			
	合计		100			

说明:1. 考评时间为 30 分钟,每超过 1 分钟扣 1 分;2. 要安全文明工作,否则老师酌情扣 1~10 分。

主讲教师(签字):_____　　指导教师(签字):_____

效果检查:

学习总结:

思考练习题:

1. 简述短路类型、原因、危害。

2. 简述短路电流的计算方法。

3. 简述短路电流计算的目的和任务？

4. 什么是短路电流的热效应和力效应？

5. 如何求导体最小热稳定截面？

6. 如何校验成套电气设备？

7. 电弧产生的原因及灭弧方法有哪些？

8. 简述所学常用高压电气设备的组成、结构和工作原理。

9. 简述所学常用高压电器的选择方法。

任务二　高压电气设备安装、操作、维护

任务要求：

1. 按照操作规程要求停电、做好准备工作。

2. 按照《电气安装工操作规程》安装，安装质量满足《安装工程质量检验评定标准》要求。

3. 按照所接电源和负荷调节高压电器设备。

4. 按照《煤矿机电设备检修技术规范》要求试验和试运行。

5. 按照《矿井维修电工操作规程》要求检测、排除故障，检修质量满足《电气设备检查标准》。

6. 按照《机电设备完好标准》要求进行日常维护。

工作情况：

1. 工作情况：高压电气设备在安装、操作、维护和检修过程中有着非常严格的操作步骤和规范。如果有一个环节不慎重，就可能造成重大人身伤亡、设备损坏事故，另外，由于高压电气设备故障造成大面积停电，给生产生活带来不便，需要快速有效分析处理故障。因此，掌握高压电气设备的安装、操作、维护和检修方法、步骤，是供电技术工人和技术人员的基本技能。

2. 工作环境：① 在变电所安装、操作、维护高压电器设备。② 电源来自变电所外部。③ 负荷为某一用电器。④ 设备：KYN28A－12型高压开关柜。MYJV22－3×70高压交联电缆。⑤ 工具：套扳、扳手、钢丝钳、电工刀、螺丝刀、万用表、验电器等。

工作要求：

1. 按照收集资料、制订计划、做出决策、实施计划、检查控制、评价反馈的步骤进行工作。

2. 收集资料并自学，使自己达到知识目标。

3. 所订计划符合安全规程、操作规程、质量标准、组织周密严谨，具有指导意义和创新精神。

4. 所做决策必须是经过方案比较后确定的最佳计划。

5. 必须严格按照工作计划实施计划。

6. 计划实施过程中严格执行检查控制，以防止人身和设备事故发生。

7. 按照任务要求对工作过程和工作结果进行评价;同时总结经验,定出改进措施。

相关知识

一、KYN28A - 12 型高压开关柜安装与调试高压电气设备

1. 安装要求

开关柜基础埋设开关柜基础的施工应符合《电气装置安装工程　电气设备交接试验标准》中的有关条款的规定。开关柜的基础框架埋设:一般要求采取二次浇灌的方法,待土建施工完成之后,由电气安装单位进行埋设。基础框架的制作应根据设计部门按制造厂要求绘制的图纸进行。基础框架是由槽钢及角钢焊接组成的,框架的基本尺寸要求及电缆沟道布置见图纸,对槽钢的高度无严格要求,一般推荐选用 10 号槽钢。基础框架槽钢的外延距离应与开关柜本体框架的尺寸一致,根据开关柜的平面布置情况及每排开关柜的台数决定框架的总长度。基础框架预埋时应进行水平校准,要求水平误差及平直度不超过每米1 mm,总误差不超过 2 mm。并要求基础框架的顶面比配电室最终地坪高出约 3~5 mm。

2. 安装基础形式

(1)开关柜安装基础的施工应符合《电力建设施工及验收技术规范》中的相关规定。

(2)开关柜的安装基础一般要分两次浇灌混凝土。第一次为开关柜基础框架即角钢、力钢或槽钢构成安装基础。第二次浇灌混凝土面的补充层,一般厚度为 60 mm,在浇灌混凝土补充层时混凝土高度应低于框架平面 1~3 mm。

(3)认真阅读基础框架结构图。

(4)基础框架安装时应保证安装质量,框架安装的技术标准为每米公差为 1 mm。

3. 开关柜的安装

(1)认真阅读开关柜安装图。

(2)柜体单列时,柜前走廊大于 2 m 为宜,双列布置时,柜间操作走廊大于 2.5 m 为宜。

(3)按工程需要与图纸标明,将开关柜运到确定位置,如果一排较长的开关柜排列(为10 台以上),拼柜工作应从中间部位开始。

(4)需用特定的运输工具如吊车或叉车,严禁用滚筒撬棒移动开关柜。

(5)从开关柜内抽出断路器手车,另放别处妥善保管。

(6)在母线室前面松开固定螺栓,卸下垂直隔板。

(7)松开断路器室下面水平隔板的固定螺栓,并将水平隔板卸下。

(8)卸下电缆盖板。

(9)移去开关柜左侧控制线槽盖板,而右前方控制线槽盖板亦同时卸下。

(10)卸下吊装板及紧固件。

(11)在此基础上依次安装开关柜,在水平和垂直方向,开关柜安装不平度不得超过 2 mm。

(12)当开关柜已完全结合(拼接)好时,可用地脚螺钉将其与基础框架相联,或用电焊与基础框架焊牢。

4. 母线的安装

开关设备中的母线均采用矩形母线,且为分段形式,当选用不同电流时所选用的母线只

是数量规格不一,因而在安装时必须遵照下列步骤:用清洁的软布擦拭母线,检查绝缘套管是否有损伤,在连接部位上涂上导电膏或者中性凡士林。一个柜接一个柜地安装母线,将母线段和对应的分支母线接在一起,用螺栓拧紧。

特别说明:当断路器用于控制 3.6~12 kV 电动机时,若启动电流小于 600 A 必须加金属氧化锌避雷器;当断路器用于断开电容器组时,电容器的额定电流应大于断路器额定电流的 80%。

5. 试运行

(1) 准备好有关试运行的一切技术资料。

(2) 试运转中检测所有数据。

(3) 运行和检测安全保护装置(包括手动操作及自动操作)。

(4) 开关柜的电控程序及接地按要求进行测试、调整好。

(5) 试运转前提供所有试运转程序,记录表格及要求,并参加试运转工作。

二、KYN28A‐12 金属铠装中置式开关柜的操作

(一) 停送电管理制度

(1) 井上下低压电气设备安装和检修必须停电时,由施工单位写出停电申请报告,并制订出专项安全措施并严格执行,当不影响安全生产时,由机电科审批。当影响安全生产时,由主管电气的技术员报安全、生产部门审批,矿领导批准。调度室、施工单位各持一份。停送电报告必须提前一天交调度室;35 kV 停电报告提前二天报供电局审批;无停电报告,严禁停电。

(2) 对需要停高压的停电报告,必须填写"操作命令票"。

(3) 高压停送电操作,由专职电板工负责,一人操作,一人监护,操作者要站在绝缘垫上,戴上绝缘手套,穿绝缘胶靴。停电后,要将停电开关的把手闭锁,锁上专锁或专人看管,并悬挂"有人工作,不准送电"的停电警示牌。送电时,由申请单位施工负责人通知送电。

(4) 停电工作人员到现场后,要检查设备和路线,停电后要执行验电、放电、三相短路接地等安全措施,并检查有无反送电的可能性,联系停送电要有专人联系。

(5) 停电工作完毕后,要检查施工现场,当同一线路有几处工作时,每处都要检查,然后方可联系送电。检修后,送电操作要先试验一次,无误后再正式送电,一切正常后方可离开现场。

(6) 高低压停电时,和恢复正常送电后,均必须汇报调度室,特别是影响扇风机供风的区域。必须由调度室采取相应部署措施后,方可停送电。

(二) 某矿变电所工作票

某矿变电所工作票

编号:

施工地点			申请单位	
1	工作负责人		安全负责人	
2	工作人员(姓名):			

(续表)

3	工作内容：									
4	计划工作时间：自		年	月	日	时	分		起	
	至		年	月	日	时	分		止	

5 应采取的安全措施	应断开的开关、刀闸、停电范围(填写人填)			已断开的开关、刀闸(值班人填)	
	应挂接地			已挂接地	

6	许可开始工作时间：		年	月	日		时		分	
	工作许可人签名(主值班)：				工作负责人签名：					

7	工作负责人变动　原工作负责人　　同志离去,变动　　同志为工作负责人			
	负责人变动时间	年	月	日　　时　　分

8	工作票延期、有效期延长到：　年　月　日　时　分	
	工作负责人签名·	主值班签名：

9	工作结束时间：　　　年　　　月　　　日　　　时　　　分	
	工作负责人签名	主值班签名：

10	现场安全措施及注意事项：

科队签章：	签发人签章：	填写人签章：

(三)某矿变电所倒闸操作票

某矿变电所倒闸操作票

编号：

发令时间：　　　年　　　月　　　日　　　时　　　分

操作任务:八03板(下井一)线路停止运行,解除备用,作安全措施。

图板演习时间：　　　年　　　月　　　日　　　时　　　分

√	序号	操作项目	操作时间
	1	检查八03确无负荷	
	2	检查八03确为"接地"操作	
	3	断开八03	
	4	检查八03确已断开	
	5	检查八03手车	
	6	检查八03手车确已抽出	

（续表）

V	序号	操作项目	操作时间
	7	检查八03线路确无电压	
	8	推上八03地	
	9	检查八03地已合好	
	10	全面检查	

操作结束后汇报时间：　　　年　　　月　　　日　　　时　　　分

发令人：　　　　　　　　　监护人：　　　　　　　操作人：

备注：

（四）KYN28A－12金属铠装中置式开关柜的操作使用说明

1. 操作顺序

虽然开关柜设计已保证开关设备各部分操作顺序正确的联锁，但是操作人员对开关设备各部分的投入和退出，仍应严格按照操作规程和本技术文件的要求进行，不应随意操作，更不应在操作受阻时，不加分析强行操作，否则容易造成设备损坏，甚至引起事故。

2. 无接地开关的断路器的操作

（1）将断路器可移开部件装入柜体：断路器小车在推入柜内前，应认真检查断路器是否完好，有无漏装部件，有无工具等杂物放在机构箱或开关内，确认无问题后将小车装在转运车上并锁定好。将转运车推到柜前，把小车升到合适位置，将转运车前部定位锁板插入柜体中隔板插口并将转运车与柜体锁定之后，打开断路器小车的锁定钩，将小车平稳推入柜体同时锁定。当确认已将小车与柜体锁定之后，解除转运车与柜体的锁定，将转运车拉出。

（2）小车在柜内操作：小车在从转运车装入柜体后，即处于柜内断开位置。若想将小车投入运行，首先使小车处于试验位置，应将辅助回路插头插好，若通电则仪表室面板上试验位置指示灯亮，此时可在主回路未接通的情况下对小车进行电气操作试验。若想继续进行操作，首先把所有柜门关好，用钥匙插入门锁孔，把门锁好，并确认断路器处于分闸状态［见（4）］。此时可将手车操作摇把插入中面板上操作孔内，顺时针转动摇把，直到摇把明显受阻并听到清脆的辅助开关切换声，同时仪表室面板上工作位置指示灯亮，然后取下摇把。此时，主回路接通，断路器处于工作位置，可通过控制回路对其进行分、合操作。

若准备将小车从工作位置退出，首先，应确认断路器已处于分闸状态［见（4）］，插入手车操作摇把，逆时针转动直到摇把受阻并听到清脆的辅助开关切换声，小车便回到试验位置。此时，主回路已经完全断开，金属活门关闭。

（3）从柜中取出小车：若准备从柜中取出小车，首先应确定小车已处于试验位置，用钥匙插入门锁孔，把门打开。然后解除辅助回路插头，并将动插头扣锁在手车架上，此时将转运车推至柜前（与把小车装入柜内相同）并与柜体锁定，最后将手车解锁并向外拉出。当手车完全进入转运车并与转运车锁定，解除转运车与柜体的锁定，把转运车向后拉出适当距离后，轻轻放下停稳。如手车要用转运车运输较长距离时，在推动转运小车过程中要格外小心，以避免运输过程中发生意外事故。

（4）断路器在柜内的分、合闸确认：断路器的分合闸状态可由断路器手车面板上的分合闸指示牌及仪表室面板上分合闸指示灯两重判定。

若透过柜体中面板观察玻璃看到手车面板上绿色的分闸指示牌则判定断路器处于分闸状态，此时如果辅助回路插头接通电，则仪表室面板上分闸指示灯亮。

3. 有接地开关的断路器的操作

将断路器手车推入柜内和从柜内取出手车的顺序，与无接地开关的断路器的操作顺序完全相同，仅当手车在柜内操作过程中和操作接地开关过程中要注意的地方如下：

（1）手车在柜内操作

当准备将手车推入工作位置时，除要遵守 2.（4）［即上面第 2 条（4），下同］中提请注意的诸项要求外，还应确认接地开关处于分闸状态，否则下一步操作无法完成。

（2）分、合接地开关操作

若要合接地开关，首先应确定手车已退到试验/断开位置，并取下推进摇把，然后按下接地开关操作孔处连锁弯板，插入接地开关操作手柄，顺时针转动 90°，接地开关处于合闸状态；若再逆时针转动 90°，便将接地开关分闸。

4. 一般隔离手车的操作

隔离手车不具备接通和断开负荷电流的能力，因此在带负荷的情况下不允许推拉手车。在进行隔离手车柜内操作时，必须保证首先将与之相配合的断路器分闸［即上面第 2 条（4）］，同时断路器分闸后其辅助触点已解除与之配合的隔离手车上的电气联锁，只有这时才能操作隔离手车。具体操作顺序与操作断路器手车相同。

5. 使用联锁的注意事项

（1）本产品的联锁功能是以机械联锁为主，辅以电气联锁，能实现开关柜对"五防"闭锁的要求。但是操作人员不应因此而忽视操作规程的要求，只有规程制度与技术手段相结合才能有效发挥联锁装置的保障作用，防止误操作事故的发生。

（2）本产品的联锁功能的投入与解除，大部分是在正常操作过程中同时实现的，不需要增加额外的操作步骤。如发现操作受阻（如操作阻力增大）应首先检查是否有误操作的可能，而不应强行操作以至损坏设备，甚至导致事故的发生。

（3）有些联锁因特殊要求允许紧急解锁（如柜体下面板和接地开关的联锁）。紧急解锁的使用必须慎重，不宜经常使用，使用时也要采取必要的防护措施，一经处理完毕，应立即恢复联锁原状。

三、KYN28A 配 VS1 开关故障分析与处理

表 3-13 KYN28A 配 VS1 开关故障处理范围

序号	故障部位	故障现象	原因及处理要求	表现现象
1	辅助开关	模拟指示与开关实际位置相反，开关状态与指示灯指示相反，闭锁不吸合，分合闸操作无法进行	QF 辅助开关与正常位置相反，常闭接点全变为常开接点，正确找出故障比调整 QF 的位置	通电后闭锁不动作合闸无法操作，手动合闸后闭锁动作，但分闸无法操作

序号	故障部位	故障现象	原因及处理要求	表现现象
2	闭锁回路	电动合闸拒合,手动合闸拒合	闭锁线圈短路,正确找出故障并能够更换线圈	控制电源开关无法合上
			闭锁线圈断路,正确找出故障并能够更换线圈	闭锁线圈不吸合
			辅助开关接点烧坏,正确找出故障并更换辅助开关	闭锁线圈不吸合
3	合闸回路	电动合闸拒合,手动合闸成功	辅助开关 QF 烧损,正确找出故障并更换辅助开关	断路器具备合闸条件(已储能、闭锁完好),合转换开关时,断路器无反应
			合闸线圈断路,正确找出故障并更换合闸线圈	断路器具备合闸条件(已储能、闭锁完好),合转换开关时,断路器无反应
			合闸线圈短路,正确找出故障并更换线圈	转换开关合闸时,控制电源开关跳闸
		电动合闸拒合,手动合闸成功	储能回路辅助开关 S1 损坏,正确找出故障并更换辅助开关	断路器具备合闸条件(已储能、闭锁完好),转换开关合闸时,断路器无反应
			辅助开关 S2 损坏,正确找出故障并更换辅助开关 S2	断路器具备合闸条件(已储能、闭锁完好),转换开关合闸时,断路器无反应
		电动合闸拒分,手动合闸成功	分闸线圈断路,正确找出故障并更换线圈	断路器在合位,转换开关分闸时,断路器无反应
			分闸线圈短路,正确找出故障并更换线圈	转换开关分闸时,控制电源开关跳闸
		电动不能分闸,手动能分闸	脱扣弯板与分闸电磁铁铁芯间距离太大,更换脱扣弯板	分闸电磁铁铁芯不能接触脱扣弯板
4	断路器储能故障	电动不能储能,手动可以储能	储能电机断路,正确找出故障并更换储能电机	储能电源开关合上后,储能电机不动作
			储能回路辅助开关 S1 烧损,正确找出故障并更换辅助开关	储能电源开关合上后,储能电机不动作
			小链轮内单向轴承坏,正确找出故障并更换小链轮(含单向轴承)	储能电机空转,手动储能空转

(续表)

序号	故障部位	故障现象	原因及处理要求	表现现象
5	断路器储能故障	电动可以储能,手动不能储能	涡轮内单向轴承失效,正确找出故障并更换涡轮	电动储能正常,手动储能失效
		电动不能储能,手动不能储能	小链轮内单向轴承坏,涡轮内单向轴承坏,正确找出故障并更换小链轮(含单向轴承)	储能失效
		储能完成后,电机不停转	辅助开关 S1 切换不到位,正确找出故障并更换	电动储能完成后,电机不停电

巩固提升

一、工作案例:高压开关柜的安装、操作和维护

任务实施指导书

工作任务	KYN28A - 12 型高压开关柜的安装、操作和维护			
任务要求	1. 按照操作规程要求停电、做准备工作。 2. 按照《矿井维修电工操作规程》要求检测、排除故障,检修质量满足《电气设备检查标准》。 3. 按照所接电源和负荷调节 KYN28A - 12 型高压开关柜。 4. 按照《煤矿机电设备检修技术规范》要求试验和试运行。 5. 按照《电气安装工操作规程》安装,安装质量满足《安装工程质量检验评定标准》要求。 6. 按照《机电设备完好标准》要求进行日常维护。			
责任分工	1. 1 人负责按照计划步骤指挥操作,1 人操作、1 人监护;1~2 人负责故障设备和排除。 2. 进行轮换岗位。			
阶段	实施步骤	防范措施		应急预案
一、准备	1. 填写工作票。	做好计划、进行审批。		
	2. 填写操作票。	做好计划、进行审批。		制订应急预案措施
	3. 携带验电器、接地棒、钥匙及电工仪表、工具、说明书、供电系统图等。			备有防火设施:沙箱、灭火器材等。
	4. 检查、穿戴绝缘用具。			
	5. 图板演示。	做好记录。		
二、安装	6. 认真阅读研究安装图纸。	携带安装图纸。		
	7. 按照安装要求做好基础工作。	材料、工具到位。		
	8. 按照安装要求、规定进行安装。			

(续表)

阶段	实施步骤	防范措施	应急预案
三、操作	9. 确认操作开关。		无误。
	10. 按照工作票进行操作		不同工作任务操作票不同。
四、维护	11. 人为设置故障。		
	12. 分析故障		
	13. 进行维修		
五、收尾	14. 整理工具,填写工作记录单。	检查工具或异物未落在设备内。	

工作记录表

工作时间		工作地点			
工作内容					
工作人员					

检测记录

检测漏电故障	相间电阻			对地电阻		
	U - V	V - W	W - U	U - E	V - E	W - V
绝缘电阻(MΩ)						
安装后检测						
主触头检测	超行程			三相接触同期度		
	U	V	W	U	V	W
出现的问题						
处理的措施						
处理的结果						

二、实操案例:GG－1A 操作及故障处理

学习评价反馈书

	考核项目	考核标准	配分	自评分	互评分	师评分
知识点	1. 安装、使用、操作高压电气设备的方法。	完整说出满分;不完整得 2~14 分;不会 0 分。	15			
	2. 维护和检修高压电气设备的方法。	老师抽问,正确说出满分;不完整得 2~14 分;不会 0 分。	15			
	3. 高压电气设备故障分析和处理方法。	老师抽问,正确说出满分;不完整得 2~14 分;不会 0 分。	15			
	小计		45			
技能点	1. 能安装、使用、操作高压电气设备。	正确安装、使用、操作高压电器得满分;不熟练得 7~14 分;不会 0 分。	15			
	2. 能维护和检修高压电气设备。	正确维护和检修高压电气设备得满分;不熟练得 7~14 分;不会 0 分。	15			
	3. 能分析和处理高压电气设备故障。	正确分析和处理高压电气设备故障得满分;不熟练得 7~14 分;不会 0 分。	15			
	小计		45			
情感点	1. 学习态度。	遵守纪律、态度端正、努力学习者满分;否则 0~1 分。	2			
	2. 学习习惯。	思维敏捷、学习热情高涨满分;否则 0~1 分。	2			
	3. 发表意见情况。	积极发表意见、有创新建议、意见采用满分;否则 0~1 分。	2			
	4. 相互协作情况。	相互协作、团结一致满分;否则 0~1 分。	2			
	5. 参与度和结果。	积极参与、结果正确;否则 0~1 分。	2			
	小计		10			
合计			100			

说明:1. 考评时间为 30 分钟,每超过 1 分钟扣 1 分;2. 要安全文明工作,否则老师酌情扣 1~10 分。

主讲教师(签字):_____ 指导教师(签字):_____

效果检查:

学习总结:

思考练习题:

1. 简述安装和操作高压开关柜的方法步骤。

2. 操作工作票主要有哪些内容?

3. 高压开关柜常见故障分析和处理方法有哪些?

项目四　输电线路的选择与安装、维护

学习目标

知识目标：

1. 架空线路和电缆线路的结构和组成、特点、类型。
2. 架空线路和电缆线路选择方法。
3. 井下使用高压橡套电缆的场所对高压橡套电缆的特殊要求。
4. 矿用高压橡套电缆的结构及适用场所与低压橡套电缆的异同。
5. 矿用高压橡套电缆的敷设、连接、维修方法与低压橡套电缆的不同之处。

能力目标：

1. 能确定输电线路的型式。
2. 能选择输电线路截面。
3. 能计算电压损失。
4. 能给出不同的高压橡套电缆并对其进行识别。
5. 能正确敷设、连接、维护、检修矿用高压橡套电缆。
6. 能正确使用耐压测试仪。

素养目标：

1. 有自学热情和独立学习的态度；能对所学内容进行较为全面的比较、概括和阐释。
2. 有自主工作的热情和创新精神。
3. 提高学生的工作组织能力。
4. 提高学生的社会实践能力。
5. 培养学生的职业道德意识。
6. 培养学生严慎细实的工作态度。
7. 提高学生团结协作的能力。
8. 提高学生分析和解决问题的能力。
9. 培养学生热爱科学、实事求是的学风和创新意识、创新精神。

学习指南

1. 小组成员共同学习所收集的资料，了解输电线路的型号、接线方法和接线位置。对照高压橡套电缆阅读说明书，了解电缆结构、类型与低压橡套电缆的不同之处。了解井下高压电网的组成、井下使用场所对高压电缆的特殊要求。

2. 小组成员共同按照任务要求和工作要求编写《某矿输电线路的选择工作计划》。计划要符合实际、可行。按照任务要求和工作要求编写《矿用高压橡套电缆安装、维修工作计划》。计划要符合操作规程、检修标准、完好标准的要求。

3. 小组成员共同探讨和修改工作计划,确定最佳工作计划,做出决策,同时确定小组人员分工。

4. 根据工作计划的分工和工作步骤,各司其职,分工合作,实施分析某矿输电线路的选择工作任务。

5. 组长负责按照工作计划步骤指挥实施;监督者负责检查控制项目,严格检查控制工作过程;实施者负责计划的实施,服从组长指挥和监督者监督。

6. 工作完成后,小组成员分别对工作过程和工作结果进行自我评价、小组评价和师傅评价。

7. 针对存在的问题小组共同制订改进措施。

教学引导

1. 安全意识。

2. 供电要求。

3. 结合矿井供电系统模型讲授。

4. 在校内供电实训基地上课或到现场上课。

5. 利用网络资源学习。

任务一 输电线路的选择

任务要求:

1. 做好准备:收集好有关参数,做好记录。

2. 按照实际安装环境情况进行输电线路的型式的选择。

3. 按照有关计算参数和线路的实际情况对输电线路截面进行选择。

4. 导线长度选择合适,驰度合乎要求。

工作情况:

1. 工作情况:输电线路的任务是输送电力,本次任务是熟悉输电线路的结构,掌握输电线路的选择计算方法,合理选择输电线路。

2. 工作环境:本任务主要是根据不同的使用环境和架空线路、电缆的结构特征,选择不同的输电线路类型,确定导体截面积,选择辅助配件以及敷设的方式。

3. 学习情景:学习的主要思路就是围绕中平能化集团某矿部分导线的选择来学习本任务。学习时注意供电电压的等级和型号、规格。重点和难点是选择导线的截面。注意对于不同作用的导线进行具体选择的技巧。

工作要求:

1. 输电线路的型式:适用性强。

2. 输电线路截面:安全、可靠、合理、经济,并注意考虑今后发展的需要。

3. 电压损失计算等有关计算:正确,数据处理得当,符合实际情况。

相关知识

　　输电线路的作用是输送电力,它把发电厂、变电所和用电户连接在一起构成电力系统。输电线路分架空线路和电缆线路两类。架空线路与电缆线路相比,架空线路受自然条件影响大,占有空间大,在城市中架设影响市容美观,高压线路通过居民区有较大危险,故架空线路的使用范围受一定的限制。但由于架空线路具有投资费用低(较电缆线路少近一半)、建设速度快、容易发现故障和易于维护检修等优点,所以在企业应用中仍较为普遍。

一、架空线路和电缆线路的基本知识

(一) 架空线路的基本知识

1. 导线

　　架空线路一般由导线、绝缘子、金具、电杆、横担、拉线等组成,高压架空线路还有避雷线和接地装置等,架空线路的结构如图4-1所示。

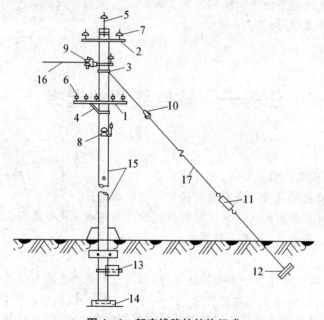

图 4-1　架空线路的结构组成

1—低压横担;2—高压横担;3—拉线抱箍;4—横担支撑;5—高压杆头;6—低压针式绝缘子;
7—高压针式绝缘子;8—低压蝶式绝缘子;9—悬式蝶式绝缘子;10—拉紧绝缘子;11—花篮螺栓;
12—地锚(拉线盘);13—卡盘;14—底盘;15—电杆;16—导线;17—拉线

　　导线按其有无绝缘分裸导线和绝缘导线两种,按结构可分为单股导线和多股导线,企业架空线路一般采用多股裸绞线。绞线按材料又可分为铜绞线、铝绞线、钢绞线和钢芯铝绞线等。

　　铜绞线(TJ):导电性能好,机械强度高,耐腐蚀、易焊接,但较贵重。一般只用于腐蚀严重的地区。

铝绞线(LJ)：导电性能较好，质轻、价格低，机械强度较差，不耐腐蚀。一般用于 10 kV 及以下线路。

钢绞线(GJ)：导电性能差，易生锈，但其机械强度高。只用于小功率的架空线路，或作避雷线与接地装置的地线。为避免生锈常用镀锌钢绞线。

钢芯铝绞线(LGJ)：用钢线和铝线绞合而成，集中了钢绞线和铝绞线的优点。其芯部是几股钢线用于增强机械强度，其外围是铝线用于导电。钢芯铝绞线型号中的截面是指其铝线部分的截面积。

企业 10 kV 及以下配电线路常采用铝绞线，机械强度要求高的配电线路和 35 kV 及以上的送电线路上一般采用钢芯铝绞线。

2. 电杆

按材质可分为木杆、水泥杆和铁塔。水泥杆亦称钢筋混凝土杆，其优点是经久耐用、造价低；缺点是笨重、施工费用高。为了节约木材和钢材，目前水泥杆在 35 kV 及以下线路使用最为普遍。在跨度较大的地方和 110 kV 以上的线路一般采用铁塔。

电杆按在线路中的作用和地位不同，又分多种型式。图 4-2 所示是各种杆型在线路中的应用示例。

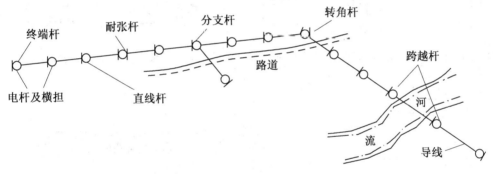

图 4-2　各种杆型在线路中的应用

直线杆：用于线路的直线段，起支撑导线的作用，不承受沿线路方向的导线拉力，断线时不能限制事故范围。

耐张杆：用于线路直线段数根直线杆之间，能承受沿线路方向的拉力，断线时能限制事故范围，架线施工中可在两张杆之间紧线。因此，电杆机械强度较直线杆大。

转角杆：用于线路转弯处，其特点与耐张杆相同，转角度通常为 30°、45°、60°、90° 等。

终端杆：用于线路的始端和终端，承受沿线路方向的拉力和导线的重力。

分支杆：用于线路的分支处，承受分支线路方向的导线拉力和杆上导线的重力。其特点同耐张杆。

跨越杆：用于河流、道路、山谷等跨越处的两侧，其特点是跨距大、电杆高、受力大。

换位杆：用于远距离输电线路，每隔一段交换三相导线位置，以使三相导线电抗和对地电容平衡。

3. 横担

横担安装在电杆的上部，用于固定绝缘子，使固定在绝缘子上的导线保持足够的电气间距，防止风吹摆动造成导线之间的短路。

横担有木横担，铁横担和瓷横担。铁横担和瓷横担使用较普遍。

横担在电杆上的安装位置：直线杆安装在负荷一侧；转角杆、分支杆、终端杆安装在所受张力的反方向；耐张杆安装在电杆的两侧。另外横担安装应与线路方向垂直；多层横担应装在同一侧；横担应水平安装，其倾斜度不应大于1%。

4. 绝缘子

绝缘子又叫瓷瓶，用固定导线，并使导线与横担和电杆之间绝缘。因此，绝缘子必须有良好的绝缘性能和足够的机械强度。

绝缘子按电压不同分为高压绝缘子和低压绝缘子两大类。按用途和结构不同又分为针式、蝶式、悬式、瓷横担绝缘子、瓷拉紧绝缘子和防污型绝缘子等几种。图4-3所示是常用的外形结构图。

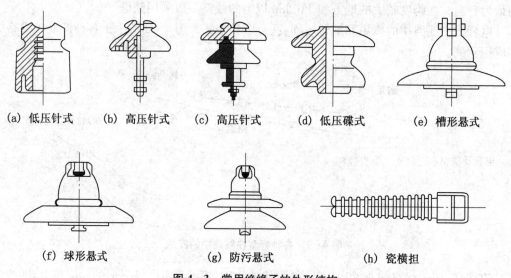

(a) 低压针式　　(b) 高压针式　　(c) 高压针式　　(d) 低压碟式　　(e) 槽形悬式

(f) 球形悬式　　　　(g) 防污悬式　　　　(h) 瓷横担

图4-3　常用绝缘子的外形结构

针式和悬式绝缘子用于直线杆；蝶式和悬式绝缘子用于耐张、转角、分支、终端杆；防污悬式绝缘子用于空气特别污秽地区；瓷拉紧绝缘子用于拉线绝缘。

5. 金具

连接和固定导线、安装横担和绝缘子、紧固和调整拉线等金属附件。

图4-4所示为部分常用线路金具，常用线路金具主要有以下几种：

安装针式绝缘子的直脚和弯脚；安装蝶式绝缘子的穿心螺钉；悬式绝缘子的挂环、挂板、线夹；将横担固定在电杆上的U型抱箍；调节拉线松紧的花篮螺栓；连接导线用的并沟线夹、压接管；减轻导线振动的防振锤等。

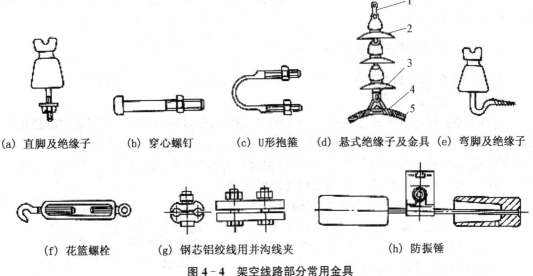

(a) 直脚及绝缘子　　(b) 穿心螺钉　　(c) U形抱箍　　(d) 悬式绝缘子及金具　(e) 弯脚及绝缘子

(f) 花篮螺栓　　(g) 钢芯铝绞线用并沟线夹　　　　(h) 防振锤

图 4-4　架空线路部分常用金具

1—球头挂环;2—绝缘子;3—碗头挂板;4—悬垂线夹;5—导线

6. 拉线

拉线是为了平衡电杆各方面的拉力,稳固电杆,防止电杆倾倒用的。

拉线由拉线抱箍、拉紧绝缘子、花篮螺栓、地锚(拉线底盘)和拉线等组成。如图 4-5 所示。

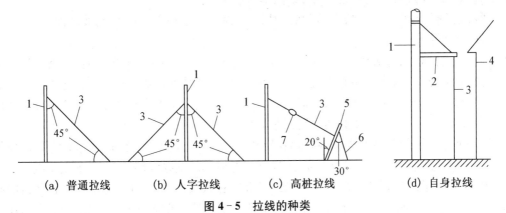

(a) 普通拉线　　(b) 人字拉线　　(c) 高桩拉线　　(d) 自身拉线

图 4-5　拉线的种类

1—电杆;2—横木;3—拉线;4—房屋;5—拉桩;6—坠线;7—拉紧绝缘子

拉线按用途和结构不同可分为以下几种:

(1) 普通拉线。又称尽头拉线,用于终端杆、分支杆、转角杆。装设在电杆受力的反方向,平衡电杆所受的单向拉力。对耐张杆应在电杆线路方向两侧设拉线,以承受导线的拉力。

(2) 人字拉线。又称侧面拉线或风雨拉线,用于交叉跨越加高杆或较长的耐张段中间的直线杆,用以抵御横线路方向的风力。

(3) 高桩拉线。又称水平拉线,用于需要跨越道路的电杆上。

（4）自身拉线。又称弓形拉线，用于地形狭窄、受力不大的电杆，防止电杆受力不平衡或防止电杆弯曲。

（二）电力电缆线路的基本知识

电力电缆按绝缘材料分，可分为纸绝缘电缆、橡胶绝缘电缆、塑料绝缘电缆三种。

1. 纸绝缘电缆

纸绝缘电缆按导电线芯材料分，可分为铜线芯和铝线芯两种；按绝缘纸带制作工艺和浸渍剂分，可分为油浸纸绝缘、干绝缘和不滴流三种；按内护层分，可分为铅护套和铝护套两种；按铠装层分，可分为无铠装、钢带铠装、细钢丝铠装和粗钢丝铠装四种；按外被层分，可分为无外被层、沥青油麻、聚氯乙烯、聚乙烯外被层四种。

图4-6所示为有三根芯线的纸绝缘裸钢带铠装电缆结构图。为使电缆柔软，导电芯线1由多股铜线或铝线绞合而成。相间绝缘2和统包绝缘4是用浸渍了电缆油的绝缘纸带绕包而成，以使导电芯线之间及芯线与地之间可靠绝缘，而且电缆的电压等级越高，纸带的层数越多。为防止潮气侵入，在统包绝缘外面包以用铅或铝制成的内护层5，以保证纸带的绝缘性能。为了不使内护层受化学腐蚀，在内护层外面包有防腐纸带。为保证内护层不受机械损伤，电缆外面包以铠装层8，为防止内护层在电缆弯曲时磨坏，

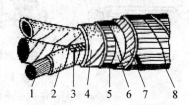

图4-6 纸绝缘铠装电缆结构
1—导电芯线；2—相间绝缘；3—黄麻填料；4—统包绝缘纸带；5—内互层；6—纸填层；7—黄麻互层；8—钢带铠装层

故在两者之间绕包了浸渍了沥青的黄麻护层7。为了不使铠装层生锈或被腐蚀，在铠装层外面包以外被层。

铝芯电缆的接头易氧化造成接触不良，尤其在短路时，短路电弧产生的高温铝粉，很容易引燃易燃易爆气体，所以在有火灾、爆炸危险的场所严禁使用铝芯电缆和铝包电缆。因此《煤矿安全规程》规定，井下严禁采用铝包电缆，生产系统除中央变电所至生产系统变电所的电缆可采用铝芯外，其他电缆必须采用铜芯电缆。

用浸油绝缘纸带绕包的电缆，称为油浸纸绝缘电缆。这种电缆若垂直或倾斜敷设，电缆中的绝缘油将逐渐集中到电缆的下部，这样既使电缆上部绝缘性能下降，又加大了电缆下部的压力，导致电缆终端损坏。所以油浸纸绝缘电缆在敷设时两端的垂直落差受到严格的限制。为了克服这一缺点，生产了干绝缘电缆和不滴流电缆。前者在成缆前先将油滴干，所以允许敷设的垂直落差较大。后者是采用了特殊的浸渍剂，保证成缆后浸渍剂不会在护套内流动，因此其敷设的垂直落差不受限制。

无铠装层的电缆不能承受机械外力，在有机械外力作用的场所应采用铠装电缆。但是钢带铠装电缆不能承受大的拉力，只能敷设在倾斜角度不超过45°的场所。当倾斜角度大于45°或垂直敷设时应采用钢丝铠装电缆。

无外被层的铠装电缆称为裸铠装电缆，为了防止锈蚀，目前裸钢带铠装电缆均采用镀锌钢带，不再涂覆电缆沥青。包以沥青油麻外被层的电缆，由于易燃且防蚀效果差，所以在有腐蚀性的场所应采用塑料外被层的电缆。聚氯乙烯外被层不仅防腐蚀和锈蚀作用良好，而

且具有不延燃特性,适用于有易燃物和有腐蚀性的场所.

电缆的型号含义见表 4-1。根据电缆的型号和上述不同结构电缆的适用范围可确定电缆的使用场所。

表 4-1　电缆型号的含义

绝　缘	导　体	内互层	其他特征	铠装层	外被层
Z—纸绝缘 无 P 或 D 为油浸纸绝缘	L—铝 无 L 为铜	Q—铅包 L—铝包	CY—充油 F—分相 D—不滴油 C—滤尘用 P—干绝缘	0—无 1—麻被护层 2—双钢带(24—钢带、粗圆钢丝) 20—裸钢带铠装 3—细圆钢丝 4—粗圆钢丝(44—双粗圆钢丝)	0—无 1—纤维层 2—聚氯乙烯套 3—聚乙烯套

由于其铠装部分暴露在空气中,易腐蚀,结构也不太合理。目前已被淘汰。

2. 橡胶绝缘电缆

橡胶绝缘电缆按其用途分,可分为电气装备用电缆、电力电缆、控制电缆三种。因其采用橡胶护套也称橡套电缆。橡套电缆按结构和材料分,可分为普通橡套电缆、不延燃橡套电缆和屏蔽橡套电缆三种。

(1) 普通橡套电缆

普通橡套电缆的结构如图 4-7 所示。导电芯线 1 由多根细铜丝绞合而成;橡胶绝缘 2 为相间绝缘;防震橡胶芯 3 起固定芯线作用,同时保证成缆后电缆呈圆形;橡胶护套 4 用以增强电缆的机械强度和对地的绝缘强度。

用于向三相设备供电的电缆,其导电芯线数最少应为三芯;具有保护接地的最少应为四芯,其中一根为接地芯线。多于四芯的电缆如六芯、七芯等,多出的芯线用作控制线。

普通橡套电缆因其橡套采用天然橡胶制成,易燃烧,所以在易燃易爆的场所不宜使用。

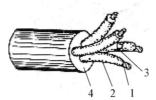

图 4-7　普通橡套电缆的结构
1—导电芯线 2—橡胶分相绝缘;3—橡胶防震橡胶芯;4—橡胶互套

(2) 不延燃橡套电缆

不延燃橡套电缆结构与普通橡套电缆相同,只是其护套采用氯丁橡胶制成。氯丁橡胶同样可燃,但它燃烧时产生的氯化氢气体不助燃,并能将火焰包围起来使之与空气隔离,很快熄灭。故其适用于在易燃易爆的场所使用。

(3) 屏蔽橡套电缆

屏蔽橡套电缆结构与其他橡套电缆基本相同,只是在其导电芯线橡胶绝缘层外又包了一层屏蔽层。屏蔽层有半导体胶和铜丝尼龙编织网两种,图4－8所示为国产矿用低压屏蔽电缆的结构图,其垫芯1用导电橡胶制成,接地裸芯线6与导电橡胶紧密接触连为一体。

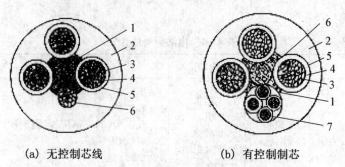

(a) 无控制芯线　　　　　　(b) 有控制制芯

图4－8　矿用低压屏蔽电缆的结构

1—垫芯;2—橡胶护套;3、主芯线;4—绝缘层;5—半导体屏蔽层;6—接地芯线;7—控制芯线

在电缆中,由于各屏蔽层都是接地的,所以当任一主芯线绝缘破坏时,首先通过屏蔽层接地造成接地故障,使检漏继电器动作切断电源。这样既可防止严重的相间短路故障的发生,又可防止漏电火花或短路电弧外漏引起易燃易爆物的燃烧和爆炸。所以屏蔽电缆特别适用于向具有爆炸危险的场所和移动频繁的电气设备供电。图4－9所示为矿用移动屏蔽监视型橡套电缆的结构。

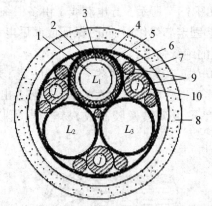

图4－9　UYPJ型矿用移动屏蔽监视型橡套电缆的结构

1、10—铜绞线;2、6—导电胶带;3—内绝缘;4—钢丝尼龙网;5—分相绝缘;

7—统包绝缘;8—氯丁胶互套;9—导电橡胶

图4－9所示电缆的导电芯线外绕包的导电胶布带2起均匀电场的作用。在内绝缘3外,包有由铜丝尼龙网做成的分相屏蔽层4,然后通过分相绝缘5将三相分开。各分相屏蔽层连接在一起作为电缆的接地芯线。在分相绝缘5外又统包了一层导电胶带6,作为总的屏蔽层。

电缆中的三根监视线10,经导电橡胶与总屏蔽层紧密接触。三根监视线连接在一起与接地线之间构成监视保护层。屏蔽电缆各屏蔽层均应接地当监视线与接地线之间因电缆受到损伤绝缘下降或发生断线故障时,均可使控制它的高压配电箱跳闸,直到监视保护作用。

橡套电缆柔软性好，容易弯曲，便于移动和敷设。因此，适用于向移动设备供电，且敷设时的垂直落差不受限制的场合。

屏蔽橡套电缆特别适用于具有爆炸危险的场所和移动频繁的电气设备供电。

3. 塑料绝缘电缆

塑料电缆，其芯线绝缘和外护套都是用塑料制成的，这种电缆又分为铠装和没有铠装两种。外部有铠装的，使用条件与铠装电缆相同，但垂直落差不受限制。外部没有铠装的，与橡套电缆使用条件相同。塑料电缆具有重量轻、护套耐腐蚀、绝缘性能好、敷设水平落差不受限制等优点，在条件适合时应首先采用。

常用塑料绝缘电力电缆有交联聚乙烯绝缘聚氯乙烯护套电缆和聚氯乙烯绝缘聚氯乙烯护套电缆两种。塑料电缆导电芯线也分铜芯和铝芯、有铠装和无铠装、有屏蔽层和无屏蔽层、有外被层和无外被层等多种。其适用场所与前述同类电缆相同。由于裸铠装电缆属不合理结构，现已被淘汰。

聚氯乙烯护套具有抗酸碱、耐腐蚀、重量轻、不延燃、敷设垂直落差不受限制等优点，所以条件适合时应尽量采用。交联聚烯绝缘电缆允许温升高、介电性能优良、耐热性好，故在一般情况下应优先选用交联聚乙烯电缆。

塑料电缆的型号中绝缘材料的含义：V 为聚氯乙烯；Y 为聚烯；YJ 为交联聚乙烯。其他与纸绝缘电缆相同。

二、架空线路和电缆线路选择方法

输电导线的选择是供电设计的重要内容之一，为了保证供电的安全、可靠、经济合理和对供电质量的要求，必须正确合理地选择输电导线的型号和截面。输电导线型号的选择应根据其所处的电压等级和使用场所选择。

这里主要讲述选择导线截面的一般原则、选择条件。包括按长时允许电流选择导线截面、按允许电压损失选择导线截面、按经济电流密度选择导线截面、按机械强度选择导线截面、按短路时的热稳定条件选择导线截面及按启动条件校验导线截面等知识。

（一）选择导线截面的一般原则

1. 按长时允许电流选择

电线和电缆通过电流时由于发热而使其温度升高。当通过电流超过导线的长时允许电流时，将使裸导线加速氧化，使绝缘电线和电缆的绝缘加速老化，严重时将使其损坏，甚至引起火灾和其他事故；另一方面，为了充分利用导线的负荷能力，避免有色金属的浪费，通过导线的电流又不能太小。因此，应按导线的长时允许电流选择其截面。

2. 按允许电压损失选择

因线路存在电阻和电抗，电流通过时会产生电压损失，当电压损失过大时，将严重影响用电设备的正常运行。因此，应按电网允许的电压损失选择导线的截面。

3. 按经济电流密度选择

线路的年运行费用包括电能损耗费、折旧费和维修费三部分。线路年运行费用的大小直接影响着供电的经济性,若导线截面选择过小,线路的折旧费和维修费用少,但电耗增加;截面选择过大,虽然电耗减小,但折旧费和维修费用增大。因此,为使线路的年运行费用最低,应按经济电流密度选择导线的截面。

4. 按机械强度选择

架空线路因受自然环境条件的影响,可能发生断线事故。矿井井下的橡套电缆经常移动,且易受砸、受拉、受压,所以导线必须有足够的机械的强度,以确保线路的安全运行。

5. 按短路时的热稳定条件选择

线路短路时,若导线截面选择过小,超过材料的短时最大允许温度,绝缘就会迅速损坏。所以,应按短路时的热稳定条件选择导线的截面。

(二) 各种导线截面的选择条件

1. 高压架空导线

架空导线因受风、雨、冰雪等自然条件的影响很大,所以其机械强度必须满足要求。高压架空导线是裸导线,散热条件好,允许温度高,按其他条件选择的导线截面能满足短路时的热稳定要求,因此选择时不必考虑短路时的热稳定性。

对输电距离远、容量大、运行时间长的线路,因年运行费用高,对供电经济性影响较大。故其截面应按经济电流密度选择,按长时允许电流、允许电压损失和机械强度校验。对年运行费用不高的线路,可不考虑经济电流密度条件,此时可根据线路的长短和通过电流的大小,按允许电压损失或长时允许电流选择,按其他条件校验。

2. 高压电缆

高压电缆机械强度较高,按其他条件选择的电缆截面能满足机械强度的要求,所以选择时可不考虑此项条件。但由于高压电缆散热条件差,所以必须考虑短路时的热稳定性。

其他选择条件与高压架空线路相同,即对年运行费用高的应按经济电流密度选择,按长时允许电流、允许电压损失和短路时的热稳定条件校验。对年运行费用低的,可根据情况按长时允许电流或允许电压损失条件选择,按其他条件校验。

3. 低压导线和电缆

对负荷电流大、线路长的干线,应按正常工作时的允许电压损失初选其截面。对经常移动的橡套电缆支线,应按机械强度初选其截面。对负荷电流较大,但线路较短的线路应按长时允许电流初选其截面。初选的导线截面还应按其他条件校验。

在校验导线截面时,对裸导线不必校验短路时的热稳定性,但对绝缘导线和电缆其截面应与保护装置配合得当,避免发生导线已过热而保护装置仍未动作的情况。导线的截面还应按机械强度条件校验,但对干线电缆,不必校验其机械强度。低压线路短,年运行时间不长,对供电经济性影响不大,因此低压线路一般不按经济电流密度选择导线的截面。

笼型电动机启动电流大,启动时的电压损失也大,为了保证电动机有足够的启动转矩,磁力启动器有足够的吸持电压,导线截面还应按启动时的允许电压损失条件进行校验。

总之,在选择各种导线的截面时,应在其诸多的选择条件中,确定一个有可能选择出最大截面的条件首先初选其截面,然后再按其他条件校验,这样可使选择计算简便避免返工。

(三) 导线截面的选择方法

1. 按长时允许电流选择导线截面

导线的长时允许电流应不小于实际流过导线的最大长时工作电流。即

$$K_{so}I_p \geqslant I_{ca} \tag{4-1}$$

式中：I_p——标准环境温度(一般为 25 ℃)时,导线的长时允许电流(见表 4-2 和表 4-3)；

I_{ca}——导线的最大长时工作电流；

K_{so}——温度校正系数，$K_{so} = \sqrt{\dfrac{Q_p - Q}{Q_p - Q_0}}$ 或查表(见表 4-4)；

Q_p——电气设备长时工作最高温度,℃；

Q_0——电气设备的标准环境温度,℃；

Q——实际环境温度,℃。

表 4-2　裸绞线载流量　　　　　　　　　　　(单位:A)

铜 绞 线			铝 绞 线			钢芯铝绞线	
导线型号	长时允许电流		导线型号	长时允许电流		导线型号	室外长时允许电流
	室 外	室 内		室 外	室 内		
TJ-4	50	25	LJ-16	105	80	LGJ-16	105
TJ-6	70	35	LJ-25	135	110	LGJ-25	135
TJ-10	95	60	LJ-35	170	135	LGJ-35	170
TJ-16	130	100	LJ-50	215	170	LGJ-50	220
TJ-25	180	140	LJ-70	265	215	LGJ-70	275
TJ-35	220	175	LJ-95	325	260	LGJ-95	335
TJ-50	270	220	LJ-120	375	310	LGJ-120	380
TJ-70	340	280	LJ-150	440	370	LGJ-150	445
TJ-95	415	340	LJ-185	500	425	LGJ-185	515
TJ-120	485	405	LJ-240	610		LGJ-240	610
TJ-150	570	480				LGJ-300	700
TJ-185	645	550				LGJ-400	800
TJ-240	770	650					

注:导线最高允许温度 70℃,环境温度 25℃。

表 4-3　电缆在空气中敷设时的载流量　　　　　　　　　　　（单位：A）

主芯线截面 (mm²)	油浸纸绝缘铠装电缆（三芯）								矿用橡套电缆	
	1～3 kV		6 kV		10 kV		35 kV		1 kV	6 kV
	铜芯	铝芯	铜芯	铝芯	铜芯	铝芯	铜芯	铝芯	铜芯	铝芯
1										
1.5										
2.5	30	24								
4	40	32								
6	52	40								
10	70	55	60	48					36	
16	95	70	80	60	75	60			46	53
25	125	95	110	85	100	80	95	75	64	72
35	155	115	135	100	125	95	115	85	85	94
50	190	145	165	125	155	120	145	110	113	121
70	235	180	200	155	190	145	175	135	138	148
95	285	220	245	190	230	180	210	165	173	170
120	335	255	285	220	265	205	240	180	215	205
150	390	300	330	255	305	235	265	200		
185	450	345	380	295	355	270	300	230		
240	530	410	450	345	420	320				

注：1. 环境温度为 25 ℃；2. 矿用橡套电缆导电芯线最高允许温度为 65 ℃；3. 油浸纸绝缘铠装电缆芯线最高允许温度：1～3 kV 为 80 ℃，6 kV 为 65 ℃，10 kV 为 60 ℃，35 kV 为 50 ℃。

表 4-4　不同环境温度时的载流量校正系数

线芯工作温度 (℃)	环境温度 (℃)								
	5	10	15	20	25	30	35	40	45
90	1.14	1.11	1.08	1.03	1.0	0.960	0.920	0.875	0.830
80	1.17	1.13	1.09	1.04	1.0	0.954	0.905	0.853	0.798
70	1.20	1.15	1.10	1.05	1.0	0.940	0.880	0.815	0.745
65	1.22	1.17	1.12	1.06	1.0	0.935	0.865	0.791	0.707
60	1.25	1.20	1.13	1.07	1.0	0.926	0.845	0.765	0.655
50	1.34	1.26	1.18	1.09	1.0	0.895	0.775	0.633	0.447

　　向单台或两台电动机供电的导线，其最大长时工作电流可取电动机的额定电流。向三台及以上电动机供电的干线，其最大长时工作电流可按下式计算：

$$I_{ca} = \frac{K_{de} \sum P_N \times 10^3}{\sqrt{3} U_N \cos \varphi_{wm}} \tag{4-2}$$

式中：K_{de}——线路所带负荷的需用系数；

$\sum P_{\mathrm{N}}$——线路所带用电设备额定功率之和,kW;

U_{N}——线路的额定电压,V;

$\cos \varphi_{\mathrm{wm}}$——线路所带负荷的加权平均功率因数。

对三相四线制供电系统中的中性线,其长时允许电流不应小于三相线路中的最大不平衡电流,同时还应考虑三次谐波电流的影响。一般中性线的截面应不小于相线截面的50%。对三次谐波电流大的三相线路,可能使中性线的电流接近于相线电流,此时中性线的截面应与相线截面相同或接近。

2. 按允许电压损失选择导线截面

(1) 电压损失的计算

电网通过电流时,将产生电压损失。电压损失是指电网始、末两端电压的算术差值。电网的电压损失包括变压器的电压损失和线路的电压损失两部分。无论是变压器还是一段线路,计算电压损失时,均可看成是一个电阻和电感的串联电路。下面分别介绍线路和变压器电压损失的计算方法。

① 线路的电压损失计算

a. 终端负荷电压损失的计算。图 4 - 10(a)所示为负荷集中于终端的三相交流输电线路,图中 $\dot{U}_1$ 和 $\dot{U}_2$ 分别为线路始端和末端的相电压,其矢量图如图 4 - 10(b) 所示。

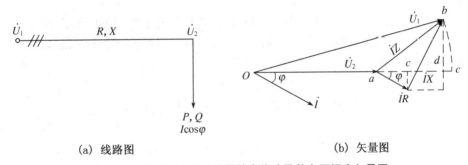

(a) 线路图　　　　　　　　　　　　　(b) 矢量图

图 4 - 10　负荷集中于终端的输电线路及其电压损失矢量图

矢量图中线段 Ob 和 Oa 分别表示始、末端电压 $\dot{U}_1$ 和 $\dot{U}_2$ 的有效值。图中 $Oc = Ob$,Oc 是以 O 为圆心,Ob 为半径画圆弧得到的,bd 由 b 点引 Oc 的垂线得到。根据矢量图求得相电压损失为

$$\Delta U = U_1 - U_2 = Ob - Oa = Oc - Oa \approx Od - Oa = ae + ed$$
$$\Delta U = IR\cos \varphi + IX\sin \varphi$$

对于三相对称线路其线电压损失为

$$\Delta U_{\mathrm{w}} = \sqrt{3} I(R\cos \varphi + X\sin \varphi) \tag{4-3}$$

式中:ΔU_{w}——线路的电压损失,V;

I ——流过线路的负荷电流,A;

φ ——线路所带负载的功率因数角;

R、X ——线路的每相阻抗、电抗,Ω。

电压损失用功率表示时,则为

$$\Delta U_{w} = \frac{PR + QX}{U} \approx \frac{PR + QX}{U_{N}} \qquad (4-4)$$

式中:P——线路所带负载的有功功率,W;

Q——线路所带负载的无功功率,var;

U ——负载的端电压,V;

U_{N}——电网的额定电压,V。

将 $R = r_{0}L$ 与 $X = x_{0}L$ 代入式(4-3)和式(4-4),则

$$\Delta U_{w} = \sqrt{3}\, IL(r_{0}\cos\varphi + x_{0}\sin\varphi) \qquad (4-5)$$

$$\Delta U_{w} = \frac{L}{U_{N}}(Pr_{0} + Qx_{0}) \qquad (4-6)$$

式中:r_{0}、x_{0}——线路每千米电阻、电抗(见表4-5),Ω/km;

L ——线路的长度,km。

因为电缆线路的电抗很小,与电阻相比可忽略不计,此时其电压损失为

$$\Delta U_{w} = \sqrt{3}\, IR\cos\varphi = \frac{PR}{U_{N}} = \frac{PLr_{0}}{U_{N}} \qquad (4-7)$$

b. 分布负荷电压损失的计算。图4-11所示为干线式分布的供电线路,在计算电压损失时,可按式(4-4)求出各段线路上的电压损失,再相加,即可求出整个线路的总电压损失。图4-11中从 O 点到 C 点整个线路的电压损失为

$$\begin{aligned}
\Delta U_{w} &= \Delta U_{1} + \Delta U_{2} + \Delta U_{3} \\
&= \frac{P_{1}R_{1} + Q_{1}X_{1}}{U_{N}} + \frac{P_{2}R_{2} + Q_{2}X_{2}}{U_{N}} + \frac{P_{3}R_{3} + Q_{3}X_{3}}{U_{N}} \\
&= \frac{1}{U_{N}}[(P_{1}R_{1} + P_{2}R_{2} + P_{3}R_{3}) + (Q_{1}X_{1} + Q_{2}X_{2} + Q_{3}X_{3})]
\end{aligned}$$

其中:$P_{1} = p_{1} + p_{2} + p_{3}$ $Q_{1} = q_{1} + q_{2} + q_{3}$

$P_{2} = p_{2} + p_{3}$ $Q_{2} = q_{2} + q_{3}$

$P_{3} = p_{3}$ $Q_{3} = q_{3}$

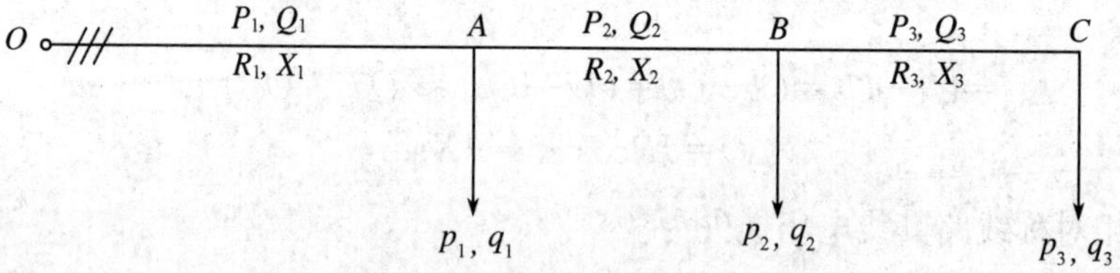

图 4-11 干线式分布负荷的供电线路

表 4-5 裸绞线的电阻和电抗

导线型号	电阻(Ω/km)	线间几何均距(m)									
		0.6	0.8	1.0	1.25	1.50	2.00	2.50	3.00	3.50	4.00
		电抗(Ω/km)									
LJ-16	1.847	0.356	0.377	0.391	0.405	0.416	0.434	0.448	0.459	—	—
LJ-25	1.188	0.345	0.363	0.377	0.391	0.402	0.421	0.435	0.448	—	—
LJ-35	0.854	0.336	0.352	0.366	0.380	0.391	0.410	0.424	0.435	0.445	0.453
LJ-50	0.593	0.325	0.341	0.355	0.369	0.380	0.398	0.413	0.423	0.433	0.441
LJ-70	0.424	0.312	0.330	0.344	0.358	0.370	0.388	0.399	0.410	0.420	0.428
LJ-95	0.317	0.302	0.320	0.344	0.348	0.360	0.378	0.390	0.401	0.411	0.419
LJ-120	0.253	0.295	0.313	0.327	0.341	0.352	0.371	0.382	0.393	0.403	0.411
LJ-150	0.200	0.288	0.305	0.319	0.333	0.345	0.363	0.377	0.388	0.398	0.406
LJ-185	0.162	0.281	0.299	0.313	0.327	0.339	0.356	0.371	0.382	0.392	0.400
LJ-240	0.125	0.273	0.291	0.305	0.319	0.330	0.348	0.362	0.374	0.383	0.392
LGJ—16	1.926	—	—	0.387	0.401	0.412	0.430	0.444	0.456	0.466	0.474
LGJ—25	1.289	—	—	0.374	0.388	0.400	0.418	0.432	0.443	0.453	0.461
LGJ—35	0.796	—	—	0.359	0.373	0.385	0.403	0.417	0.429	0.438	0.446
LGJ—50	0.609	—	—	0.351	0.365	0.376	0.394	0.408	0.420	0.429	0.437
LGJ—70	0.432	—	—	—	—	0.364	0.382	0.396	0.408	0.417	0.425
LGJ—95	0.315	—	—	—	—	0.353	0.371	0.385	0.397	0.406	0.414
LGJ—120	0.255	—	—	—	—	0.347	0.365	0.379	0.391	0.400	0.408
LGJ—150	0.211	—	—	—	—	0.340	0.358	0.372	0.384	0.398	0.401
LGJ—185	0.163	—	—	—	—	—	0.365	0.377	0.386	0.394	
LGJ—240	0.130	—	—	—	—	—	0.357	0.369	0.378	0.386	

② 变压器电压损失的计算

变压器的电阻压降百分数和电抗压降百分数可按下式计算:

$$u_r\% = \frac{\Delta P_{N \cdot T}}{S_{N \cdot T}} \times 100 \tag{4-8}$$

$$u_x\% = \sqrt{(u_s\%)^2 - (u_r\%)^2} \tag{4-9}$$

式中:$\Delta P_{N \cdot T}$——变压器的短路损耗,kW;

$u_s\%$——变压器的短路电压百分数。

以上两个数据可从变压器的技术数据表中查得。

(2) 按允许电压损失选择导线截面

① 允许电压损失的确定

电网的允许电压损失,应根据用电设备端子电压偏移允许值和变压器一次侧电压偏移的具体情况来确定。用电设备端子允许的电压偏移见表 4-6。

表 4-6　用电户受电端及用电设备端子电压偏移允许值　　　　　　　(单位:%)

用电户及用电设备名称	电压偏移允许值
电力用户:35 kV 及以上供电和对电压质量有特殊要求的用户 　　　　10 kV 及以下高压供电的电力用户	+5～-5 +7～-7
电动机:正常情况下 　　　　特殊情况下	+5～-5 +5～-10
照明灯:视觉要求较高的场所 　　　　一般工作场所 　　　　事故、道路、警卫照明	+5～-2.5 +5～-5 +5～-10
其他用电设备无特殊要求时	+5～-5

注:＊对于远离变电所的小面积工作场所,允许为-10。

当缺乏计算资料时,线路允许电压损失可参考表 4-7。当仅无变压器一次侧电压偏移资料时,可先计算本级电网允许的电压损失,然后再减去变压器的电压损失,即可求出线路的允许电压损失。

表 4-7　线路电压损失允许值　　　　　　　(单位:%)

线路名称	允许电压损失
从供电变压器二次侧母线算起的 6(10)kV 线路	5
从配电变压器二次侧母线算起的低压线路	5
从配电变压器二次侧母线算起的供给有照明负荷的低压线路	3～5

当本级线路由几段线路组成时,还应减去其他各段线路的电压损失,求出其中一段线路的允许电压损失,然后按允许电压损失的方法选择该段线路的导线截面。

本级电网的允许电压损失可按下式确定:

$$\Delta U_{\mathrm{p}} = U_{2\mathrm{N}\cdot\mathrm{T}} - U_{\mathrm{p}\cdot\min} \qquad\qquad (4-10)$$

式中:ΔU_{p}——电网允许的电压损失,V;

　　　$U_{2\mathrm{N}\cdot\mathrm{T}}$——该级电网电源变压器的二次额定电压,V;

　　　$U_{\mathrm{p}\cdot\min}$——该级电网末端(用电设备)允许的最低电压,V(见表 4-6)。

② 按允许电压损失选择导线截面

按电压损失选择导线截面时,可先求出该段线路的允许电压损失,然后根据该段线路的允许电压损失再确定该段导线的截面积。由于线路的电压损失包括电阻和电抗两部分电压损失之和,所以不能直接确定导线的截面积。

但是,由于导线的截面对线路的电抗影响很小,对架空线路其电抗值一般在 0.36～0.42 Ω/km 之间,电缆的电抗约为 0.08 Ω/km。所以,可先假定线路的电抗值,计算出线路电抗部分的电压损失,线路的电阻上的允许电压损失即线路的允许电压损失与其电抗电压损失之差。然后,根据线路电阻上的允许电压损失求出导线满足电压损失的最小截面积。

根据式(4-7)可知线路电阻上的电压损失为

$$\Delta U_r = \frac{PR}{U_N} = \frac{K_{de} \sum P_N L \times 10^3}{U_N r_{sc} A} \tag{4-11}$$

式中:ΔU_r——导线电阻中允许的电压损失,V;

U_N——线路的额定电压,V;

$\sum P_N$——由该段线路供电的用电设备额定功率之和,kW;

L、A、γ_{sc}——该段线路导线的长度,m;截面积,mm^2;电导率,$m/(\Omega \cdot mm^2)$;

K_{de}——该段线路所带负荷的需用系数,若负荷为单台电动机时,则 $K_{de} = K_{lo}/\eta$;

K_{lo}——该设备的负荷系数;

η——电动机的效率。

根据式(4-11)该段导线满足电压损失的最小截面为

$$A_{min} = \frac{K_{de} \sum P_N L \times 10^3}{U_N \gamma_{sc} \Delta U_{p \cdot r}} \tag{4-12}$$

式中:A_{min}——该段导线满足电压损失的最小截面,mm^2;

$\Delta U_{p \cdot r}$——该段导线电阻中允许的电压损失,V。

根据式(4-12)的计算结果,选择标称截面不小于 A_{min} 的导线,然后再求出该线路的电抗值。若与假定的电抗值相差不大,则说明所选截面合理,否则应代入式(4-4)或式(4-6)校验电压损失,或重新假定电抗值进行复算。

对电缆线路若忽略电抗时,导线电阻中的允许电压损失可取该段线路的允许电压损失。选择出截面后不必再进行校验。

3. 按经济电流密度选择导线截面

输电线路的年运费用包括年电能损耗费和年折旧费与维护费,其大小与导线截面关系密切。若导线截面大,则电能损耗费用少,但需增加初期投资,使线路的年折旧维护费用增加。若导线截面小,可使年折旧维护费用减少,但年电能损耗费用增加。为了保证供电的经济性,应选择一个合适的导线截面,使线路的年运行费用最小,把年运行费用最小时的导线截面称为经济截面。对应于经济截面的电流密度,称为经济电流密度。

图4-12所示曲线3为年运行费用与导线截面的关系曲线,它由曲线1和曲线2叠加而成。由图4-12看出,当导线截面为 A_e 时,年运行费用最小,所以 A_e 为经济截面。

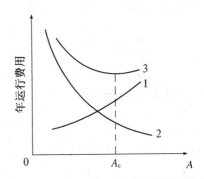

图4-12　年运行费用与导线截面的关系

1—年折旧费与维护费;

2—年电能损耗费;

3—年运行费用

直接应用曲线法确定经济截面比较困难,我国有关部门统一规定了不同情况下的经济电流密度值,见表4-8。在选择导线截面时,先从表4-8中查出经济电流密度,然后求出经济截面。

表4-8 经济电流密度 （单位:A / mm²）

导体材料	年最大负荷利用小时数 T_{max}/(h)		
	3000 以下	3000~5000	5000 以上
裸铜导体和母线	3.0	2.25	1.75
裸铝导体和母线	1.65	1.15	0.90
铜芯电缆	2.5	2.25	2.0
铝芯电缆	1.92	1.73	1.54

导线的经济截面为

$$A_e = \frac{I_{m \cdot n}}{I_{ed}} \qquad (4-13)$$

式中:A_e——导线的经济截面,mm² ;

$I_{m \cdot n}$——线路正常工作时的最大长时工作电流,A ;

I_{ed}——经济电流密度,A/ mm² 。

选取标准截面应等于 A_e;若标准截面与 A_e 不等时,应选择接近而小于 A_e 的标准截面;若大于 A_e 的标准截面与 A_e 很接近时,则应选择大于 A_e 的标准截面。

从表4-7中可看出,经济电流密度与年最大负荷利用小时数 T_{max} 有关。所谓年最大负荷利用小时数,就是线路全年的送电量 W,都按最大负荷 P_{max} 输送所需要的时间,如图4-13所示。即

$$T_{max} = \frac{W}{P_{max}} \qquad (4-14)$$

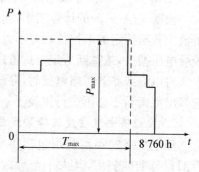

图4-13 某用户的年负荷曲线

实际上,设计时用户的年负荷曲线是未知的,只能根据负荷的性质和经验来选择 T_{max}。各类用户的年最大负荷利用小时数见表4-9。

表4-9 各类用户的年最大负荷利用小时数 （单位:h）

负荷类型	室内照明及生活用电	单班制企业	两班制企业	三班制企业
T	2000~3000	1500~2200	3000~4500	6000~7000

4. 按机械强度选择导线截面

为满足机械强度的要求,架空导线的最小截面应符合表4-10的要求;矿用橡套电缆应符合表4-11的要求。

表 4‐10　架空导线的最小截面或直径

导线构造	导体材料	架空线路等级		
		Ⅰ	Ⅱ	Ⅲ
单股导线	铜	不允许用	10	6
	钢	不允许用	Φ3.5	Φ2.75
	铝、铝合金	不允许用	不允许用	10
多股导线	铜	16	10	6
	钢	16	10	10
	铝、铝合金、钢芯铝线	25	16	16
绝缘导线	铜	不允许用	不允许用	2.5,4
	铝	不允许用	不允许用	4,10

注：Ⅰ级线路为 110 kV 以上所有用户及 35～110 kV 一、二类用户；Ⅱ级线路为 35 kV 三类用户及 1～20 kV 所有用户；Ⅲ级线路为 1 kV 以下所有用户。

对绝缘导线，截面较小时为沿墙敷设，较大时为其他方式敷设，截面单位为 mm²，直径单位为 mm。

表 4‐11　橡套电缆满足机械强度的最小截面　　　（单位：mm²）

用电设备名称	最小截面	用电设备名称	最小截面
采煤机组	35～50	调度绞车	4～6
可弯曲输送机	16～35	局部扇风机	4～6
一般输送机	10～25	煤电钻	4～6
回柱绞车	16～25	照明设备	2.5～4
装岩机	16～25		

5. 按短路时的热稳定条件选择导线截面

为了保证导线在短路时的最高温度不超过导线材料的短时最高允许温度，导线截面应按式（4‐15）进行短路时热稳定条件的校验，求出导体的最小热稳定截面。按热稳定条件校验导线截面时，应按导线首端最大三相短路电流来校验，所选导线截面应不小于导线的最小热稳定截面。

$$A_{\min} = \frac{I_{SS}}{C} \sqrt{t_i} \tag{4‐15}$$

式中：I_{ss}——三相短路电流稳态值，A；

t_i——短路电流的假想时间，s；

C——导体材料的热稳定系数，$C = r_{sc}\gamma C_{av}\tau_{ps}$，它与导体电导率 r_{sc}，密度 γ，热容量 C_{av} 和最大短路允许温升 τ_{ps} 有关。

6. 按启动条件选择导线截面

（1）电动机的最小启动电压

① 满足电动机的最小启动转矩

重载起动的电动机,要求有较大的起动转矩;而轻载起动的电动机,所需起动转矩较小。各种生产机械所需要的最小起动转矩 $M_{st\cdot min}$ 用其与额定转矩 M_N 的比值 $K(K = M_{st\cdot min}/M_N)$ 来表示。K 值称为电动机的最小起动转矩倍数,其值按表 4 - 12 确定。

表 4 - 12 生产机械所需最小启动转矩倍数

生产机械名称	最小启动转矩倍数 K	生产机械名称	最小启动转矩倍数 K
采煤机组	1.0～1.2	无极绳绞车	1.2～1.3
刮板输送机	1.2～1.5	水泵或绞车	0.5～0.6
皮带输送机	1.2～1.4		

因为笼型电动机的启动转矩与其端电压的平方成正比,所以电动机的最小起动电压 $U_{st.\,min}$ 与额定电压 U_N 的关系为

$$\frac{U_{st\cdot min}^2}{U_N^2} = \frac{M_{st\cdot min}}{M_{st\cdot N}} = \frac{\dfrac{M_{st\cdot min}}{M_N}}{\dfrac{M_{st\cdot N}}{M_N}} = \frac{K}{\alpha} \tag{4-16}$$

电动机的最小启动电压 $U_{st\cdot min}$ 为

$$U_{st\cdot min} = U_N \sqrt{\frac{K}{\alpha}} \tag{4-17}$$

式中:α——电动机额定电压时的启动转矩 $M_{st\cdot N}$ 与电动机额定转矩 M_N 之比(α 值可查电动机技术数据)。

当无最小启动转矩数据时,可取 $75\%U_N$。

② 满足吸力线圈有足够的吸持电压

起动时电动机的最小起动电压,先按满足电动机最小起动转矩的条件确定,计算出在该电压下起动时,起动电动机支线电缆的电压损失 $\Delta U_{bl\cdot st}$,然后按式(4 - 18)校验起动器安装处(配电点处)的电压 U 是否满足起动器吸持电压(一般 $0.7\,U_N$ 考虑)的要求,即

$$U = U_{st\cdot min} + \Delta U_{bl\cdot st} \geqslant 0.7U_N \tag{4-18}$$

U 若符合上式的条件,则电动机的最小起动电压就按电动机的最小起动转矩条件确定。若不符合上式条件,则起动电动机的最小起动电压就按下式确定,即

$$U_{st\cdot min} = 0.7U_N - \Delta U_{bl\cdot st} \tag{4-19}$$

式中:U_N——电网的额定电压;

$U_{st\cdot min}$——电动机的最小起动电压;

$\Delta U_{bl\cdot st}$——起动时起动电动机支线电缆的电压损失,仍按满足电动机最小起动转矩时的最小起动电压条件计算。

电动机最小起动电压确定后,则认为该电压就是电动机的实际起动电压,然后,按电动机在该电压下起动的条件,分别计算起动时电网各部分的电压损失(包括支线电缆)。

(2)启动时电压损失计算

① 支线电缆的电压损失

应选择起动时电压损失最大的一条支线计算。忽略电缆线路的电抗,用下式可得出起动电动机支线的电压损失:

$$\Delta U_{\text{bl·st}} = \sqrt{3} I_{\text{st}} R_{\text{bl}} \cos \varphi_{\text{st}} = \sqrt{3} I_{\text{st}} \cos \varphi_{\text{st}} \frac{L_{\text{bl}}}{\gamma_{\text{sc}} A_{\text{bl}}} \tag{4-20}$$

式中:I_{st}、$\cos \varphi_{\text{st}}$——电动机的实际起动电流,A;起动时的功率因数;

R_{bl}、L_{bl}、A_{bl}、γ_{sc}——支线电缆的电阻,Ω;长度,m;截面积,mm^2 和电导率,$\text{m}/\Omega \cdot \text{mm}^2$。

电动机的实际起动电流可按下式确定:

$$I_{\text{st}} = I_{\text{st·N}} \frac{U_{\text{st·min}}}{U_{\text{N}}} \tag{4-21}$$

式中:$I_{\text{st·N}}$、U_{N}——电动机的额定起动电流,A;额定电压,V。

② 干线电缆的电压损失

起动时干线电缆的电压损失为

$$\Delta U_{\text{ms·st}} = \sqrt{3} I_{\text{ms·st}} \cos \varphi_{\text{ms·st}} \frac{L_{\text{ms}}}{\gamma_{\text{sc}} A_{\text{ms}}} \tag{4-22}$$

式中:$I_{\text{ms·st}}$、$\cos \varphi_{\text{ms·st}}$——起动时干线电缆的电流,A;功率因数。

L_{ms}、A_{ms}、γ_{sc}——干线电缆的长度,m;截面积,mm^2 和电导率,$\text{m}/\Omega \cdot \text{mm}^2$。

为了计算方便,将式(4-22)写成

$$\Delta U_{\text{ms·st}} = \sqrt{3} \frac{L_{\text{ms}}}{\gamma_{\text{sc}} A_{\text{ms}}} (I_{\text{st}} \cos \varphi_{\text{st}} + I_{\text{ca·re}} \cos \varphi_{\text{wm·re}})$$

$$\Delta U_{\text{ms·st}} = \frac{L_{\text{ms}}}{\gamma_{\text{sc}} A_{\text{ms}}} \left(\sqrt{3} I_{\text{st}} \cos \varphi_{\text{st}} + \frac{K_{\text{de}} \sum P_{\text{N·re}} \times 10^3}{U_{\text{N}}} \right) \tag{4-23}$$

式中 :K_{de}——除起动电动机外,其他用电设备的需用系数;

$\sum P_{\text{N·re}}$——除起动电动机外,其他用电设备额定功率之和,kW;

U_{N}——用电设备的额定电压,V。

③ 变压器的电压损失

起动时变压器的电压损失为

$$\Delta U_{\text{T·st}} \% = \frac{1}{I_{\text{2N·T}}} \Big[u_{\text{r}} \% \Big(I_{\text{st}} \cos \varphi_{\text{st}} + \frac{K_{\text{de}} \sum P_{\text{N·re}} \times 10^3}{\sqrt{3} U_{\text{N}}} \Big) +$$

$$u_{\text{x}} \% \Big(I_{\text{st}} \sin \varphi_{\text{st}} + \frac{K_{\text{de}} \sum P_{\text{N·re}} \times 10^3}{\sqrt{3} U_{\text{N}}} \tan \varphi_{\text{wm·re}} \Big) \Big] \tag{4-24}$$

$$\Delta U_{\text{T·st}} = \frac{\Delta U_{\text{T·st}} \%}{100} U_{\text{2N·T}} \tag{4-25}$$

式中 :$\Delta U_{\text{T·st}}$、$\Delta U_{\text{T·st}} \%$——启动时变压器的电压损失,V;电压损失百分数;

$\tan \varphi_{\text{wm·re}}$——除启动电动机外,其他用电设备加权平均功率因数角的正切值。

启动时整个低电网的电压损失为

$$\Delta U_{st} = \Delta U_{T \cdot st} + \Delta U_{ms \cdot st} + \Delta U_{bl \cdot st} \tag{4-26}$$

（3）按启动条件校验电缆截面

启动时,电动机端子上的起动电压应不小于电动机的最小起动电压,即

$$U_{2N \cdot T} - \Delta U_{st} \geqslant U_{st \cdot min} \tag{4-27}$$

如满足上式,电缆截面既能保证电动机有足够的起动转矩,又能保证吸力线圈有足够的吸持电压。

校验导线截面不合格,应采取措施:① 增大导线截面;② 分散负荷,增加线路回数;③ 移动变电所的位置,使其靠近用电设备;④ 更换大容量变压器,有条件时使变压器并联运行;⑤ 在矿井井下采用移动变电站;⑥ 提高额定电压等级。

巩固提升

一、工作案例:35 kV 导线选择

任务实施指导书

工作任务	某单位高压 35 kV 导线选择		
任务要求	1. 准备工作:做好记录。 2. 根据某单位的负荷统计分析结果等参数和电压等级选择高压 35 kV 导线。 3. 注意线路的结构及组成部件的作用。		
责任分工	1 人负责分工;1~2 人进行负荷统计及有关计算等,包括记录;1~2 人根据有关参数选择高压开关柜,包括记录。		
阶段	实施步骤	防范措施	应急预案
一、准备	1. 做好组织工作,按照现场实际有组长分工。	课前要预习,并携带查阅、收集的有关资料。	分工要注意学生的个性、学习情况、个人特点。
	2. 携带有关铅笔、记录本、尺子等记录用品和供电系统图和有关设备说明书等。	做好带上所有电气设备的使用说明书和变电所供电系统图。	
二、参数计算分析	3. 认真研究供电系统图。		
	4. 分析电压等级。	带上变电所供电系统设计说明书。	做好记录。
	5. 负荷统计计算分析。	带上变电所供电系统设计说明书。	做好记录。
	6. 进行有关计算。	带上变电所供电系统设计说明书。	做好记录。
三、导线的选择	7. 初选导线。	可携带有关导线目录。 安全、可靠、实用、经济。	
	8. 校验导线。		
	9. 选定导线。		

（续表）

阶段	实施步骤	防范措施	应急预案
四、现场处理	10. 分析结果。	资料齐全。	做好记录。
	11. 经老师或技术人员审核。		
	12. 现场清理。	现场干净、整洁。	
	13. 填写工作记录单。		

工作记录表

工作时间		指挥者		记录员	
工作地点		监督者		分析人	
记录内容	1. 负荷统计。				
	2. 负荷电压等级。				
	3. 计算分析结果。				
	4. 短路电流计算分析。				
	5. 导线类型、结构、组成元件作用。				
	6. 选择导线。				
说明					

二、实操案例

根据下列参数选择导线截面：某企业有一条 35 kV 电源进线，输出的最大负荷为 6300 kW，功率因数为 0.8，年最大负荷利用小时数为 4000 h，线路长度为 20 km。若线间几何均距为 2 m，线路允许电压损失为 6.5%。试选择导线截面。

学习评价反馈书（自评、互评、师评等）

	考核项目	考核标准	配分	自评分	互评分	师评分
知识点	1. 架空线路和电缆线路的基本组成、作用等。	完整说出满分；不完整得 2～14 分；不会 0 分。	15			
	2. 架空线路和电缆线路选择方法。	完整说出满分；不完整得 2～14 分；不会 0 分。	15			
	小计		30			

（续表）

	考核项目	考核标准	配分	自评分	互评分	师评分
技能点	1. 会确定输电线路的型式。	会正确确定得满分；不熟练得 10～19 分；不会 0 分。	20			
	2. 会选择输电线路截面。	会正确选择得满分；不熟练得 10～19 分；不会 0 分。	20			
	3. 会计算电压损失。	会正确计算得满分；不熟练得 10～19 分；不会 0 分。	20			
	小计		60			
情感点	1. 学习态度。	遵守纪律、态度端正、努力学习者满分；否则 0～1 分。	2			
	2. 学习习惯。	思维敏捷、学习热情高涨满分；否则 0～1 分。	2			
	3. 发表意见情况。	积极发表意见、有创新建议、意见采用满分；否则 0～1 分。	2			
	4. 相互协作情况。	相互协作、团结一致满分；否则 0～1 分。	2			
	5. 参与度和结果。	积极参与、结果正确；否则 0～1 分。	2			
	小计		10			
	合计		100			

说明：1. 考评时间为 30 分钟，每超过 1 分钟扣 1 分；2. 要安全文明工作，否则老师酌情扣 1～10 分。

主讲教师（签字）：＿＿＿＿＿＿＿＿　　指导教师（签字）：＿＿＿＿＿＿＿＿

效果检查：

学习总结：

思考练习题：

1. 简述电压损失的计算方法。

2. 简述架空线路和电缆线路选择方法步骤。

任务二　安装、维护和检修输电线路

任务要求：

1. 准备工作：① 根据所连接的设备核定所安装矿用电缆的型号、额定参数、敷设路径；② 对所安装的电缆进行高压耐压测试；③ 按规定进行停电操作。

2. 安装工作:① 电缆敷设;② 电缆连接。

3. 检修工作:① 故障检测;② 电缆修复。

4. 维护工作:① 运行检查;② 日常维护。

5. 收尾工作:① 检查验收;② 填写记录;③ 恢复送电。

工作情况:

1. 工作情况:本任务属于安装维修井下供电系统设备这一大型任务下矿用高低压电缆安装维修中的高压橡套电缆安装维修分项任务。具体包括电缆安装前的检测、运输、安装(敷设、连接)、使用中的维护以及发生故障时的检修。

2. 工作环境:电缆库提供各种类型的矿用高压橡套电缆,电缆产品手册提供各种电缆的型号及电压、电流、芯线数、芯线截面等参数;电缆经过的巷道为倾角小于30°的煤巷。

工作要求:

1. 所安装维修的电缆必须满足安全要求:不能产生断路、短路、漏电,不能因短路、漏电产生的电弧引爆瓦斯、煤尘,不能因过热烧毁电缆继而引起电火灾,不能因过电压导致绝缘击穿,不能因工作环境造成机械损伤导致电缆折断、短路、断路。

2. 所安装维修的电缆必须满足供电质量要求:电缆工作时自身产生的电压损失不得超过额定电压的5%,即保证所供设备的工作电压不得低于额定电压的95%;所供电动机启动时,电缆的电压损失不得过大,导致电动机或电磁起动器无法启动。

3. 所安装电缆维修的必须在保证安全、质量的前提下做到经济:电缆所走路径尽可能短、截面尽可能小。

4. 所安装的电缆必须满足《安装工程质量检验评定标准》(电缆敷设部分)要求;所检修的电缆必须满足《机电设备完好标准》(电气部分1.3)要求。

相关知识

一、架空线路和电缆线路敷设的要求

(一) 架空线路的敷设

1. 敷设路径的选择原则

选择架空线路的敷设路径时,应考虑以下原则:

(1) 取线路短、转角少、交叉跨越少的路径。

(2) 交通运输要方便,以利于施工和维护。

(3) 尽量避开河洼和雨水冲刷地带及有爆炸危险、化学腐蚀、工业污染、易发生机械损伤的地区。

(4) 应与建筑物保持一定的安全距离,禁止跨越易燃屋顶的建筑物,避开起重机械频繁活动地区。

(5) 应与企业厂(场)区和生活区的规划协调,在矿区尽量避开煤田,少压煤。

(6) 妥善处理与通信线路的平行接近问题,考虑其干扰和安全的影响。

(7) 采用专用电杆、横担和绝缘子。不得借助树木、钢筋结构和脚手架。

（8）敷设档距不得大于 35 m，以防止弧垂太大及导线被自重拉断；线间距不得小于 300 mm，以防止线间因受风力摇摆摩擦，而导致绝缘损坏和线间短路；最大弧垂点与地面的最小距离：一般场所为 4 m，跨越机动车道为 6 m，跨越铁路为 7.5 m，以防止地面机械、车辆和操作者触线。

2. 线路的敷设

（1）档距与弧垂

架空线路的档距是指同一线路上两相邻电杆之间的水平距离。导线的弧垂是指架空线路的最低点与两端电杆导线悬挂点的垂直距离。如图 4-14 所示。

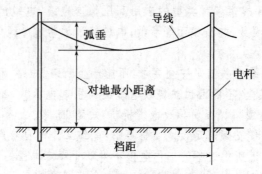

图 4-14 架空线路的档距与弧垂

线路档距的大小与电杆的高度、导线的型号与截面、线路的电压等级和线路所通过的地区有关，一般 3~10 kV 线路在城区为 40~50 m，在郊区为 50~100 m；低压线路在城区为 30~50 m，在郊区为 40~60 m。

导线的弧垂不宜过大和过小。如弧垂过大，在风吹摆动时容易引起导线碰线短路和导致与其他设施的安全间距不够，影响运行安全。如弧垂过小，将使导线受拉应力过大降低导线的机械强度安全系数，严重时可能将导线拉断。

此外，导线受外界温度的变化或导线载荷的变化都将导致导线长度发生变化，而导线长度的微小变化，会导致导线的拉应力和弧垂很大的变化。因此，为了保证线路运行安全、可靠和经济合理，架空线路的弧垂在架空线路的设计和施工中应给予足够的重视。

（2）导线在电杆上的排列方式

三相四线制的低压线路，一般水平排列。电杆上的零线应靠近电杆，如线路附近有建筑物，应尽量设在靠近建筑物侧。零线不应高于相线，路灯线不应高于其他相线和零线。

高压配电线路与低压配电线路同杆架设时，低压配电线路应假设在下方。

三相三线制的线路的导线，可水平排列也可三角形排列；多回路线路的导线，易采用三角、水平混合排列或垂直排列。

（3）导线的线间距离

导线的线间距离取决于线路的档距、电压等级、绝缘子的类型和电杆的杆型等因素。架空导线的线间距离不应小于表 4-13 所列数值。

表 4-13　架空电力线路线间的最小距离　　　　　（单位：m）

导线排列方式	档　距												
	≤40	50	60	70	80	90	100	110	120	150	200	300	350
导线水平排列采用悬式绝缘子的 35 kV 线路	—	—	—	—	—	—	—	—	—	2.0	2.5	3.0	3.25
导线垂直排列采用悬式绝缘子的 35 kV 线路	—	—	—	—	—	—	—	—	—	2.0	2.25	2.5	2.75
采用针式绝缘子或瓷横担的 3～10 kV 线路	0.6	0.65	0.7	0.75	0.85	0.9	1.0	1.05	1.15	—	—	—	—
采用针式绝缘子的低压线路	0.3	0.4	0.45	0.5	—	—	—	—	—	—	—	—	—

注：3 kV 以下线路，靠近电杆两侧导线间的水平距离不应小于 0.5 m。

（4）横担的长度与间距

铁横担一般采用 65×65×6 角钢，其长度与间距取决于线间距离、安装方式和导线根数等因素。当线间距为 400 mm 时，低压四线制线路横担长一般为 1400 mm，五线制横担长为 1800 mm。上下层横担之间的距离见表 4-14。

表 4-14　同杆架设的 10 kV 及以下线路上下层横担之间最小距离　　　（单位：m）

杆　型	直　线　杆	分支或转角杆
高压与高压	800	500
高压与低压	1200	1000
低压与低压	600	300

注：当使用悬式绝缘子及耐张线夹时，应适当加大距离。

（5）电杆高度

我国生产水泥电杆的长度一般有 6 m、7 m、8 m、9 m、10 m、12 m、15 m 等几种，电杆直径有 Φ150 mm、Φ170 mm、Φ190 mm 几种，电杆的锥度为 1/75，使用时可根据需要选用。电杆的高度取决于以下几项因素：杆顶所空长度（一般为 100～300 mm）、上下两横担的间距、弧垂、导线与地面及导线与跨越物的距离、电杆埋地深度（与土壤的土质和电杆的长度有关）等。将这几部分的长度相加即电杆的需要长度，然后根据此长度选择标准电杆。导线与地面的高度及电杆埋深见表 4-15 与表 4-16。

表 4-15　架空导线对跨越物的最小允许距离　　　　（单位：m）

跨越物名称	导线弧垂最低点至下列各处	最小距离	
		1 kV 以下	1～10 kV
区、厂区和乡镇	地　面	6.0	6.5
乡、村、集镇		5.0	5.5
居民密度小、田野和交通不便区域		4.0	4.5
公　　路	路　面	6.0	7.0
铁　　路		7.5	7.5
建　筑　物		2.5	3.0
架空管道	位于管道之下	1.5	不允许
	位于管道之上	3.0	3.0
不能通航和浮运的河、湖	冬季至冰面	5.0	5.0
	至最高洪水位	3.0	3.0

表 4-16　厂区电杆埋深　　　　（单位：m）

电杆长度	8	9	10	11	12	13	15
电杆埋深	1.5	1.6	1.7	1.8	1.9	2.0	2.3

注：本表适用于土壤允许承载力为 20～30 t/m² 的一般土壤。

（二）电缆的敷设

1. 电缆敷设的一般要求

（1）选择合适的敷设路径

在选择电缆的敷设路径时，应尽可能选择最短的路径；选择最安全的路径，尽可能保证电缆不受机械损伤、化学腐蚀、地中电流等的伤害；尽量避免和减少穿越地下管道、公路、铁路及通信电缆等；应避开规划中需要挖土的地方。

（2）电缆敷设时应注意的问题

① 为了防止电缆在敷设时扭伤和折伤，电缆的允许弯曲半径不得小于表 4-17 所规定的数值。

表 4-17　电缆最小允许弯曲半径与电缆外径的比值

电　缆　型　式		比　值
油浸纸绝缘多芯电力电缆	铅包、铠装	15
	裸铅包、沥青纤维绕包	20
橡胶和塑料绝缘电力电缆（单芯和多芯）	有铠装	10
	无铠装（塑料）	8
	无铠装（塑料）	6

（续表）

电　缆　型　式	比　值
油浸纸绝缘单芯电力电缆（铅包或铝包）	25
干绝缘油纸铅包多芯电力电缆	25
胶漆布绝缘单芯及多芯电力电缆	25
油浸纸绝缘多芯控制电缆	15

② 垂直或倾斜敷设的电缆，在最高和最低点之间的高度差不超过表 4-18 的规定。

③ 寒冷的冬季电缆由于低温变硬而不易弯曲，为了防止电缆在敷设时受到损伤，电缆应预先加热。电缆可放在温度较高的室内或通电加热。电缆敷设时，不须加热的环境温度及加热时的具体要求，见有关手册。

④ 下列地点的电缆应有金属管或罩加以保护：电缆进入建筑物、隧道、穿过楼板及墙壁处；电缆从地下或电缆沟引出地面时地面上 2 m 一段，其跟部深入地下 0.1 m。在变电所内的铠装电缆，如无机械损伤，可不加保护。

表 4-18　电缆最大允许高度差　　　　　（单位：m）

电　压　等　级		铅　包	铝　包
1~3 kV	铠　装	25	25
	无　铠　装	20	25
6~10 kV		15	20
20~35 kV		5	—
干绝缘统铅包		100	—

2. 电缆的敷设方式

电缆的敷设方式有直接埋地敷设、利用电缆沟敷设、电缆隧道敷设、排管敷设、架空与沿墙辐射等多种，在企业电缆隧道敷设和排管敷设较少采用。

（1）直接埋地敷设

这种敷设方式是沿已选定的路线挖掘地沟，然后把电缆埋在里面，如图 4-15 所示。

直接埋地敷设，不需其他设施，故施工简便、造价低廉；电缆埋在地下散热好，电缆的载流量大。因此，这种方式企业用

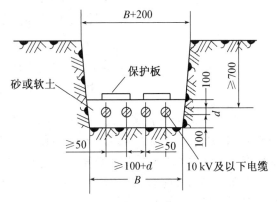

图 4-15　电缆直接埋地敷设

得多。但电缆易受机械损伤，化学腐蚀，电腐蚀，故其可靠性差，检修不方便。所以，一般在电缆根数少，且敷设距离较长时采用。

电缆的埋设深度一般为 700~1000 mm，但应在冻土层以下，否则应采取保护措施。

在线路的终端、转弯处、电缆接头处和沿线每隔 50～100 m 处的地面上,应设永久性路径标志。在电缆上应铺设水泥板或砖块,以便将来挖土时,表明下面埋有电缆。

直埋地下的电缆,应采用铠装电缆并有防腐层。向重要负荷供电的两路电源电缆,应尽量不敷设在同一土沟内。电缆与其他设施平行与交叉敷设时的最小间距和要求应符合有关规定。

(2) 在电缆沟内敷设

电缆沟分为屋内电缆沟、屋外电缆沟和厂区电缆沟三种,如图 4-16 所示。

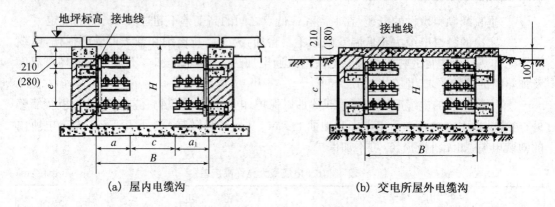

(a) 屋内电缆沟　　　　　　　(b) 交电所屋外电缆沟

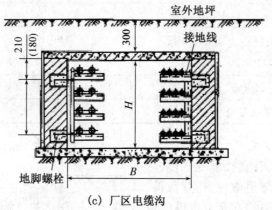

(c) 厂区电缆沟

图 4-16　电缆在电缆沟内敷设

当电缆线路与地下管道交叉不多,地下水位较低,对不容易积灰积水的场所,且电缆根数较多(不超过 12 根)时,可采用电缆沟敷设。电缆沟具有投资省、占地少、走向灵活、能容纳较多电缆等优点。但维护检修不如隧道和架空敷设方便。

电缆沟的沟底应有 5‰ 的坡度,以防沟内积水。电缆沟一般采用钢筋混凝土盖板,其重量一般不超过 50 kg。

室内电缆沟盖板应于地坪相平,当地面容易积水时,常用水泥砂浆将其缝隙抹平,对室内经常开启的电缆沟盖板宜采用钢盖板。变电所屋外电缆沟,其盖板需高出地面 100 mm,以兼作人行道。厂区电缆沟盖板顶部一般低于地面 300 mm,盖板上铺以细土和沙子。

屋外电力电缆沟进入变电所或厂房内,在入口处应有耐火隔墙。电缆沟尺寸和布置要求应符合有关规定。

（3）架空与沿墙敷设

电缆架空敷设是采用专用卡子、帆布带或铁钩等，将电缆吊挂在镀锌钢绞线上。电缆沿墙敷设是采用扁铁或钢筋制作的电缆钩将电缆吊挂于建筑物的墙壁上或梁上、柱上。这种敷设方式结构简单，宜于解决电缆与其他管线的交叉问题，维护检修方便。但容易积灰和受热力管道的影响。

3. 井下电缆的敷设

井下电缆一般都沿井筒、巷道和支柱敷设，敷设方法与地面沿墙壁敷设基本相同。在水平巷道或倾角 30°以下的井巷，电缆沿巷道壁用吊钩悬挂；在木支架或金属支架的巷道中，用木耳子或帆布带沿柱子悬挂；在立井井筒或倾角 30°以上的井巷，电缆应用夹子、卡箍或其他夹持装置，固定在巷道壁上，如图 4－17 所示。

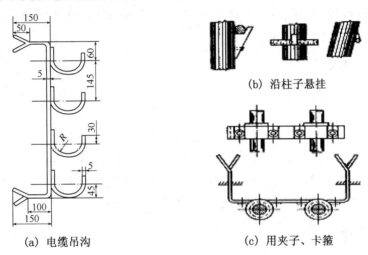

（a）电缆吊沟　　　　　　　（c）用夹子、卡箍

（b）沿柱子悬挂

图 4－17　电缆在矿井井下敷设

矿井井下电缆的敷设要求与地面基本相同，也应选择安全的路径和最短的路径。电缆的弯曲半径、敷设的高度差、与其他管线的间距和敷设的具体要求等均应符合有关规定。

二、架空线路的维护与检修

（一）架空线路维护与检修的期限和项目

架空线路维护与检修的期限和项目，按照《电气检修规程》的要求进行。

（二）金属杆件

（1）金属杆件的零件因锈蚀或其他原因降低了机械强度，而需要加强时，应用镶接板补强，如不能焊接时，可用螺钉连接。

（2）焊接缝上的裂口，特别是在主要构件上，应尽可能先使用气焊或电焊焊好，如焊接有困难时，则应立即用螺钉连接，加镶接板补强。

（3）弯曲或变形的杆件或部件，应予以校正或更换。

（4）焊补处的镶接板及其他未镀锌的杆件或部件应涂刷油漆。

（5）金属杆塔部件涂刷油漆的周期，要根据表层的状况来决定，一般每五年一次。在决定涂刷油漆的期限内，应定期进行局部涂漆，以延长铁塔或整个部件涂漆的期限。这时必须特别注意结构的主要连接点及水平放置的杆件或部件。

（6）铁塔的金属底脚，根据其保护层的情况，刷以煤焦油或石油沥青。

（三）钢筋混凝土电杆

（1）杆面有裂纹时，应用水泥砂浆填缝，并将表面涂平。在靠近地面处出现裂缝时，除用水泥砂浆填缝外，并在地面上下 1.5 m 段内涂沥青。

（2）杆面上的混凝土被侵蚀剥落时，须将酥松部分凿去，先用清水洗净，然后用高一级的混凝土补强；如钢筋外露，应先彻底除锈，用 1：2 水泥砂浆涂 1～2 mm 后，再浇灌混凝土。

（四）混凝土基础

（1）铁塔及钢筋混凝土电杆，由于基础下沉发生倾斜时，必须将基础校正，必要时应重新浇混凝土基础。

（2）混凝土基础表面有裂纹时，应用水泥砂浆涂抹，使其表面硬化，紧密光滑不透水。

（3）底脚螺钉松动时，应凿开周围水泥重新浇灌。如螺帽松动，应充分拧紧。

（4）混凝土基础因腐蚀、受冻或浇灌不良发生酥松现象时，必须重新浇灌。

（5）金属部件应再涂沥青漆防锈，涂漆前应先涂红丹粉。

（五）木质杆塔

（1）木质杆塔的维护检修包括：扶正杆塔、更换腐朽和损坏的杆身及部件。

（2）检修木质杆塔时，应按照下列要求：

① 在杆件的钻孔内和接触面上必须涂防腐剂。

② 钻孔比螺钉应大 2～3 mm。

③ 杆根应培土夯实。

④ 从木质杆塔上换下来的腐朽木质零件，应从现场撤出。

⑤ 更换杆件时，不得任意变更杆塔结构，新部件的强度不得小于原设计的要求。

（3）用混凝土绑桩时，木杆底部应离开地面 10 cm 以上。

（4）木杆与绑桩的绑线箍应经常收紧，但用螺栓拧紧时，夹板不得触及木杆。

（5）杆塔上的接地引下线，必须安装紧固。引下线连接处，应除锈拧紧。

（6）使用双绑桩的杆木，在杆换绑线时，每一绑线箍只许使木杆和一个绑桩绑扎。

（六）导线及避雷线

（1）如导线的断股在运行允许范围以内时，可在破损或断裂处用补修管或用与该导线相同的金属绑扎的方法进行修理。

（2）导线或避雷线因断股减小的截面，超过允许运行范围时，均应剪断破损部分，用连接器接上。对于铜线，如无适当连接器时，可采用绞接法连接。

（3）根据弧垂的变动需要拉紧或移动导线（或避雷线）时，应以整个耐张段为单位进行。

（4）调整悬垂绝缘子串的位置时，必须松开线夹。

（七）线路路径

（1）市区内架空线路下的行道树，应按照供电局（所）与当地有关单位协议的行道树修剪办法执行。制订维护修剪标准时，应以保证安全供电及兼顾城市的绿化规划为原则。

（2）市区外线路防护地带内的树木，除按《电力线路防护规程》进行砍伐外，并应注意下列各项：

① 伐木时必须尽量靠近地面砍伐，并应剥去树桩上的树皮。

② 砍伐下来的树干和树枝，应撤走或堆放在防护区域以外。

（3）线路路线上的巡线便桥、路旁保护杆及简便的防水设施，应经常进行修整。

（八）其他

（1）导线及杆塔上有外物时，应尽快清除。

（2）应依照《架空送电线路设计技术规程》的规定，整理恢复杆塔上各项标志和警告牌。

（3）所有在线路上检修的工程，均应做好记录；检修工作应进行验收。

三、电缆线路维护与检修

（一）处理电缆故障的注意事项

1. 正确判断及时处理

当电缆发生故障后，首先应根据事故的现象和状态，正确判断事故的类别，并立即处理。对不能立即处理的故障，应立即向主管部门和矿调度室汇报，迅速组织有关人员赶赴现场处理。

2. 必须注意的事项

（1）在井下，当用普通型携带式电气测量仪表来测量电缆故障时，必须由瓦斯检查员测量使用地点的瓦斯含量，只有瓦斯浓度在1%以下时方可进行测量。

（2）在井下，电缆因故障引起火灾时，应立即将电缆两侧的电源切断，用砂子、灭火炸弹、干粉灭火器等灭火器材灭火，并向矿调度室汇报。

（3）在井下，不准用试送电的方法来判断电缆故障的性质和故障所在区段。在万不得已的情况下使用时，只有在瓦斯检查员查明故障电缆所在地的瓦斯浓度在1%以下并做好充分的灭火准备后方可进行。对有煤（岩）与瓦斯突出的矿井和瓦斯喷出的巷道区域内的电缆故障，严禁用试送电方法来判断电缆的故障点。

（4）用电缆故障测试仪、万用表结合人工弯曲敲打电缆等方法来寻找电缆的故障点时，必须在故障电缆的电源切断，并与其他电网完全隔离后方可进行。

（5）井下6 kv电缆线路发生系统接地时，如果遇有接地保护失灵，而故障暂不能排除时,接地时间最长不得超过 2 h,并应提出相应的安全措施,否则应强行停电处理,以防事故扩大。

(二) 电力电缆故障原因及类型

1. 电力电缆故障原因

随着电缆数量的增多及运行时间的延长,电缆绝缘老化等因素,故障发生率大大增加。电缆发生故障的原因常见的主要有:

(1) 电缆安装敷设时不小心造成的机械损伤或安装后靠近电缆路径作业造成的机械损伤。

(2) 电缆绝缘内部气隙游离造成局部过热,从而使绝缘老化变质。

(3) 电缆路径在有酸碱作业的地区通过,往往电缆会被腐蚀。

(4) 拙劣的工艺、拙劣的接头,电场分布设计不周密,材料选用不当,不按技术要求敷设电缆造成电缆故障。

(5) 大气过电压(雷击)和电缆内部过电压。

(6) 电缆长期过负荷运行,电缆的温度会随之升高,尤其在炎热的夏季,电缆的温升,常常导致电缆薄弱处和对接接头处首先被击穿。

(7) 电缆绝缘物的流失。

2. 电力电缆故障类型

电力电缆由于机械损伤、绝缘老化、施工质量差、过电压等都会发生故障。根据故障性质可分为低电阻接地或短路故障、高电阻接地或短路故障、断线故障、断线并接地故障和闪络性故障。

(三) 电缆故障类型的判断

1. 电缆故障的判断方法

确定电缆故障类型的方法是用兆欧表在线路的一端测量各相的绝缘电阻。

(1) 当摇测电缆一芯或几芯对地绝缘电阻,或芯与芯之间绝缘电阻低于 100 kΩ 时,为低电阻接地故障。

(2) 当摇测电缆一芯或几芯对地绝缘电阻,或芯与芯之间绝缘电阻低于正常值很多,但高于 100 kΩ 时,为高电阻接地故障。

(3) 当摇测电缆一芯或几芯对地绝缘电阻较高或正常,应进行导体连续性试验,检查是否有断线,若有即断线故障。

(4) 当摇测电缆一芯或几芯导体不连续,再经过一芯或几芯对地绝缘电阻摇测后,判断为低阻或高阻接地线,为断线并接地故障。

(5) 闪络性故障多发生于预防性耐压试验,发生部位大多在电缆终端和中间接头。闪络有时会连续多次发生,每次间隔几秒到几分钟。

2. 电缆故障的测试方法

过去使用的仪器设备有 QF1‐A 型电缆探测仪、DLG‐1 型闪侧仪,电缆路径仪及故障定点仪等。在 20 世纪 90 年代前,广泛使用的电缆故障测试方法是电桥法,包括电阻电桥法、电容电桥法、高压电桥法。这种测试方法误差较大，对某些类型的故障无法测量，所以目前最为流行的测试方法是闪络法，它包括冲闪和直闪，最常用的是冲闪法。冲闪测试精度较高，操作简单，对人体安全可靠。

（四）寻找电缆故障点的方法

1. 维修人员直接判断和寻找故障点

运行中的电缆或者新安装的电缆一旦出现故障，应以最快的速度寻找事故点，以便及时处理，减少生产和安全上的损失。首先应确定是哪条电缆出了故障。当维修人员无法查明是过负荷跳闸还是事故跳闸时，可以进行一次试送电来判断跳闸停电的原因。但是在井下，敷设电缆巷道的瓦斯浓度必须在 1% 以下时才可试送电。

如果属于电缆事故跳闸，应首先用摇表测定电缆线芯之间和对地的绝缘电阻，初步判断故障的性质。凡属电缆绝缘故障，往往是通过检测绝缘电阻和做泄漏试验来发现的，或者从检漏继电器指针数值判断。凡接地事故可通过检漏继电器跳闸发现。如果属于短路事故，常常是因接地短路或者短路后接地，也有少数只短路不接地。

对于在空气中敷设的电缆，包括井下沿巷道敷设的电缆，如果因短路事故造成外皮烧伤，一般通过沿电缆线路查找外观，就可找到故障点。电缆接线盒出现短路事故时，如果检查得及时，可以摸到表面温度较高。电缆某处短路，有时可以看到烧穿的伤痕的穿孔。在短路点还可以嗅到绝缘烧焦的特殊气味。

2. 电缆故障粗测的方法

电缆故障的粗测方法有很多，目前常用测故障的方法有电桥法（电阻电桥法、电容电桥法）、驻波法、脉冲法（低压脉冲反射法、脉冲电压法、脉冲电流法、二次脉冲法）、闪络法、简易办法。

（1）电桥法

① 电阻电桥法

用低压电桥测电缆低阻击穿，主要是利用电阻的大小跟电缆的长度成正比，利用电桥原理测出故障相电缆的端部与故障点之间的电阻大小，并将它与无故障相比较，进而确定故障点的距离。

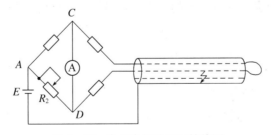

图 4‑18　电阻电桥法原理接线图

② 电容电桥法

用电容电桥测电缆开路、断线，当电缆呈断路性质时，由于直流电桥测量臂未能构成直流通路，所以，采用电阻电桥法将无法测量出故障距离，只有采用电容电桥法，并用高压电桥法测泄漏性高阻击穿。

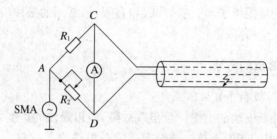

图 4-19　电容电桥法原理接线图

（2）驻波法

根据微波传输线原理，利用传输线的驻波谐振现象，对故障电缆进行测试，此法适用于测低阻及开路故障。

（3）脉冲法

利用传输线的特性阻抗发生变化时的回波现象，在电缆芯线中加上一定的电压，使其不击穿而产生放电故障。放电脉冲在电缆中传播及反射，用数字示波器测出三个脉冲的位置比例，算出故障点的位置，此法适于高阻击穿。

（4）闪络法

用直闪法测闪络性高阻故障；用冲闪法测泄漏性高阻故障，冲闪法是能解决用其他方法难于解决的而被称为最顽固的故障的最强有力的方法，即能测试电缆所有故障。

（5）简易办法

不需要特殊设备，将电缆加电压将故障点反复击穿，并烧穿后，在电缆两端接入 3 V 电池电压的同时，用两个数字毫伏表同时测量电缆两端芯线对铜带的电压，这两个电压的比值即故障点到两端的距离比，一般误差在 3 m 以内。

3. 电缆故障精确定点的方法

目前，常用的电缆精确定点的方法有声测法、音频感应法和声磁同步法。

（1）声测法主要用于高阻故障。加脉冲直流高压于故障电缆芯线和铜带之间，使故障点产生间歇放电，引起电磁波辐射和机械的音频振动，在地面用声波接收器探头拾取震波，根据震波强弱很容易准确判定故障点的位置。可迅速找出电缆故障点，查找方法简单，省时省力，效果良好。

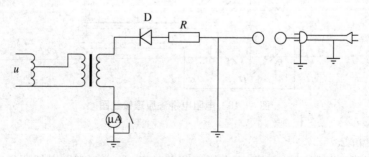

图 4-20　声测法寻找故障点的接线图

（2）音频法主要用于低阻故障,测电缆开路、断路故障的定位,用音频信号发生器发送音频电流,电力电缆会发出电磁波,在电力电缆故障点附近的地面上用探头(电感式线圈)沿被测电力电缆走向接受电磁场变化的信号,将信号放大后送入耳机,根据耳机中声响的强弱判定出故障的位置,即通过人的耳朵对声音信号强弱的分辨来判断故障点的位置,对操作人员的经验要求较高,所以并不常用。

（3）声磁同步法利用故障点放电同时产生的电磁波和声波确定故障点。通过监测接收到的磁声信号的时间差,可以估计故障点距离探头的位置,比较在电缆两侧接收到脉冲磁场的初始极性,亦可在进行故障定点的同时寻找电缆路径。

巩固提升

一、工作案例:矿用低压橡套电缆的安装维护

任务实施指导书

工作任务	矿用低压橡套电缆的安装维护		
任务要求	1. 准备工作:① 根据所连接的采煤机(100 kW,1140 V)设备核定所安装矿用低压橡套电缆的型号、额定参数、敷设路径。② 对所安装的低压橡套电缆进行绝缘检测。③ 按规定进行停电操作。2. 安装工作:① 低压橡套电缆挂设。② 低压橡套电缆连接。3. 检修工作:① 故障检测。② 低压橡套电缆修复。4. 维护工作:① 运行检查。② 日常维护。5. 收尾工作:① 检查验收。② 填写记录。③ 恢复送电。		
责任分工	1人负责按照计划步骤指挥操作,1人负责监督操作、1人负责执行指令。		
阶段	实施步骤	防范措施	应急预案
一、准备	1. 携带万用表、兆欧表、便携瓦检仪、套扳、扳手、螺丝刀、电工刀、电缆敷设图。 2. 穿戴工作服、安全帽、矿灯、自救器、手套、绝缘靴。 3. 准备和携带铜连接管、铜绑线、手动液压钳、压模、100#纱布、克丝钳、电工刀、手锉、冷补胶、三氯乙烷、剪刀、聚酯薄膜。	下井前检查万用表、兆欧表、便携瓦检仪、矿灯是否良好,不得带火种。熟悉电缆敷设路径。 铜连接管和压模的规格必须与需连接的电缆线芯截面之和相适应。	下井时必须注意避灾路线,一旦发生爆炸、火灾、水灾等重大事故,可以从避灾路线上井。
	4. 核验所安装电缆的型号为 MCP-0.66/1.14-3×35-1×10、额定电压0.66/1.14、芯数4、截面35 mm²、长度1.1×50 m。	各项指标必须与设计相吻合。	
	5. 检测电缆。外观无损,用兆欧表测电缆的绝缘电阻。	用2500 V兆欧表,阻值≥12 MΩ(1～3 kV)。	

(续表)

阶段	实施步骤	防范措施	应急预案
二、敷设	6. 确定悬挂点。沿敷设巷道按照小于3m的要求用卷尺确定并标记电缆悬挂点。 7. 打眼。再用电锤按照标记的悬挂点打眼。 8. 固定膨胀螺栓。将膨胀螺栓插入眼内，用扳手紧固螺帽，直至膨胀螺栓固定不能晃动和拔出为止。 9. 固定电缆挂钩。卸下螺帽、垫圈，依次套入挂钩、垫圈、弹簧垫、螺帽，再紧固螺帽。	打眼的深度不能小于膨胀螺杆的长度，要垂直打入钻头不能来回晃，以免所打眼的直径偏大，打眼点要避开松软墙壁。 膨胀螺栓放入眼内的深度以套管全部插入墙内为准，紧固螺帽时不能过，否则螺栓会拔出或松动。	
	10. 边移动矿车，边将车上的电缆放开拖展。在没有轨道的巷道中，用人力敷设电缆。人员要拉开间距，以拉火车的形式拖展电缆到敷设巷道。	人员间距不能太大，以不将电缆拖地强拉为宜，伸展电缆时顺着电缆绕向，不能直接拉展，以免打结或弯曲过急，电缆弯曲半径＜电缆外径的6倍。	
	11. 将电缆挂在电缆钩上。 12. 在电缆两端及拐弯的分叉处挂标志牌。	电缆标志牌应标明其型号、电压、截面、长度、用途、施工者（或责任人）等。	
三、电缆与设备连接	13. 断开电缆所接设备的电源，验电（必须脱下手套），放电，挂警示牌。	确认断开的是电源开关；用相应电压等级电笔验电；放电线先接地，再接火线。	
	14. 测瓦斯浓度。	必须测定周围20 m内瓦斯浓度＜1％。	
	15. 用套扳卸下隔爆接线盒盖螺栓，打开接线盒外盖。	不能丢失螺帽、垫片、弹簧垫等零件。	
	16. 按照电缆护套伸入接线盒内壁长度5～15 mm，且接地芯线长度大于主芯线长度，预留主芯线长度和接地芯线长度，切剥橡套电缆头外护套。	割护套时不能伤及内部绝缘橡套。	
	17. 按照导电芯线裸露长度＜10 mm，切剥导电芯线外绝缘套。	裸露部分也不能太短，以免压住胶皮。	
	18. ① 卸下喇叭嘴、钢圈，依次穿入电缆头。② 取出密封胶圈，按照电缆外护套的外径选取密封胶圈内径，去除密封胶圈内多余的胶圈，将电缆穿入密封胶圈内。③ 将密封圈连同电缆头穿入接线盒的接线嘴内，使得护套伸出5～15 mm。	切割密封胶圈时，不能大于电缆外径1 mm，边缘必须圆滑，不能为锯齿状，可用手搓打磨圆滑。密封胶圈分层面需朝向接线盒内，光面朝外。 不用的接线嘴必须用钢板封堵。	

（续表）

阶段	实施步骤	防范措施	应急预案
	19. 将电缆接地芯线做成羊眼圈套入接地接线柱上，依次套上垫片、弹簧垫、螺帽，并紧固到弹簧垫压平为止。将电缆主芯线裸露导线压入接线盒内主回路接线柱上的压线板下，依次套上弹簧垫、螺帽，用套扳紧固螺栓，直到弹簧垫压平为止。	导电芯线裸露部分不得大于 10 mm，不得有毛刺。接地芯线长度>主芯线长度。 　　上压线板圆弧不能反向，以保证芯线压成圆形，增大接触面。如果电缆芯线较细，无法压紧时，可将电缆芯线头折回成双股，以增大接触面达到压紧为止。	如有人触电，立即脱离电源，并实施抢救。无呼吸者做人工呼吸；无心跳者做胸外心脏按压。如瓦斯浓度>1%，采取通风措施，降低瓦斯浓度到1%以下。
	20. 将钢圈、喇叭嘴依次压在密封胶圈上，用螺栓紧固喇叭嘴，做到压紧且不偏。再将喇叭嘴上的电缆压线板螺栓拧紧且不偏，以压紧电缆，但电缆被压扁程度，不得大于电缆外径的10%。	两条紧固螺栓须拧紧，且拧入长度相等，即平行拧入。	
	21. 分别测相间绝缘和对地绝缘：① 检验兆欧表。② 兆欧表连接被测电缆。③ 摇手柄至指针稳定后读数，并记录。④ 测完后放电。	所测绝缘电阻必须如实记录，不满足要求者，必须查出故障并排除，方可试运行。	
四、橡套电缆间的连接	22. 做接头：① 将两段电缆头护套各剥除规定长度，在割除段的两端削成锥型，锥形段的长度上应不小于电缆的外径，并且不小于 40 mm。然后拆除线芯的统包布带。② 各芯线按阶梯式剪切，使各接头位置错开。③ 并按照连接铜管的长度将各电缆芯线的绝缘护套剥切。④ 用克丝钳将芯线的铜丝捋直。⑤ 用砂纸逐一打磨芯线和铜连接管内壁氧化层。	$L_1 = 6$ cm $L_2 = 9$ cm $L_3 = 12$ cm $L_4 = 15$ cm 总长>15 cm 芯线不得断股断丝或抽丝 各芯线连接管之间错开 2 cm。	对于截面较大的芯线在铜管内可以对接，不需叉接！
	23. 连接芯线：① 用棉纱擦净线头表面的污垢和潮气。② 所接电缆的两根线芯接头分别从铜管两端插入，插接后的两侧线头在管内相互交叉合拢长度应大于铜套管长度，并且线头端应稍伸出铜套管约 3～5 mm。③ 逆时针旋动卸荷阀钮，活塞退回原位后，再顺时针旋紧旋钮。④ 抽出活动插销，打开钳爪。⑤ 更换所需压模，使上下膜对齐。⑥ 把套好铜套管的线芯放入压模中央。⑦ 闭上钳爪，插入活动插销。⑧ 操纵加压手把，直至安全阀起作用而发出音响。即可松开卸荷阀旋钮卸荷，打开钳爪，取出缆芯。	① 在插接过程中，铜套管内两线头的个别铜丝因顶碰弯曲变形而未全部进入铜套管时，应将其拔出铜套管，弄直后再重新插入铜套管内。 ② 如果压模小于连接管的长度，需按先压中间，后压两侧分段压接。但各段要彼此略有重叠，最后使接头整体压成表面平整的六角形。用细平锉和 100 号砂纸将接头的毛刺、尖棱、锐边打圆磨光。 ③ 检查接头表面，应光滑平整，无裂纹、伤痕、异形等不良现象。	

(续表)

阶段	实施步骤	防范措施	应急预案
	24. 线芯绝缘层的修补:① 将割除段两端削成锥形,锥度越小越好。② 将自粘带半幅重叠紧密绕包。	缠绕方向:中央—前端—后端—中央。绝缘带与原绝缘层的连接部分长度应不小于绝缘线芯外径的 1.5 倍,并且不小于 15 mm,两端应缠成锥型;缠绕厚度应为原绝缘层厚度的 1.2 倍。	
	25. 护套层的修补:① 将修补好绝缘层的线芯按原状绞紧,用棉线或白布带撕成的线束将修补过的线芯捆住,以免松开。② 将两端护套缠绕自粘胶带,缠成环状凸肩。③ 用厚 1.5 mm 的本色聚乙烯薄片作为浇铸修补模具。裁剪长度=浇铸修补段长度+15mm;宽度=1.1×浇铸修补段要求外径 D_1×π 薄片上剪有 3 个 Φ10 mm 的圆孔。④ 将聚乙烯薄片环绕修补段卷成筒状,两端搭在自粘胶带缠制的凸肩上,圆孔向上,用塑料粘胶带在卷筒两端密闭固定。⑤ 将冷补胶两份混合好后从漏斗注入卷制好的模具内,直到胶液自两端的浇口流出为止。⑥ 待胶固化后脱模。⑦ 修建毛边,将外形修成光滑圆整。检查无缺陷,且绝缘电阻合格就可使用。	① 护套层锥角部分与线芯相接处缠满,以免浇铸的胶料流入护套内。② 凸肩的间距决定于修补护套层的长度,其外径应大于原护套,即凸肩厚度一般为 2~3 mm,最小厚度要保证不低于原电缆护套标称厚度的 1.2 倍。③ 模具两边搭接处的中央剪一个浇注孔,两边各一个排气孔。④ 必须保持卷筒和电缆在轴线上的同心度,只在卷筒的两端用胶带纸密封。⑤ 混合胶液后迅速搅拌倒入,以免胶液固化,如见到气泡残存在模腔上部,应迅速用针或剪刀在模具上刺或剪个小孔,放出气泡,使胶液充满。⑥ 一般情况浇铸后 2 h 就可脱模,但此时的机械强度仅达原护套的 18%,经过 24 h 才能达到 100%。	
五、试运行	26. 合上级自动馈电开关,拆除警示牌。	必须确认无人在线路上工作。	如发现冒烟、短路、有人触电等,立即切断电源。
	27. 合上电磁启动器隔离开关,按下启动按钮。	必须按下启动器停止按钮同时操作隔离开关。启动时,手不离开关,注意观察。	
六、维护	28. 运行维护:① 每月测绝缘。② 每天负荷高峰时测温度(用手摸着发热或烫手必须采取相应的措施)。③ 每天负荷高峰时测负荷电流(如果过电流必须采取措施消除过流)。	测绝缘时,必须先按规定断电、闭锁、挂牌、测瓦斯、验电、放电。测负荷电流可通过开关中电流表观测。	
	29. 日常维护:①"两防"。防水(淋水、泡水)防损伤(煤块砸伤、机械挤伤、受力拉伤)。②"一齐"。悬挂整齐。	有淋水处要有雨搭,有泡水处要悬挂;工作面及端头电缆要包裹、捆扎,其他地方要悬挂;电缆不能落地、泡水。	

阶段	实施步骤	防范措施	应急预案
七、故障查找	30. 直观法：① 短路点可通过看焦痕、闻焦味、听炮声确定。② 断路点可通过触摸电缆粗细不均匀点确定。③ 漏电点可按照电缆外皮有创伤、破损、金属物穿刺处确定。		
	31. 万用表法：① 短路可在负载端开路时测量相间电阻为 0 下确定。② 断路可在负载接通时测量相间电阻为∞下确定。③ 漏电可在测量相对地电阻和相间绝缘电阻时小于漏电电阻值下确定。	漏电电阻 11 kΩ。	
八、修复	32. 对于短路和断路：将故障段电缆切除，重新将电缆按规定连接。		
	33. 对于漏电：接地时，同 26 步。如果绝缘电阻降低，将电缆更换。	接地故障同短路修复方法。	
九、收尾	34. 检查工作质量。	按照安装验收规范、设备完好标准检查。	
	35. 整理工具，清理现场。	检查工具或异物未落在开关外壳内。	
	36. 恢复送电。		
	37. 填写记录。	将出现的问题及处理情况填入记录。	

工作记录表

工作时间			工作地点		
工作内容					
工作人员					
检测记录					
绝缘电阻（MΩ）	相间电阻			对地电阻		
	U－V	V－W	W－U	U－E	V－E	W－V
敷设前						
敷设后						
连接前						
连接电动机后（Ω）						
出现的问题						
处理措施						
处理结果						

二、实操案例:矿用低压塑料电缆安装维修

学习评价反馈书

考核项目		考核标准	配分	自评分	互评分	师评分
知识点	1. 架空线路和电缆线路敷设的要求。	完整说出满分;不完整得 2～14 分;不会 0 分。	15			
	2. 架空线路和电缆线路的维修方法。	完整说出满分;不完整得 2～14 分;不会 0 分。	15			
	小计		30			
技能点	1. 架空线路敷设与维修。	会正确敷设与维修架空线路得满分;不熟练得 15～29 分;不会 0 分。	30			
	2. 电缆线路维护与检修。	会正确维护与检修电缆线路得满分;不熟练得 15～29 分;不会 0 分。	30			
	小计		60			
情感点	1. 学习态度。	遵守纪律、态度端正、努力学习者满分;否则 0～1 分。	2			
	2. 学习习惯。	思维敏捷、学习热情高涨满分;否则 0～1 分。	2			
	3. 发表意见情况。	积极发表意见、有创新建议、意见采用满分;否则 0～1 分。	2			
	4. 相互协作情况。	相互协作、团结一致满分;否则 0～1 分。	2			
	5. 参与度和结果。	积极参与、结果正确;否则 0～1 分。	2			
	小计		10			
合计			100			

说明:1. 考评时间为 30 分钟,每超过 1 分钟扣 1 分;2. 要安全文明工作,否则老师酌情扣 1～10 分。

主讲教师(签字):_____ 指导教师(签字):_____

效果检查:

学习总结:

思考练习题:

1. 简述架空线路和电缆线路敷设的要求。

2. 简述架空线路和电缆线路的维修方法。

3. 简述架空线路的维护与检修和电缆线路维护与检修项目和内容。

项目五　供配电系统继电保护

学习目标

知识目标：

1. 继电器保护装置的作用与要求。

2. 常用保护继电器。

3. 微机保护装置。

4. 高压输配电线路继电保护装置的作用。

5. 三段式电流保护装置。

能力目标：

1. 了解继电器保护装置的作用,熟悉对继电保护装置的要求。

2. 能进行微机保护装置的操作与维护。

3. 能选择和识别继电保护装置。

4. 能对电流保护装置进行整定计算。

素养目标：

1. 有自学热情和独立学习的态度;能对所学内容进行较为全面的比较、概括和阐释。

2. 有自主工作的热情和创新精神。

3. 提高学生的工作组织能力。

4. 提高学生的社会实践能力。

5. 培养学生的职业道德意识。

6. 培养学生严慎细实的工作态度。

7. 提高学生团结协作的能力。

8. 提高学生分析和解决问题的能力。

9. 培养学生热爱科学、实事求是的学风和创新意识、创新精神。

学习指南

1. 小组成员共同学习所收集的资料,了解继电保护作用、类型、结构、组成和原理。

2. 小组成员共同按照任务要求和工作要求编写《继电保护器识别工作计划》。计划要符合实际、可行。

3. 小组成员共同探讨和修改工作计划,确定最佳工作计划,做出决策,同时确定小组人员分工。

4. 根据工作计划的分工和工作步骤,各司其职,分工合作,实施继电器保护装置安装与操作与维护工作任务。

5. 组长负责按照工作计划步骤指挥实施;监督者负责检查控制项目,严格检查控制工作过程;实施者负责计划实施操作,服从组长指挥和监督者监督。

6. 工作完成后,小组成员分别对工作过程和工作结果进行自我评价、小组评价和师傅评价。

7. 针对存在的问题小组共同制订改进措施。

教学引导

1. 安全意识。

2. 供电要求。

3. 结合矿井供电系统模型讲授。

4. 在校内供电实训基地上课。

任务一 电力系统继电保护的认识

任务要求:

1. 按照操作规程要求停电、做好准备工作。

2. 按照《电气安装工操作规程》安装,安装质量满足《安装工程质量检验评定标准》要求。

3. 严格按照操作规程进行使用继电保护装置。

4. 按照《机电设备完好标准》要求进行日常维护。

工作情况:

1. 工作情况:继电保护装置的安装、操作、维护是矿井电工的经常性工作,安装维护维修质量的好坏对生产有决定性的作用,也是对机电技术人员的基本要求。

2. 工作环境:从矿井特殊的环境入手,进一步分析继电保护设备的安装、操作、维护的方法,并分析继电保护设备的原理、安装和使用方法。

3. 学习情景:学习的主要思路就是围绕企业特殊的环境,而容易发生电气故障,造成事故。重点是继电保护装置的安装与维护,难点是继电保护装置的原理和故障的查找。

工作要求:

1. 基本知识要理解。

2. 安装设备:符合要求、接线正确。

3. 操作设备:严格按照有关规程和规定进行。

4. 设备维护:日常维护内容熟悉、迅速、正确。

5. 故障查找:正确、迅速、分析合理。

相关知识

一、继电器保护装置的作用与要求

(一) 继电保护装置的作用

厂矿供电系统在运行中,可能发生一些故障和出现各种不正常运行状态。常见的主要故障有相间短路,中性点直接接地系统的单相接地短路,变压器、电动机及电力电容器等可能发生的匝间或层间短路。

短路故障一般均有很大的短路电流产生,并伴随有强烈的电弧,产生很大的热量和电动力,使故障回路内的电气设备遭受损坏,而且短路后故障点处和附近的电网电压要急剧下降,影响其他用户的正常生产,严重的短路故障可导致整个系统的解列,给供电系统造成严重的后果。

不正常运行状态有过负荷、一相断线、小接地电流系统中的单相接地等。长时间的过负荷运行,将引起电气设备绝缘老化,严重的会损坏设备并发展成为故障。一相断线容易引起电动机过负荷。在中性点不接地系统和中性点经消弧线圈接地系统中,一相接地后,其他两相对地电压升高为正常时对地电压的$\sqrt{3}$倍,如不及时处理可引起相间接地短路。因此,当出现故障或不正常运行状态时必须及时发现,及时处理,消除隐患,避免导致更严重的故障。

为了尽可能快地消除发生故障的可能性,在平时应搞好设备、线路的维护与管理。为避免故障和不正常运行状态造成严重后果,保证供电的安全性和可靠性,在电力系统中必须装设继电保护装置。

所谓继电保护装置是一种能够反映电力系统中电气设备线路发生故障或不正常运行状态时能使断路器跳闸和发出信号的自动装置。

继电保护装置的基本任务:

(1) 当被保护线路或设备发生故障时,继电保护装置能自动、迅速、准确而有选择地借助断路器将故障部分断开,以保证系统其他部分正常运行,减轻事故危害,防止事故蔓延,使故障元件免受进一步的损坏。

(2) 当被保护设备或线路出现不正常运行状态时保护装置能够发出信号,及时提醒工作人员采取有效措施,以消除不正常运行状态,防止事故发生。在井下一般作用于跳闸。

(3) 继电保护装置与供电系统的自动化装置(如自动重合闸、备用电源自动投入装置等)相配合,缩短事故停电时间,提高供电系统运行的可靠性。

(二) 对继电保护装置的要求

为了使继电保护装置能准确及时地完成上述任务,在设计和选择继电保护装置时,主要应满足四个基本要求,即选择性、速动性、灵敏性和可靠性。

1. 选择性

是指当供电系统发生故障时,要求继电保护装置应使离故障点最近的断路器首先跳闸,使停电范围尽量缩小,保证无故障部分继续运行,保护装置的这种性能称为选择性。

如图 5-1 所示的电网,各断路器都装有保护装置。当 S_2 点短路时,短路电流流经断路器 2QF 和 3QF,保护装置 2 和 3 动作,使断路器 2QF 和 3QF 断开,除线路 WL_1 停电外,其余线路继续供电。当 S_1 点短路时,短路电流流经断路器 1QF~7QF,按选择性要求,保护装置 7 应动作,使断路器 7QF 断开,除线路 WL_4 停电外,其余线路继续供电,但由于某种原因,保护装置 7 拒绝动作,而由其上一级线路的保护装置 6 动作,使断路器 6QF 跳闸切除故障,这种动作虽然停电范围有所扩大,仍认为是有选择性的动作。保护装置 6 除了保护 WL_3 线路外,还作为相邻元件的后备保护。若不装后备保护,当保护装置拒动时,故障线路将无法切除,后果极其严重。

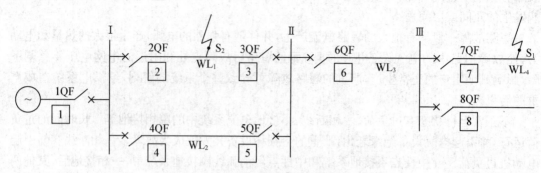

图 5-1　继电保护装置选择性动作示意图

2. 速动性

系统中发生短路故障时,继电保护以可能最短时限将故障从电网中切除,以减轻故障的危害程度,加速系统电压的恢复,为电动机自起动创造条件。

切除故障的时间是指从发生短路起,至断路器跳闸、电弧熄灭为止所需要的时间,它等于保护装置的动作时间与断路器跳闸时间(包括灭弧时间)之和。因此,为了保证速动性,除选用快速动作的继电保护装置之外,还应选择快速动作的断路器,目前这两者加在一起最短时间大约为 0.1 s 左右。

3. 灵敏性

灵敏性是指保护装置对保护范围内发生故障的反应能力。灵敏性可用灵敏系数 K_r 来作定量表示,它是衡量继电保护装置在供电系统中发生故障或不正常运行状态时,能否动作的一个重要指标。在保护范围内不论发生何种故障,不论故障位置如何,均应反应敏锐并保证动作。继电保护装置在设计计算中,灵敏度校验是必不可少的一个内容。

对于反应故障时参数量增加的保护装置,灵敏系数为

$$K_r = \frac{\text{保护区末端金属性短路时故障参数的最小值}}{\text{保护装置的动作整定值}} \qquad (5-1)$$

对于反应故障时参数量下降的保护装置,灵敏系数为

$$K_r = \frac{\text{保护装置的动作整定值}}{\text{保护区内金属性短路时故障参数的最大值}} \qquad (5-2)$$

为使保护装置能可靠地起到保护作用,故障参数(如电流、电压等)的计算值应根据供电系统实际可能的最不利运行方式和故障类型来计算。

在《继电保护和自动装置设计技术规程》中,对各种保护装置的最小灵敏系数规定有 1.2、1.25、1.5、2 四级。通常对主要保护的灵敏系数要求不小于 1.5~2。在设计、选择继电保护装置时,必须严格遵守此规定。

4. 可靠性

指在保护范围内发生故障和不正常运行状态时,保护装置应正确动作,不应拒动。在不该动作时,不应误动。继电保护装置的拒动和误动都将使事故扩大,造成严重后果。

保护装置不能可靠工作的主要原因是安装调试质量不高、运行维护不当、继电器质量差

以及设计不合理等。为了提高保护装置动作的可靠性,必须注意以下几个方面:

(1) 保护装置应该采用质量高、结构简单、动作可靠的继电器和元件。

(2) 保护装置的接线应力求简单,使用最少的继电器和串联接点。

(3) 正确调整保护装置的整定值。

(4) 提高保护装置的安装和调试质量,加强经常性的维护管理工作。

以上对保护装置的四项基本要求,是互相联系而有时又互相矛盾的。在一个具体的保护装置中,不一定都是同等重要。在各要求发生矛盾时,应进行综合分析,选取最佳方案,首先要满足选择性,非选择性动作是决不允许的。但是,为了保证选择性,有时可能使故障切除的时间延长从而影响到整个系统,这时为了尽快恢复系统的正常运行就必须保证速动性而暂时牺牲部分选择性,因为此时的速动性是照顾全局的措施。

二、常用保护继电器

(一) 电磁式继电器

1. 电磁式电流继电器

电磁式电流继电器在继电保护装置中作为起动元件,属于测量继电器,电流继电器的文字符号为 KA。供电系统中常用 DL-10 系列电磁式电流继电器作为电流保护装置的启动元件,它是一种转动舌片式的电磁型继电器,具体结构如图 5-2 所示,内部接线如图 5-3 所示。

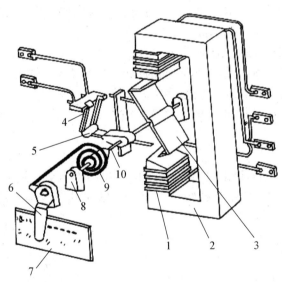

图 5-2　DL-10 系列电磁式电流继电器的内部结构

1—线圈;2—铁心;3—钢舌片;4—静接点;5—动接点;6—调节螺杆;7—标度盘(铭牌)
8—轴承;9—反作用弹簧;10—轴

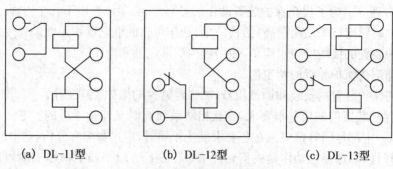

（a）DL-11型　　　　　　（b）DL-12型　　　　　　（c）DL-13型

图5-3　DL-10系列电磁式电流继电器的内部接线

当继电器线圈1中通入电流时,在铁心2中产生磁通 Φ,该磁通使钢舌片3磁化,钢舌片上就有电磁力矩 M_{ef}作用。根据电磁理论,作用在钢舌片上的电磁力矩 M_{ef} 与磁通 Φ 的平方成正比,即

$$M_{ef} = K_1 \Phi^2 \qquad (5-3)$$

当磁路不保和时,磁通 Φ 与线圈中的电流 I_k 成正比,所以电磁力矩 M_{ef}也可表示为

$$M_{ef} = K_2 I_k^2 \qquad (5-4)$$

作用在钢舌片上的电磁力矩,使钢舌片3向凸出磁极偏转,同时轴10上的反作用弹簧9力图阻止钢舌片偏转,弹簧的反作用力矩增大。当继电器线圈中的电流增大到使钢舌片所受的转矩大于弹簧的反作用力矩与摩擦阻力矩之和时,钢舌片被吸近磁极,带动转轴10顺时针转动,使动接点5与静接点4闭合,这就叫作继电器动作。使继电器动作的最小电流,称为继电器的动作电流,用 $I_{op \cdot k}$ 表示。

继电器动作后,减小线圈的电流到一定值时,钢舌片在弹簧反作用力矩作用下返回到起始位置。使动、静接点分离,这就叫作继电器返回。能够使继电器由动作状态返回到起始位置的最大电流,称为继电器的返回电流,用 $I_{re \cdot k}$ 表示。

继电器的返回电流与动作电流的比值,称为继电器的返回系数,用 K_{re} 表示,即

$$K_{re} = \frac{I_{re \cdot k}}{I_{op \cdot k}} = \frac{I_{re}}{I_{op}} \qquad (5-5)$$

由于此时摩擦力矩起阻碍继电器返回的作用,电流继电器的返回系数总小于1。返回系数越接近于1,说明继电器质量越好。DL系列电磁式电流继电器的返回系数较高,一般在0.85以上。

电磁式电流继电器的动作电流有两种调节方法:

（1）平滑调节。即通过调节转杆6来实现。当逆时针转动调节转杆时,弹簧被扭紧,反力矩增大,继电器动作所需电流也增大;反之,当顺时针转动调节转杆时,继电器动作电流减小。

（2）级进调节。通过调整线圈的串、并联来实现。当两线圈由串联改为并联时,相当于线圈匝数减少1倍,因为继电器所需动作安匝是一定的,所以动作电流将增大1倍;反之,当线圈串联时,动作电流将减小1倍。

电磁式电流继电器动作较快,其动作时间为0.01～0.05 s。

电磁式电流继电器的接点容量较小,不能直接作用于断路器跳闸,必须通过其他继电器转换。

2. 电磁式中间继电器

在继电保护和自动装置中,当主保护继电器接点数量不足和接点容量不够时,采用中间继电器作为中间转换继电器。其文字符号采用 KM,企业常用的 DZ-10 系列中间继电器的内部结构如图 5-4 所示。

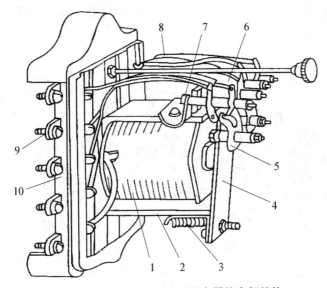

图 5-4　DZ-10 系列中间继电器的内部结构

1—线圈;2—电磁铁;3—弹簧;4—衔铁;5—动接点;6、7—静接点;
8—连接线;9—接线端子;10—底座

当线圈 1 通电时,衔铁 4 被吸向电磁铁 2,使其常闭接点断开,常开接点闭合。当线圈断电时,衔铁 4 在弹簧 3 作用下返回。

这种快吸快放的电磁式中间继电器的内部接线如图 5-5 所示。

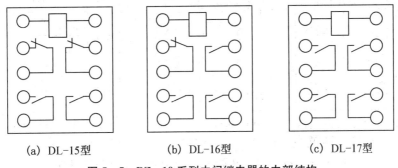

(a) DL-15型　　　　(b) DL-16型　　　　(c) DL-17型

图 5-5　DZ-10 系列中间继电器的内部结构

中间继电器种类较多,有电压式、电流式,既有瞬时动作的,也有延时动作的。瞬时动作的中间继电器,其动作时间为 0.05~0.06 s。

中间继电器的特点是接点多、容量大,可直接接通断路器的跳闸回路,且其线圈允许长时间通电运行。

中间继电器有直流和交流电源动作两种,可根据电路控制电源的类型选用。

3. 电磁式时间继电器

时间继电器在继电保护中作为时限(延时)元件,用来建立必要的动作时限。时间继电器的文字符号为 KT。

企业中常用的 DS-110、120 系列电磁式时间继电器的内部结构如图 5-6 所示,其内部接线如图 5-7 所示。

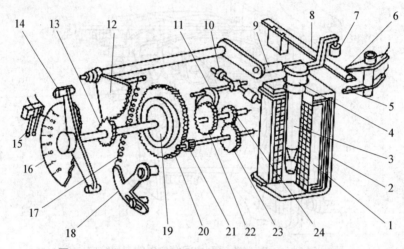

图 5-6 DS-110、120 系列电磁式时间继电器的内部结构

1—线圈;2—电磁铁;3—衔铁;4—返回弹簧;5、6 瞬时静接点;7—绝缘件;8—瞬时动接点;9—压杆;
10—平衡锤;11—摆动卡盘;12—扇形齿轮;13—传动齿轮;14—延时动接点;15—延时静接点;
16—标度盘;17—拉引弹簧;18—弹簧拉力调节器;19—摩擦离合器;20—主齿轮;21—小齿轮;
22—挚轮;23、24—钟表机构传动齿轮

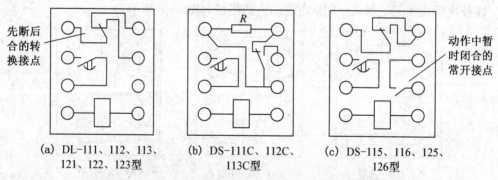

(a) DL-111、112、113、　　(b) DS-111C、112C、　　(c) DS-115、116、125、
121、122、123型　　　　　113C型　　　　　　　126型

图 5-7 DS-110、120 系列电磁式时间继电器的内部接线

当线圈 1 通电时,衔铁 3 被吸入,带动瞬时接点 8 与静瞬时接点 6 分离,与静瞬时接点 5 闭合。压杆 9 由于衔铁 3 的吸入被放松,使扇形齿轮 12 在拉引弹簧 17 的作用下顺时针转动,启动了钟表机构。钟表机构带动延时动接点 14,逆时针转向静延时接点 15,经一段延时

后,延时接点 14 与 15 闭合,继电器动作。调整静延时接点 15 的位置来调整延时接点 14 到 15 之间的行程,从而调整继电器的延时时间。

线圈断电后,在返回弹簧 4 的作用下,衔铁 3 将压杆 9 顶起,使继电器返回。由于返回时钟表机构不起作用,所以继电器的返回是瞬时的。

电磁式时间继电器的特点是线圈通电后,接点延时动作,用来按照一定的次序和时间间隔接通或断开被控制的回路。

4. 电磁式信号继电器

在继电保护和自动装置中,信号继电器用来作为整套继电保护装置或某个部分动作的信号指示,以便作为保护动作情况和事故分析用。企业常用的 DX-11 型信号继电器的内部结构如图 5-8 所示,其内部接线如图 5-9 所示,其文字符号为 KS。

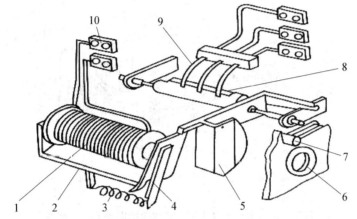

图 5-8 DX-11 型信号继电器的内部结构

1—线圈;2—电磁铁;3—弹簧;4—衔铁;5—信号牌;6—玻璃窗孔;7—复位按钮
8—动接点;9—静接点;10—接线端子

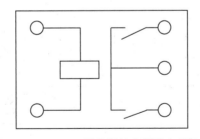

图 5-9 DX-11 型信号继电器的内部接线

在正常情况下,继电器的线圈未接通电源,信号牌 5 支持在衔铁 4 上面。当线圈 1 通电时,衔铁被吸向电磁铁 2 使信号牌落下,显示动作信号,同时带动转轴旋转 90°,使固定在转轴上的动接点 8 与静接点 9 接通,从而接通了灯光和音响信号回路,发出信号。要使信号停止,可旋转外壳上的复位旋钮 7,断开信号回路,同时使信号牌复位。

(二) 感应式继电器

GL-10、GL-20 系列感应式电流继电器均由两大系统构成,一是感应系统,可实现反时限电流保护特性。另一个是电磁系统,具有瞬时动作的特性。

1. 结构组成与工作原理

在企业的 6(10)kV 供电系统中,广泛使用感应式电流继电器作电流保护,因为它兼有电流继电器、时间继电器、中间继电器和信号继电器的作用,所以能大大简化继电保护装置。

GL 系列感应式电流继电器的结构均类似,GL-10 系列电流继电器的内部结构如图 5-10 所示,内部接线如图 5-11 所示,文字符号用 KA。

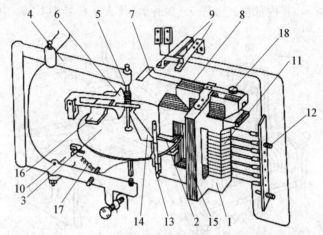

图 5-10　GL-10 系列感应式电流继电器的内部结构

1—铁心;2—短路环;3—铝盘;4—框架;5—螺杆;6—扇形齿轮;7—摇柄;8—衔铁;9—接点;

10—轴;11—线圈;12—插销;13—转动螺杆;14—挡板;15—磁分路;

16—永久磁铁;17—弹簧;18—调节螺钉

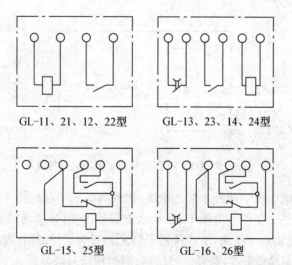

GL-11、21、12、22型　　　　GL-13、23、14、24型

GL-15、25型　　　　　　　　GL-16、26型

图 5-11　GL-10 系列感应式电流继电器的内部接线

感应系统主要由线圈11、带短路环2的铁心1及装在可偏转框架4上的转动铝盘3组成。电磁系统主要由线圈11、铁心1和衔铁8组成,其中线圈11和铁心1是两个系统共用的。

感应式电流继电器的工作原理可用图5－12来说明。

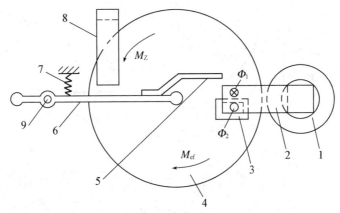

图5－12 感应式电流继电器的转矩 M_{ef} 和制动力矩 M_Z

1—线圈;2—电磁铁;3—短路环;4—铝盘;5—钢片;6—铝框架;
7—调节弹簧;8—永久磁铁;9—轴

当线圈中有电流 I_k 通过时,电磁铁2在短路环3的作用下,产生了相位一前一后的两个磁通 Φ_1 和 Φ_2,穿过铝盘4,这时作用于铝盘上的电磁力矩 M_{ef} 为

$$M_{ef} = K_1 \Phi_1 \Phi_2 \sin \Phi \tag{5-6}$$

式中:Φ——Φ_1 和 Φ_2 间的相位差。

由式(5-6)可见,电磁力矩 M_{ef} 的大小不但与磁通 Φ_1、Φ_2 的大小有关,还与它们的相位差 Φ 有关。当继电器结构一定时,K_1 与 Φ 为常数,当磁路未饱和时,磁通 Φ_1、Φ_2 与继电器线圈中的电流 I_k 成正比。故式(5-6)可写成

$$M_{ef} = KI_k^2 \tag{5-7}$$

式(5-7)说明,通入继电器线圈的电流 I_k 越大,电磁力矩 M_{ef} 越大,铝盘转动越快。

铝盘转动时,切割永久磁铁8的磁力线,在铝盘上产生涡流,该涡流又与永久磁铁的磁场相互作用,产生一个与 M_{ef} 方向相反的制动力矩 M_z,它与铝盘的转速 n 成正比,即

$$M_z = K_2 n \tag{5-8}$$

当转速 n 增大到某一值时,$M_z = M_{ef}$,铝盘匀速运转。铝盘在上述 M_{ef} 与 M_z 二者的同时作用下,铝盘受力有使框架6绕轴9方向顺时针方向偏转的趋势,但受到弹簧7的阻力。线圈中的电流越大,则框架受力也越大,当电流增大到继电器的动作电流值 I_{op} 时,框架克服弹簧7的阻力而顺时针偏转,使铝盘前移(见图5-12),使螺杆5与扇形齿轮6啮合,扇形齿轮随着铝盘旋转而上升,启动了继电器的感应系统。当铝盘继续旋转使扇形齿轮上升抵达摇柄7时,将摇柄顶起,使衔铁8的右端因与铁心1的空气隙减小而被吸向铁心,接点9闭合,同时使信号牌掉下,表示继电器已经动作。从继电器启动(螺杆与扇形齿轮啮合瞬间)到接

点闭合的这段时间,称为继电器的动作时限。图 5-13 所示为 GL-10 系列感应式电流继电器的时限特性曲线。当通过线圈的电流越大,铝盘转动也越快,动作时限就越短,这就是感应式电流继电器的"反时限特性"。如图 5-13 所示曲线的 ab 段。

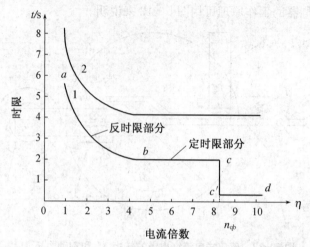

图 5-13 GL-10 系列感应式电流继电器的时限特性曲线

当继电器线圈的电流继续增大,铁心逐渐达到饱和状态时,M_{ef} 不再随 I_k 增大而增大,继电器的动作时限也不再减小。即进入定时限部分,如曲线中的 bc 段。这种有一定限度的反时限特性,称为有限反时限特性。

当继电器线圈中电流再继续增大到电磁系统的动作电流时,衔铁的右端被吸向铁心,摇柄 7 向上运动使接点 9 瞬时闭合,电磁系统瞬时动作,进入曲线的"速断"部分,如曲线中的 $cc'd$ 段。电磁系统的动作时间约为 0.05~0.1 s。

如图 5-13 所示,动作特性曲线上对应于开始速断时间的动作电流倍数,称为速断电流倍数 n_{qb},GL-10、20 系列电流继电器的速断电流倍数 n_{qb}=2~8。

当线圈中的电流减小到一定程度时,弹簧 17 将框架 4 拉回,使扇形齿轮 6 与螺杆 5 脱离,继电器则返回。

2. 动作电流与动作时限的调节

当通入继电器线圈中的电流能使螺杆与扇形齿轮相啮合时的最小值,称继电器感应系统的动作电流。继电器感应系统的返回电流,是通入继电器线圈中的电流能使螺杆与扇形齿轮从啮合状态相脱离的最大值。

继电器感应系统的动作电流是利用插销 12 改变继电器线圈抽头的方法来调节,也可利用调节弹簧 17 的拉力来进行平滑的细调。

感应系统的动作时限,可以通过转动螺杆 13 使挡板 14 上下移动,改变扇形齿轮的起始位置来调节。扇形齿轮与摇柄的距离越大,则在一定电流作用下,继电器动作时限越长。

由于 GL-10 系列感应式继电器的动作时限与通过继电器线圈的电流大小有关,所以,继电器铭牌上标注的时间均指 10 倍动作电流时的动作时间。其他电流值的动作时限可从对应的时限特性曲线上查得。

电磁系统的动作电流,可通过调节螺钉 18 改变衔铁右端与铁心之间的空气隙来调节,气隙越大,速断动作电流也越大。

GL-10 系列继电器的优点是接点容量大,能直接作用于断路器跳闸,本身还具有机械掉牌装置,不需附加其他继电器就能实现有时限的过电流保护作用和信号指示作用。其缺点是结构复杂,精确度较低,感应系统惯性较大,动作后不能及时返回,为了保证其动作的选择性必须加大时限阶段。

(三) 整流型 LL-10 系列反时限过电流继电器

LL-10 系列反时限过电流继电器是 GL 型继电器的替代产品,它采用晶体管元件的整流方式工作,所以噪音低、功耗小、动作准确性高,安装尺寸小,其动作特性和 GL 型继电器完全一致,现将其工作原理叙述如下。

图 5-14 所示为 LL-13A、LL-14A 型继电器的内部接线图。

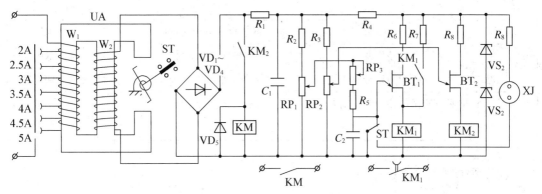

图 5-14　LL-13A、LL-14A 型继电器的内部接线图
UA—电流变换器;ST—起动接点;$VD_1 \sim VD_5$—二极管;BT_1、BT_2—单结晶体管;
VS_1、VS_2—稳压二极管;$RP_1 \sim RP_2$—电位器;XJ—测试插孔

LL-10 型电流继电器均有一只电流变换器 UA(电流变换器实际上就是一个小电流互感器,其一次绕组匝数少、导线粗,且铁芯也没有气隙,因此励磁电流很小,励磁阻抗很大,可认为一次侧的电流基本上都变换到二次侧。所以,铁芯不饱和时,一、二次电流成比例且和线圈匝数成反比),其线圈一次绕组 W_1 的一端直接引出接线,另一端分 7 个抽头引出,用来调节并整定继电器的动作电流。二次绕组 W_2 是一个匝数很多的线圈,它和一个桥式整流电路相连接,整流输出的电压即晶体管电路的工作电源。电阻 R_1、R_2,电容器 C_1 和稳压管 VS_1、VS_2 组成滤波、稳压电路。UA 铁心的一侧还有一个中心转动舌片形衔铁,其上所带接点为 ST,接入电路。正常时 ST 的常闭接点将电路中的 C_2 短接,单结晶体管 BT_1、BT_2 不能触发,继电器不动作。

当通入继电器的电流达到整定的动作值时,ST 接点由衔铁的转动而转换,常闭接点打开,C_2 开始充电,当 C_2 的电压达到 BT_1 的触发值时,BT_1 触发导通,KM_1 有电动作,又触发 BT_2 使 KM_2 有电动作,KM_2 的常开接点闭合,使 KM 得电动作,KM 的常开接点闭合而接通相应的回路。继电器的动作时间取决于 C_2 上的电压达到 BT_1 的触发值的时间。该时间除和电路的时间常数相关外,另一方面取决于 RP_1 上的压降,而 RP_1 上的电压又是由加入继电器的电流转变到 W_2 上的电压值来确定的,即加入继电器 W_1 中的电流越大,W_2 上的电压就越高,动作时间就越短。当加入继电器的电流转换成 W_2 上的电压增大到一定程度时,在 RP_2 上的分压达到 BT_2 的触发值时,不等 BT_1 动作,BT_2 已先触发接通 KM_2,然后接通 KM,使继电器无延时动作。

当继电器在延时动作过程中,通入继电器的电流小于动作值时,ST 复位,C_2 被短接,继电器将返回原来状态。另外,当继电器动作,接通保护出口回路,断路器将故障电路切除后,继电器中无故障电流经过 W_1,继电器也将立即返回。

现将 GL-10 系列继电器与 LL-10 系列继电器功能对照列表如下。

表 5-1　GL-10 系列继电器与 LL-10 系列继电器功能对照表

编号	项目	GL-10 系列继电器	LL-10 系列继电器
1	感应系统动作电流调节	改变线圈匝数	改变线圈匝数
2	时限调整	调节扇形齿轮的行程	调节电位器 RP_1
3	瞬时动作调节	调节瞬动螺钉	调节电位器 RP_2
4	动作时限特性曲线	依继电器的型号确定	各种型号不完全相同
5	各种型号继电器的额定动作电流	分 5 A、10 A 两种	分 5 A、10 A 两种
6	继电器的接点容量	大	小

(四) 晶体管继电器

晶体管继电器是利用晶体管的开关特性控制执行继电器的动作,从而实现接通或断开电路的目的。它由电压形成回路、启动回路、时限回路、出口信号回路以及工作电源等五个组成部分。下面以图 5-15 所示为例介绍晶体管继电器的工作原理。

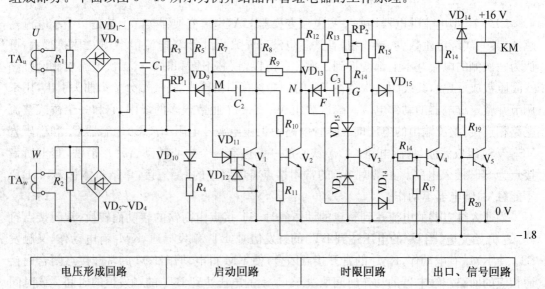

图 5-15　晶体管继电器原理图

1. 电压形成回路

电压形成回路由电流互感器 TA_U、TAw，桥式整流环节 $VD_1 \sim VD_8$，滤波环节 C_1、R_3，及定值电位器 RP_1 组成。其主要作用是将被保护线路中的强电交流信号转换为弱电直流信号，经 RP_1 输出。

2. 启动回路

启动回路由三极管 V_1、V_2 组成的触发器构成。当被保护线路正常运行时，定值电位器 RP_1 的输出电压小于比较电压（VD_{10} 与 R_6 上的电压），由于 VD_9 导通后的箝位作用使 M 点为高电位，此时 V_1 饱和导通，V_2 截止，N 点为高电位。

当被保护线路发生过电流故障时，RP_1 的输出电压大于比较电压，VD_9 导通使 M 点为低电位，此时，V_1 截止，V_2 导通，N 点电位接近于 0 V。当继电器在动作前故障消除时，电位器 RP_1 的输出电压小于比较电压，触发器迅速翻转回原态（V_1 导通，V_2 截止），此时相当于继电器返回。

可见，晶体管继电器的动作值决定于电位器 RP_1 输出电压的大小。改变 RP_1 的值，可调整继电器的动作电流值。

3. 时限回路

时限回路是利用电容 C_3 放电来实现延时作用的。当线路正常运行时，三极管 V_2 处于截止状态。三极管 V_3 由 RP_2、R_{14} 和 VD_{15} 供给基极电流而饱和导通，同时 C_3 经 R_{13}、VD_{15}、V_3 充电。当 C_3 充电结束后，F 点电位为 $+16V$，G 点电位接近于 $0V$（为 VD_{15} 和 V_3 的正向压降），V_4 由 R_{12}、VD_{14}、R_{16} 取得基极电流而导通。

当线路发生故障时，触发器翻转，V_1 截止，V_2 导通，于是 F 点电位降至 $0V$（下降了 $16V$）。由于电容器两端电压值不能突变，G 点电位也下降 $16V$，即 $-16V$，从而使 V_3 截止。这时 V_4 改由 R_{15}、VD_{17} 获得基极电流而保持导通状态。

由于 V_2 的导通，电容 C_3 经 VD_{13}、V_2、RP_2、R_{14} 放电，使 G 点电位逐渐上升，当 V_3 的基极电位大于 V_3 的 U_{be}（约 $0.6V$）时，V_3 导通。这时 V_2、V_3 均处于导通状态，使 V_4 基极电位为低电位，V_4 截止，V_5 导通，接通出口信号回路，KM 吸合而动作。

由以上分析可知，晶体管继电器的动作时限，就是 C_3 放电时 G 点电位由 $-16V$ 升到使 V_3 的基极电位大于 $0.6V$ 的时间。因此，要调整保护装置的动作时限，可通过改变电位器 RP_2 的数值来实现。

4. 出口信号回路

上述时限元件动作后，V_4 截止、V_5 导通，执行继电器 KM 通电动作，使断路器跳闸并发出信号。

与电磁式继电器和感应式继电器相比，晶体管继电器具有以下特点：

（1）晶体管继电器的动作时限、动作电流均依靠各种电子电路（无触点装置）来调整，因而无磨损和接触不良等情况。

（2）晶体管继电器维护简单、调整方便，且保护装置的组成及配合亦较方便，容易获得多种保护。

（3）由于晶体管设备消耗功率小并有放大作用，灵敏度高，且可以减轻电流互感器的负担，所以可使用容量较小的互感器。

（4）由于晶体管电路易受交流、直流系统干扰波的影响,易造成误动作,所以晶体管继电器的抗干扰能力差。

三、微机保护装置

与传统的模拟式继电保护相比较,微机保护可充分利用和发挥计算机的储存记忆、逻辑判断和数值运算等信息处理功能,在应用软件的配合下,有极强的综合分析和判断能力,可靠性很高。

微机保护的特性主要是由软件决定的,所以保护的动作特性和功能可以通过改变软件程序以获取所需要的保护性能,且有较大的灵活性。由于具有较完善的通信功能,便于构成综合自动化系统,最终实现无人值班,提高系统运行的自动化水平。

目前,我国许多电力设备的生产厂家已有很多成套的微机保护装置投入现场运行,并在电力系统中取得了较成功的运行经验。

（一）微机保护的构成

典型的微机保护系统由数据采集部分、微机系统、开关量输入/输出系统三部分组成,如图 5-16 所示。

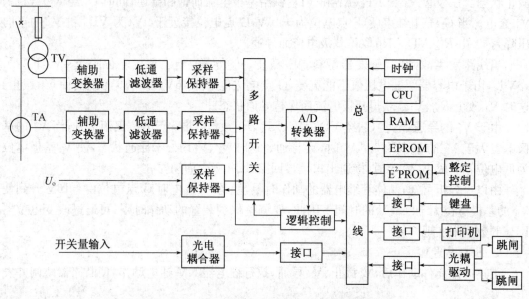

图 5-16　微机继电保护装置硬件系统示意框图

其中数据采集部分包括交流变换、电压形成、模拟低通滤波、采样保持、多路转换以及模/数转换等,功能是将模拟输入量准确地转换为所需的数字量。

微机系统是微机保护的核心部分,包括 CPU、RAM、EPROM、E^2PROM、可编程定时器、控制器等。功能是根据预定的软件,CPU 执行存放在 EPROM 和 E^2PROM 中的程序,运用其算术和逻辑运算的功能,对由数据采集系统输入至 RAM 区的原始数据分析处理,从而完成各种保护功能。

开关量输入/输出系统由若干个并行接口适配器、光电隔离器及有接点的中间继电器等组成,以完成各种保护的出口跳闸、信号报警、外部接点输入及人机对话等功能。该系统开关量输入通道的设置是为了实时地了解断路器及其他辅助继电器的状态信号,以保证保护动作的正确性,而开关量的输出通道则是为了完成断路器跳闸及信号报警等功能设计的。

微机保护系统的基本工作过程如下:当供电系统发生故障时,故障信号将由系统中的电压互感器和电流互感器传入微机保护系统的模拟量输入通道,经 A/D 转换后,微机系统将对这些故障信号按固定的保护算法进行运算,并判断是否有故障的存在。一旦确认故障在保护区域内,则微机系统将根据现有断路器及跳闸继电器的状态来决定跳闸次序,经开关量输出通道输出跳闸信号,从而切除系统故障。

(二)微机保护的软件设计

微机保护的软件设计就是建立保护的数学模型。所谓数学模型,它是微机保护工作原理的数学表达式,也是编制保护计算程序的依据。通过不同的算法可以实现各种保护的功能,而模拟式保护的特性和功能完全由硬件决定,而微机保护的硬件是共同的,保护的特性与功能主要由软件所决定。

供电系统继电保护的种类很多,然而不管哪一类保护的算法,其核心问题都是要算出可表示被保护对象运行特点的物理量,如电压、电流的有效值和相位等,或者算出它们的序分量,或基波分量,或谐波分量的大小和相位等。有了这些基本电气量的值,就可以很容易地构成各种不同原理的保护。所以讨论这些基本电量的算法是研究微机保护的重点之一。

目前微机保护的算法较多,常用的有导数算法、正弦曲线拟合法(采样值积算法)、傅里叶算法等,由于篇幅关系,不再详述。值得一提的是,目前许多生产厂家已将微机保护模块化、功能化,例如线路微机保护模块、变压器微机保护模块、电动机微机保护模块等,用户可根据需要直接选购,使用方便。

(三)微机电流保护应用举例

图 5 - 17 所示为微机电流保护的计算流程框图,其中包括正常运行、带延时的过流保护和电流速断保护三部分。

在供电系统正常运行时,微机保护装置连续对系统的电流信号进行采样,为了判断是否故障,采用正弦曲线拟合法(即三采样值积算法)对数据进行运算处理,该算法的公式为

$$I = \frac{1}{2}\left[\frac{i_{k+1}^2 - i_{k+2}\,i_k}{\sin^2(\omega\,\Delta T)}\right]^{\frac{1}{2}} \tag{5-9}$$

从而求得电流有效值,将它与过流保护动作整定值 I_{op1} 和电流速断保护整定值 I_{OP2} 进行比较。当计算出来的电流小于 I_{op1} 和 I_{op2} 时,说明系统运行正常,微机保护装置不发出跳闸指令。

当供电系统发生故障时,计算出的 I 大于定值 I_{op1} 时,保护程序进入带延时的过电流保护部分,这时计数器 K 加1。K 的作用是计算从故障发生开始所经过的采样次数。如果 I 小于 I_{op2},则对第2个计数器 M 清零,同时,运行程序通过查表的方式查询过电流继电器的

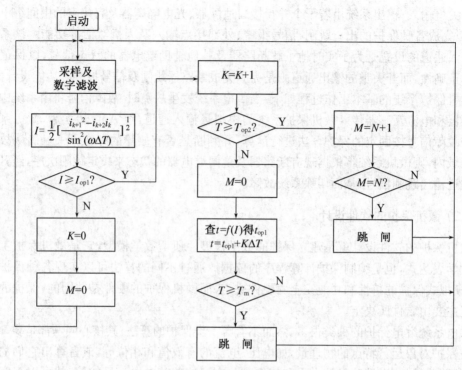

图 5-17　微机电流保护计算流程框图

时间、电流特性。该特性 $t = f(I)$ 反映了在特定电流数值条件下,过流延时跳闸的起始时间,即可得到在动作电流为 I_{op1} 时的起始时间 t_{op1}。用 t_{op1} 和故障发生所经历的时间 $K\Delta T$ 相加之后,与过流保护的延时时限 T_m 相比较,当 $t_{op1} + K\Delta T \geqslant T_m$ 时,则保护发出跳闸命令完成带延时的过流保护运算。

当 $I \geqslant I_{op2}$ 时,保护计算进入电流速断部分。此时 M 开始计数,直到它到达某一固定数值 N 时,就发出跳闸命令。N 是一个延时,用于躲过系统故障时出现的尖脉冲。设 $f_s = 16f_0$,取 $N = 4$ 表示速断动作具有 1/4 工频周期的延时。

四、继电保护的发展和现状

继电保护是随着电力系统的发展而发展起来的,19 世纪后期,熔断器作为最早、最简单的保护装置已经开始使用,但随着电力系统的发展,电网结构日趋复杂,熔断器早已不能满足选择性和快速性的要求。到 20 世纪初,出现了作用于断路器的电磁型继电保护装置,20世纪 50 年代,由于半导体晶体管的发展,开始出现了晶体管式继电保护装置。随着电子工业向集成电路技术的发展,20 世纪 80 年代后期,集成电路继电保护装置已逐步取代晶体管继电保护装置。

随着大规模集成电路技术的飞速发展,微处理机和微型计算机的普遍使用,微机保护在硬件结构和软件技术方面已经成熟,现已得到广泛应用。微机保护具有强大的计算、分析和逻辑判断能力,有存储记忆功能,因而可以实现任何性能完善且复杂的保护原理,目前的发展趋势是进一步实现其智能化。

巩固提升

一、工作案例：某企业继电保护的认识

任务实施指导书

工作任务	某企业电力继电保护的认识		
任务要求	1. 按照有关要求识别继电保护器。 2. 按照有关规定选择继电保护器。 3. 按照有关规定和要求正确使用继电保护器。		
责任分工	1. 1人负责按照计划步骤指挥操作,2人识别;1~2人负责分析继电器的功能。 2. 进行轮换岗位。		
阶段	实施步骤	防范措施	应急预案
1. 准备	1. 识别继电保护器。		
	2. 选择继电保护器。	是否合乎要求。	
	3. 携带安装工具和安装说明书等。		备有安全设施。
2. 选择	4. 认真阅读研究设备原理图纸。	携带图纸。	
	5. 要求做好基础选择工作。	材料、工具到位。	
	6. 按照要求、规定进行使用。		
3. 检查	7. 按照设备要求对继电器进行检查。	依据《机电设备完好标准》。	合乎要求。
4. 维护	8. 人为模拟设置故障。		
	9. 分析故障。		
	10. 进行维修。		
5. 收尾	11. 整理工具,填写工作记录单。	检查工具是否齐全。	

二、实操案例

学习评价反馈书（自评、互评、师评等）

	考核项目	考核标准	配分	自评分	互评分	师评分
知识点	1. 继电保护装置的作用和类型。	完整答出满分;不完整得 2~7 分;不会 0 分。	10			
	2. 列举常用的保护用继电器。	完整答出满分;不完整得 2~7 分;不会 0 分。	10			
	3. 微机保护的特性和优点。	完整答出满分;不完整得 2~7 分;不会 0 分。	10			
	4. 继电保护的发展现状。	完整答出满分;不完整得 2~7 分;不会 0 分。	10			
	小计		40			

（续表）

考核项目		考核标准	配分	自评分	互评分	师评分
技能点	1. 选择和安装继电保护装置。	能熟练选择和安装继电保护装置得满分；不熟练得 10～29 分；不会 0 分。	25			
	2. 选择微机保护装置。	能熟练选择微机保护装置得满分；不熟练得 10～29 分；不会 0 分。	25			
	小计		50			
情感点	1. 学习态度。	遵守纪律、态度端正、努力学习者满分；否则 0～1 分。	2			
	2. 学习习惯。	思维敏捷、学习热情高涨满分；否则 0～1 分。	2			
	3. 发表意见情况。	积极发表意见、有创新建议、意见采用满分；否则 0～1 分。	2			
	4. 相互协作情况。	相互协作、团结一致满分；否则 0～1 分。	2			
	5. 参与度和结果。	积极参与、结果正确；否则 0～1 分。	2			
	小计		10			
合计			100			

说明：1. 考评时间为 30 分钟，每超过 1 分钟扣 1 分；2. 要安全文明工作，否则老师酌情扣 1～10 分。

主讲教师（签字）：＿＿＿＿＿＿＿＿ 指导教师（签字）：＿＿＿＿＿＿＿

效果检查：

教师总结：

思考练习题：

1. 继电保护装置的作用是什么？继电保护装置的要求有哪些？

2. 列举常用的保护用继电器。

任务二 高压输配电线路的继电保护

任务要求：

1. 按照操作规程要求停电、做好准备工作。

2. 按照《电气安装工操作规程》安装，安装质量满足《安装工程质量检验评定标准》要求。

3. 严格按照操作规程进行使用高压配电电网的继电保护装置。

4. 按照《机电设备完好标准》要求进行日常维护。

工作情况：

1. 工作情况：继电保护装置的安装、操作、维护是矿井电工的经常性工作,安装维护维修质量的好坏对生产有决定性的作用,也是对机电技术人员的基本要求。

2. 工作环境：从高压配电电网的环境入手,进一步分析继电保护设备的安装、操作、维护的方法。并分析继电保护设备的原理、安装和使用方法。

3. 学习情景：学习的主要思路就是围绕企业特殊的环境,而容易发生电气故障,造成事故。重点是继电保护装置的安装与维护,难点是继电保护装置的原理和故障的查找。

工作要求：

1. 基本知识要理解。

2. 安装设备：符合要求、接线正确。

3. 操作设备：严格按照有关规程和规定进行。

4. 设备维护：日常维护内容熟悉、迅速、正确。

5. 故障查找：正确、迅速、分析合理。

相关知识

输配电线路或电气设备发生短路故障时,其主要的特点是线路上电流突然增大,同时故障相间的电压下降。过流保护一般分为定时限过电流保护、反时限过电流保护、电流电压联锁的过电流保护、电流速断保护等。

一、定时限过电流保护

(一)保护装置的工作原理

开式电网的过电流保护装置均装设在每一段线路的供电端,其接线如图5-18所示。

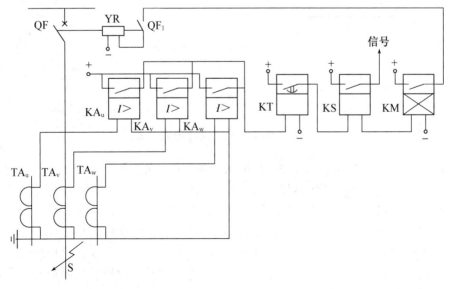

图5-18 定时限过电流保护原理接线图

图 5-18 中 TA_u、TA_v、TA_w 为电流互感器，KA_u、KA_v、KA_w 为电磁式过电流继电器，作为过电流保护的启动元件；KT 为时间继电器，作为保护装置的时限元件；KS 为信号继电器，当保护装置动作时，其接点闭合发出相应的信号并有掉牌显示；KM 为中间继电器，是保护装置的执行元件；YR 为断路器的跳闸线圈；QF_1 为断路器操作机构控制的辅助常开接点。保护装置采用三相完全星形接线方式。

在正常情况下，线路中流过的是工作电流，其值小于继电器的动作电流，继电器不能动作。当线路保护范围内的 S 点发生短路故障时，流过线路的电流剧增，当电流达到电流继电器的整定值时，电流继电器动作，其常开接点闭合，接通时间继电器的 KT 线圈回路；该接点经过一定延时后闭合，接通信号继电器 KS 线圈回路，KS 接点闭合，接通灯光、音响信号回路；信号继电器本身具有掉牌显示功能，指示该保护装置动作。在 KT 接点闭合接通信号继电器的同时，中间继电器 KM 线圈也同时得电，其接点闭合使断路器跳闸线圈 YR 有电，动作于断路器跳闸，切除故障线路。断路器 QF 跳闸后，QF_1 随即打开，断开断路器跳闸线圈回路，以避免直接用 KM 接点断开跳闸线圈时，其接点被电弧烧坏。线路故障切除后，保护装置中除信号牌需手动复位外，其他继电器均自动返回到起始状态，完成保护装置的全部动作过程。待跳闸回路的隔离开关断开后，再手动复位信号牌，以备下次动作的需要。

（二）保护装置的时限特性

以图 5-19 所示为例说明单侧电源的辐射式线路定时限过电流保护的时限特性。

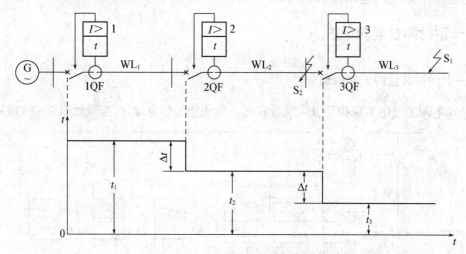

图 5-19 定时限过电流保护的时限特性

线路 WL_1、WL_2、WL_3 分别装设定时限过电流保护装置。当线路 WL_3 的 S_1 点发生短路时，短路电流由电源经过线路 WL_1、WL_2、WL_3 流至短路点 S_1。当短路电流大于各保护装置的动作电流值时，则三个过流保护装置都将启动。为满足选择性要求，距故障点最近的保护装置 3 应动作使断路器 3QF 跳闸，切除 WL_3 故障线路。而保护装置 1、2 仅有电流继电器起动，但不作用于跳闸，在故障切除后应可靠返回。因此，为了保证保护装置动作的选择性，必须使保护装置 1、2 的动作时限大于保护装置 3 的动作时限。当保护装置 3 动作于跳闸后,保护装置1、2可自动返回。因此,各保护装置之间动作时限的配合应满足。

$$\begin{cases} t_1 > t_2 > t_3 \\ t_2 = t_3 + \Delta t \\ t_1 = t_2 + \Delta t = t_3 + 2\Delta t \end{cases} \tag{5-10}$$

式中:t_1、t_2、t_3——为各保护装置1、2、3的动作时限整定值,s;

Δt——相邻两保护装置之间的时限级差,s。

由上述可知,保护装置的动作时限从线路的末端到电源端逐级增加,越靠近电源,动作时限越长。这种确定保护装置动作时限的方法被称为时限的阶梯原则。相邻两保护之间的时限级差,取决于断路器的跳闸时间和时限元件的动作误差,再适当考虑一定的裕量时间,一般定时限过流保护装置的时限级差取 $\Delta t = 0.5 \sim 0.7$ s,反时限过电流保护装置的时限级差取 $\Delta t = 0.7 \sim 0.9$ s。

定时限过电流保护装置的动作时限是由时间继电器的整定值决定的,只要通过电流继电器的电流值大于其动作电流值,保护装置就会启动,但其动作时限的长短与短路电流的大小无关。所以把具有这种时限特性的过电流保护称为定时限过电流保护。

为了达到本保护装置拒动时能可靠地切除故障线路之目的,每段线路的保护装置,除保护本段线路外,还应作为下一级线路的后备保护,如图5-20所示。当 S_1 点发生短路时,线路 WL_3 的保护装置3如果拒绝动作,则经过一定延时后保护装置2动作,将故障线路切除,所以保护装置2是线路 WL_3 的后备保护。

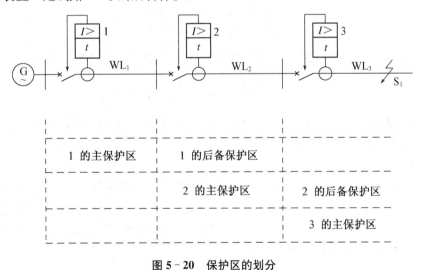

图5-20　保护区的划分

(三) 保护装置的整定计算

过电流保护装置的整定计算主要是动作电流和动作时限。

1. 动作电流的整定

过电流保护装置的动作电流应满足以下两个条件:

(1) 应躲过正常最大工作电流 $I_{w \cdot max}$,其中包括电动机起动和自起动等因素造成的影响,保护装置不应动作。即

$$I_{op} > I_{w \cdot max}$$
$$I_{w \cdot max} = K_{st \cdot d} I_{ca} \tag{5-11}$$

式中:I_{op}——保护装置的一次侧动作电流,A;

$I_{w \cdot max}$——线路最大工作电流,A;

$K_{st \cdot d}$——电动机的自动启动系数一般取 1.5~3;

I_{ca}——线路的最大长时工作电流,A。

(2) 当已启动的保护装置还未达到动作时限,该线路中的电流又恢复到最大工作电流时,已启动的继电器应能可靠地返回。

由图 5-22 可知,当 S_1 点发生短路故障时,短路电流同时流过保护装置 1、2、3,这些保护装置都同时起动,但保护装置 3 首先动作,切除故障线路,当短路电流消失后,线路中仍有工作电流通过保护装置 1、2,为了保证选择性,已起动的继电器 1、2 应该返回。因此,要求返回电流 I_{re} 应大于最大工作电流,即

$$I_{re} > I_{w \cdot max}$$
$$I_{re} = K_k I_{w \cdot max} \tag{5-12}$$

式中:K_k——可靠系数,一般取 1.15~1.25。

依继电器的返回系数 $K_{re} = I_{re}/I_{op}$,则保护装置一次侧的动作电流为

$$I_{op} = \frac{I_{re}}{K_{re}} = \frac{K_k}{K_{re}} I_{w \cdot max} = \frac{K_k K_{st \cdot d}}{K_{re}} I_{ca} \tag{5-13}$$

再考虑保护装置的接线系数 K_{kx} 和电流互感器的变比 K_i,则继电器的动作电流 $I_{op \cdot k}$ 为

$$I_{op \cdot k} = \frac{K_k K_{kx}}{K_{re} K_i} I_{w \cdot max} = \frac{K_k K_{kx} K_{st \cdot d}}{K_{re} K_i} I_{ca} \tag{5-14}$$

继电器的返回系数 K_{re},对 DL 型继电器取 0.85;对 GL 型继电器取 0.8;对晶体管继电器取 0.85~0.90。

2. 灵敏度校验

按躲过最大工作电流整定的过电流保护装置,能保证在线路正常工作时,过电流保护装置不会误动作。但是,还需保证在被保护范围内发生各种类型的短路故障时,继电保护装置都能灵敏动作。因此要求最小的短路电流必须大于动作电流,这一点由灵敏度系数来保障。保护装置的动作灵敏度系数可用下式校验:

$$\text{或} \qquad \begin{cases} K_r = \dfrac{I_{s \cdot min}^{(2)}}{I_{op}} \\[3mm] K_r = \dfrac{I_{s \cdot k \cdot min}^{(2)}}{I_{op \cdot k}} \end{cases} \tag{5-15}$$

式中:K_r——保护装置的灵敏度系数;

$I_{s \cdot min}^{(2)}$——保护区末端的最小两相短路电流,A;

I_{op}——保护装置的一次侧动作电流,A;

$I_{s\cdot k\cdot min}^{(2)}$——保护区末端发生最小两相短路时流过继电器的电流,A;

$I_{op\cdot k}$——继电器的动作电流,A。

关于保护装置灵敏度系数的最小允许值,对主保护区,要求 $K_r \geqslant 1.5$,对后备保护区,要求 $K_r \geqslant 1.2$。

当计算的灵敏度不满足要求时,必须采取提高灵敏度系数的措施,如改变保护装置的接线方式,降低继电器的动作电流等方法。如果灵敏度系数还达不到要求,应改变保护方案。

3. 保护装置的时限整定

定时限过电流保护装置的时限整定应遵守时限的阶梯原则。为了使保护装置以最小时限切除故障线路,位于电网末端的过电流保护装置不设延时元件,其动作时间等于电流继电器和中间继电器本身固有的动作时间之和,为 0.07~0.09 s。

靠近电源侧的各级保护装置的动作时间,取决于时限级差 Δt 的大小。时限级差 Δt 的取值既能满足上、下级保护动作的选择性要求,又使保护的动作时间尽可能小,Δt 越小,各级保护装置的动作时限越小。但 Δt 不可过小,否则不能保证选择性要求。

(四) 定时限过电流保护的特点

定时限过电流保护的特点是动作时限比较准确,整定比较简单,所需继电器的数量多,接线复杂,需要直流操作电源。当供电线路级数较多时,靠近电源线路的保护装置的动作时限长。

(五) 案例

根据图 5-20 所示保护区的划分,设该保护区为中性点对地绝缘的供电系统,线路 WL_2 的最大工作电流为 170 A,在最小运行方式下(表 5-3 注),S_1 点的三相短路电流为 500 A,S_2 点的三相短路电流为 700 A。试确定保护装置 2 的接线方式、电流继电器的动作电流和动作时间(设电流互感器的变比为 200/5)。

【解】

1. 考虑采用差接接线方式

电流继电器的动作电流为

$$I_{op\cdot k} = \frac{K_k K_{kx}}{K_{re} K_i} I_{w\cdot max} = \frac{1.2 \times \sqrt{3}}{0.8 \times 200/5} \times 170 \text{ A} = 11.04 \text{ A}$$

查表 5-2,选用 DL-34 型电流继电器 $K_{re} = 0.8$。

表 5-2 DL-20(30) 系列电流继电器技术数据

型号	电流整定范围(A)	线圈串联		线圈并联		返回系数	最小整定电流时的功率消耗(VA)	接点数	
		动作电流(A)	长时允许电流(A)	动作电流(A)	长时允许电流(A)			常开	常闭
DL-21 DL-31	0.0125~0.05	0.0125~0.025	0.08	0.025~0.05	0.16	0.8	0.4	1	

（续表）

型号	电流整定范围(A)	线圈串联		线圈并联		返回系数	最小整定电流时的功率消耗(VA)	接点数	
		动作电流(A)	长时允许电流(A)	动作电流(A)	长时允许电流(A)			常开	常闭
DL-22	0.05~0.2	0.05~0.1	0.3	0.1~2	0.6	0.8	0.5		1
DL-23 DL-32	0.015~0.6	0.015~0.3	1	0.3~0.6	2	0.8	0.5	1	1
DL-24 DL-33	0.5~2	0.5~1	4	1~2	8	0.8	0.5	2	
DL-25	1.5~6	1.5~3	6	3~6	12	0.8	0.5		2
DL-34	1.25~50	1.25~25	20	25~50	40	0.8	6.5	2	2

灵敏度校验：

对主保护区

$$K_r = \frac{I_{s2 \cdot min}^{(2)}}{I_{op}} = \frac{\frac{\sqrt{3}}{2} \times 700}{11.04 \times 200/5} = 1.37 < 1.5$$

对后备保护区

$$K_r = \frac{I_{s1 \cdot min}^{(2)}}{I_{op}} = \frac{\frac{\sqrt{3}}{2} \times 500}{11.04 \times 200/5} = 0.98 < 1.2$$

经过计算，说明采用差接接线，保护装置的灵敏度不符合规定要求，因此改用不完全星形接线。

2. 采用不完全星形接线

电流继电器的动作电流为

$$I_{op \cdot k} = \frac{K_k K_{kx}}{K_{re} K_i} I_{w \cdot max} = \frac{1.2 \times 1}{0.8 \times 200/5} \times 170A = 6.38A$$

查表5-2，仍选用DL-34型电流继电器。

灵敏度校验：

对主保护区

$$K_r = \frac{I_{s2 \cdot min}^{(2)}}{I_{op}} = \frac{\frac{\sqrt{3}}{2} \times 700}{6.38 \times 200/5} = 2.38 > 1.5$$

对后备保护区

$$K_r = \frac{I_{s1 \cdot min}^{(2)}}{I_{op}} = \frac{\frac{\sqrt{3}}{2} \times 500}{6.38 \times 200/5} = 1.70 > 1.2$$

通过上述校验，说明采用不完全星形接线，保护装置的灵敏度符合要求。

3. 时限确定

设保护装置3位于电网末端，应设瞬动保护装置，其动作时限 $t_3 = 0$ s，取时限级差 $\Delta t = 0.5$ s，保护装置2的动作时限为

$$t_2 = t_3 + \Delta t = (0 + 0.5) s = 0.5 s$$

查表5-3，选用DS-112型时间继电器。

表5-3　DS-110(120)系列时间继电器技术数据

型　号	电流种类	额定电压/V	时间整定范围/s	动作电压不大于/%	返回电压不小于/%	功率损耗/W	接点数量		
							常开	切换	滑动
DS-111C	直流	24 48 110 220	0.1~1.3	70	5	12	1	1	
DS-112C			0.25~3.5						
DS-113C			0.5~9						
DS-111			0.1~1.3			36			
DS-112,DS-115			0.25~3.5						
DS-113,DS-116			0.5~9						
DS-121	交流	110 110 127 220 380	0.1~1.3	85		85			1
DS-122,DS-125			0.25~3.5						
DS-123,DS-126									

注:最小运行方式,是系统在该方式下运行时,具有最大的短路阻抗值,发生短路后产生的短路电流最小的一种运行方式。一般根据系统最小运行方式的短路电流值来校验继电保护装置的灵敏度。

二、开式电网的反时限过电流保护

反时限过电流保护的基本元件是 GL 型感应式电流继电器,晶体管继电器也可组成反时限过电流保护装置,其原理接线如图 5-21 所示,由 GL 型感应式电流继电器构成不完全星形接线方式。GL 型感应式电流继电器既有起动元件,又有时限元件和掉牌显示信号装置,所以,可不用时间继电器和信号继电器。由于该继电器接点容量较大,能直接作用于跳闸,可不用中间继电器。所以,该保护装置所用设备较少,接线简单。

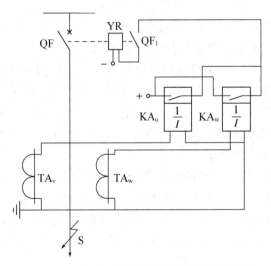

图 5-21　反时限过电流保护装置原理接线图

这种保护的特点是在同一线路不同地点短路时，由于短路电流大小不等，保护具有不同的动作时限。短路点越靠近电源端，短路电流越大，动作时限越短。

（一）动作电流的整定

反时限过电流保护装置的动作电流整定计算、灵敏度校验，与定时限过电流保护装置的整定计算相同，此处不再赘述。

（二）动作时限的整定

为了保证动作的选择性，反时限过电流保护装置的时限整定，也应满足时限的阶梯原则。由于感应式电流继电器的动作时限与供电线路短路电流的大小有关，在其保护范围内短路时要满足选择性要求，相邻线路之间保护装置的时限配合较复杂。下面以图 5-22 中保护装置 1 为例说明时限整定的方法和步骤。

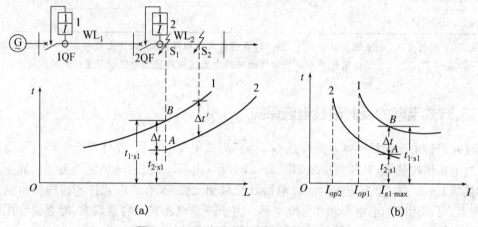

图 5-22　反时限过电流保护的时限配合

由于线路 WL_1、WL_2 均装设反时限过电流保护装置，且保护装置的动作时限与短路电流的大小有关，为了满足保护装置动作的选择性，则确定线路 WL_2 的首端 S_1 点为保护装置 1 和 2 的时限配合点。因为，当两段线路的保护装置均采用同一型号的继电器，只有在 S_1 点短路时，同时流过两个保护装置的电流最大，由图 5-22 可知，保护装置 1 与保护装置 2 的动作时限级差最小（曲线 1 与曲线 2 的间距最小）。若在该点（S_1 点）发生最大三相短路时能满足 1、2 两保护装置的时限级差不小于 Δt，则其他任何一点短路时，都能满足时限配合的要求，即满足了选择性的要求。

假定保护装置 2 的动作时限已经确定，如图 5-22 所示曲线 2。确定整定保护装置 1 的时限时，首先计算出配合点 S_1 处短路时的最大三相短路电流 $I_{s1\cdot max}^{(3)}$，再确定在 $I_{s1\cdot max}^{(3)}$ 短路电流作用下保护装置 2 的动作时限 $t_{2\cdot s1}$，如图 5-22 中曲线 2 的 A 点。在 $I_{s1\cdot max}^{(3)}$ 短路电流作用下，保护装置 1 也会起动，依选择性要求，其动作时限 $t_{1\cdot s1}$ 应比保护装置 2 在此点的动作时限 $t_{2\cdot s1}$ 大一时限级差 Δt，即

$$t_{1\cdot s1} = t_{2\cdot s1} + \Delta t \tag{5-16}$$

由于感应式继电器的铝盘转动有惯性,动作时限的误差较大,其动作时限级差一般取 $\Delta t = 0.7 \sim 0.9$ s。

整定保护装置 1 的步骤:

(1) 根据动作电流 I_{op1} 选好继电器的电流调整插销的位置。

(2) 根据 S_1 点的最大三相短路电流及动作时间 $t_{1 \cdot s1}$ 调整继电器的时限特性曲线,即当线路中流过 $I_{s1 \cdot max}^{(3)}$ 时,其动作时间恰好是整 $I_{s1 \cdot max}^{(3)}$ 定时限 $t_{1 \cdot s1}$。

(三) 反时限过电流保护装置的优缺点

优点是在线路靠近电源端短路时,动作时间较短,保护装置接线简单。缺点是时限配合较复杂,误差较大,虽然每条线路靠近电源端短路时动作时限比该线路末端短路时动作时限短,但当线路级数较多时,由于时限级差 Δt 较大,电源侧线路的保护装置动作时限反而较定时限保护有所延长。

反时限过电流保护主要用于 10 kV 及以下的配电线路和电动机保护上。

(四) 案例

某 6 kV 供电线路如图 5 - 23 所示,线路 WL_1、WL_2 均装设反时限过电流保护装置。已知线路 WL_1 的最大工作电流为 190 A,保护装置 2 已整定且动作电流 $I_{op2 \cdot k} = 8$ A,10 倍动作电流时的动作时间为 0.7 s。S_1 点短路时的三相短路电流 $I_{s1 \cdot max}^{(3)} = 1000$ A,$I_{s1 \cdot max}^{(3)} = 800$ A,S_2 点短路时的三相短路电流 $I_{s2 \cdot min}^{(3)} = 600$ A,若保护装置采用不完全星形接线,试整定保护装置 1 的动作电流和动作时限(设电流互感器的变比为 300/5 和 150/5)。

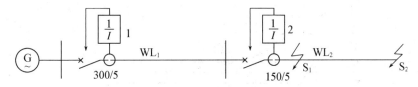

图 5 - 23　案例图

【解】

1. 保护装置动作电流的整定

电流继电器的动作电流为

$$I_{op1 \cdot k} = \frac{K_k K_{kx}}{K_{re} K_i} I_{w \cdot max} = \frac{1.2 \times 1}{0.8 \times 300/5} \times 190 \text{ A} = 4.75 \text{ A}$$

保护装置 1 的动作电流整定为 5 A。

灵敏度校验:

对主保护区　$K_r = \dfrac{I_{s1 \cdot min}^{(2)}}{I_{op}} = \dfrac{\frac{\sqrt{3}}{2} \times 800}{5 \times 300/5} = 2.31 > 1.5$

对后备保护区　$K_r = \dfrac{I_{s2 \cdot min}^{(2)}}{I_{op}} = \dfrac{\frac{\sqrt{3}}{2} \times 600}{5 \times 300/5} = 1.73 > 1.2$

满足灵敏度要求。

2. 计算保护装置 2 的实际动作时间 $t_{2 \cdot s1}$

已知 $I_{op2 \cdot k} = 8$ A，10 倍动作电流时间为 0.7 s，S_1 点短路时流过保护装置 2 电流继电器的电流和动作电流倍数为

$$I_{s1 \cdot k2} = \frac{K_{kx} I_{s1 \cdot max}^{(3)}}{K_i} = \frac{1 \times 1000}{150/5} \text{A} = 33.3 \text{ A}$$

$$N_2 = \frac{I_{s1 \cdot k2}}{I_{op2 \cdot k}} = \frac{33.3}{8} = 4.2$$

根据动作电流倍数 $N_2 = 4.2$，查图 7-24，可得 $t_{2 \cdot s1} = 1$ s。

3. 保护装置 1 的时限整定

保护装置 1 在 S_1 点发生最大三相短路电流时的动作时限应为

$$t_{1 \cdot s1} = t_{2 \cdot s1} + \Delta t = (1 + 0.7)\text{s} = 1.7 \text{ s}$$

S_1 点短路时流过保护装置 1 电流继电器的电流和动作电流倍数为

$$I_{s1 \cdot k1} = \frac{K_{kx} I_{s1 \cdot max}^{(3)}}{k_i} = \frac{1 \times 1000}{300/5} \text{A} = 16.7 \text{ A}$$

$$N_1 = \frac{I_{s1 \cdot k1}}{I_{op1 \cdot k}} = \frac{16.7}{5} = 3.3$$

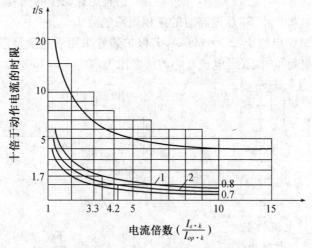

图 5-24 GL-11/10 型电流继电器特性曲线

1—保护装置 1 的特性曲线；2—保护装置 2 的特性曲线

保护装置 1 的 10 倍动作电流时间：

利用 $N_1 = 3.3$，$t_{1 \cdot s1} = 1.7$ s，查 GL-11/10 型电流继电器特性曲线，保护装置 1 的 10 倍动作电流时的动作时间为 0.8 s。

三、电流速断保护

前述带时限的过电流保护装置，是为了满足动作的选择性要求，前一级保护的动作时限要比后一级保护的动作时限延长一个时限级差 Δt。越靠近电源处，保护装置的动作时间越

长。越靠近电源,发生短路时的短路电流越大,其危害就更加严重,因此 GB 50062—92 规定,在过电流保护装置的动作时限超过 0.5～0.7 s 时,应装设瞬动的电流速断保护装置。电流速断保护装置有无时限(瞬时)电流速断保护和限时电流速断保护两种。

(一) 无时限电流速断保护

1. 动作电流的整定

无时限电流速断装置简称电流速断装置,它是一种瞬时动作的过电流保护装置。为了保证前后两级瞬动的电流速断保护的选择性,速断保护的动作电流按躲过被保护线路末端的最大短路电流(即三相短路电流)来整定。

图 5-25 所示为电流速断保护图解,设图中线路 WL_1、WL_2 上均装有电流速断保护装置 1 和 2。线路 WL_1 末端 S_1 点的三相短路电流,实际上与后一段线路 WL_2 首端 S_2 点的三相短路电流是近乎相等的(由于 S_1 点与 S_2 点之间距离很短)。当线路 WL_2 首端 S_2 点短路时,由保护装置 2 动作跳闸,切断故障线路。根据选择性要求,保护装置 1 不应动作,为此其动作电流 I_{op1} 必须躲过被保护线路末端的最大短路电流(即三相短路电流)来整定 $I_{s2 \cdot min}^{(3)}$。因此,保护装置 1 的动作电流应为

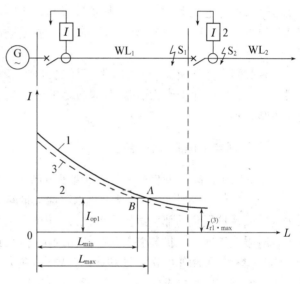

图 5-25 电流速断保护图解

$$I_{op1} = K_k I_{s2 \cdot max}^{(3)} \quad (5-17)$$

式中:K_k——可靠系数,对电磁式和晶体管式继电器,取 1.2～1.3;对感应式继电器,取 1.5～1.6。

因为在被保护线路的外部发生短路时,速断装置不动作,所以,在整定动作电流时,不考虑继电器的返回系数。

2. 灵敏度校验

电流速断保护的灵敏度,应按保护装置安装处(即被保护线路的首端)在系统最小运行方式下的两相短路电流作为最小短路电流来校验,即

$$K_r = \frac{I_{s1 \cdot min}^{(2)}}{I_{op1}} \quad (5-18)$$

3. 电流速断保护的"死区"

由于电流速断保护的动作电流是按躲过线路末端的最大短路电流整定的,靠近末端的一段线路上发生短路时,电流速断不会动作,所以电流速断保护只能保护线路的一部分,不能保护线路的全长。其中没有受到保护的一段线路,称为电流速断保护的"死区"。

图 5-24 所示曲线 1 表示最大运行方式下,沿线路各点发生三相短路时短路电流值的变化曲线;直线 2 表示速断装置 1 的动作电流 I_{op1};曲线 3 表示最小运行方式下,两相短路电流值随短路点移动时的变化曲线。

直线 2 与曲线 1 的交点 A 到线路首端的距离 L_{max},是电流速断装置 1 对最大三相短路电流的保护范围。直线 2 与曲线 3 的交点 B 到线路首端的距离 L_{min},是电流速断装置 1 对最小两相短路电流的保护范围。由此可看出,无时限电流速断装置的保护范围不但与短路故障的种类有关,还与电力系统的运行方式有关。在正常运行方式下,其最小保护范围应不小于被保护线路全长的 15%～20%。

由于电流速断保护装置有保护上的"死区",所以凡是装设有电流速断保护的线路,必须配备带时限的过电流保护,让两个保护装置配合使用,且过电流保护的动作时限至少要比电流速断保护大一个时限级差 Δt。而且前后的过电流保护动作时间又要符合"阶梯原则",以保证选择性。

如果故障发生在速断装置的保护范围之内,速断保护为主保护,则速断装置动作,时限不过 0.1 s,过电流保护作为后备;如果故障发生在速断装置的保护范围之外,则相应的过电流保护装置动作。

(二) 限时电流速断保护装置

由于无时限电流速断保护不能保护线路的全长,在其保护范围之外发生故障时,依靠过电流保护装置保护,动作时限较长。所以需增加带时限的电流速断保护装置,用以保护无时限电流速断保护不到的那段线路上的故障,并作为无时限电流速断保护的后备保护。

带时限电流速断保护装置要保护线路的全长,则其保护范围必然要延伸到下一级线路。为了满足保护装置动作的选择性和速动性要求,在无时限电流速断保护的基础上增加一时限级差 $\Delta t(0.5 \text{ s})$,便构成限时电流速断保护装置。

由无时限的速断装置和限时电流速断装置组成的保护装置称为两阶段速断装置,无时限电流速断保护又称为电流保护 I 段,限时电流速断保护又称为电流保护 II 段。

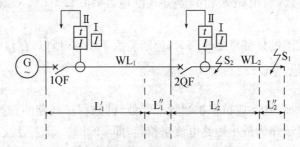

图 5-26 两阶段速断保护装置图解

图 5-26 所示为两阶段速断保护装置图解。图中 I 表示无时限速断的符号,II 表示限时速断的符号,线路 WL_1、WL_2 均装设两阶段的速断保护装置。L'_1 为线路 WL_1 的电流保护 I 段的保护区,L''_1 为线路 WL_1 的电流保护 II 段的保护区,L'_2 为线路 WL_2 的电流保护 I 段的保护区,L''_2 为线路 WL_2 的电流保护 II 段的保护区。

为了保证动作的选择性,电流保护Ⅱ段的保护范围应不超过下一级瞬时速断的保护范围,所以,线路 WL_1 的限时电流速断保护的动作电流要比 WL_2 线路的瞬时速断装置的动作电流大些。即

$$I_{op1 \cdot 2} = K_k I_{op2 \cdot 1} \tag{5-19}$$

式中:K_k——可靠系数,取 $1.1 \sim 1.15$;

  $I_{op1 \cdot 2}$——前一级(WL_1)线路电流保护Ⅱ段的动作电流,A;

  $I_{op2 \cdot 1}$——后一级(WL_2)线路电流保护Ⅰ段的动作电流,A;

限时电流速断装置的灵敏度,应按线路末端最小两相短路电流校验,其值应不小于 1.25。

无时限电流速断装置的整定计算如前面所述。

当 S_1 点发生短路时,线路 WL_2 的电流保护Ⅱ段装置动作,使断路器 2QF 跳闸。当 S_2 点发生短路时,线路 WL_2 的电流保护Ⅰ段装置与线路 WL_1 的电流保护Ⅱ段装置都将启动,WL_2 的电流保护Ⅰ段装置首先动作于 2QF 跳闸,切除线路 WL_2。此时作为线路 WL_2 电流保护Ⅰ段装置的后备保护,线路 WL_1 的电流保护Ⅱ段装置应返回,从而保证了选择性。

综上所述,采用两阶段的速断装置可使线路全长得到保护,而且发生故障时可瞬时切除或经过一个时限级差 Δt 切除故障线路。缺点是各线路的末端无后备保护,因此仍要与带时限的过流保护装置配合使用,这样就构成了三段式电流保护装置(无时限电流速断、带时限电流速断、定时限过电流保护)。

对于 $3 \sim 10\ kV$ 线路,一般均应装设两段式电流保护装置,第一段无时限电流速断装置作为线路的辅助保护,第二段带时限过电流保护作为线路的主保护。

对于 $35 \sim 63\ kV$ 线路,一般装设单阶段或两阶段式电流速断装置为主保护,附加一套过电流保护装置作为后备保护,构成了三段式电流保护装置。

巩固提升

一、工作案例:高压输配电线路三段式电流保护的整定和试验

任务实施指导书

工作任务	高压输配电线路三段式电流保护的整定和试验
任务要求	1. 按照有关要求进行三段式电流保护的整定计算。 2. 按照有关规定选择继电保护器。 3. 按照有关规定和要求进行三段式电流保护的试验。
责任分工	1. 1人负责按照计划步骤指挥操作,2人整定计算;1~2人负责分析试验。 2. 进行轮换岗位。

（续表）

阶段	实施步骤	防范措施	应急预案
1. 准备	1. 选择继电保护器。		
	2. 整定计算。	是否合乎要求。	
	3. 携带安装工具和试验说明书等。		备有安全设施。
2. 试验	4. 认真阅读研究电路接线图。	携带图纸。	
	5. 做好基础选择工作。	材料、工具到位。	
	6. 按照计算要求、规定进行试验。		
3. 检查	7. 按照要求对继电保护器进行检查。	依据《机电设备完好标准》。	合乎要求。
4. 维护	8. 人为模拟设置故障。		
	9. 分析故障。		
	10. 进行维修。		
5. 收尾	11. 整理工具，填写工作记录单。	检查工具是否齐全。	

二、实操案例

学习评价反馈书（自评、互评、师评等）

	考核项目	考核标准	配分	自评分	互评分	师评分
知识点	1. 高压输配电线路继电保护装置的作用。	完整答出满分；不完整得 2～7 分；不会 0 分。	10			
	2. 比较定时限过电流保护与反时限过电流保护的优缺点。	完整答出满分；不完整得 2～7 分；不会 0 分。	10			
	3. 比较无时限电流速断保护与限时电流速断保护装置的优缺点。	完整答出满分；不完整得 2～7 分；不会 0 分。	10			
	4. 三段式电流保护装置。	完整答出满分；不完整得 2～7 分；不会 0 分。	10			
	小计		40			
技能点	1. 选择和识别继电保护装置。	能熟练选择和安装继电保护装置得满分；不熟练得 10～29 分；不会 0 分。	25			
	2. 电流保护装置整定计算。	能熟练选择电流保护装置得满分；不熟练得 10～29 分；不会 0 分。	25			
	小计		50			

(续表)

考核项目		考核标准	配分	自评分	互评分	师评分
情感点	1. 学习态度。	遵守纪律、态度端正、努力学习者满分；否则 0～1 分。	2			
	2. 学习习惯。	思维敏捷、学习热情高涨满分；否则 0～1 分。	2			
	3. 发表意见情况。	积极发表意见、有创新建议、意见采用满分；否则 0～1 分。	2			
	4. 相互协作情况。	相互协作、团结一致满分；否则 0～1 分。	2			
	5. 参与度和结果。	积极参与、结果正确；否则 0～1 分。	2			
	小计		10			
合计			100			

说明：1. 考评时间为 30 分钟，每超过 1 分钟扣 1 分；2. 要安全文明工作，否则老师酌情扣 1～10 分。

主讲教师（签字）：＿＿＿＿＿＿   指导教师（签字）：＿＿＿＿＿＿

效果检查：

教师总结：

思考练习题：

1. 试比较定时限过电流保护与反时限过电流保护的优缺点。

2. 无时限电流速断保护和限时电流速断保护有何不同？

项目六　变电所直流电源系统与综合自动化保护装置

学习目标

知识目标：

1. 直流电源系统的作用。
2. 直流电源系统的类型和结构、组成。
3. 直流电源系统的原理。
4. 变电所(站)综合自动化系统的一些基本概念。
5. 变电所(站)综合自动化系统结构、组成、功能。
6. 变电所(站)综合自动化系统的使用方法。
7. 变电所(站)综合自动化系统的维护方法。

能力目标：

1. 了解直流电源系统的作用。
2. 能进行直流电源系统的维护。
3. 能使用变电所(站)综合自动化系统。
4. 能维护变电所(站)综合自动化系统。

素养目标：

1. 有自学热情和独立学习的态度；能对所学内容进行较为全面的比较、概括和阐释。
2. 有自主工作的热情和创新精神。
3. 提高学生的工作组织能力。
4. 提高学生的社会实践能力。
5. 培养学生的职业道德意识。
6. 培养学生严慎细实的工作态度。
7. 提高学生团结协作的能力。
8. 提高学生分析和解决问题的能力。
9. 培养学生热爱科学、实事求是的学风和创新意识、创新精神。

学习指南

1. 小组成员共同学习所收集的资料，了解变电站直流电源系统的作用、类型、结构、组成和原理。

2. 小组成员共同按照任务要求和工作要求编写《变电所直流电源系统安装与操作与维护工作计划》和《综合自动化保护装置安装与操作与维护工作计划》。计划要符合实际、可行。

3. 小组成员共同探讨和修改工作计划,确定最佳工作计划,做出决策,同时确定小组人员分工。

4. 根据工作计划的分工和工作步骤,各司其职,分工合作,实施变电所直流电源系统安装与操作与维护工作任务。

5. 组长负责按照工作计划步骤指挥实施;监督者负责检查控制项目,严格检查控制工作过程;实施者负责计划实施操作,服从组长指挥和监督者监督。

6. 工作完成后,小组成员分别对工作过程和工作结果进行自我评价、小组评价和师傅评价。

7. 针对存在的问题小组共同制订改进措施。

教学引导

1. 安全意识。

2. 供电要求。

3. 结合矿井供电系统模型讲授。

4. 在校内供电实训基地上课。

任务一 变电所直流电源系统

任务要求:

1. 准备工作:① 做好记录。② 结合教材变配电供电系统图进行分析。③ 结合学院供电实训基地实物进行分析。

2. 操作:严格按照操作规程进行操作。

3. 维护:按照有关设备完好标准进行维护,达到要求。

工作情况:

1. 工作情况:在变电站中,直流电源系统是为各种控制、自动装置、继电保护、信号等提供可靠的直流电源并作为工作电源。

2. 工作环境:从变电站的真实情况入手,进一步研究其结构、组成、原理,直至进行操作和维护。

3. 学习情景:学习的主要思路就是围绕地面变电站直流电源系统的作用进行的。难点是一些原理的理论分析。

工作要求:

1. 操作要求:正确、严谨、科学、详细、全面。

2. 维护要求:故障分析快速、准确;处理方法正确得当;维护合乎有关标准规定。

相关知识

一、直流电源系统的基础知识

（一）直流电源系统的作用

在变电所（站）中，直流电源系统是为各种控制、自动装置、继电保护、信号等提供可靠的直流电源并作为工作电源；它还为操作提供可靠的操作电源；当所（站）内的所（站）用电失去后，直流电源还要作为应急的后备电源。

1. 电力操作电源型号定义

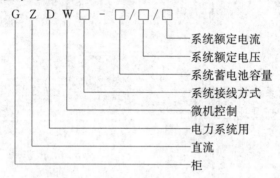

2. 直流电源柜组成结构

充电柜主要是由机柜、整流模块系统、监控系统、绝缘监测单元、电池巡检单元、开关量检测单元、降压单元及一系列的交流输入、直流输出、电压显示、电流显示等配电单元组成。

馈电柜主要由各馈出回路空气开关、指示灯和有些安装的直流绝缘在线监测装置等组成。

电池柜就是一个可以摆放多节电池的机柜。电池屏中的电池一般是由 2～12 V 的电池以 9～108 节串联方式组成，对应的电压输出也就是 110 V 或 220 V。目前使用的电池主要是铅酸电池或阀控式密封免维护铅酸电池。

（二）直流电源系统工作原理

直流电源系统中将两路交流电源经过交流切换后输入一路交流电源，给各个充电模块供电。充电模块将输入三相交流电转为直流电，给蓄电池充电，同时给合闸母线负载供电，另外合闸母线通过降压装置给控制母线供电。

直流电源系统中的各个监控单元受主监控的管理和控制，通过通信线将各监控单元采集的信息送给监控单元统一管理。主监控显示直流系统各种信息，用户也可触摸显示屏查询信息及操作，系统信息还可以接入远程监控系统。

直流电源系统除交流监控、直流监控、开关量监控等基础单元外，还可以配置绝缘监测、电池巡检等功能单元，用来对直流系统进行全面监控。

（三）直流电源系统常用名词

（1）初充电：新的蓄电池在交付使用前为完全达到荷电状态所进行的第一次充电。

（2）恒流充电：充电电流在充电电压范围内维持在恒定值的充电。

（3）均衡充电：为补偿蓄电池在使用过程中产生的电压不均匀现象，使其恢复到规定的范围内而进行的充电。

（4）浮充电：在充电装置的直流输出端始终并接着蓄电池和负载，以恒压充电方式工作。正常运行时充电装置在承担经常性负荷的同时向蓄电池补充充电，以补偿电池的自放电，使蓄电池组以满容量的状态处于备用。

（5）核对性放电：在正常运行中的蓄电池组，为了检验其实际容量，将蓄电池组脱离运行，以规定的放电电流进行恒流放电，只要其中一个单体蓄电池放到了规定的终止电压，应停止放电。

（6）直流母线：直流电源屏内的正、负极主母线。

（7）合闸母线：直流电源屏内供断路器电磁合闸机构等动力负荷的直流母线。

（8）控制母线：为继电保护控制回路提供电源的直流母线。

（四）直流电源系统的工作状态

直流电源系统的工作状态可分为初充电状态、浮充电状态、均充电状态和核对性放电等。

1. 初充电状态

此工作状态只是在使用传统铅酸蓄电池时，对蓄电池进行初充电的一种工作状态。使用前应将动力母线及控制母线负载全部断开，否则过高的电压会损坏直流系统的终端用电设备。初充电时，首先将微机监控单元均充电压设定值设置到所需初充电电压，手动启动均充电状态，对蓄电池进行初充电，充电完毕后，再将均充电压设定值设回到所需均充电压值。

2. 浮充电状态

系统正常长期工作状态为浮充电状态。浮充电压一般取 2.23～2.27 V 乘以电池节数。

浮充是蓄电池组的一种供（放）电工作方式，是指将蓄电池组与电源线路并联连接到负载电路上，它的电压大体上是恒定的，仅略高于蓄电池组的断路电压，由电源线路所供的少量电流来补偿蓄电池组局部作用的损耗，以使其能经常保持在充电满足状态而不致过充电。因此，蓄电池组可随电源线路电压上下波动而进行充放电。当负载较轻而电源线路电压较高时，蓄电池组即进行充电，当负载较重或电源发生意外中断时，蓄电池组则进行放电，分担部分或全部负载。这样，蓄电池组便起到稳压作用，并处于备用状态。

浮充供电工作方式可分为半浮充和全浮充两种。当部分时间（负载较轻时）进行浮充供电，而另一部分时间（负载较重时）由蓄电池组单独供电的工作方式，称为半浮充工作方式或定期浮充工作方式。如全部时间均由电源线路与蓄电池组并联浮充供电，则称为全浮充工作方式或连续浮充工作方式。

3. 均充电状态

均充是在系统交流输入失电、蓄电池较大容量放电后,进行快速补充充电而采用的一种运行方式,同时也作为消除长期浮充电状态运行的蓄电池差异而采用的一种运行方式。均充电压一般取 2.35~2.40 V 乘以电池节数。

均充模式以定电流和定时间的方式对电池充电,充电较快。充电电压与浮充相比要大。均充是对电池保养时经常用的充电模式,这种模式还有利于激活电池的化学特性。

4. 核对性放电

蓄电池在长期运行一定时间后,按相关运行维护规程,应对其进行核对容量充放电试验。系统可选择加装核对性放电装置(功能)或有源逆变放电装置(功能)。

浮充电状态、均充电状态是系统通常的工作状态,此时蓄电池接于系统直流母线运行。通过微机监控单元自动按运行曲线控制或人为操作微机监控单元前面板,可以实现两种工作状态的转换。

(五) 蓄电池种类及容量标识

1. 蓄电池的种类

电力用蓄电池一般采用铅酸蓄电池、阀控免维护铅酸蓄电池和镉镍蓄电池等。

(1) 铅酸蓄电池

电极主要由铅及其氧化物制成,电解液是硫酸溶液的一种蓄电池。

(2) 阀控免维护铅酸蓄电池

所谓"阀控"又称全密封免维护,就是利用电池加液口上的一个控制阀(盖)来控制电池内部的压力,尽量减少内部由于化学反应而造成的水分损失,以延长电池的使用寿命。因为电池在化学反应中释放气体,使电池内部气压升高,如果这些被释放出的气体不能及时被内部重新吸收和化合,就将使外壳膨胀甚至裂开。这些气体是如何产生的,又如何控制气体的产生速度,如何控制电池内部的压力,这就牵涉一个使用和维护问题,为了更好地做好上述工作,有必要了解一下电池的工作原理和工作情况。

以往的电池都是开放式的,由于充放电时的电化学反映中造成水分的消耗,在使用过程中要经常测相对密度和加电瓶水等。

(3) 镉镍蓄电池

镉镍电池是由两个极板组成,一个是用镍做的,另一个是镉做的,这两种金属在电池中发生可逆反应,因此电池可以重新充电。镍镉的特点是"结实"、价格便宜。缺点是镉金属对环境有污染、电池容量小、寿命短。

2. 蓄电池的容量

我国铅蓄电池型号大致分为三段,含义如下:

> 串联的单体电池数-电池的类型和特征-额定容量

以某变电站铅酸蓄电池为例,型号为 6FM120,该电池型号含义如下:

6——单体电池个数,表明该块电池内部由 6 个单体电池组成;

FM——阀控(F)、免维护(M);

120——额定容量(120 Ah)。

蓄电池的额定容量用"C"表示,单位为安时(Ah),它是放电电流(A)和放电时间(h)的乘积。由于对同一个电池采用不同的放电参数所得出的 Ah 是不同的,为了便于对电池容量进行描述、测量和比较,必须事先设定统一的条件。实践中,电池容量被定义为用设定的电流把电池放电至设定的电压所给出的电量。也可以说电池容量是用设定的电流把电池放电至设定的电压所经历的时间和这个电流的乘积。

为了设定统一的条件,首先根据电池构造特征和用途的差异,设定了若干个放电时率,最常见的有 20 小时、10 小时和 2 小时时率,写作 C20、C10 和 C2,其中 C 代表电池容量,后面跟随的数字表示该类电池以某种强度的电流放电到设定电压的小时数。于是,用容量除以小时数即得出额定放电电流。也就是说,容量相同而放电时率不同的电池,它们的标称放电电流却相差甚远。

例如,一个电动自行车电池容量 10 Ah、放电时率为 2 h,写作 10C2,它的额定放电电流为 10 Ah/2 h=5 A;而一个汽车启动用的电池容量 54 Ah、放电时率 20 h,写作 54C20,它的额定放电电流仅为 54 Ah/20 h=2.7 A。换一个角度讲,这两种电池如果分别用 5 A 和 2.7 A 的电流放电,则应该分别能持续 2 h 和 20 h 才下降到设定的电压。

上述所谓设定的电压是指终止电压(单位为 V)。终止电压可以简单地理解为放电时电池电压下降到不至于造成损坏的最低限度值。终止电压值不是固定不变的,它随着放电电流的增大而降低,同一个蓄电池放电电流越大,终止电压可以越低,反之应该越高。也就是说,大电流放电时容许蓄电池电压下降到较低的值,而小电流放电就不行,否则会造成损害。

二、直流电源系统的组成

变电所(站)直流电源系统基本由交流输入部分、整流充电模块、降压装置及馈线输出开关部分、蓄电池、系统监控部分、绝缘检测装置、电池巡检装置、开关量检测单元、DC/DC 48V 输出等部分构成,如图 6-1 所示。

(一) 交流输入单元

1. 交流输入切换装置

如图 6-2 所示,其作用是为直流电源系统整流充电模块提供 2 路 380 V 交流电源,并实现两路交流电源的自动切换。系统默认第一路交流电源为主电源,特殊情况可用两路交流输入切换开关手动选择任一路交流电源投入使用。在交流线路上还安装有防雷器,即浪涌保护器,可以有效地防止过电压的冲击,保障电源系统正常运行。

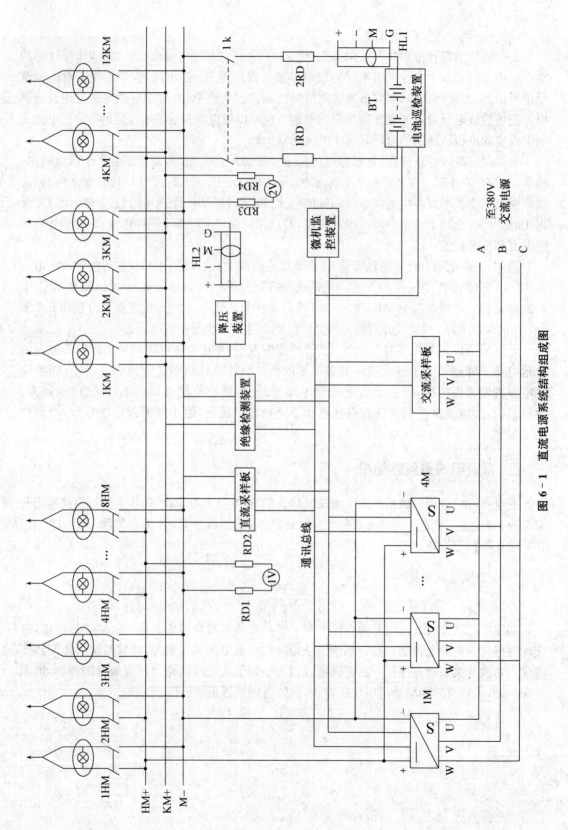

图 6 – 1　直流电源系统结构组成图

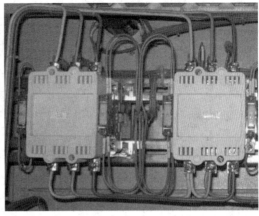

图 6-2 直流充电屏交流输入部分

2. 交流输入的工作状态

(1) 交流输入正常时。系统交流输入正常时,两路交流输入经过交流切换控制板选择其中一路输入,并通过交流配电单元给各个充电模块供电。充电模块将输入三相交流电转换为 220 V 或 110 V 直流电源(各变电站均采用 220 V 直流电源),经隔离二极管隔离后输出,一方面给电池充电,另一方面给合闸回路负载供电(如图 6-3 所示)。此外,合闸母线还通过降压装置(硅链)为控制母线提供电源。

(2) 交流输入停电或异常时。交流输入停电或异常时,充电模块停止工作,由电池供电。监控模块监测电池电压、放电时间,当电池放电到一定程度时,监控模块告警。交流输入恢复正常以后,充电模块对电池进行充电。

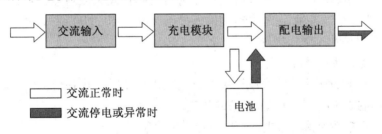

图 6-3 交流输入工作状态示意图

3. 交流输入配电部分工作原理

如图 6-4 所示,交流Ⅰ路和交流Ⅱ路通过交流进线端子分别接输入空开 1 和 2 以及接触器 1 和 2,然后经过各充电模块开关给各充电模块供电。交流检测单元将检测的两路交流电压分别送到配电监控模块和交流自动切换板用于显示和控制。

交流接触通过机械联锁和电气互锁两种方式来防止两路交流电源同时接入,以保证交流供电可靠运行。两路交流电源可实现自动切换控制在其中一路运行。在默认设置下,第一路交流电源为主电源,给系统供电。特殊情况下,可通过充电柜面板上的切换开关手动投入其中一路交流电源。

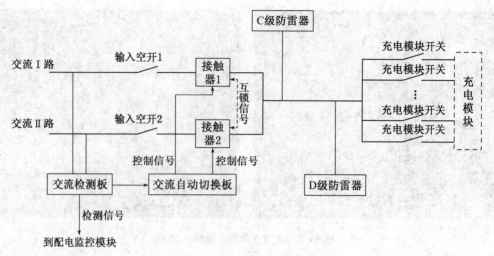

图 6 - 4　交流输入部分交流原理框图

（二）整流充电模块

1. 整流充电模块的作用

整流充电模块就是把交流电整流成直流电的单机模块，也就是通常所说的高频开关。一般以通过电流大小来标称（如 2 A 模块、5 A 模块、10 A 模块、20 A 模块等）。它可以多台并联使用，实现了 $N+1$ 冗余。模块输出 220 V 稳定可调的直流电压。

整流模块是电力操作电源的重要核心部件，除实现 AC/DC 变换，此外还有系统控制、告警等功能。整流模块可在自动（监控模块控制）和手动（人为控制）两种工作方式下工作。模块自身有较为完善的各种保护功能，如输入过压保护、输出过压保护、输出限流保护、输出短路保护、并联保护和过温保护等。

2. 整流充电模块的选择

充电/浮充电装置采用多个高频开关电源模块并联，$N+1$ 热备份工作。高频开关电源模块数量配置可按如下选择（即确定 N 的数值）：

$N \geqslant$（最大经常性负荷＋蓄电池充电电流）/模块额定电流

例如：直流电源系统电压等级为 220 V DC，蓄电池容量为 200 Ah，经常性负荷为 4 A（最大经常性负荷不超过 6 A）。

充电电流（0.1C10×200 Ah）＋最大经常性负荷（约 6 A）＝26 A。若选用 10 A 额定电流的电源模块 3 台即可满足负荷需求（$N=3$），但考虑到再加一个备用模块，共 4 个电源模块并联即可构成所需系统。

3. 整流充电模块工作原理

如图 6 - 5 所示，三相 380 V 交流电首先经过尖锋抑制和 EMI 电路，主要作用是防止电网上的尖锋和谐波干扰串入模块中，影响控制电路的正常工作；同时也抑制模块主开关电路产生的谐波，防止传输到电网上，对电网污染，其作用是双向的。

三相交流电经过工频整流后变成脉动的直流，在滤波电容和电感组成的 PFC 滤波电路的作用下,输出约 520 V 左右的直流电电压。电感同时具有无源功率因数校正的作用,使模块的功率因数达到 0.92。主开关 DC/AC 电路将 520 V 左右的直流电转换为 20 kHz 的高频脉冲电压在变压器的次级输出。DC/AC 变换采用移相谐振高频软开关技术。变压器输出的高频脉冲经过高频整流、LC 滤波和 EMI 滤波,变为 220 V 的直流电压。

充电模块(高频开关)面板上有控制开关、状态指示灯和数码管显示,它们是充电模块与人交流的窗口,显示充电模块的输出电压或电流值,指示均浮充状态和各种保护告警状态。通过控制开关来设置、控制充电模块的工作方式和地址,调整其输出电压。

充电模块(高频开关)具有 CPU,能监视、控制模块自身的运行情况,而且可以脱离系统监控模块独立运行。

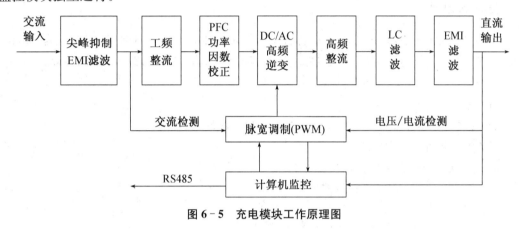

图 6-5　充电模块工作原理图

(三) 降压装置

降压装置就是降压稳压设备,是将合母电压输入降压装置,降压装置再输出到控母,调节控母电压在设定范围内。降压装置一般由分 5 级的降压硅链、手动调压开关、投切用大功率继电器等构成。通常合母电压为 240 V 左右,控母电压为 220 V 左右,当合母电压变化时,降压单元自动调节,保证输出电压稳定。降压单元也是以输出电流的大小来标称的。

充电模块在对蓄电池进行均衡充电、浮充电时充电电压通常高于控制母线正常工作所需的电压范围,因而须配置调压装置把传送至控制母线的电压限制在要求范围内。目前调压装置主要分两种:一种是无级调压模块,调压精度 0.5% 左右。不过目前无级降压斩波技术还不是很成熟常发生故障,所以没有得到广泛使用。另一种是硅链分级调压装置。由于硅链调压装置的性能完全能满足现今各类高频开关直流电源系统的要求,故目前直流系统用的调压装置基本上都是硅链调压装置。硅链调压装置通常由 5 组硅二极管串接分压,每组 10 个硅二极管,每个可降压 0.7 V,5 组总共可降 35 V 电压。正常时装置控制开关置于"自动"位置,合母电压经装置自动降压后输出控制母线所需的稳定直流电,以上两部分共同组成直流输出系统。当自动调压模块控制电路发生故障时,可以通过手动调整其输出。调压硅链模块若断开,整个控制母线就无电压,二次设备无直流电源。现在有些接线方式是在控制母线上也挂一个充电模块,设置为手动状态,输出电压调为要求值,作为调压装置损坏时的备用。

(四) 馈线输出开关部分

馈线输出开关的作用是将直流输出电源分配到每一路输出。各直流输出支路采用相应规格的直流断路器(空气开关),保证在直流侧故障时各支路能可靠分断。电压及电流信号的检测采用带隔离的器件或电路,保证了强弱点之间的可靠隔离。

馈线输出开关包括合闸母线空开、控制母线空开、逆变输出开关等组成,根据不同要求安装在馈电柜内或充电柜的下面。

(五) 蓄电池

目前各综自所(站)通常使用的蓄电池大部分为免维护铅酸蓄电池,额定电压为 220 V,若电池单体电压为 2 V,选用 104 只或 108 只;若电池单体电压为 12 V,选用 18 只。

1. 免维护铅酸蓄电池的特点
(1) 体积小重量轻
(2) 自放电少:小于 3% 每月,其他式的约 30% 每月
(3) 免维护操作,无酸雾溢出
(4) 无流动的电解液,可以卧式放置
(5) 可带电出厂,安装后即可使用
(6) 柜内安装
(7) 没有环境污染
(8) 不用防酸处理,可不用电池房和通风设备,节省造价,可并柜使用
(9) 安全阀设计是蓄电池的安全保护措施
2. 免维护铅酸蓄电池的结构组成

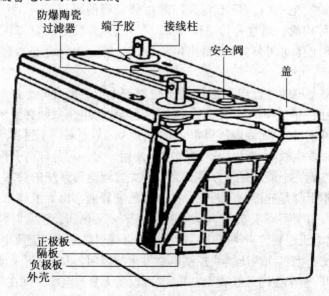

图 6-6 免维护铅酸蓄电池结构图

(1) 正、负极板

(2) 隔板

(3) 防爆陶瓷过滤器

(4) 电解液

(5) 电池槽(外壳)

(6) 安全阀

(7) 接线端子

3. 电池容量的选择

电池容量选择要进行直流负荷的统计,直流负荷按性质分为经常负荷、事故负荷、冲击负荷。经常负荷主要是保护、控制、自动装置和通信设置。事故负荷是指停电后必须由直流系统供电的负荷,如 UPS、通信设置等。冲击负荷是指极短时间内施加的大电流负荷,比如断路器分、合闸操作等。根据上述三种直流负荷统计就可以计算出事故状态下的直流持续放电容量。一般 110 kV 的变电所(站)直流系统的蓄电池要选择一组电池,电池容量为100 h～150 h, 35 kV 的变电所(站)直流系统的蓄电池要选择一组电池,电池容量是50 Ah～100 Ah。

例如:35 kV 蒲城变电站选用阀控密封免维护蓄电池,电池容量 120 Ah,单体电池电压12 V,总共 18 只。

(六) 系统监控单元

监控系统是整个直流系统的控制、管理核心,其主要任务:对系统中各功能单元和蓄电池进行长期自动监测,获取系统中的各种运行参数和状态,根据测量数据及运行状态及时进行处理,并以此为依据对系统进行控制,实现电源系统的全自动管理,保证其工作的连续性、可靠性和安全性。监控系统目前分为两种:一种是按键型,一种是触摸屏型。监控系统提供人机界面操作,实现系统运行参数显示、系统控制操作和系统参数设置。

一般直流监控系统主要可以完成以下功能:直流电源系统各参数点(交流输入电压、充电机输出电压、充电机输出电流、蓄电池充/放电电流、动力母线电压、控制母线电压、正负母线对地电压)的测量、显示、越限告警功能;控制充电机对蓄电池按 DL/T459 -2000 标准规定直流电源系统运行曲线运行(蓄电池管理功能);根据需求完成DC/DC 48V(24 V)电源监控,DC/AC 逆变电源监控,外接负载蓄电池活化充放电控制功能;实现对直流电源系统内其他智能装置通信管理,完成对综合自动化系统后台监控通信,完成"四遥"功能。

(七) 绝缘检测装置

直流系统绝缘监测单元是监视直流系统绝缘情况的一种装置,可实时监测线路对地漏电阻,此数值可根据具体情况设定。当线路对地绝缘电阻值降低到设定值时,就会发出告警信号。直流系统绝缘监测单元目前有母线绝缘监测、支路绝缘监测两类。

图 6-7 所示为 HYD-2 型直流系统绝缘在线监测装置,该装置可同时在线检测多个(D 型装置,可以检测 512 个馈线支路)馈线支路接地状况,可显示接地支路号、接地极性、支

路接地电阻和接地日期时间。循环显示母线电压、负母对地电压、正母线对地电阻和负母线对地电阻。采用直流传感器,不受对地电容影响。中文界面,易学好用。具有 RS-232 和 RS-485 接口,可与上位机通信。C 型装置还可以检测馈线空气开关的状态,但有 110 V 和 220 V 之分。C、D 型装置采用分布式采集单元,通过 485 通行方式进行同主机通信。

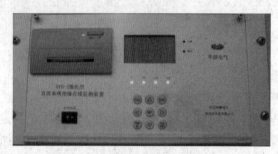

图 6-7　直流绝缘在线监测装置

(八) 蓄电池巡检装置

电池巡检单元就是对蓄电池在线电压情况巡环检测的一种设备。可以实时检测到每节蓄电池电压的大小,当某一节蓄电池电压高过或低过设定时,就会发出告警信号,并能通过监控系统显示出是哪一节蓄电池发生故障。电池巡检单元一般能检测 2~12 V 的蓄电池和巡环检测 1~108 节蓄电池。

同时在线监测蓄电池组所有单体蓄电池运行工况、4 路特征点温度、2 路蓄电池组总电压、蓄电池组充/放电电流。采用线性光隔技术,利用电阻分压、高压低阻模拟开关切换监测点,无继电器机械接点部件,安全可靠,寿命长。液晶汉字显示,软件校准检测量零点与放大倍数。RS-232/RS-485 通信端口上传信息量。使用中注意各个不同的电池组的转接盒的接线方法和不同规格的电池巡检仪的相互改正的方法。

(九) 开关量检测单元

开关量检测单元是对开关量在线检测及告警干节点输出的一种设备。比如在整套系统中某一路断路器发生故障跳闸或者是某一路熔断器熔断后开关量检测单元就会发出告警信号,并能通过监控系统显示出是哪一路断路器发生故障跳闸或者是哪一路熔断器熔断。目前开关量检测单元可以采集到 1~108 路开关量和多路无源干节点告警输出。

(十) DC/DC 48V 通信部分

通信电源模块安装/连接与充电电源模块安装/连接过程相似,只不过通信电源模块输入输出端口均为 2 芯,航空插头尺寸小于充电电源模块。最后切记通信电源模块后面板 15 芯 D 型端子与充电电源模块后面板 15 芯 D 型端子不能并接,只需要将电压电流采样信号接入微机监控单元。

三、直流电源系统的一般维护

直流电源系统的铅酸电池需要定期维护,对于阀控免维护铅酸蓄电池来说,所谓免维护的说法也是不确切的,因为这里所说的"免维护"只是无须人工加酸加水,而非真正意义上的免维护,相反其维护要求变得更高。

电池长期不用或长期处于浮充状态,电池极板的活性物质很易硫化,当活性物质越来越少时,电池的放电能力也越来越差,直至放不出电。此外,由于电池之间的离散性,单体电池之间的实际电压不尽相同,电池标称的浮充电压只是一种均值,所选定的浮充电压并不能满足每一节电池的要求,如果电池长期处于浮充状态,其结果必定是部分电池的电量能保证充满,而有一部分电池是无法充满的,这一部分电池表现出来的电压是虚的,需要放电时,其放电能力很差。因此,要求充电系统具备定期对电池作维护性的均充活化功能,以免电池硫化、虚充,确保电池的放电能力和使用寿命。

(一)直流电源系统的基本操作

1. 交流输入

两路 AC 380V 交流输入分别接入充电馈电柜(或充电柜)的下部两个交流输入空气开关上,两个空气开关依次全部合上后,两路交流输入可实现自动切换。

2. 母线电压调整

母线电压调整是指合闸母线经由降压装置馈电给控制母线的主接线方式。

3. 手动调压

手动调压是当自动调压部分发生故障时使用的一种调压方式。操作充电馈电柜或充电柜面板上万能转换开关,观察控制母线电压值,将开关打至控制母线所需电压即可。一般顺时针方向为电压增加,反之则减少。

4. 自动调压

自动调压是由微机监控单元按设定值自动调节降压装置,在正常工作状态下保证控制母线电压波动范围在±2.5%内。万能转换开关打在"自动"位置上时即自动调压运行方式。

(二)直流电源系统的检查

1. 直流系统接地查找一般原则

"直流接地"信号发出后,可通过直流屏监控器和绝缘检查装置找出接地支路号及接地状态,支路号的排列大都是按直流馈线屏馈线开关从上至下或从左到右的顺序,绝缘检查装置还可以显示接地电阻(接地电阻小于 15~20 kΩ 时报警),判断接地程度,可通过绝缘检查开关判断正对地、负对地电压,判断接地程度。有时绝缘检查装置判断不出支路只报"直流母线接地",此时有可能直流母线接地,也可能是支路接地。

直流接地信号发出后,必须停止二次回路上的工作,值班员应详细询问情况,及时纠正检修人员的不规范行为。

利用万用表测量正对地、负对地电压,核对绝缘检查装置的准确性。万用表必须是高内阻的,否则会造成另一点接地。

如无法找出准确接地回路时,可采用拉路寻找法。拉路寻找时应遵循先拉次要直流回路,再拉控制、保护等重要回路。试拉时间不应超过 3 秒。其查找顺序为:

(1) 事故照明回路。

(2) 逆变电源回路。

(3) 合闸回路。

(4) 控制回路。

(5) 装置电源回路。

2. 交流过欠压故障

(1) 确认交流输入是否正常。

(2) 检查交流输入是否正常及空气开关或交流接触器是否在正常运行位置。

(3) 检查交流采样板上采样变压器和压敏电阻是否损坏。

(4) 其他原因。

3. 空气开关脱扣故障

(1) 首先检查直流馈出空气开关是否有在合闸的位置而信号灯不亮,若有确认此开关是否脱扣。

(2) 其他原因。

4. 熔断器熔断故障

(1) 检查蓄电池组正负极熔断器是否熔断。

(2) 检查熔断信号继电器是否有问题。

(3) 其他原因。

5. 母线过欠压

(1) 用万用表测量母线电压是否正常。

(2) 检查充电参数及告警参数设置是否正确。

(3) 检查降压装置(若有)控制开关是否在自动位置。

(4) 其他原因。

6. 母线接地

(1) 先看微机控制器负对地电压和控母对地电压是否平衡。如果是负对地电压接近于零,则为负母线接地。如果是正对地电压接近于零,则为正母线接地。

(2) 采用高阻抗的万用表实际测量母线对地电压判断有无接地。

(3) 如果系统配置独立的绝缘检测装置可以直接从该装置上查看。

7. 模块故障

(1) 确认电源模块是否有黄灯亮。

(2) 电源模块黄灯亮表示交流输入过欠压或直流输出过欠压或电源模块过热,因此首先检查交流输入及直流输出电压是否在允许范围内和模块是否过热。

(3) 电源模块当输出过压时,将关断电源输出,只能关机后再开机恢复。因此当确认外部都正常时,关告警电源模块后再开电源模块,看电源模块黄灯是否还亮,若还亮,则表示模块有故障。

8. 绝缘检测装置报接地

首先看故障记录,确认哪条支路发生正接地还是负接地,接地电阻值是多少,然后将故障支路接地排除。

9. 电池巡检仪报单只电池电压过欠压

首先查看故障记录,确认哪几只电池电压不正常,然后查看该只电池的保险和连线有无松动或接触不良。

10. 蓄电池充电电流不限流

(1) 首先确认系统是否在均充状态。

(2) 其次充电机输出电压是否已达到均充电压。若输出电压已达到均充电压,则系统处在恒压充电状态,不会限流。

(3) 检查模块同监控之间并接线是否可靠连接。

(4) 其他原因。

(三) 蓄电池直观检查

1. 蓄电池壳子是否清洁

每个蓄电池都应保持清洁。如果蓄电池盖上有污垢和灰尘,就有可能在蓄电池端子之间或端子与地之间形成导电通路,引起短路或接地故障。

2. 蓄电池壳子和盖子是否损坏

如果蓄电池壳子和盖子破裂和有渗透,应更换蓄电池。蓄电池壳子上有裂缝时,导电的电解液会从蓄电池中渗透出来,造成接地故障。即使没有电解液渗透,也是非常严重的问题。因为电解液的水分可能通过裂缝蒸发损失,使电解液干涸,最后造成蓄电池的内阻增大和产生的热量增大。

如果蓄电池壳子严重膨胀和永久性变形,说明这个蓄电池已经过热并遭受热失控。热失控还会导致蓄电池产生更多的气体、电解液干涸和极板损坏。在这种情况下,应更换蓄电池。

3. 蓄电池端子是否损坏

蓄电池正负极端子弯曲或其他形式的损坏可造成连接电阻的增大。端子损坏的蓄电池应更换。如果在端子上的保护油脂熔化,表明连接点已经很热,这是端子松动的结果。在此情况下,应将此连接端子拆开,检查损坏情况,然后重新安装。

巩固提升

一、工作案例:变电站直流电源系统操作与维护

任务实施指导书

工作任务	变电站直流电源系统操作与维护		
任务要求	1. 按照操作规程要求停电、做准备工作。 2. 按照《维修电工操作规程》要求检测、排除故障,检修质量满足《电气设备检查标准》。 3. 按照《机电设备检修技术规范》要求试验和试运行。 4. 按照《机电设备完好标准》要求进行日常维护。		
责任分工	1. 1人负责按照计划步骤指挥操作,1人操作、1人监护;1～2人负责故障设备和排除。 2. 进行轮换岗位。		

阶段	实施步骤	防范措施	应急预案
一、准备	1. 填写工作票。	做好计划、进行审批。	
	2. 填写操作票。	做好计划、进行审批。	制订应急预案措施。
	3. 携带验电器、接地棒、钥匙及电工仪表、工具、说明书、供电系统图等。		备有防火设施:沙箱、灭火器材等。
	4. 检查、穿戴绝缘用具。		
	5. 图板演示。	做好记录。	
二、操作	6. 确认操作开关。		无误。
	7. 按照工作票进行操作		不同工作任务操作票不同。
三、维护	8. 人为设置故障。		
	9. 分析故障。		
	10. 进行维修。		
四、收尾	11. 整理工具,填写工作记录单。	检查工具或异物未落在设备内。	

工作记录表

工作时间		工作地点			
工作内容					
工作人员					
检测记录					
检测漏电故障	相间电阻			对地电阻		

检测漏电故障	U-V	V-W	W-U	U-E	V-E	W-V

(续表)

绝缘电阻 MΩ							
安装后检测							
主触头检测	超行程			三相接触同期度			
	U	V	W	U	V	W
出现的问题							
处理的措施							
处理的结果							

二、实操案例：GG‐1A 操作及故障处理

学习评价反馈书

	考核项目	考核标准	配分	自评分	互评分	师评分
知识点	1. 使用、操作高压电气设备的方法。	完整说出满分；不完整得 2～14 分；不会 0 分。	15			
	2. 维护和检修高压电气设备的方法。	老师抽问，正确说出满分；不完整得 2～14 分；不会 0 分。	15			
	3. 高压电气设备故障分析和处理方法。	老师抽问，正确说出满分；不完整得 2～14 分；不会 0 分。	15			
	小计		45			
技能点	1. 会使用、操作高压电气设备。	会正确使用、操作高压电器得满分；不熟练得 7～14 分；不会 0 分。	15			
	2. 会维护和检修高压电气设备。	会正确维护和检修高压电气设备得满分；不熟练得 7～14 分；不会 0 分	15			
	3. 会分析和处理高压电气设备故障。	会正确分析和处理高压电气设备故障得满分；不熟练得 7～14 分；不会 0 分。	15			
	小计		45			

（续表）

考核项目		考核标准	配分	自评分	互评分	师评分
情感点	1. 学习态度。	遵守纪律、态度端正、努力学习者满分；否则 0～1 分。	2			
	2. 学习习惯。	思维敏捷、学习热情高涨满分；否则 0～1 分。	2			
	3. 发表意见情况。	积极发表意见、有创新建议、意见采用满分；否则 0～1 分。	2			
	4. 相互协作情况。	相互协作、团结一致满分；否则 0～1 分。	2			
	5. 参与度和结果。	积极参与、结果正确；否则 0～1 分。	2			
小计			10			
合计			100			

说明：1. 考评时间为 30 分钟，每超过 1 分钟扣 1 分；2. 要安全文明工作，否则老师酌情扣 1～10 分。

主讲教师（签字）：_____ 指导教师（签字）：_____

效果检查：

学习总结：

思考练习题：

1. 变电所（站）对直流操作电源的基本要求是什么？

2. 寻找直流接地应遵循哪些原则？

3. 查找直流接地时应注意哪些事项？

4. 何为操作电源？对操作电源有什么要求？

5. 变电所（站）直流系统有何作用？

6. 为什么要定期对蓄电池进行充放电？

7. 蓄电池在运行中极板硫化有什么特征？

8. 直流母线电压过低或电压过高有何危害？如何处理？

9. 铅酸蓄电池极板腐蚀的原因有哪些？怎样防止、处理？

10. 蓄电池液面过低时，在什么情况下允许加水？如何加水？

任务二 变电所（站）综合自动化系统的操作与维护

任务要求：

1. 准备工作：① 做好记录。② 结合教材系统图进行学习。③ 结合学院供电实训基地开关柜学习。④ 条件允许到矿上进行学习。

2. 使用：严格按照使用方法正确使用，操作要符合要求。

3. 维护：按照有关标准、规定和要求进行维护。

工作情况：

1. 工作情况：用变电所(站)综合自动化系统取代电气设备和线路的电压、电流、功率等电器参数的人工记录分析。正确操作和维护变电所(站)自动控制装置。

2. 工作环境：从企业对供电的要求入手，进一步分析变电所(站)综合自动化系统的重要性和实用性。

3. 学习情景：学习的主要思路就是围绕企业对供电的基本要求及如何来实现这些基本要求的。难点是一些变电所(站)综合自动化系统的原理分析。

工作要求：

1. 操作要求：正确、严谨、科学、详细、全面。

2. 维护要求：故障分析快速、准确；处理方法正确得当；维护合乎有关标准规定。

相关知识

一、变电所(站)综合自动化的基本概念

(一) 变电所(站)的作用

在电力系统中，变电所(站)是介于发电厂和电力用户之间的中间环节。它主要完成电能的传输、电压的变换和电能分配等功能，同时也是电力系统的重要组成部分。如图 6-8 所示。

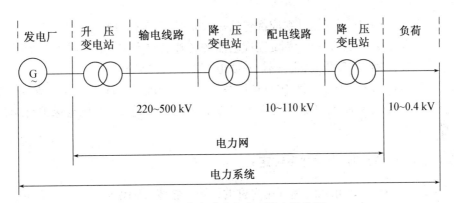

图 6-8　变电站在电力系统中的位置

(二) 变电所(站)的分类

1. **按其采用技术分类**

(1) 常规变电所(站)：采用常规设备，尤其是二次设备采用电磁型或晶体管型，没有配备综合自动化系统的变电所(站)。

(2) 综合自动化变电所(站)：安装有综合自动化系统的变电所(站)统称为综合自动化变电所(站)，简称综自变电所(站)。

采用电磁式继电保护装置的变电所(站)属于常规变电所(站),配备有综合自动化系统的变电所(站)属于综合自动化变电站。

2. 按其在电力系统中的地位和作用分类

(1) 枢纽变电所(站):位于电力系统的枢纽点,高压侧电压为330~500 kV,连接电力系统高压或中压的几个部分,汇集多个电源的变电所(站)。全所(站)一旦停电后,将引起整个系统解列,甚至使部分系统瘫痪。

(2) 中间变电所(站):指以交换潮流或使长距离输电线路分段为主,同时降低电压给所在区域负荷供电的变电所(站)。一般汇集2~3个电源,电压为220~330 kV。全所(站)一旦停电后,将引起区域电力网解列。

(3) 地区变电所(站):地区变电所(站)是一个地区或城市的主要变电所(站)。地区变电所(站)是以向地区或城市用户供电为主,高压侧一般为110~220 kV的变电所(站)。全所(站)一旦停电后,将使该地区中断供电。

(4) 终端变电所(站):终端变电所(站)是输电线路的终端,连接负荷点,直接向用户供电,高压侧电压为110 kV的变电所(站)。全所(站)一旦停电后,将使用户中断供电。

从电压等级上来说,习惯上称10 kV以下线路为配电线路,35 kV、60 kV线路为输电线路,110 kV、220 kV线路为高压线路,330 kV以上线路为超高压线路。把60 kV以下电网称为地域电网,110 kV、220 kV电网称为区域电网,330 kV以上电网称为超高压电网。把电力用户从系统所取用的功率称为负荷。另外,通常把1 kV以下的电力设备及装置称为低压设备,1 kV及以上的设备称为高压设备。

(三) 变电所(站)的组成

不管变电所(站)如何分类,其组成都包括一次系统和二次系统两大部分。

一次系统是电力系统的躯干,负责完成电能的传输、分配和电压变切换工作,包括由主变压器、母线、断路器、隔离开关、避雷器、并联电容器、互感器等设备。

二次系统是电力系统的大脑和中枢神经系统,负责完成对一次设备及其流经电能的测量、监视和故障告警、控制、保护以及开关闭锁等工作,包括测量仪表、继电保护、自动装置和远动装置等。

(四) 变电所(站)综合自动化系统定义

变电所(站)综合自动化系统是利用先进的计算机技术、现代电子技术、通信技术和信息处理技术等实现对变电所(站)二次设备(包括继电保护、控制、测量、信号、故障录波、自动装置及远动装置等)的功能进行重新组合、优化设计,对变电所(站)全部设备的运行情况执行监视、测量、控制和协调的一种综合性的自动化系统。

通过变电所(站)综合自动化系统内各设备间相互交换信息,数据共享,完成变电所(站)运行监视和控制任务。变电所(站)综合自动化替代了变电所(站)常规二次设备,简化了变电所(站)二次接线。

变电所(站)综合自动化系统是利用多台微型计算机和大规模集成电路组成的自动化系统,代替常规的测量和监视仪表,代替常规控制屏、中央信号系统和远动屏,用微机保护代替常规的继电保护,改变常规的继电保护装置不能与外界通信的缺陷。因此,变电所(站)综合自动化是自动化技术、计算机技术和通信技术等高科技在变电所(站)领域的综合应用。变电所(站)综合自动化系统可以采集到比较齐全的数据和信息,利用计算机的高速计算能力和逻辑判断功能,可方便地监视和控制变电所(站)内各种设备的运行和操作。它的出现为变电所(站)的小型化、智能化、扩大控制范围及变电所(站)安全可靠、优质经济运行提供了现代化手段和基础保证。它的应用将为变电所(站)无人值守提供强有力的现场数据采集和控制支持。

变电所(站)综合自动化建设在我国的发展历程:

(1) 全国第一套微机保护装置——1984 年华北电力大学

(2) 全国第一套分布式综合自动化系统——1994 年大庆

(3) 全国第一套就地安装保护装置——1995 年 CSL200A

(4) 全国第一套 220 kV 综合自动化变电所(站)——1996 年珠海南屏

(5) 全国第一套全下放式 220 kV 综合自动化变电所(站)——1999 年丹东

(6) 全国第一套全国产 500 kV 综合自动化变电所(站)——1999 年南昌

二、变电所(站)综合自动化系统的优越性

(一) 常规变电所(站)存在问题

1. 安全性、可靠性不能满足现代电力系统高可靠性的要求

传统的变电所(站)大多数采用常规的设备,尤其是二次设备中的继电保护和自动装置、远动装置等采用电磁型或晶体管式,结构复杂、可靠性不高,本身又没有故障自诊断的能力,只能靠一年一度的整定值校检发现问题、进行调整与检修,或必须等到保护装置发生拒动或误动后才能发现问题。

名词解释:自诊断——就是设备配置有自检程序来检验自身有没有异常或故障,如有异常或故障会发出告警。

2. 供电质量缺乏科学的保证

随着生产技术水平的不断提高,各行各业对供电质量的要求越来越高。电能质量的主要指标一是频率,二是电压,三是谐波。频率主要由发电厂调节,而合格的电压,则不单靠发电厂调节,各变电所(站)也应该通过调节分接头位置和控制无功补偿设备进行调整,使电网运行在合格范围内。但常规变电所(站)大多数不具备有载调压手段。至于谐波污染造成的危害,还没有引起足够的重视,缺乏有力的控制措施,且尚无科学的质量考核办法,不能满足目前发展电力市场的需求。

3. 不适应电力系统快速计算和实时控制的要求

现代电力系统必须及时掌握变电所(站)运行工况,采取一系列的自动控制和调节手段,才能保证电力系统优质、安全、经济运行。但常规变电所(站)不能向调度中心及时提供运行参数和一次系统的实际运行工况,变电所(站)本身又缺乏自动控制和调控手段,因此无法进行实时控制,不利于电力系统的安全、稳定运行。

4. 维护工作量大,设备可靠性差,不利于提高运行管理水平和自动化水平

常规保护装置和自动装置多为电磁型或晶体管型,其整定值必须在年度定期中停电校验,每年校验保护定值的工作量相当大,也无法实现远方修改保护或自动装置的定值。

总之,常规变电所(站)的常规保护是由各种电磁式继电器构成,靠能量转换动作,保护原理基本上由硬件实现。如变压器保护,相位校正靠外部接线实现,抵制励磁涌流靠速饱和变流器,消除不平衡电流靠平衡线圈等等。常规保护(包括电磁型和整流型)的优点是可靠性高、执行速度快,缺点是体积大、接线复杂、整定维护困难、无法实现远动功能及比较复杂的自动化功能。

后来出现了晶体管型、集成电路型保护装置,应用了先进的电子技术及控制技术,称为静止元件保护装置,其保护原理和实现方法都发生了质的飞跃,有了靠元件实现的计算能力,而且体积大大减小,自动化程度提高,但因为元器件质量和生产工艺等因素的限制而没有得到广泛应用,成为一代过渡产品。

(二) 综合自动化系统的优越性

1. 提高变电所(站)的安全、可靠运行水平

变电所(站)综合自动化系统中的各子系统,绝大多数都是由微机组成的,他们多数具有故障诊断功能。除了微机保护能迅速发现被保护对象的故障并切除故障外,有的自控装置兼有监视其控制对象工作是否正常的功能,一旦发现其工作不正常,能及时发出告警信息。更为重要的是,微机保护装置和微机型自动装置具有故障自诊断功能,这是综合自动化系统比其常规的自动装置或“四遥”装置突出的特点,可使得采用综合自动化系统的变电所(站)一、二次设备的可靠性大大提高。

2. 提高供电质量,提高电压合格率

由于在变电所(站)综合自动化系统中包括有电压、无功自动控制功能,故对于具备载调压变压器和无功补偿电容器的变电所(站),可以大大提高电压合格率,保证电力系统主要设备和各种负荷电器设备的安全,使无功潮流合理,降低网损,节约电能。

3. 简化了变电所(站)二次部分的配置

在变电所(站)综合自动化系统中,对某个电气量只需采集一次便可供系统共享。例如,微机保护、当地监控、远动不必各自独立设置采集硬件,而可以共享信息。当微机多功能保护装置兼有故障录波功能时,就可省去专用故障录波器。常规的控制屏、中央信号屏、所(站)内的主接线屏等的作用,或者利用当地计算机监控操作、显示器显示来代替,或者由远动监控操作来代替,避免了设备重复。

4. 提高电力系统的运行、管理水平

变电所(站)实现自动化后,监视、测量、记录、抄表等工作都由计算机自动完成,既提高了测量的精度,又避免了人为的主观干预。运行人员只要通过观看屏幕,就可对变电所(站)主要设备和各输、配电线路的运行工况和运行参数一目了然。综合自动化系统具有与上级调度通信功能,可将检测到的数据及时送往调度中心,使调度员能及时掌握各变电所(站)的运行情况,也能对它进行必要的调节与控制,且各种操作都有事件顺序记录可供查阅,大大提高运行管理水平。

5.减少维护工作量,减少值班员劳动量

由于综合自动化系统中,各子系统有故障自诊断功能,系统内部有故障时能自检出故障部位,缩短了维修时间。微机保护和自动装置的定值又可在线读出检查,可节约定期核对定值的时间。而监控系统的抄表、记录自动化,值班员可不必定时抄表、记录。如果配置了与上级调度的通信功能,能实现遥测、遥信、遥控、遥调,则完全可实现无人值班,达到减人增效的目的。

总之,综合自动化变电所(站)的微机保护是以微处理机作为基本的实现手段和方法,通过快速数字处理实现故障诊断、出口、通信以及更为复杂的保护功能,有长记忆特性和强大的数据处理能力。其优点是功能完善、使用及维护方便、智能化程度高、体积小、适应一次系统灵活性大。可以说微机保护将逐渐取代常规保护而成为当今电力自动化行业的主流产品。

名词解释:遥测——指运用通信技术传输所测变量之值。如从后台机、电调显示的电流、电压值等。

遥信——指对状态信息的远程监视。如可以从后台机、电调监视开关、手车的分合状态等。其状态作为一个信号量来对待。

遥控——指具有两个确定状态的运行设备进行的远程操作。如可以在后台机操作断路器。由于后台机在主控室、断路器在高压室,所以叫远程操作(遥控操作)。

遥调——指对具有不少于两个设定值的运行设备进行的远程操作。如可以在后台机远程操作变压器有载调压分接头的挡位。

(三) 综自变电所(站)与常规变电所(站)的综合对比

近几年我厂已新建或改扩建了一批综自变电所(站),正处于综自变电所(站)与常规变电所(站)共同运行时期,通过对综合自动化系统的应用,运行人员发现综自变电所(站)与常规变电所(站)相比,有着无可比拟的优越性,下面以举例的方式从变电所(站)的硬件设施和运行维护方面进行综合对比。

1.硬件设施方面

表6-1　综自变电所(站)与常规变电所(站)的硬件设施方面对比

具备功能	常规变电所(站)(常规保护)		综自变电所(站)(微机保护)	
继电保护		采用电磁型继电器。结构复杂,可靠性不高,故障时只能被动发现,没有自检功能。		采用微机继电保护装置。体积小,保护配置全,具有强大的逻辑判断和计算能力,性能稳定,可靠性高。
中央信号		采用中央信号屏,直观、易识别,但信号单一,故障信息不能保存。		后台机实时告警:具备语音、画面、文字三重报警,信息全面,利于综合判断,可保存故障信息。

(续表)

具备功能	常规变电所(站)(常规保护)		综自变电所(站)(微机保护)	
二次接线		接线复杂,标识混乱,难于维护。		接线简单,标识清晰,维护简单。
网络通信		无此功能。		可实现微机保护装置与后台机的通信,并通过远动装置实现与电力调度的通信功能。
记录事故数据		无此功能。		有事故录波功能,可以将事故前后的相关数据和波形记录下来,便于以后分析。
高压开关柜		老式开关柜操作不方便,不带防爆功能。		新型开关柜操作简便,具备防爆功能。
自动及智能装置		配备较少功能,不完善。		配备完善的自动及智能装置,可靠性高。

（续表）

具备功能	常规变电所(站)(常规保护)		综自变电所(站)(微机保护)	
直流 系统	!	不能自动调节母线电压,没有在线监控功能。		可以自动调节母线电压,具备在线监控功能。

2. 运行管理方面

表 6 - 2　综自变电所(站)与常规变电所(站)的运行管理方面对比

具备功能	常规变电所(站)(常规保护)		综自变电所(站)(微机保护)	
倒闸 操作		只能就地操作。		提供就地操作或通过后台机远方操作,方式灵活,安全性高。
负荷监测 与记录		通过观看指针式表计,手工抄表,精度低,费时费力。		系统自动记录各类实时和历史数据,可通过报表和曲线查看,抄表等工作可由计算机自动完成,精度高。
保护定 值查看	!	不能在继电器上直接查看。		可随时查看保护定值和软压板状态。
测量和 监视仪表		不直观,读取时需注意刻度值,误差较大。		直观可直接读数误差小。

三、变电所(站)综合自动化的主要内容和特点

(一) 变电所(站)综合自动化的主要内容

变电所(站)综合自动化的内容应包括：

(1) 变电所(站)电气量的采集和电气设备(如断路器等)的状态监视、控制和调节。

(2) 通过变电所(站)综合自动化技术，实现变电所(站)正常运行的监视和操作，保证变电所(站)的正常运行和安全。

(3) 当发生事故时，由继电保护和故障录波等完成瞬态电气量的采集、监视和控制，并迅速切除故障，完成事故后的恢复操作。

对 110 kV 及以下电压等级变电所(站)，以提高供电安全与供电质量，改进和提高用户服务水平为重点。采用自动化系统，利用现代计算机和通信技术，对变电所(站)的二次设备进行全面的技术改造，取消常规的保护、监视、测量、控制屏，实现综合自动化，以全面提高变电所(站)的技术水平和运行管理水平，并提供变电所(站)无人值班的硬件支持。

此外，变电所(站)综合自动化的内容还应包括监视高压电器设备本身的运行(如断路器、变压器和避雷器等的绝缘和状态监视等)，并将变电所(站)所采集的信息传送给电力调度，以便为电气设备监视和制订检修计划提供原始数据。

变电所(站)实现综合自动化的基本目标是提高变电所(站)的技术水平和管理水平，提高电网和设备的安全、可靠、稳定运行水平，降低运行维护成本，提高供电质量，并促进配电系统自动化。

(二) 变电所(站)综合自动化的特点

变电所(站)综合自动化就是通过监控系统的局域网通信，将微机保护、微机自动装置、微机远动装置采集的模拟量、开关量、状态量、脉冲量及一些非电量信号，经过数据处理及功能的重新组合，按照预定的程序和要求，对变电所(站)实现综合性的监视和调度。因此，综合自动化的核心是自动监控系统，而综合自动化的纽带是监控系统的局域通信网络，它把微机继电保护、微机自动装置、微机远动功能综合在一起形成一个具有远方功能的自动监控系统。变电所(站)综合自动化系统最明显的特征表现在以下几个方面：

1. 功能综合化

变电所(站)综合自动化技术是在微机技术、数据通信技术、自动化技术基础上发展起来的。综合自动化系统是个技术密集、多种专业技术相互交叉、相互配合的系统。它综合了变电所(站)除一次设备和交、直流电源以外的全部二次设备。在综合自动化系统中，微机监控系统综合了变电所(站)的仪表屏、操作屏、模拟屏、变送器屏、中央信号系统的功能，远动的 RTU 功能及电压和无功补偿自动调节功能；微机保护(和监控系统一起)综合了故障录波、故障测距、小电流接地选线、自动按频率减负荷、自动重合闸等自动装置功能。上述综合自动化的综合功能是通过局域网各微机系统软、硬件的资源共享形成的，因此对微机保护和自动装置提出了更高的自动化要求。

2. 分级分布式、微机化的系统结构

综合自动化系统内各子系统和各功能模块由不同配置的单片机或微型计算机组成,采用分布式结构,通过网络、总线将微机保护、数据采集、控制等各子系统联接起来,构成一个分级分布式的系统。一个综合自动化系统可以有十几个甚至几十个微处理器同时并行工作,实现各种功能。

3. 测量显示数字化

长期以来,变电所(站)采用指针式仪表作为测量仪器,其准确度低、读数不方便。采用微机监控系统后,彻底改变了原来的测量手段,常规指针式仪表全被显示器上的数字显示所代替,直观、明了。而原来的人工抄表记录则完全由打印机打印的报表所代替,这不仅减轻了值班员的劳动,而且提高了测量精度和管理的科学性。

4. 操作监视屏幕化

变电所(站)实现综合自动化,不论是有人值班,还是无人值班,操作人员在变电所(站)内,还是在主控所(站)或调度室内,面对显示器,可对变电所(站)的设备和输电线路进行全方位的监视与操作。常规庞大的模拟屏被显示器上的实时主接线画面取代;常规在断路器安装处或控制屏上进行的分、合闸操作,被显示器上的鼠标操作或键盘操作所代替;常规的光字牌报警信号,被显示器画面闪烁和文字提示或语音报警所取代,即通过计算机上的显示器,可以监视全变电所(站)的实时运行情况和对各开关设备进行操作控制。

5. 运行管理智能化

变电所(站)综合自动化的另一个最大特点是运行管理智能化。智能化的含义不仅是能实现许多自动化的功能,例如:电压、无功自动调节,不完全接地系统单相接地自动选线,自动事故判别与事故记录,事件顺序记录,报表打印,自动报警等,更重要的是能实现故障分析和故障恢复操作智能化;而且能实现自动化系统本身的故障自诊断、自闭锁和自恢复等功能,这对于提高变电所(站)的运行管理水平和安全可靠性是非常重要的,也是常规的二次系统所无法实现的。常规的二次设备只能监视一次设备,而本身的故障必须靠维护人员去检查,本身不具备自诊断能力。

总之,变电所(站)实现综合自动化可以全面地提高变电所(站)的技术水平和运行管理水平,使其能适应现代化大电力系统运行的需要。

(三) 变电所(站)自动化系统的优点

(1) 控制和调节由计算机完成,减轻了劳动强度,避免了误操作。

(2) 简化了二次接线,整体布局紧凑,减少了占地面积,降低变电所(站)建设投资。

(3) 通过设备监视和自诊断,延长了设备检修周期,提高了运行可靠性。

(4) 变电所(站)综合自动化以计算机技术为核心,提供了很大发展、扩充余地。

(5) 减少了人的干预,因而人为事故大大减少。

四、变电所(站)综合自动化系统的配置和硬件结构

(一)变电所(站)综合自动化系统的配置结构

变电所(站)自动化采用自动控制和计算机技术实现变电所(站)二次系统的部分或全部功能。为达到这一目的,满足电网运行对变电所(站)的要求,变电所(站)自动化系统体系结构如图6-9所示。

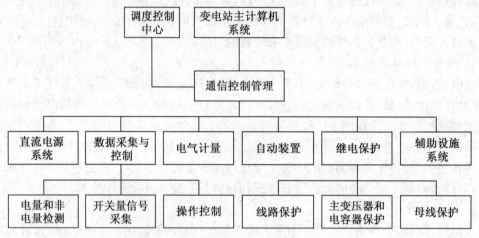

图6-9 变电所(站)综合自动化体系结构图

"数据采集和控制""继电保护""直流电源系统"三大块构成变电所(站)自动化基础。

"通信控制管理"是桥梁,联系变电所(站)内各部分之间、变电所(站)与调度控制中心,使之得以相互交换数据。

"变电所(站)主计算机系统"对整个自动化系统进行协调、管理和控制,并向运行人员提供变电所(站)运行的各种数据、接线图、表格等画面,使运行人员可远方控制开关分合,还提供运行和维护人员对自动化系统进行监控和干预的手段。变电所(站)主计算机系统代替了很多过去由运行人员完成的简单、重复、烦琐的工作,如收集、处理、记录和统计变电所(站)运行数据和变电所(站)运行过程中所发生的保护动作、开关分合闸等重要事件。其还可按运行人员的操作命令或预先设定执行各种复杂的工作。通信控制管理连接系统各部分,负责数据和命令的传递,并对这一过程进行协调、管理和控制。

同常规变电所(站)电磁式二次系统相比,在体系结构上变电所(站)自动化系统增添了变电所(站)主计算机系统和通信控制管理两部分;在二次系统具体装置和功能实现上,计算机化的二次设备代替和简化了非计算机设备,数字化的处理和逻辑运算代替了模拟运算和继电器逻辑;在信号传递上,数字化信号传递代替了电压、电流模拟信号传递。

数字化使变电所(站)自动化系统比变电所(站)常规二次系统数据采集更为精确、传递更为方便、处理更为灵活、运行更为可靠、扩展更为容易。

例如,在常规电磁式二次系统变电所(站)里,运行人员通过查看模拟仪表的指针偏转角度来获取变电所(站)运行数据,如母线电压、线路功率等,其误差较大。不同的人站在不同

的角度观察,会得出不同的数据。而采用变电所(站)自动化技术,直接用数字表示各种测量值后,就没有上述现象。又如,继电保护异常和动作信号通过保护装置的信号继电器的触点传递给中央信号系统,所表达的内容非常简单,只能是"发生"或"未发生"。若要监测多项信号,则需要继电保护装置提供更多辅助触点,增加接线。采用微机保护后,利用计算机通信技术,仅用一根通信电缆便可得到保护各种状态以及测量值、定值等等。

(二) 变电所(站)综合自动化的结构模式

变电所(站)综合自动化的结构模式主要有集中式、集中分布式和分层分布式三种。

1. 集中式结构

集中式一般采用功能较强的计算机并扩展其 I/O 接口(输入输出接口),集中采集、集中处理计算,甚至将保护功能也集中做在一起。其系统结构如图 6-10 所示。这种方式提出得较早,其可靠性差,功能有限。

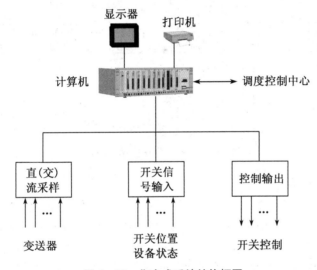

图 6-10 集中式系统结构框图

注:集中式结构就像把变电所(站)6 kV 所有分盘的保护和测控任务集中用一台(或两台)计算机来完成。可想而知,如果这台计算机有故障,则将影响其所带所有设备的保护和测控功能。

2. 集中分布式结构

集中分布式结构的最大特点是将变电所(站)自动化系统的功能分散给多台计算机来完成。如图 6-11 所示。

分布式模式一般按功能设计,采用主从 CPU 系统工作方式,多 CPU 系统提高了处理并行多发事件的能力,解决了 CPU 运算处理的瓶颈问题。分布式结构方便系统扩展和维护,局部故障不影响其他模式正常运行。该模式在安装上可以形成集中组屏或分层组屏两种系统组态结构,较多地使用于中、低压变电所(站)。

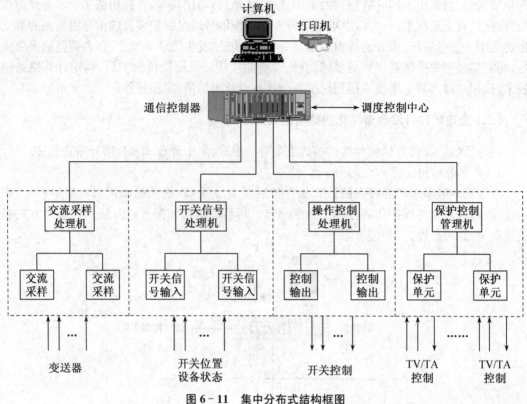

图 6-11 集中分布式结构框图

3. 分层分布式结构

分层分布式结构系统从逻辑上将变电所(站)自动化系统划分为两层,即变电所(站)层和间隔层。也可分为三层,即变电所(站)层(站控层)、通信层(网络层)和间隔层。目前常用的为三层式结构,如图 6-12 所示。

该系统的主要特点是按照变电所(站)的元件,断路器设计间隔进行设计。将变电所(站)一个断路器间隔(即一个分盘)所需要的全部数据采集、保护和控制等功能集中由一个或几个智能化的测控单元完成。测控单元可直接放在断路器柜上或安装在断路器间隔附近,相互之间用光缆或特殊通信电缆连接。这种系统代表了现代变电所(站)自动化技术发展的趋势,大幅度地减少了连接电缆,减少了电缆传送信息的电磁干扰,且具有很高的可靠性,比较好地实现了部分故障不相互影响,方便维护和扩展。

分层分布式的特点:继电保护相对独立,且具有与系统控制中心通信功能和模块化结构,所以可靠性高。其优点是便于设计和安装调试、管理。

分层分布式与集中相结合的结构形式:按每个电网元件(一条出线、一台变压器等)为对象,集测量、保护、控制为一体,设计在一个机箱内,安装在各个开关柜上。由监控主机通过网络对他们进行管理和交换信息。但主变压器和高压线路保护装置仍集中组屏安装在控制室内。因此称为分布和集中相结合的结构,是当前综合自动化系统的主要结构形式。其特点是:

（1）10～35 kV 馈线保护采用分散式结构，就地安装，节约控制电缆。通过现场总线与保护管理机交换信息。

（2）重要保护集中安装在控制室内，对其可靠性较为有利。

（3）其他自动装置（低周减载，备自投，无功综合控装置）采用集中组屏。

（4）减少电缆，减少占地面积。

（5）组态灵活，检修方便。

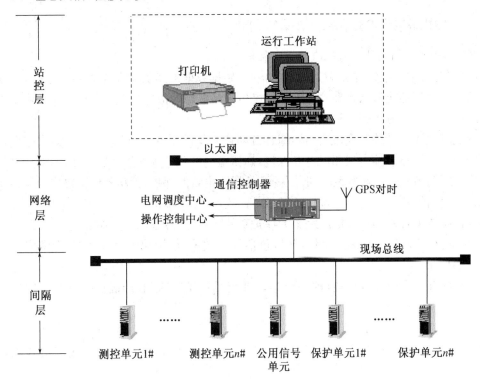

图 6-12　分层分布式结构框图

分层分布式结构的主要优点：

（1）间隔级控制单元的自动化、标准化使系统适用率较高。

（2）包含间隔级功能的单元直接定位在变电所（站）的间隔上。

（3）逻辑连接到组态指示均可由软件控制。

（4）简化了变电所（站）二次部分的配置，大大缩小了控制室的面积。

（5）简化了变电所（站）二次设备之间的互连线，节省了大量连接电缆。

（6）分布分散式结构可靠性高，组态灵活，检修方便。

五、变电所（站）综合自动化系统的基本功能

变电所（站）综合自动化系统的基本功能从国内外多年实践经验所形成的意见来看，可归纳为控制与监视功能、自动控制功能、测量表计功能、继电保护功能、与继电保护有关功能、接口功能、系统功能等 7 种功能。

变电所(站)综合自动化是多专业性的综合技术,它以微型计算机为基础,实现了对变电所(站)传统的继电保护、控制方式、测量手段、通信和管理模式的全面技术改造,实现了电网运行管理的一次变革。仅从变电所(站)自动化系统的构成和所完成的功能来看,它是将变电所(站)的监视控制、继电保护、自动控制装置和远动等所要完成的功能组合在一起,通过计算机硬件、模块化软件和数据通信网构成一个完整的系统。因此,其功能可以从以下几个方面来说明。

(一) 微机继电保护的功能

微机保护:是利用计算机构成的继电保护。

微机保护测控装置:是以微处理器为核心,根据数据采集系统所采集到的电气系统实时状态数据。按照给定算法来监测电力系统是否发生故障及故障的性质、范围等,并由此做出是否跳闸或报警等判断的一种安全装置。

微机继电保护功能是变电所(站)综合自动化系统的最基本、最重要的功能。它包括变电所(站)的主设备和输电线路的全套保护:高压输电线路的主保护和后备保护;变压器的主保护、后备保护以及非电量保护;母线保护;低压配电线路保护;无功补偿装置如电容器组保护;所用变保护等。

各保护单元,除应具备独立、完整的保护功能外,还应具备以下附加功能:

(1) 具有事件记录功能。事件记录,包括发生故障、保护动作出口、保护设备状态等重要事项的记录。

(2) 具有与系统对时功能(即 GPS),以便与系统统一时间,准确记录各种事件发生的时间。

(3) 存储多套保护定值。

(4) 具备当地人机接口功能。不仅可显示保护单元各种信息,且可通过它修改保护定值。

(5) 具备通信功能。提供必要的通信接口,支持保护单元与计算机系统通信协议。

(6) 故障自诊断功能。通过自诊断,及时发现保护单元内部故障并报警。对于严重故障,在报警的同时,应可靠闭锁保护出口。

(7) 各保护单元满足功能要求的同时,还应满足保护装置快速性、选择性、灵敏性和可靠性要求。

(二) 运行监视和控制功能

运行监视和控制相当于正常的监视和控制,取代常规的测量系统,指针式仪表、常规的操作机构和模拟盘,以计算机显示和处理取代常规的告警、报警、中央信号、光字牌等;取代常规的远动装置等等。其功能应包括以下几部分内容:

1. 数据采集的功能

数据采集是变电所(站)自动化系统得以执行其他功能的基础。变电所(站)的数据采集有两种:

(1) 变电所(站)原始数据采集。原始数据指直接来自一次设备,如电压互感器(PT)、电流互感器(CT)电压电流信号、变压器温度以及开关辅助触点、一次设备状态信号。变电所(站)的原始数据包括:模拟量、开关量和电能量。

(2) 变电所(站)自动化系统内部数据交换或采集。典型的如电能量数据、直流母线电压信号、保护动作信号等。这种方式,在变电所(站)自动化系统中,已基本上被计算机通信方式所替代,或者说,可以看作系统内数据交换。

注:通俗地说,变电所(站)自动化系统内部数据交换或采集是建立在原始数据采集的基础上,是对原始数据进行相关计算或逻辑判断后所得到的数据。如:电能量=电流×电压×系数等。

变电所(站)的数据包括模拟量、开关量和电能量。

(1) 模拟量的采集。变电所(站)需采集的模拟量有:各段母线电压、线路电压、电流、有功功率、无功功率,主变压器电流、有功功率和无功功率,电容器的电流、无功功率、馈出线的电流、电压、功率以及频率、相位、功率因数等。另外,还有少量非电量,如变压器温度等。

模拟量采集有交流和直流采样两种形式。交流采样,即来自PT,CT的电压、电流信号不经过变送器,直接接入数据采集单元。直流采样是将外部信号,如交流电压、电流,经变送器转换成适合数据采集单元处理的直流电压信号后,再接入数据采集单元。在变电所(站)综合自动化系统中,直流采样主要用于变压器温度、气体压力等非电量数据的采集。

(2) 开关量的采集。变电所(站)的开关量有断路器的状态、隔离开关状态、有载调压变压器分接头的位置、同期检测状态、继电保护动作信号、运行告警信号等,这些信号都以开关量的形式,通过光电隔离电路输入至计算机。

(3) 电能量的采集。电能计量是对电能(包括有功和无功电能)的采集,并能实现分时累加、电能平衡等功能。

2. 安全监视功能

监控系统在运行过程中,对采集的电流、电压、主变压器温度、频率等量,要不断进行越限监视,如发现越限,立刻发出告警信号,同时记录和显示越限时间和越限值,另外还要监视保护装置是否失电,自动控制装置工作是否正常等。

3. 事件顺序记录(Sequence of Events, SOE)

包括断路器跳合闸记录、保护动作顺序记录。微机保护或监控系统采集环节必须有足够的内存,能存放足够数量或足够长时间段的事件顺序记录,确保当后台监控系统或远方集中控制主所(站)通信中断时,不丢失事件信息,并应记录事件发生的时间(应精确至毫秒级)。

4. 故障记录、故障录波和测距

(1) 故障录波与测距。110 kV 及以上的重要输电线路距离长、发生故障影响大,必须尽快查找出故障点,以便缩短修复时间,尽快恢复供电,减少损失。设置故障录波和故障测距是解决此问题的最好途径。变电所(站)的故障录波和测距可采用两种方法实现,一是由微机保护装置兼作故障记录和测距,再将记录和测距的结果送监控机存储及打印输出或直接送调度主所(站),这种方法可节约投资,减少硬件设备,但故障记录的量有限;另一种方法是采用专用的微机故障录波器,并且故障录波器应具有串行通信功能,可以与监控系统通信。

（2）故障记录。35 kV、10 kV 和 6 kV 的配电线路很少专门设置故障录波器，为了分析故障的方便，可设置简单故障记录功能。

故障记录是记录继电保护动作前后与故障有关的电流量和母线电压，故障记录量的选择可以按以下原则考虑：如果微机保护子系统具有故障记录功能，则该保护单元的保护启动同时，便启动故障记录，这样可以直接记录发生事故的线路或设备在事故前后的短路电流和相关的母线电压的变化过程；若保护单元不具备故障记录功能，则可以采用保护启动监控和数据采集系统，记录主变压器电流和高压母线电压。记录时间一般可考虑保护启动前 2 个周波（即发现故障前 2 个周波）和保护启动。后 10 个周波以及保护动作和重合闸等全过程的情况，在保护装置中最好能保存连续 3 次的故障记录。

对于大量中、低压变电所（站），没有配备专门的故障录波装置，而 10 kV 出线数量大、故障率高，在监控系统中设置了故障记录功能，对分析和掌握情况、判断保护动作是否正确很有益处。

5. 操作控制功能

无论是无人值班还是少人值班变电所（站），操作人员都可通过后台机显示屏对断路器和隔离开关（断路器和隔离开关必须配备有电动操动机构）进行分、合操作，对变压器分接开关位置进行调节控制，对电容器进行投、切控制，同时要能接受遥控操作命令，进行远方操作；为防止计算机系统故障时无法操作被控设备，在设计时，应保留人工直接跳、合闸手段（指就地操作）。

断路器操作应有闭锁功能，操作闭锁应包括以下内容：

（1）断路器操作时，应闭锁自动重合闸。

（2）当地进行操作和远方控制操作要互相闭锁，保证只有一处操作。

（3）根据实时信息，自动实现断路器与隔离开关间的闭锁操作。

（4）无论当地操作或远方操作，都应有防误操作的闭锁措施，即要收到返校信号，才执行下一项，必须有对象校核、操作性质校核和命令执行三步，以保证操作的正确性。

6. 人机联系功能

（1）人机联系桥梁。包括显示器、鼠标和键盘等。变电所（站）采用微机监控系统后，最大的特点之一是操作人员或调度员只要面对显示器的屏幕，通过操作鼠标或键盘，就可对全所（站）的运行工况和运行参数一目了然，可对全所（站）的断路器和隔离开关等进行分、合操作，彻底改变了传统的依靠指针式仪表和依靠模拟屏或操作屏等手段的操作方式。

（2）后台机显示画面的内容。作为变电所（站）人机联系的主要桥梁和手段的显示器，不仅可以取代常规的仪器、仪表，而且可实现许多常规仪表无法完成的功能。它可以显示的内容归纳起来有以下几方面：

① 显示采集和计算的实时运行参数（实时数据）。监控系统所采集和通过采集信息所计算出来的 U、I、P、Q、$\cos\varphi$、有功电能、无功电能及主变压器温度（T）、系统频率（f）等，都可在后台机显示器的屏幕上实时显示出来。

② 显示实时主接线图。主接线图上断路器和隔离开关的位置要与实际状态相对应。进行断路器或隔离开关的操作时，在所显示的主接线图上，对所要操作的对象应有明显的标记（如闪烁等）。各项操作都应有汉字提示。同时在主接线图的显示画面上应显示出日期和

时间(年、月、日、时、分、秒)。

③ 事件顺序记录显示。显示所发生的事件内容及发生事件的时间。

④ 越限报警显示。显示越限设备名称、越限值和发生越限的时间。

⑤ 历史趋势显示。显示主变压器负荷曲线、母线电压曲线等。

⑥ 保护定值和自控装置的设定值显示。

⑦ 其他。包括故障记录显示、设备运行状况显示等。

7. 输入数据

变电所(站)投入运行后,随着负荷量的变化,保护定值、越限值等需要修改,甚至由于负荷的增长,需要更换原有的设备,例如更换 CT 等。所以在人机联系中,必须有输入数据的功能。需要输入的数据至少有以下几种内容:

(1) PT 和 CT 变比。

(2) 保护定值和越限报警定值。

(3) 自动装置的设定值。

(4) 运行维护人员密码。

8. 打印功能

对于有人值班的变电所(站),监控系统可以配备打印机,完成以下打印记录功能:① 定时打印报表和运行日志;② 开关操作记录打印;③ 事件顺序记录打印;④ 越限打印;⑤ 召唤打印;⑥ 抄屏打印(打印显示屏上所显示的内容);⑦ 事故追忆打印。运行人员可根据需要选择打印内容。

9. 数据处理与记录功能

监控系统除了完成上述功能外,数据处理和记录也是很重要的环节。历史数据的形成和存储是数据处理的主要内容。此外,为满足继电保护专业和变电所(站)管理的需要,必须进行一些数据统计,其内容包括:① 主变和输电线路有功和无功功率每天的最大值和最小值以及相应的时间;② 母线电压每天定时记录的最高值和最低值以及相应的时间;③ 计算受配电电能平衡率;④ 统计断路器动作次数;⑤ 断路器切除故障电流和跳闸次数的累计数;⑥ 控制操作和修改定值记录。

10. 谐波分析与监视

保证电力系统的谐波在国标规定的范围内,也是电能质量的重要指标。随着非线性器件和设备的广泛应用,电气化铁路的发展和家用电器的不断增加,电力系统的谐波含量显著增加,并且有越来越严重的趋势。目前,谐波"污染"已成为电力系统的公害之一。主要表现在:谐波使电能的生产、传输和利用的效率降低,使电气设备过热、产生振动和噪声,并使绝缘老化,使用寿命缩短,甚至发生故障或烧毁。谐波可引起电力系统局部并联谐振或串联谐振,使谐波含量放大,造成电容器等设备烧毁。谐波还会引起继电保护和自动装置误动作,使电能计量出现混乱。对于电力系统外部,谐波对通信设备和电子设备会产生严重干扰。

因此,在变电所(站)自动化系统中,要重视对谐波含量的分析和监视。对谐波污染严重的变电所(站)采取适当的抑制措施,降低谐波含量,是一个不容忽视的问题。

名词解释:实时数据——指在线运行时实时记录和监视的物理量。

历史数据——指在线运行时按规定的间隔或时间点记录的物理量。在变电所(站)中历史数据指按指定时间间隔或特殊要求保存下来的运行实时数据、各记录和报表、曲线等。

六、变电所(站)综合自动化系统的通信

通信是变电所(站)综合自动化系统非常重要的基础功能,也是综合自动化变电所(站)区别于常规所(站)最明显的标志之一。借助于通信,各间隔中保护测控单元、变电所(站)后台机、智能装置、电力调度得以相互交换信息和信息共享,提高了变电所(站)运行的可靠性,减少了连接电缆和设备数量,实现变电所(站)远方监视和控制。

变电所(站)综合自动化的主要目的不仅仅是用以微机为核心的保护和控制装置来替代变电所(站)内常规的保护和控制装置,关键在于实现信息交换。通过控制和保护互连、相互协调,允许数据在各功能块之间互相交换,可以提高它们的性能。通过信息交换,互相通信,实现信息共享,提供常规的变电所(站)二次设备所不能提供的功能,减少变电所(站)设备的重复配置,简化设备之间的互连,从整体上提高变电所(站)自动化系统的安全性和经济性,从而提高整个电网的自动化水平。因而,在综合自动化系统中,网络技术、通信协议标准、分布式技术、数据共享等问题,必然成为综合自动化系统的关键问题。

(一) 变电所(站)综合自动化系统通信的基本概念

通信,是在信息源和受信者之间交换信息。信息源,指产生和发送信息的地方,如保护、测控单元。受信者,指接收和使用信息的地方,如计算机监控系统、远动系统等。

它传送数据的目的不仅是为了交换数据,更主要是为了利用计算机来处理数据。可以说它是将快速传输数据的通信技术和数据处理、加工及存储的计算机技术相结合,从而给用户提供及时准确的数据。

变电所(站)自动化通信主要涉及以下几个方面的内容:

(1) 各保护测控单元与变电所(站)计算机系统通信。

(2) 各保护测控单元之间相互通信。

(3) 变电所(站)自动化系统与电网自动化系统通信。

(4) 其他智能电子设备 IED 与变电所(站)计算机系统通信。

(5) 变电所(站)计算机系统内部计算机间相互通信。

(二) 通信系统的构成

通信系统的构成有:通信介质、通信接口、通信控制器、通信规约等,如图 6-13 所示。

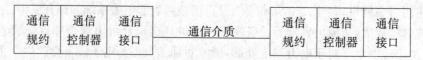

图 6-13 通信系统的构成

1. 通信介质

为通信信号提供传输路径。有双绞线、同轴电缆、光纤等。

2. 通信接口

为特定形式的通信提供信号转换。如 RS－485 接口、光纤接口、无线通信接口等。
综合自动化系统常用的通信接口标准主要有：通用串行通信接口、现场总线、以太网。
通用串行通信接口：RS－232、RS－485、RS－422 等。

3. 现场总线

WorldFip、CanBus、LonWork 等。
以太网：双绞线以太网、光纤以太网、同轴电缆以太网等。

4. 通信控制器

基本功能：数据收发、串并转换
扩展功能：链路访问控制
通用通信控制器：只实现基本功能，通用性好，广泛地用于 RS－485/RS－232 通信。
专用通信控制器：集基本功能与扩展功能于一体，通信能力提高了，但通用性降低了，如以太网、现场总线的通信控制器就属于此类。

5. 通信规约

为通信双方定义收信发信协议和数据包格式。如远动规约、保护规约、电度表规约等。
例如电力系统输送电能，电线就是传输介质，接线方式 Y/△（即一端接成星形，另一端接成三角形）或 Y/Y 连接就是通信接口，变压器就是通信控制器（即把星形接线转换为三角形接线），输送电能的电压、频率、波形等就是通信规约。

（三）变电所(站)综合自动化系统的网络连接

目前综合自动化系统所采用的均为分层分布式结构，站控层、间隔层之间的数据通信由网络层来实现，即网络层是站控层与间隔层的数据传输通道。

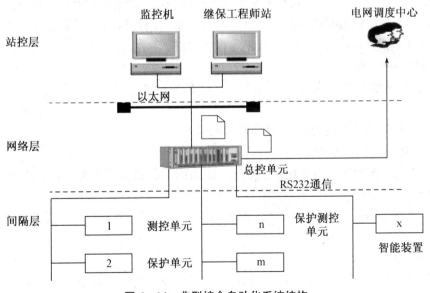

图 6－14　典型综合自动化系统结构

1. 站控层的网络连接

首先应该明确,变电站站控层的后台机、继保工程师站等计算机所构成的是一个小型的局域网。

名词解释:局域网——是把多台小型、微型计算机以及外围设备用通信线路互连起来,并按照网络通信协议实现通信的系统。在该系统中,各计算机既能独立工作,又能交换数据进行通信。构成局域网的四大因素是网络的拓扑结构、传输介质、传输控制和通信方式。

我厂用到的综合自动化系统的站控层网络一般采用以太网结构。即由以太网构成的局域网。根据配置不同,可以分为单网和双网,如图 6-15 所示。单网结构简单,可靠性比双网结构低,多用于中小型 110 kV 以下变电所(站)。双网结构在 A 网故障时,后台机可以由 B 网继续进行通信,可靠性高,多用于 110 kV 及以上变电所(站)。

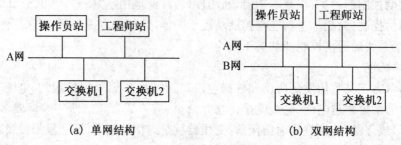

(a) 单网结构　　　　　　　　　　　(b) 双网结构

图 6-15　站控层单、双网结构

注:以太网具有传输数据容量大、速度快的优点,目前传输速率为 10 M/100 M,因此实时性很高,可以满足变电所(站)自动化系统的通信要求。同时采用以太网可以简化网络接线,方便设计和施工。

例如:中平能化集团月台站、平宝站综自系统站控层网络采用双网结构,同时也是双机,其余各变电站采用单网结构。在实际工作中,应会从网络结构图看网络结构是单网还是双网,是单机还是双机,各保护测控装置、网络设备、微机等设备如何连接。

2. 间隔层的网络连接

间隔层的网络主要完成对各电气单元之间的实时数据采集、处理、控制量的输出等功能。

根据其设备不同,采用的网络方式也不尽相同。

(1) 直接接入以太网方式

该方式是将微机保护测控单元直接接入以太网进行通信。该种方式的优点是结构简单、数据传送速度较快。

例如:蒲城变电站 35 kV、6 kV 微机保护测控单元(许继 WXH-820 系列)就是直接接入以太网方式。

(2) 现场总线方式

现场总线是应用在生产现场,在微机化测量控制设备之间实现双向串行多节点数字通信的系统,也被称为开放式、数字化、多点通信的底层控制网络。

WorldFIP 现场总线,是现场总线技术中的一种,具有通信速度快、通信距离远、介质冗余以及良好的抗电磁干扰能力,是变电所(站)自动化系统中一种十分理想的通信方式。

WorldFip 现场总线的特点:

① 通信速率高,距离长;

② 通信效率高,实时性强;

③ 通信可靠性高;

④ 通信接口不易损坏。

例如:蒲城站 35 kV、6 kV 微机保护测控单元就是采用 WorldFIP 现场总线技术,与 NWJ－801A 智能网关智能网关相连,并由网关向站控层转发,同时接收来自站控层的各种操作命令。

(四) 变电所(站)综合自动化系统常用的网络设备

变电所(站)综合自动化系统常用的网络设备:网卡、交换机、调制解调器、规约转换器、RTU、双绞线等,如图 6－16 所示。

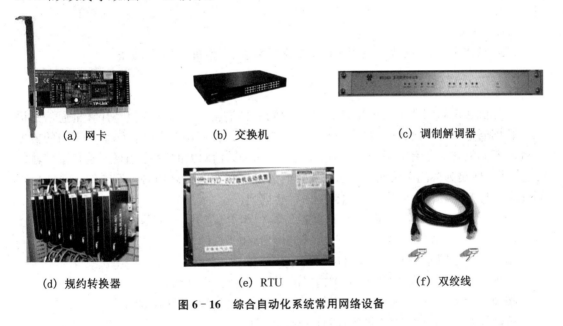

(a) 网卡　　　　　　(b) 交换机　　　　　　(c) 调制解调器

(d) 规约转换器　　　　　(e) RTU　　　　　　(f) 双绞线

图 6－16　综合自动化系统常用网络设备

1. 网卡

网卡又称网络适配器,用于实现联网计算机和网线之间的物理连接,为计算机之间相互通信提供一条物理通道,并通过这条通道进行高速数据传输。

2. 交换机

是在通信系统中完成信息交换功能的设备。简单地说交换机可以使所连接的终端设备(如后台机、网络打印机等)实现同时进行高速数据传输的功能。

3. 调制解调器(Modem)

计算机在发送数据时,先由 Modem 把数字信号转换为相应的模拟信号,这个过程称为"调制"。经过调制的信号通过电话载波传送到另一台计算机之前,也要经由接收方的

Modem 负责把模拟信号还原为计算机能识别的数字信号,这个过程称"解调"。调制解调器正是通过这样一个"调制"与"解调"的数模转换过程,从而实现了两台计算机之间的远程通信。

4. 规约转换器(智能网关)

其主要功能为后台计算机与保护装置、其他智能设备之间的接口转换及规约转换。可以支持多种通信接口和多种通信协议。

注:由于微机保护装置、其他智能设备等使用的语言(协议)和监控系统使用的语言(协议)不同,无法进行直接通信,规约转换如同一名翻译,把各类装置所使用的语言(协议)翻译为监控系统能看得懂的语言。

5. 电力远动装置(RTU)

电力远动装置是一种计算机智能化的产品,可广泛应用于电网调度自动化监控系统、变电所(站)综合自动化系统,负责采集所在变电所(站)电力运行状态的模拟量和状态量,监视并向调度中心传送这些模拟量和状态量,执行调度中心发往所在变电所(站)的控制和调度命令。

6. 双绞线

就是平常所说的"网线",用于连接微机保护装置、交换机、网关等设备。

(五) 通信规约

计算机通信如同两个人相互交流,必须说同一种语言。通信规约就是计算机通信的语言。数据通信中,计算机间传输的是一组二进制"0""1"代码串。这些代码串在不同的位置可能有不同的含义。有的用于传输中的控制,有的是通信双方的地址,有的是通信要传输的数据,还有些是为检测差错而附加上的监督码元。这些在通信之前必须双方约定。通信规约定义为控制计算机之间实现数据交换的一套规则。

例如:英语和法语都用到了 26 个英文字母,但组合成的同一个单词其含义可能各不相同,规约就是定义这个单词含义的规则,并进行相应的"翻译"。

电力系统常用通信规约主要有以下几种。

按规约来源分:国际标准规约、国内标准规约、企业标准规约。

按规约用途分:远动规约、保护规约、电度表规约、智能设备互连规约。

远动规约:101 规约、104 规约、CDT 规约、SCI1801 规约、μ4F 规约。

保护规约:103 规约、61850 规约、LFP 规约。

电度表规约:IEC 102 规约、部颁电度表规约、威盛电度表规约。

智能设备互连规约:MODBUS 规约、保护规约、远动规约、企业自定义规约。

七、案例分析——某变电站综合自动化系统结构

(一) 综合自动化系统组成

蒲城变电站现已使用的许继综合自动化系统为 CBZ - 8000 综合自动化系统,包含了就地监控系统(SCADA)、远动通信接口、继电保护工程师站以及 820 系列中低压微机保护

测控装置。

CBZ-8000 自动化系统监控系统由站控层、网络层(通信层)和间隔层(装置层)组成,属分层分布式结构。其中,站控层主要由操作员站、继保工程师站、远动终端设备、打印机、音响报警和语音报警等组成;网络层由网关、双绞线、交换机等组成;间隔层由微机保护测控装置、自动装置、智能设备等组成。系统结构如图 6-17 所示。

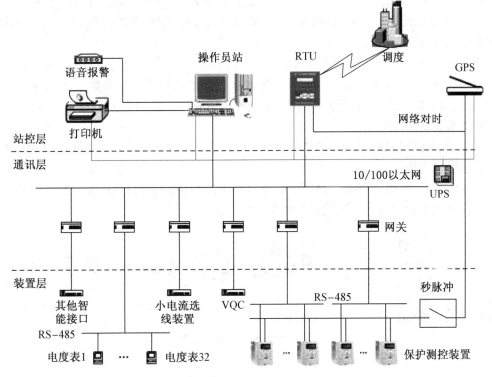

图 6-17　CBZ-8000 综合自动化系统结构图

CBZ-8000 综合自动化系统特点:

(1) 整个系统采用面向对象的设计原则,由站控层、间隔层和网络层构成。

(2) 系统主干网络采用星型以太网,站控层与间隔层设备之间直接采用以太网通信,实现了平衡高速无瓶颈数据传输。

(3) 测控单元采用模块化结构,满足集中组屏式安装和全分散式安装的要求。对于其他具有数字通信功能的设备,通过网关进行规约转换后,即可接入系统。

(4) 操作员站、远动主站、继电保护工程师站在逻辑上相互独立,可以根据用户需求按需配制。

(5) 支持 Windows 2000。支持 SQL 数据库。

(6) 等同采用国际标准的 IEC 60870—5—104 规约,方便实现可提供 IEC 60870—5—104 规约设备的其他厂家与本系统的无缝接入。

(7) 可与专设的微机五防系统相配合,实现对远方控制操作、就地调试检修的防误闭锁。操作员站也具备一定的逻辑闭锁功能。

(8) 远动主站可满足多种远动通信规约的需要:IEC 60870—5—101 规约;DL/T 634—1997 规约;DISA;XT 9702;μ4F 规约;SC 1801 规约;部颁 CDT 规约,DNP 3.0 以及基于高速数据网的 IEC 60870—5—104 等多种规约。

(9) 继电保护工程师站可实现变电所(站)继电保护及故障录波信息的处理,具有定值管理和故障再现、分析功能。

(10) 110 kV 及以下电压等级自动化系统主干网采用 10/100 M 总线型以太网。

(11) 通信介质可根据变电所(站)实际情况灵活使用光纤、双绞线等,也可在一个网络中同时使用光纤和双绞线。

例如:举例说明一个遥测量(如 A 相电流)如何从 CT 二次传至后台机实时显示出来。

首先在间隔层中,遥测量(A 相电流)进入微机保护装置的数据采集系统(即模拟量输入/输出回路),将模拟量转变为计算机系统能够识别的数字量,我们可以在微机保护装置显示屏中查看到这个遥测量。

然后通过微机保护装置通信回路,依次经过网络层中的网线、网关、交换机、网线、网卡,至站控层的后台机。

当遥测量(A 相电流)传输至后台机,经过数据库相关配置信息后,便可实现 A 相电流在后台机的显示功能。其传输过程如图 6‑18 所示。

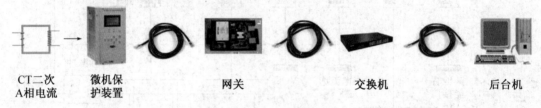

CT二次　　　微机保　　　　网关　　　　　交换机　　　　　后台机
A相电流　　　护装置

图 6‑18　数据传输示意图

(二) 后台机监控系统

1. 后台监控系统的功能和组成

35/110 kV CBZ‑8000 后台监控系统主要针对 35~110 kV 中小型变电所(站)设计,在保证可靠性的基础上,远动、监控、工程师站一体化,支持 Windows 2000 操作平台;总线型以太网分布式系统结构,直接通过以太网与间隔层的测量和保护设备进行通信。

(1) 后台监控系统的主要功能

数据采集与处理。实时采集包括模拟量、开关量、数字量、温度量、脉冲量以及各类保护信息。对实时数据进行统计、分析、计算。

报警处理。对设备故障、错误操作、保护事故告警等进行处理。通过画面、音响、语音报警、打印等方式通知运行人员进行检查,并进行历史存储。报警处理分为事故报警和预告报警。事故报警包括非操作引起的断路器跳闸和保护装置动作信号;预告报警包括一般设备变位、状态异常信息、模拟量越限/复限、计算机站控系统的各个部件、间隔层单元的状态异常等。

事件顺序记录。重要的遥信变位、保护动作等信息上传事件顺序记录,保护事件发生时,系统自动启动相关的测量数据的记录,供系统将来进行事故追忆。

控制功能。具备"就地/主站/远方"三级控制,带必要的安全检查和防误闭锁。完成对断路器、隔离开关的控制;对主变压器分接头的调节;保护功能连接片的投退;信号复归以及设备的启停等控制功能。

用户管理功能。对不同用户可设置不同管理权限,以确保系统的安全性。

在线统计计算。对一些无法实测的量,提供逻辑、算术表达式由系统计算得到,并可产生相关物理量的统计计算值,供系统产生各种运行报表。

画面显示和打印。提供功能强大、使用简洁的图形系统,可将系统信息以图形画面、曲线、趋势图、报表等多种形式表示,支持画面的漫游、无级缩放等操作,并支持各类图形页面的在线打印。

报表功能。系统提供功能强大、灵活自如的报表编辑工具。所见即所得,并可自动生成。能够满足各类用户的需求,并提供典型报表模板,以方便用户使用。支持定时和召唤打印两种方式,定时时间及打印输出可由用户任意设置。

支持 SCADA 实时信息发布的 Web 服务。通过 Web 服务使 SCADA 系统与 MIS 系统进行信息交互,且保证信息流是由 SCADA 到 MIS 单向通信,确保实时监控的安全性。

时钟同步。采用 GPS 卫星同步时钟保证全系统具有统一的标准时钟,并具备通过远动通信设备接收调时钟保证全所(站)时钟同步的能力。

系统的自诊断和自恢复。系统具备对硬件和软件的自诊断和自恢复功能,保证系统的整体安全性。

维护功能。对系统数据库和保护定值、功能模块进行维护,并通过继电保护工程师所(站)远程拨号提供远方诊断、维护功能。

电压控制。电压无功综合控制(VQC)是根据电压和功率因数(无功)越限情况,将控制策略划分为 19 个区域,每个区域依据不同的调节方式,采取相应的控制策略。

事故追忆。可设置事故追忆点,并对事故前 3 min 和事故后 5 min 长达 128 点的数据进行存储,以图形和表格形式显示事故追忆的数据。

网络拓扑分析功能。主要实现网络动态拓扑着色,用不同颜色识别停电区域。在网络拓扑分析基础上完成事故反演功能。

(2) 后台监控系统的组成

后台监控系统软件包括 Windows 操作系统、监控软件、数据库维护系统、图形编辑系统和应用软件等几个部分。

2. 操作员站的查看和使用方法

(1) 后台机操作员站的启动步骤

① 依次打开显示器电源、电脑主机电源开关。正常启动后如图 6 - 19 所示。

② 正常启动后,会自动启动 SQL Server 2000 数据库系统,在任务栏右下角会显示"⬛"图标。

③ 手动启动"数据服务"程序。图标为"⬛",数据服务软件属于后台程序,运行人员只需启动它即可,不需进行任何操作。

图 6-19 后台机正常启动显示界面

④ 点击"在线监控"图标 ,启动"在线监控"程序。该应用程序的安装位置为：C：\ Program Files\Cbz8000 变电所（站）综合自动化系统\BIN\Cbz Dispatcher.exe。监控系统的启动画面如图 6-20 所示。

图 6-20 CBZ-8000 监控系统的启动画面

⑤ 如需查看保护定值或参数,则点击"protIn8000"图标 ,启动"protIn8000"程序,该程序为继电保护工程师子站程序。

⑥ 如需查看数据库信息,则点击"数据维护"图标 ,启动"数据维护"程序,该程序为监控系统数据库配置相关信息。

（2）在线监控系统启动过程

初始化与 Auto Vision 系统接口、初始化 I/O 服务、初始化内存库、启动实时数据服务、启动网络通信服务、启动打印服务、启动实时报警服务、初始化下行监控模块、启动规约解释服务、启动多媒体服务等过程,最后登录到监控系统。

首次启动监控系统,显示默认的主页界面,也可以选择其他页面作为主页。如果没有默认的主页面,系统报"无法打开主页面"。

在画面上点击右键弹出如图 6－21 所示快捷菜单,通过该菜单既可方便实现浏览页面功能又能快速进入页面编辑状态。该浮动菜单上的所有功能在系统主菜单上都有定义,两者是对应的。

在线监控系统的运行界面分为系统主菜单,系统工具栏,在线监控画面和系统任务栏四部分。

```
上页
下页
主页
─────
页面编辑
页面选择
强制刷新
```

巩固提升

图6－21　右键浮动菜单

一、工作案例:变电站变电所(站)综合自动化系统的操作与维护

任务实施指导书

工作任务	_____变电站变电所(站)综合自动化系统的操作与维护		
任务要求	1. 按照操作规程要求进行操作做准备工作。 2. 按照《维修电工操作规程》要求检测、排除故障,检修质量满足《电气设备检查标准》。 3. 按照所接电源和负荷调节综合自动化系统。 4. 按照《机电设备检修技术规范》要求试验和试运行。 5. 按照《机电设备完好标准》要求进行日常维护。		
责任分工	1. 1人负责按照计划步骤指挥操作,1人操作、1人监护;1～2人负责故障设备和排除。 2. 进行轮换岗位。		
阶段	实施步骤	防范措施	应急预案
一、准备	1. 填写工作票。	做好计划、进行审批。	制订应急预案措施。
	2. 填写操作票。	做好计划、进行审批。	
	3. 携带验电器、接地棒、钥匙及电工仪表、工具、说明书、供电系统图等。		备有防火设施:沙箱、灭火器材等。
	4. 检查、穿戴绝缘用具。		
	5. 图板演示。	做好记录。	
二、操作	6. 确认操作开关。		无误。
	7. 按照工作票进行操作。		不同工作任务操作票不同。
三、维护	11. 人为设置故障。		
	12. 分析故障。		
	13. 进行维修。		
四、收尾	14. 整理工具,填写工作记录单。	检查工具或异物未落在设备内。	

工作记录表

工作时间		工作地点	
工作内容			
工作人员			
记录内容			
系统检查			
程序检查			
出现的问题			
处理的措施			
处理的结果			

二、实操案例:系统操作

学习评价反馈书

	考核项目	考核标准	配分	自评分	互评分	师评分
知识点	1. 操作综合自动化系统的方法步骤。	完整说出满分;不完整得 2~14 分;不会 0 分。	15			
	2. 维护和检修综合自动化系统的方法。	老师抽问,正确说出满分;不完整得 2~14 分;不会 0 分。	15			
	3. 综合自动化系统故障分析和处理方法。	老师抽问,正确说出满分;不完整得 2~14 分;不会 0 分。	15			
	小计		45			
技能点	1. 会操作高压电气设备。	会正确操作综合自动化系统得满分;不熟练得 7~14 分;不会 0 分。	15			
	2. 会维护和检修高压电气设备。	会正确维护和检修综合自动化系统得满分;不熟练得 7~14 分;不会 0 分。	15			
	3. 会分析和处理综合自动化系统设备故障。	会正确分析和处理综合自动化系统设备故障得满分;不熟练得 7~14 分;不会 0 分。	15			
	小计		45			

(续表)

	考核项目	考核标准	配分	自评分	互评分	师评分
情感点	1. 学习态度。	遵守纪律、态度端正、努力学习者满分；否则 0~1 分。	2			
	2. 学习习惯。	思维敏捷、学习热情高涨满分；否则 0~1 分。	2			
	3. 发表意见情况。	积极发表意见、有创新建议、意见采用满分；否则 0~1 分。	2			
	4. 相互协作情况。	相互协作、团结一致满分；否则 0~1 分。	2			
	5. 参与度和结果。	积极参与、结果正确；否则 0~1 分。	2			
	小计		10			
	合计		100			

说明：1. 考评时间为 30 分钟，每超过 1 分钟扣 1 分；2. 要安全文明工作，否则老师酌情扣 1~10 分。

主讲教师(签字)：＿＿＿＿ 指导教师(签字)：＿＿＿＿

效果检查：

学习总结：

思考练习题：

1. 何谓变电所(站)综合自动化系统？

2. 变电所(站)综合自动化的特点是什么？

3. 变电所(站)综合自动化系统的优点有哪些？

4. 变电所(站)综合自动化的结构模式有哪几种？

5. 变电所(站)综合自动化系统应满足什么要求？

6. 什么是一次设备？什么是二次设备？

7. 什么是 A/D 或 D/A 转换器？其基本性能标准有哪些？

8. "五防"工作站的功能是什么？

9. 变电所(站)综合自动化中的监控系统具有哪些功能？

10. 什么是变电所(站)微机监控系统的日常监控？日常监控应完成哪些工作？

11. WXH-820 线路微机保护测控装置中，其重合闸的闭锁条件有哪些？

12. WBH-821 主变微机保护测控装置包含哪些保护？

13. 什么是变电所(站)微机监控系统的操作监控？操作监控应完成哪些工作？

14. 什么是变电所(站)微机监控系统的事故及异常监控？

15. 交接班时应检查微机监控系统的哪些内容？

16. 变电所(站)微机监控系统通信中断的处理原则是什么？

17. 如何在监控机上进行倒闸操作？

18. 试述监控操作运行步骤。

19. 简述微机监控系统的倒闸操作全过程步骤。

20. 简述开关合不上的原因及检查方法。

项目七　供电安全设备运行与维护

学习目标

知识目标：

1. 触电的危害以及预防。
2. 触电后需要采取的急救措施。
3. 触电后的正确的急救方法。
4. 认识漏电保护装置，并了解如何选择类型。
5. 了解安装和使用的方法。
6. 了解再使用过程中的调试、维护方法。
7. 了解处理漏电故障过程，查找漏电原因。
8. 接地和接零的基本知识。
9. 地面接地和接零保护装置组成和保护原理。
10. 井下接地保护装置的作用、结构、组成和保护原理。
11. 接地电阻值的测量方法。
12. 大气过电压类型和保护。
13. 内部过电压产生的原因及防护。
14. 阻容吸收装置的组成和过电压保护原理。

能力目标：

1. 掌握人工呼吸的类型与要领。
2. 掌握触电后正确的急救方法。
3. 能正确地选择漏电保护装置。
4. 能正确地安装和使用漏电保护装置。
5. 能正确地调试和维护漏电保护装置。
6. 能查找和处理漏电故障。
7. 能安装、维护和检修地面接地与接零保护装置。
8. 能制作、安装井下接地保护装置。
9. 能测量接地电阻值。
10. 选择和安装防雷保护装置。
11. 选择阻容吸收装置。

素养目标：

1. 有自学热情和独立学习的态度；能对所学内容进行较为全面的比较、概括和阐释。
2. 有自主工作的热情和创新精神。

3. 提高学生的工作组织能力。

4. 提高学生的社会实践能力。

5. 培养学生的职业道德意识。

6. 培养学生严慎细实的工作态度。

7. 提高学生团结协作的能力。

8. 提高学生分析和解决问题的能力。

9. 培养学生热爱科学、实事求是的学风和创新意识、创新精神。

学习指南

1. 小组成员共同学习所收集的资料,了解环境、特点。

2. 小组成员共同按照任务要求和工作要求编写《触电的预防工作计划》,编写《漏电保护装置的选择、安装、使用和维护工作计划》。计划要符合实际、可行。

3. 小组成员共同探讨和修改工作计划,确定最佳工作计划,做出决策,同时确定小组人员分工。

4. 根据工作计划的分工和工作步骤,各司其职,分工合作,实施触电的预防工作任务。

5. 组长负责按照工作计划步骤指挥实施;监督者负责检查控制项目,严格检查控制工作过程;实施者负责计划实施操作,服从组长指挥和监督者监督。

6. 工作完成后,小组成员分别对工作过程和工作结果进行自我评价、小组评价和师傅评价。

7. 针对存在的问题小组共同制订改进措施。

教学引导

1. 安全意识。

2. 供电系统环境。

3. 结合实际讲授。

4. 在校内供电实训基地上课。

任务一 触电的预防

任务要求:

1. 准备工作并做好有关记录。

2. 分析:① 结合实际进行分析触电原因。② 通过进行了解触电危害。电源供电回路数。高、低压部分接线方式。

3. 学会按照正规方法进行触电急救。

工作情况:

1. 工作情况:触电对人体的损伤情况很复杂,在实际工作中由于电气设备安装或维护不当以及工作人员的疏忽大意或违反操作规程,很容易造成人身触电事故.为了有效地防止触电事故的发生,必须采取触电的预防和急救措施。

2. 工作环境:从井下特殊的环境入手,进一步分析触电的原因、危害和后果。

3. 学习情景:学习的主要思路就是围绕《煤矿安全规程》等基本要求进行学习。重点和难点是触电急救方法的掌握。

工作要求:

1. 准备工作:全面、细致。

2. 分析要求:正确、严谨、科学、详细、全面。

3. 技能要求:触电急救方法要正确、合理等。

相关知识

一、触电的危险性

人身触及带电导体或绝缘遭到破坏的电气设备外壳时,人身成为电流通路的一部分,造成触电事故。触电对于人体组织的损伤情况是很复杂的,一般来说,电流对人体的伤害大致分为两大类,即电击和电伤。电击是指电流通过人体内部,造成人体内部组织的损伤和破坏,这是最危险的触电,大多数能使人死亡。电伤是指强电流瞬间通过人体的某一局部或电弧对人体表面的烧伤,使外表器官遭到破坏,当烧伤面不大时,不至于有生命危险,电击的危害高于电伤。

(1) 流过人体的电流。流过人体的电流又称为人体触电电流,它的大小对人体组织的伤害程度起着决定性作用。表 7-1 列出了不同触电电流时人体的生理反应情况。一般规定:工频交流电的极限安全电流值为 30 mA。

(2) 人体电阻。流经人体电流的大小,与人体电阻有着密切的关系。当电压一定时,人体电阻越大,流过人体的电流越小,反之亦然。

人体电阻包括两部分,即体内电阻和皮肤电阻。体内电阻由肌肉组织、血液、神经等组成,其值较小,且基本上不受外界条件的影响。皮肤电阻是指皮肤表面角质层的电阻,它是人体电阻的主要部分,其数值变化较大。当皮肤干燥、完整时,人体电阻可达 10 kΩ 以上;而当皮肤角质层受潮或损伤时,人体电阻会降到 1 kΩ 左右;如皮肤完全遭到破坏,人体电阻将下降到 600~800 Ω。

(3) 人体接触电压。流过人体电流的大小与人体接触电压的高低有直接关系,接触电压越高,触电电流越大。但二者之间并非线性关系。

极限安全电流和人体电阻的乘积,称为安全接触电压,它与工作环境有关。根据 GB 3805—83 规定其有效值最大不超过 50 V,安全额定电压等级为 42 V、36 V、24 V、12 V、6 V。一般企业安全电压采用 36 V。

(4) 触电持续时间。触电持续时间是指从触电瞬间开始到人体脱离电源或电源被切断时的时间。我国规定:触电电流与触电时间的乘积不得超过 30 mA·s。

表 7－1　不同触电电流时人体的生理反应情况

电流(mA)	危害程度	
	交流(50 Hz)	直流
2～3	手指有强烈麻刺感,颤抖	没有感觉
5～7	手指痉挛	感觉痒,刺痛、灼热
8～10	手指尖部到腕部痛得厉害,虽能摆脱导体但较困难	热感觉增强
20～30	手迅速麻痹不能摆脱导体痛得厉害,呼吸困难	热感觉增强,手部肌肉收缩,但不强烈
30～50	引起强烈痉挛,心脏跳动不规则,时间长则心室颤动	热感觉增强,手部肌肉收缩,但不强烈
50～80	呼吸麻痹,发生心室颤动	有强烈热感觉,手部肌肉痉挛,呼吸困难
90～100	呼吸麻痹,持续 3 s 以上心脏停搏,以至停止跳动	呼吸麻痹
300 及以下	作用时间 0.15 s 以上,呼吸和心脏停搏,肌体组织遭到电流的热破坏	

（5）电流通过人体的途径。电流通过人的头部,会使人立即昏迷,电流如果通过脊髓会使人半截肢体瘫痪,电流通过心脏,呼吸系统和中枢神经,会引起精神失常或引起心脏停止跳动,中断全身血液循环,造成死亡,因此从手到脚的电流途径最为危险。其次是从手到手的电流途径,再次是脚到脚的电流途径。

（6）电流的频率。电流的频率对电击伤害程度有很大影响。常采用的工频(50～60 Hz)交流电,对设计电气设备比较合理,但是这种频率的电流对人体触电伤害程度最为严重。

（7）人的健康状况。人体的皮肤干湿等情况对电击伤害程度也有一定的影响,凡患有心脏病、神经系统疾病、结核病等症的人电击伤害程度比健康人严重。此外皮肤干燥电阻大,通过的电流小,皮肤潮湿电阻小,通过的电流就大,危害也大。

二、触电的预防方法

(一) 触电防护类型

根据人体触电的情况将触电防护分为直接触电防护和间接触电防护两类。

1. 直接触电防护

这是指对直接接触正常带电部分的防护,例如对带电导体加隔离栅栏或加保护罩等。

2. 间接触电防护

这是指对故障时可带危险电压而正常时不带电的外露可导电部分(如金属外壳、框架等)的防护,例如将正常不带电的外露可导电部分接地,并装设接地故障保护,用以切断电源或发出报警信号等。

（二）防范措施

由于矿井的特殊条件，触电的可能性相对较大，必须采取有效措施加以防范。下述一些方法，可以防止或减小触电对人体的危害：

（1）井下配电变压器及向井下供电的变压器或发电机，中性点禁止接地。

（2）井下电气设备必须设有保护接地或接零装置。

（3）矿井变电所的高压馈电线和井下低压馈电线，应装设漏电保护装置。

（4）人体接触较多的电气设备采用低电压。

（5）人体不能接触和接近带电导体。

三、触电的急救处理

触电者的现场急救，是抢救过程中关键的一步。如处理及时和正确，则因触电而呈假死的人有可能获救；反之，就会带来不可弥补的后果。因此《电业安全工作规程》(DL 408—91)将"特别要学会触电急救"规定为电气工作人员必须具备的条件之一。

简单来说，就是："两快"（快速切断电源和快速进行抢救）、"一坚持"（坚持对失去知觉的触电者持久连续的进行人工呼吸与心脏按压）和"一慎重"（慎重使用药物）。

1. 脱离电源

触电急救，首先要使触电者迅速脱离电源，越快越好，因为触电时间越长，伤害越重。

（1）脱离电源就是要将触电者接触的那一部分带电设备的开关断开，或设法将触电者与带电设备脱离。在脱离电源时，救护人既要救人，也要注意保护自己。触电者未脱离电源前，救护人员不得直接用手触及伤员。

（2）如触电者触及低压带电设备，救护人员应设法迅速切断电源，如拉开电源开关或拔除电源插头，或使用绝缘工具、干燥的木棒等不导电物体解脱触电者。可抓住触电者干燥而不贴身的衣服将其拖开，也可戴绝缘手套或将手用干燥衣物等包起绝缘后解脱触电者，救护人员可站在绝缘垫上或干木板上进行救护。为使触电者与导电体解脱，最好用一只手进行救护。

（3）如触电者触及高压带电设备，救护人员应迅速切断电源，或用适合该电压等级的绝缘工具（戴绝缘手套、穿绝缘靴并用绝缘棒）解脱触电者。救护人员在抢救过程中，应注意保持自身与周围带电部分必要的安全距离。

（4）如触电者处于高处，解脱电源后人可能会从高处坠落，因此要采取相应的安全措施，以防触电者摔伤或致死。

（5）在切断电源救护触电者时，应考虑到事故照明、应急灯等临时照明，以便继续进行急救。

2. 急救处理

当触电者脱离电源后，应立即根据具体情况，迅速对症救治，同时赶快通知医生前来抢救。

（1）如果触电者神志尚清醒，则应使之就地躺平，严密观察，暂时不要站立或走动。

（2）如果触电者已神志不清，则应使之就地仰面躺平，且确保气道通畅，并用 5 s 时间，呼叫伤员或轻拍其肩部,以判定伤员是否意识丧失。禁止摇动伤员头部呼叫伤员。

（3）如果触电者失去知觉,停止呼吸,但心脏微有跳动（可用两指去试一侧喉结旁凹陷处的颈动脉有无搏动）时,应在通畅气道后,立即施行口对口（或鼻）的人工呼吸。

（4）如果触电者伤害相当严重,心跳和呼吸都已停止,完全失去知觉时,则在通畅气道后,立即同时进行口对口（鼻）的人工呼吸和胸外按压心脏的人工循环。如果现场仅有一人抢救时,可交替进行人工呼吸和人工循环,先胸外按压心脏4～8次,然后口对口（鼻）吹气2～3次,再按压心脏4～8次,又口对口（鼻）吹气2～3次,如此循环反复进行。

人的生命的维持,主要是靠心脏跳动而造成的血液循环和呼吸而形成的氧气和废气的交换,因此采用胸外按压心脏的人工循环和口对口（鼻）吹气的人工呼吸的方法,能对处于因触电而停止了心跳和中断了呼吸的"假死"状态的人起暂时弥补的作用,促使其血液循环和正常呼吸,达到"起死回生"。在急救过程中,人工呼吸和人工循环的措施必须坚持进行。在医务人员未来接替救治前,不应放弃现场抢救,便不能只根据没有呼吸或脉搏擅自判定伤员死亡,放弃抢救。只有医生有权做出伤员死亡的诊断。

四、人工呼吸法

人工呼吸法有仰卧压胸法、俯卧压背法和口对口（鼻）吹气法等。

1. 口对口（鼻）吹气法

（1）首先迅速解开触电者的衣服、裤带,松开上身的紧身衣、胸罩和围巾等,使其胸部能自由扩张,不致妨碍呼吸。

（2）使触电人仰卧,不垫枕头、头先侧向一边,清除其口腔内的血块、假牙及其他异物。如舌根下陷,应将舌头拉出,使气道畅通。如触电者牙关紧闭,救护人应以双手托住其下颌骨的后角处,大拇指放在下颌角边缘,用手将下颌骨慢慢向前推移,使下牙移到上牙之前;也可用开口钳、小木片、金属片等,小心地从口角伸入牙缝撬开牙齿,清除口腔内异物。然后将其头部扳正,使之尽量后仰,鼻孔朝天,使气道畅通。

（3）救护人位于触电者头部的左侧或右侧,用一只手捏紧鼻孔,不使漏气;用另一只手将下颌拉向前下方,使嘴巴张开。嘴上可盖一层纱布,准备接受吹气。

（4）救护人作深呼吸后,紧贴触电者嘴巴,向他大口吹,如图7-1（a）所示。如果掰不开嘴,亦可捏紧嘴巴,紧贴鼻孔吹气。吹气时,要使胸部膨胀。

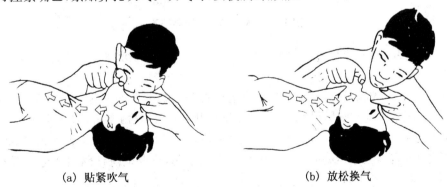

(a) 贴紧吹气　　　　　　　　　　(b) 放松换气

图7-1　口对口吹气的人工呼吸法

（5）救护人吹气完毕后换气时，应立即离开触电者的嘴巴（或鼻孔），并放松紧捏的鼻（或嘴），让其自由排气，如图7-1（b）所示。

按照上述要求对触电者反复地吹气、换气，每分钟约12次。对幼小儿童施行此法时，鼻子不捏紧，可任其自由漏气，而且吹气不能过猛，以免肺泡胀破。

2. 胸外按压心脏的人工循环法

按压心脏的人工循环法有胸外按压和开胸直接挤压心脏两种。后者是在胸外按压心脏效果不大的情况下，由胸外科医生进行。这里只介绍胸外按压心脏的人工循环法。

（1）与上述人工呼吸法的要求一样，首先要解开触电者衣服、裤带及胸罩、围巾等，并清除口腔内异物，使气道畅通。

（2）使触电者仰卧，姿势与上述口对口吹气法同，但后背着地处的地面必须平整牢固，如硬地或木板之类。

（3）救护人位于触电者一侧，最好是跨腰跪在触电者的腰部，两手相叠（对儿童可只用一只手），手掌根部放在心窝稍高一点的地方（掌根放在胸骨的下三分之一部位），如图7-2所示。

（4）救护人找到触电者的正确压点后，自上而下、垂直均衡地用力向下按压，压出心脏里面的血液，如图7-3（a）所示。对儿童，用力应适当小一些。

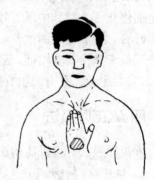
图7-2　胸外按压心脏的正确压点

（5）按压后，掌根迅速放松（但手掌不要离开胸部），使触电者胸部自动复原，心脏扩张，血液又回到心脏里来，如图7-3（b）所示。

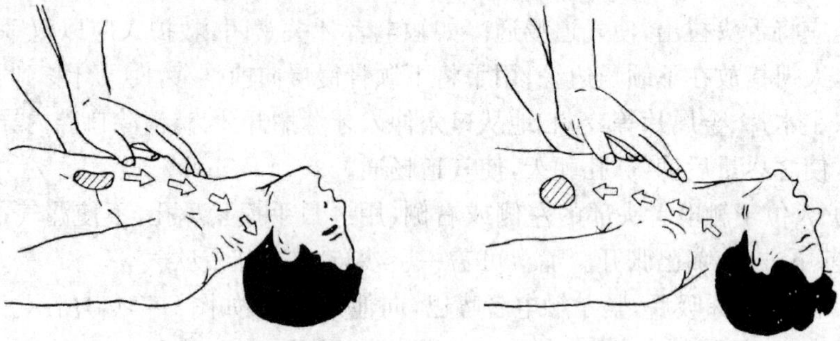

(a) 向下按压　　　　　　　　(b) 放松回流

图7-3　人工胸外按压心脏法

按照上述要求反复地对触电者的心脏进行按压和放松，每分钟约60次。按压时定位要准确，用力要适当。

在施行人工呼吸和心脏按压时，救护人应密切观察触电者的反应。只要发现触电者有苏醒征象，如眼皮闪动或嘴唇微动，就应中止操作几秒钟，以让触电者自行呼吸和心跳。

施行人工呼吸和心脏按压，对于救护人员来说，是非常劳累的，但是为了救治触电者，还必须坚持不懈，直到医务人员前来救治为止。事实说明，只要坚持正确地施行人工救治，触电假死的人被抢救成活的可能性是非常大的。

巩固提升

一、工作案例:触电的预防与急救

任务实施指导书

工作任务	触电的预防与急救		
任务要求	1. 准备工作:① 做好记录。② 组织人员。2. 触电的预防:结合实际分析触电原因。3. 触电的急救:进行触电的模拟急救训练。		
责任分工	1人负责分工;2~3人制订负荷统计计划,包括记录;共同进行触电分析,组织进行触电的模拟急救训练,包括记录。		
阶段	实施步骤	防范措施	应急预案
1. 准备	1. 做好组织工作,按照现场实际有组长分工。	课前要预习,并携带查阅、收集的有关资料。	分工要注意学生的个性、学习情况、个人特点。
	2. 携带有关铅笔、记录本、尺子等记录用品和有关技术资料和有关设备说明书等。		
2. 触电原因分析	3. 认真研究技术资料。		
	4. 认真研究实际情况。	带上有关电气设备说明书。	如果进入变电所要戴上安全帽。
	5. 进行触电原因分析。	分析触电类型和原因。	做好记录。
3. 触电的急救	6. 熟悉触电的现场实际。		
	7. 按照要求进行触电急救。	不要出错、细心。	
4. 现场处理	8. 分析整个急救过程。	资料齐全。	做好记录。
	9. 经老师或技术人员审核。		
	10. 现场清理。	现场干净、整洁。	
	11. 填写工作记录单。		

工作记录表

工作时间		指挥者		记录员	
工作地点		监督者		分析人	
记录内容					
说明					

二、实操案例：更换实际环境进行触电急救。

学习评价反馈书

考核项目		考核标准	配分	自评分	互评分	师评分
知识点	1. 触电的原因、危害性和预防方法。	完整说出满分；不完整得 2～19 分；不会 0 分。	20			
	2. 触电事故的处理方法。	正确说出满分；不完整得 2～19 分；不会 0 分。	20			
	小计		40			
技能点	1. 会处理触电事故。	能熟练操作变电所自动装置得满分；不熟练得 25～49 分；不会 0 分。	50			
	小计		50			
情感点	1. 学习态度。	遵守纪律、态度端正、努力学习者满分；否则 0～1 分。	2			
	2. 学习习惯。	思维敏捷、学习热情高涨满分；否则 0～1 分。	2			
	3. 发表意见情况。	积极发表意见、有创新建议、意见采用满分；否则 0～1 分。	2			
	4. 相互协作情况。	相互协作、团结一致满分；否则 0～1 分。	2			
	5. 参与度和结果。	积极参与、结果正确；否则 0～1 分。	2			
	小计		10			
合计			100			

说明：1. 考评时间为 30 分钟，每超过 1 分钟扣 1 分；2. 要安全文明工作，否则老师酌情扣 1～10 分。

主讲教师（签字）：_____ 指导教师（签字）：_____

效果检查：

学习总结：

思考练习题：

1. 触电有哪些常见的原因？如何预防？

2. 遇到触电事故如何处理？

任务二　漏电保护装置的选择、安装、使用和维护

任务要求：

1. 按照操作规程要求停电、做好准备工作。

2. 按照《电气安装工操作规程》安装，安装质量满足《安装工程质量检验评定标准》

要求。

3. 按照所接电源和负荷排查漏电点。

4. 按照要求进行漏电处理后的试运行。

5. 按照《机电设备完好标准》要求进行日常维护。

工作情况：

1. 工作情况：在电力系统中当导体对地的绝缘阻抗降低时流入大地的电流将增大，说明该供电系统发生了漏电故障。为了防止漏电故障对企业造成的严重后果，必须对漏电保护装置进行正确的安装、选择、使用和维护。

2. 工作环境：从井下特殊的环境入手，进一步分析漏电的类型、漏电保护装置的原理以及安装和使用方法。

3. 学习情景：学习的主要思路就是围绕企业井下特殊的环境，而容易发生漏电故障，造成事故。难点是一些漏电保护装置的原理。

工作要求：

1. 分析漏电原因：正确、科学、迅速。

2. 分析漏电保护装置原理：结构、组成、接线方法、工作原理等。

3. 安装与调试：符合要求、结合实际进行安装调试。

所需资料：

1. 相关资料：相关漏电保护装置的使用说明书。

2. 电气识图知识：本任务学习参考书。

3. 安装检修要求：《安装工程质量检验评定标准》《机电设备检修技术规范》《机电设备完好标准》《电气安装工操作规程》《矿井维修电工操作规程》。

4. 安装维修方法：本任务学习实操指导书。

相关知识

在电力系统中，当导体对地的绝缘阻抗降低时，流入大地的电流也将增大，增大到一定程度，说明该系统发生了漏电故障。流入大地的电流，叫作漏电电流。

在中性点直接接地系统中，如果一相导体直接与大地接触，即单相接地短路故障，这时流入大地的电流为系统的单相短路电流。此时，过流保护装置将会动作，切断故障线路的电源。这种情况不属于漏电故障。但是若在该系统中发生一相导体经一定数值的过渡阻抗（如触电时的人体电阻）接地，接地电流就很小，此时过流保护装置根本不会动作，而应使漏电保护装置动作。这种保护属于漏电故障的范围。

在中性点对地绝缘的供电系统中，若发现一相带电导体直接或经一定过渡阻抗接地，流入大地的电流都很小，这种情况属于漏电故障。

在电网发生漏电故障时，必须采取有效的保护措施，否则会导致人身触电事故；导致电雷管的提前引爆；接地点产生的漏电火花会引起爆炸气体的爆炸；漏电电流的长期存在，会使绝缘进一步损坏，严重时会烧毁电气设备，甚至引起火灾；还可能引发更严重的相间接地短路故障。所以在供电系统中必须装设漏电保护装置，以保安全。

一、地面低压电网的漏电保护

（一）漏电保护器的种类

按漏电保护器的保护功能和结构特征,可分为分装式漏电保护器、组装式漏电保护器和漏电保护插座三类。其中组装式漏电保护器是将零序电流互感器、漏电脱扣器、电子放大器、主开关组合安装在一个外壳中,其使用方便、结构合理、功能齐全,所以是目前使用最多的一种。

按漏电保护器的动作原理,可分为电压动作型、电流动作型、电压电流动作型、交流脉冲型和直流动作型等。由于电流动作型的检测特性好,使用零序电流互感器作检测元件,安装在变压器中性点与接地极之间,可构成全网的漏电保护;安装在干线或支线上,可构成干线或支线的漏电保护。

（二）绝缘监视装置

在变电所中,一般均装设绝缘监视装置来监视电网对地的绝缘状况。图 7 - 4 所示是绝缘监视装置的原理接线图。该装置由三相五柱式电压互感器、三个电压表和一个电压继电器组成。

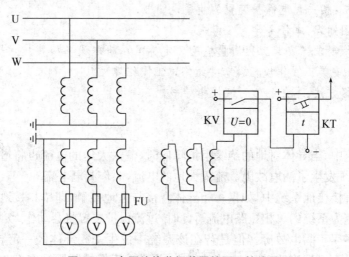

图 7 - 4 电网绝缘监视装置的原理接线图

三相五柱式电压互感器有五个铁芯柱,三相绕组绕在其中的三个铁芯柱上,如图 7 - 5 所示。原绕组接成星形,副绕组有两组,一组接成星形,三个电压表接在相电压上;另一副绕组接成开口三角形,开口处接一电压继电器,用来反映线路单相接地时出现的零序电压。电压互感器的中性点必须接地。

正常运行时,电网三相对地电压对称,无零序电压产生,三个电压表的读数相同且指示的是电网的相电压,接在开口三角处的电压继电器的电压接近零值,不动作。

当电网出现接地故障时,接地一相的对地电压下降,而其他接线两相对地电压升高,同时出现零序电压,使电压继电器动作,发出接地故障信号。运行人员听到接地信号后,通过三个电压表的指示,可以知道哪一相发生接地故障。由于绝缘监视装置的动作没有选择性,要查找具体故障点,必须依次断开各个线路。当断开某一线路时,三个电压表的指示又回到相等状态,系统恢复到正常时,说明该线路是故障线路。此方法虽然简单,但查找故障要使无故障的用户暂时停电,且时间也长,因此,在复杂和重要的电网中,还需要有选择性地接地保护,即零序电流保护和零序功率方向保护。

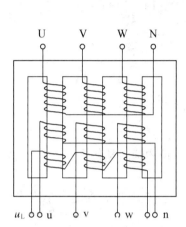

图 7-5 三相五柱式电压互感器的结构图

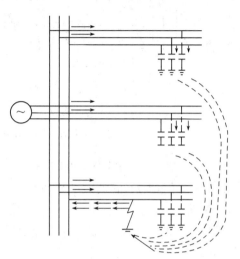

图 7-6 单相接地时电容电流分布图

(三) 零序电流保护

零序电流保护是利用故障线路零序电流比非故障线路零序电流大的特点,实现有选择性地保护。

在正常情况下,各回线路中的对地电容电流都是对称的。当某一线路中出现接地故障时,凡是直接有电联系的所有线路对地电容电流都不对称,于是出现了零序电流,如图 7-6 所示。由图可知,非故障线路中的零序电流为本线路的对地电容电流,故障线路中的零序电流为非故障线路的对地电容电流之和,当连接在一起的线路数越多时,故障与非故障线路零序电流的差值越大。

对于架空线路,保护装置可接在三个电流互感器构成的零序电流过滤器回路中,如图 7-7(a) 所示。对于电缆线路,零序电流通过零序电流互感器取得,如图 7-7(b) 所示。零序电流互感器有一个环状铁芯,套在被保护的电缆上,利用电缆作为一次线圈,二次线圈绕在环状铁芯上与电流继电器连接。

保护装置动作电流的整定必须保证选择性,当电网某线路发生单相接地故障时,因为非故障线路流过的零序电流是其本身的电容电流,在此电流作用下,零序电流保护不应动作。

因此,其动作电流应为

$$I_{op} = 3K_k U_{10} \omega C_0 \tag{7-1}$$

式中:U_{10}——电网的相电压,V;

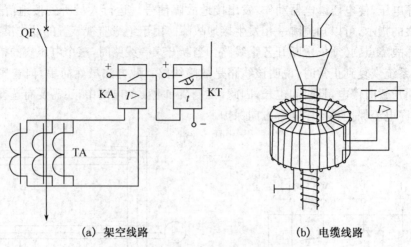

(a) 架空线路　　　　　　(b) 电缆线路

图 7-7　零序电流保护装置原理图

C_0——本线路每相的对地电容，F；

K_k——可靠系数，它的大小与动作时间有关，如果保护为瞬时动作 K_k 取 4～5，如果保护为延时动作 K_k 取 1.5～2。

保护装置的灵敏度，按被保护线路上发生单相接地时流过保护装置的最小零序电流来校验，即

$$K_r = \frac{3U_{10}\omega(C_{0\Sigma}-C_0)}{I_{op}} \qquad (7-2)$$

式中：K_r——灵敏度系数，电缆线路 $K_r \geqslant 1.25$，架空线路 $K_r \geqslant 1.5$；

$C_{0\Sigma}$——电网在最小运行方式下，各线路每相对地电容之和，F。

对于电缆线路，在发生单相接地时，接地电流不仅可能沿着故障电缆的导电外皮流动，而且也可能沿着非故障电缆外皮流动。这部分电流不仅降低故障线路接地保护的灵敏度，有时还会造成接地保护装置的误动作。故应将电缆终端接线盒的接地线穿过零序电流互感器的铁芯，如图 7-7(b) 所示，使铠装电缆外皮流过的零序电流再经接线盒的接地线回流穿过零序电流互感器，防止引起零序电流保护的误动作。

(四) DZI5 LE 系列漏电短路器

1. 结构及用途

该系列漏电短路器属于电流动作型组装式漏电保护器。它由零序电流互感器、电子控制漏电脱扣器、带有过载和短路保护的断路器及塑料外壳等组成。它可用作电网的漏电保护，并可用来保护线路和电动机的过载及短路，也可用作线路的不频繁转换及电动机的不频繁启动。

漏电保护器中的零序电流互感器是一个检测元件，可以安装在变压器中性点与接地极之间，构成全网的漏电保护，也可安装在干线或支线上，构成干线或支线的漏电保护。如图 7-8 所示。

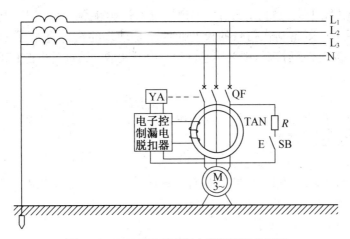

图 7 - 8　DZ15LE 系列漏电断路器保护原理

2. 工作原理

当被保护线路发生漏电或有人触电时,三相电流的矢量和不为零,此时零序电流互感器的二次线圈上就会产生感应电流,当该电流达到漏电保护器的整定值时,脱扣器 YA 动作,使断路器迅速切断故障电源,从而起到了触、漏保护作用。当其他接线线路接地或有人触电时,本电路的零序电流很小,漏电保护断路器不会动作,保证了动作的选择性。

在漏电保护断路器中还装有试验按钮 SB,使用中必须每周按下试验按钮一次,以便检查漏电断路器动作的可靠性。

二、矿用漏电保护装置

矿用检漏继电器的种类很多,目前普遍使用的有 JY - 82 型、JJB - 380 型、JJKY - 30 型等。下面以 JY - 82 型矿用检漏继电器为例,了解其结构及原理。

JY - 82 型检漏继电器是我国早期生产的产品,它具有结构简单、维护方便等优点,因此在一些矿井中使用仍较为普遍。JY - 82 型检漏继电器应用在矿井井下 380 V 及 660 V 中性点对地绝缘系统中,在正常时监视电网对地的绝缘水平。当电网对地绝缘水平下降至危险程度时,与自动馈电开关配合切断电源,对电网对地电容电流进行补偿。

1. 结构

JY - 82 型检漏继电器由隔爆外壳与可拆装的芯子组成。外壳装在拖橇上,便于移动。前盖利用止口卡在外壳上,它与隔爆开关的操作手柄间装有机械闭锁装置,以保证只有切断电源才能开启前盖,开启前盖后就不能接通电源。

芯子上装有零序电抗器 2L、三相电抗器 1L、欧姆表、直流继电器 KD、电阻、直流检测电源 VC、按钮 SB、隔离开关 QS、电容及指示灯等。

2. 主要元件的作用

三相电抗器 1L 的作用是将直流检测回路与三相交流回路连接起来,其中一相具有二次线圈,作为整流器和指示灯的交流电源。

零序电抗器 2L 的作用有两点:一是利用本身有较大的电抗值(10^2 Ω),保证三相电抗器星形点对地的绝缘水平;二是利用通过它的感性电流补偿触、漏电时电网对地的电容电流。

直流继电器 KD 既是动作信号的检测元件又是动作的执行元件,它有两个动合接点 KD_1 和 KD_2。KD_1 为跳闸接点,用以接通自动馈电开关脱扣线圈的电源;KD_2 为自保接点,且比 KD_1 先行闭合。

电容器 C_1 防止继电器投入运行的瞬间,因 C_2 的充电电流而引起 KD 的误动作。

试验电阻 R_3 用以检查漏电继电器的动作是否可靠。对于 660 V 电网,R_3 为 10 kΩ;对于 380 V 电网,R_3 为 3.5 kΩ。

3. 工作原理

(1) 监视电网对地绝缘水平。电气原理图如图 7-9 所示,它采用附加直流电源作为漏电信号的检测电源。

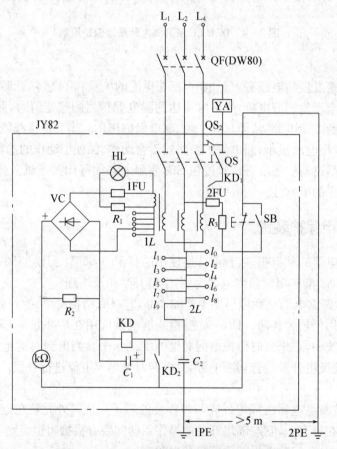

图 7-9 JY-82 型检漏继电器的电气原理图

当隔离开关 QS 合闸后,检漏继电器开始工作,其绝缘检测电流通路为:

$$VC(+) \rightarrow k\Omega \rightarrow SB \rightarrow 2PE \rightarrow 大地 \rightarrow 电网对地绝缘电阻 \rightarrow 电网 \rightarrow 1L \rightarrow 2L \rightarrow KD \rightarrow VC(-)$$
$$\rightarrow 1PE \rightarrow$$

从上述检测回路可看出,有直流电流通过欧姆表和直流继电器。但回路中除电网对地绝缘电阻随电网对地的绝缘状态改变外,其他元件的直流电阻均是一确定的数值。可见,回路中检测电流的大小只与三相电网对地绝缘电阻有关。因此,欧姆表的读数直接反映了电网对地的绝缘水平。

(2) 漏电、触电保护。当人触及电网任意相导体或电网对地绝缘电阻下降到危险值时,则检测电流增大,使直流继电器 KD 动作。其常开接点 KD_2 先行闭合自保,而后 KD_1 闭合,接通了自动馈电开关 QF 的脱扣线圈 YA 回路,使自动馈电开关跳闸,实现了触、漏电保护作用。

(3) 检漏继电器的试验。为使检漏继电器可靠工作,《煤矿安全规程》规定:"每天必须对低压检漏装置的运行情况进行一次跳闸试验"。试验时,按下试验按钮 SB,接通如下回路:VC(+)→kΩ→1PE→大地→2PE→SB→R_3→2FU→1L→2L→KD→VC(−)。检漏继电器如正常,则应立即动作,馈电开关跳闸。

(4) 电网对地电容电流的补偿。由于电网对地电容电流的存在,使得人体触电时的电流超过极限安全值,造成较大危险。为了消除电容电流的影响,采用了附加电感支路的方法,如图 7-10 所示。

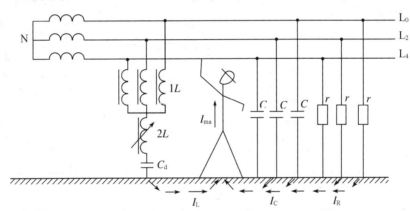

图 7-10　电网对地电容电流的补偿原理

图 7-10 中零序电抗器 2L 串接在三相电抗器 1L 的中性点与地之间。当人触及一相导体时,流过人体电流有电容电流 I_C、电感电流 IL 和电阻性电流 IR。由于电容电流和电感电流相位差 $180°$,适当调整零序电抗器的电感量,可使 I_C 与 IL 两者相互抵消,使流过人体的电流大大减小。零序电抗器带有可调的抽头,通过改变线圈的匝数实现电感的调节,所以其补偿效果较差。

三、安装、调整、维护和检修电气设备

(一) 安装

1. 下井前的检查与试验

所有漏电保护装置在下井安装使用之前,都必须在地面进行仔细的检查和试验,符合要求者方可下井运行。检查和试验的内容如下:

(1) 按 GB 3836—83《爆炸性环境用防爆电气设备》的规定,检查其是否符合防爆要求。

（2）按生产厂家的使用说明书，核对其内部安装接线是否正确、元器件有无损坏、额定电压是否与电网电压相符。

（3）对于主电路和按规定接至主电路的控制电路和辅助电路，其工频耐压试验电压值应符合表 7-2 中的规定；对于规定不接至主电路的控制电路和辅助电路，其工频耐压试验电压值应符合表 7-3 中的规定。上述试验历时 1 min 而有击穿或闪络现象方为合格。电子插件不做此项考核。

（4）测量各直流电源电压值，应符合厂家规定。

（5）测量检漏继电器和选择性漏电保护装置的动作电阻值和动作时间，应符合有关规定。对于具有漏电闭锁功能者，还应测量其闭锁电阻值是否符合规定。

（6）对于具有电容电流补偿性能的检漏继电器，可用三相电容量相同的电容器进行模拟试验，以测定补偿效果。

（7）经上述检查和性能试验后，还应配合自动馈电开关或电磁启动器进行漏电保护跳闸或闭锁试验。对于选择性漏电保护装置，更应进行漏电保护系统的整体配合试验，以了解其动作的选择性。

表 7-2　工频耐压实验电压值　　　　　　　　　　　　　　（单位：V）

额定绝缘电压 U_f	工频耐压试验电压值（有效值）	额定绝缘电压 U_f	工频耐压试验电压值（有效值）
$U_f \leqslant 60$	1000	$600 < U_f \leqslant 800$	3000
$60 < U_f \leqslant 300$	2000	$800 < U_f \leqslant 1000$	3500
$300 < U_f \leqslant 600$	2500	$100 < U_f \leqslant 1200$	4200

表 7-3　工频耐压实验电压值　　　　　　　　　　　　　　（单位：V）

断定绝缘电压 U_f	工频耐压试验电压（有效值）
$U_f \leqslant 60$	1000
$U_f > 60$	$2U_f + 1000$（不得小于 1500）

2. 下井安装

对于具有单独隔爆外壳的检漏继电器，一般均在井下安装，并用多芯电缆与变电所里的总自动馈电开关连接。

检漏继电器应与带有跳闸线圈的自动馈电开关配合使用，并装设在负荷侧。在该馈电开关与变压器之间不能再连接任何电气设备，并且希望此连接线越短越好，以免该处漏电而无法保护。对于带漏电闭锁的 JJKB30 型检漏继电器，其电源部分允许接在馈电开关的电源侧，但应有可靠的措施，保证开关在未合闸以前，不至因检测电源的接入而发生人身触电或瓦斯爆炸等事故。此外，在安装接线时，必须首先断开变压器高压侧的电源开关，以免触电。

此外，在安装时还应对自动馈电开关的跳闸机构进行如下检查：

（1）跳闸线圈的绝缘电阻值应符合下列要求：对于 660 V 的，应不低于 10 MΩ；380 V 的，不低于 5 MΩ。

（2）跳闸线圈的活动衔铁应灵活可靠。

（3）中间跳闸转轴应转动灵活，动作板应调整好。

（4）拉力弹簧应调整好。

（5）馈电开关的操作机构有无过位或卡住现象。

为了使检漏继电器能够正常地投入运行，在安装时，要求整个电网对地的总绝缘电阻值应符合如下要求：电压为 1140 V 者，不低于 200 kΩ；660 V 者，不低于 100 kΩ；380 V 者，不低于 50 kΩ；127 V 者，不低于 30 kΩ。

检漏继电器安装完毕，应做跳闸试验。如不跳闸，则应立即切断电源进行全面的检查，合格以后方可投入运行。此外，对具有电容电流补偿功能者，还应调节零序电抗线圈的电感电抗值，以便对电容电流进行有效的补偿。

检漏继电器的接地好坏，对其能否完成漏电保护任务有着直接的关系，因此，在做跳闸试验的时候，不只是为了检查检漏继电器本身有没有毛病，还应当检查它是否可靠接地。为此，特对其接地装置做如下规定：

（1）主接地线（即其外壳的保护接地线）要可靠地与生产系统变电所的辅助接地母线或局部接地极相连。

（2）供检漏继电器做试验用的辅助接地极应单独设置，其规格要求与局部接地极相同，并距局部接地极的直线距离不小于 5 m。与辅助接地极相连的接地线，应用线芯截面不小于 10 mm² 的橡套电缆。127 V 电钻综合保护装置的辅助接地极，可采用直径不小于 35 mm、长度不小于 500 mm 的钢管进行埋设。

（3）当同一地点装设有两台或两台以上的 JY82 系列及其他接线类似的检漏继电器时，它们应有各自的辅助接地极。如果确有困难，也可以共用一个辅助接地极，但是必须把试验按钮的常闭触点连线断开，否则不能检查检漏继电器的接地好坏。

对于 JJKB-30 型检漏继电器，需由专用的自动馈电开关引进 10 根线芯，其中 127 V 电源线两根，电网 A、B、C 三相共三根，失压脱扣线圈两根，自动馈电开关的常闭辅助触点两根，主接地线一根。此外，还应引出一根单芯电缆与辅助接地极相连接。安装完毕，应先合上变压器高压侧的开关和检漏继电器的电源开关 DK，并确认电网绝缘正常时，再合自动馈电开关进行送电。

对选择性漏电保护系统来讲，除总检漏继电器具有单独的隔爆外壳结构外，一般分支自动馈电开关和电磁启动器的选择性漏电保护装置均为插件型，直接装在它们里面，具体的安装接线方法见有关的使用说明书。特别应当注意，零序电流互感器的安装接线方向一定不要弄错，否则便不能正常工作。安装完毕，还应在电网中进行模拟漏电试验，以观察其工作是否正常。

（二）运行、维护与检修

（1）值班电钳工每天都应对检漏继电器和选择性漏电保护装置进行一次检查试验，以检查其工作是否正常，并做记录。检查试验的内容如下：

① 观察欧姆表或千欧表的指示数值，以了解电网对地绝缘电阻的情况。当其降低时，应及时采取措施使其升高，以免跳闸。

② 安装必须平稳可靠,周围应清洁干燥,无淋水现象。

③ 局部接地极和辅助接地极的安设应良好。

④ 外观检查检漏继电器的防爆性能,必须满足有关规定。

⑤ 用试验按钮对检漏继电器和选择性漏电保护装置进行跳闸试验,以确保其正常工作。

(2) 检漏继电器和选择性漏电保护装置的维修工,每月至少对检漏继电器和选择性漏电保护装置进行一次详细检查,除上述各点之外,还应检查下列内容:

① 各处导线是否良好,有无破损或受潮。

② 闭锁装置和执行继电器的动作是否灵活可靠。

③ 各处接头、触点等的接触是否良好,有无松动、脱落或烧损现象。

④ 内部元件、熔断器以及指示灯等有无损坏。

⑤ 对于补偿用的零序电抗器,应观察其是否达到最佳补偿状态,必要时应重新调整。

⑥ 检漏继电器的隔爆性能是否受到破坏,是否符合规定。

(3) 在瓦斯检查员的配合下,每月至少对检漏继电器和选择性漏电保护装置进行一次远方人工漏电跳闸试验。此外,检漏保护装置每年还应升井进行一次检修和试验。

(4) 维护与检修工作应严格按照产品使用说明书中的要求进行。

(三) 电网漏电故障的判断与寻找

当电网在运行中发生漏电故障时,应立即进行寻找和处理,并向矿井调度室或主管电气的人员汇报。发生漏电的设备或电缆,在故障未消除以前,禁止投入运行。

1. 漏电性质的分类

(1) 集中性漏电

① 长期的集中性漏电。这种漏电可能是电网内的某台电气设备或电缆由于绝缘击穿或导体碰及外壳所造成。

② 间歇的集中性漏电。这种漏电大部分发生在电网内的某台设备(主要是电动机)或者由开关至负荷之间的电缆,由于绝缘击穿或导体碰及外壳,在设备运转时产生漏电。还可能由于针状导体刺入该电缆内而产生漏电。

③ 瞬间的集中性漏电。这种漏电主要是由于工作人员或其他接线物体偶尔触及带电导体或电气设备和电缆的绝缘破裂部分,使之与地相连。还可能由于操作电气设备时产生弧光放电所致。

(2) 分散性漏电

① 某条线路或某台设备的绝缘水平太低所致。

② 整个电网的绝缘水平降低所致。

2. 漏电的原因

一般可从以下几个方面分析漏电的原因:

(1) 运行中的电气设备绝缘受潮或进水,造成相与地之间的绝缘恶化或击穿。

(2) 电缆在运行中受机械或其他接线外力的挤压、砍砸和过度弯曲等而产生裂口或缝隙,长期受潮气和水分的侵蚀,致使绝缘恶化,造成漏电。此外,挤压或砍砸也可能引起相与地、相与相之间直接连通,甚至使导电线芯裸露。

（3）电缆与设备在连接时,由于线芯接头不牢、喇叭口封堵不严以及接线嘴压板不紧等原因,使之在运行中产生接头松动脱落而与外壳相连,或者接头发热,烧坏绝缘。

（4）检修电气设备时,由于停送电错误,或工作中不慎将工具、材料等金属物件遗留在设备内部,造成接地故障。

（5）电气设备接线错误,或内部导线绝缘破损,而造成与外壳相连。

（6）在操作电气设备时,产生弧光接地。

（7）电气设备或电缆过负荷运行,以致损坏或直接烧毁绝缘。

四、漏电点的查找方法

（一）当电网只设置一台总检漏继电器时

发生漏电故障后,应根据设备和电缆的新旧程度、下井使用时间的长短、周围条件(如潮湿、积水和淋水等)和设备的运转情况,首先判断漏电性质,估计漏电大致范围,然后仔细进行检查,找出漏电点。如仍找不到漏电点,应与瓦斯检查员联系,对可能产生瓦斯积聚的地区(如单巷掘进通风不良的采掘工作面等)进行瓦斯检查。如无瓦斯积聚(瓦斯浓度小于1%)时,可用下列方法进行查找:发生漏电故障后,将各分路开关分别单独合闸。如果跳闸,则为集中性漏电,如不跳闸,但各分路开关全部合上时却跳闸,一般为分散性漏电。

1. 集中性漏电的寻找方法

（1）漏电跳闸后,先暂不拉开各个分路开关,而试合总的自动馈电开关。如能合上,说明漏电点不在干线上,或者虽在干线上,但为瞬间的集中性漏电。

（2）试合总的自动馈电开关,如果合不上,则应拉开全部分路开关,然后再合总开关。如果仍合不上,则漏电点在电源线上。

（3）拉开全部分路开关后,试合总的自动馈电开关。如能合上,再将各分路开关分别逐个合闸。当合某一开关时跳闸,则表示此分路上有集中性漏电。

（4）如果分路开关也能合上,可进一步闭合各个启动器。凡是有漏电的支路一旦合闸,总的自动馈电开关便立即跳闸。

此外,可根据漏电时间的长短来决定是长期的或间歇的集中性漏电。

2. 分散性漏电的寻找方法

当电网的绝缘水平普遍降低,但未发生一相接地时,检漏继电器也可能动作。此时,可以先拉开全部分路开关,然后再将各分路开关单独一一合闸,并观察检漏继电器的欧姆表指数的变化情况,以确定是哪条线路的绝缘水平最低,最后再用摇表进行摇测。

检查到某台设备或者某条电缆的绝缘水平太低时,则应更换。

（二）当电网设置有选择性漏电保护装置时

首先应根据选择性漏电保护装置的动作情况,判断漏电故障发生在哪条支路,然后再进一步寻找故障支路的漏电地点。显然,设置有选择性漏电保护装置以后,有助于寻找漏电故障。但是,对于只在总自动馈电开关和分支自动馈电开关设置漏电保护的两级选择性漏电保护系统,由于分支馈电开关以下还有电磁启动器的多个配出线路,其分支自动馈电开关的保护范围仍然较大,不得不逐一合分电磁启动器来寻找故障线路,因此,最好是在电磁启动器里也设置选择性漏电保护装置,形成三级选择性漏电保护系统,更便于寻找漏电故障。根据现场的运行经验,一般漏电故障多发生在电磁启动器以下配出线路,因而在电磁启动器里设置选择性漏电保护装置是合适的。

至于三相绝缘电阻均匀下降的分散性漏电故障,选择性漏电保护装置是不能反映的,它只能靠总自动馈电开关处的总检漏继电器来保护。因此,凡是总检漏继电器动作,便有可能是整个电网的三相对地绝缘电阻均匀下降所致。

巩固提升

一、工作案例:漏电保护装置的选择、安装、使用和维护

任务实施指导书

工作任务	某矿漏电保护装置的选择、安装、使用和维护		
任务要求	1. 准备工作:做好记录。 2. 根据中平能化集团某矿的实际进行漏电保护装置的选择。 3. 根据中平能化集团某矿的实际进行漏电保护装置的安装、调试。 4. 注意涉及的设备作用、安装位置。 5. 注意各设备之间的连接关系。 6. 注意各线路及设备的额定电压等级。		
责任分工	1人负责分工;1~2人选择漏电抱住装置,2人负责安装、调试;1人记录。		
阶段	实施步骤	防范措施	应急预案
一、准备	1. 做好组织工作,按照现场实际有组长分工。	课前要预习,并携带查阅、收集的有关资料。	分工要注意学生的个性、学习情况、个人特点。
	2. 携带有关铅笔、记录本、尺子等记录用品和供电系统图和有关设备说明书等。	做好带上所有电气设备的使用说明书和变电所供电系统图。	
二、分析实际情况	3. 认真研究分析实际安装位置。		
	4. 认真研究分析保护对象。	做好带上所有电气设备的使用说明书和变电所供电系统设计说明书。	
三、保护装置的选择	5. 分析电压等级与确定漏电保护装置的接线方案。	分析统计类型和依据。	做好记录。
四、保护装置的安装与调试	6. 进行接线。	可携带有关供电和说明书等。	注意电压要对应。
	7. 调试接线,确定接线位置。	不要出错、细心。	检查瓦斯浓度。

（续表）

阶段	实施步骤	防范措施	应急预案
五、现场处理	8. 分析结果。	资料齐全。	做好记录。
	9. 经老师或技术人员审核。		
	10. 现场清理。	现场干净、整洁。	
	11. 填写工作记录单。		

工作记录表

工作时间		指挥者		记录员	
工作地点		监督者		分析人	
记录内容	1. 准备情况。				
	2. 安装位置确定情况。				
	3. 保护对象。				
	4. 选择结果。				
	5. 电压等级。				
	6. 安装接线图。				
	7. 调试接线位置。				
	8. 结果分析。				
	9. 指导教师或技术人员意见。				
	10. 现场处理结果。				
说明					

二、实操案例：JY82 型检漏继电器的安装、使用和维护工作计划书

学习评价反馈书（自评、互评、师评等）

	考核项目	考核标准	配分	自评分	互评分	师评分
知识点	1. 漏电保护装置类型、结构、组成和工作原理。	老师抽问：完整答出满分；不完整得 2～9 分；不会 0 分。	10			
	2. 漏电保护装置安装、调整、维护和检修电气设备的注意事项。	老师抽问：完整答出满分；不完整得 2～14 分；不会 0 分。	15			
	3. 漏电点的查找方法。	完整答出满分；不完整得 2～14 分；不会 0 分。	15			
	小计		40			

（续表）

	考核项目	考核标准	配分	自评分	互评分	师评分
技能点	1. 会选择、安装、调、维护漏电保护装置。	能熟练选择、安装、调、维护漏电保护装置得满分；不熟练得 10～24 分；不会 0 分。	25			
	2. 会查找和处理漏电故障。	能熟练查找和处理漏电故障得满分；不熟练得 10～24 分；不会 0 分。	25			
	小计		50			
情感点	1. 学习态度。	遵守纪律、态度端正、努力学习者满分；否则 0～1 分。	2			
	2. 学习习惯。	思维敏捷、学习热情高涨满分；否则 0～1 分。	2			
	3. 发表意见情况。	积极发表意见、有创新建议、意见采用满分；否则 0～1 分。	2			
	4. 相互协作情况。	相互协作、团结一致满分；否则 0～1 分。	2			
	5. 参与度和结果。	积极参与、结果正确；否则 0～1 分。	2			
	小计		10			
	合计		100			

效果检查：

学习总结：

思考练习题：

1. 简述漏电保护装置类型、结构、组成和工作原理。

2. 简述安装、调整、维护和检修电气设备的过程和注意事项。

3. 简述漏电故障的查找和处理。

任务三　接地与接零保护装置的安装、使用和维护

任务要求：

1. 按照操作规程要求停电、做好准备工作。

2. 按照《电气安装工操作规程》安装，安装质量满足《安装工程质量检验评定标准》要求。

3. 严格按照操作规程进行使用接地与接零保护装置。

4. 按照《机电设备完好标准》要求进行日常维护。

工作情况：

1. 工作情况：电气设备或线路的一部分与大地间良好的电气连接对供电系统的正常工作安全运行和防止意外电气事故造成的危害程度都有很大的关系。

2. 工作环境：从井下特殊的环境入手，进一步分析接地的类型，进一步扩展到地面的接零保护。并分析接地与接零保护装置的原理、安装和使用方法。

3. 学习情景：学习的主要思路就是围绕企业井下特殊的环境，而容易发生接地故障，造成事故。重点是接地故障的查找。难点是接地与接零保护装置的安装与维护。

工作要求：

1. 基本知识要理解。

2. 安装设备：符合要求、接线正确。

3. 操作设备：严格按照有关规程和规定进行。

4. 设备维护：日常维护内容熟悉、迅速、正确。

5. 接地电阻的测量：正确、迅速、分析合理。

所需资料：

1. 相关资料：相关接地和接零保护装置的使用说明书。

2. 电气识图知识：本任务学习参考书。

3. 安装检修要求：《安装工程质量检验评定标准》《机电设备检修技术规范》《机电设备完好标准》《电气安装工操作规程》《矿井维修电工操作规程》。

相关知识

电气系统的任何部分与大地间作良好的电气连接，叫作接地。用来直接与土壤接触并存在一定流散电阻的一个或多个金属导体组，称为接地体或接地极。电气设备接地部分与接地体连接用的金属导体，称为接地线。接地体与接地线，称为接地装置。

接地体与土壤接触时，二者之间的电阻及土壤的电阻，称为流散电阻。而接地线电阻、接地体电阻及流散电阻之和，称为接地电阻。其中，接地体、接地线电阻很小，可以忽略不计，故可以认为接地电阻等于流散电阻。

接地按其目的和作用分为工作接地、保护接地、防雷接地、防静电接地、重复接地等。

一、工作接地

为了确保电力系统中电气设备在任何情况下都能安全、可靠地运行，要求系统中某一点必须用导体与接地体相连，称为工作接地。如电源中性点的直接接地或经消弧线圈的接地、绝缘监视装置和漏电保护装置的接地等都属于工作接地。

二、保护接地

为防止人触及电气设备因绝缘损坏而带电的外露金属部分造成人体触电事故，将电气设备中所有正常时不带电、绝缘损坏时可能带电的外露金属部分接地，称为保护接地。

（一）保护接地的类型和作用

根据电源中性点对地绝缘状态不同，保护接地分为 TT 系统和 IT 系统。

1. TT 系统

TT 系统是在中性点直接接地系统中，将电气设备金属外壳，通过与系统接地装置无关的独立接地体直接接地，如图 7-11 所示。

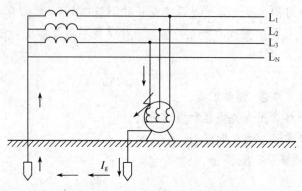

图 7-11　TT 方式保护接地系统

如果设备的外露可导电部分未接地，则当设备发生一相碰壳接地故障时，外露可导电部分就要带上危险的相电压。由于故障设备与大地接触不良，该单相故障电流较小，通常不足以使电路中的过电流保护装置动作，因而不能切除故障电源。这样，当人触及带电设备的外壳时，加在人体上的就是相电压，触电电流大大超过极限安全值，增大了触电的危险性。

如果将设备的外露可导电部分直接接地，则当设备发生一相碰壳接地故障时，通过接地装置形成单相短路。这一短路电流通常可使故障设备电路中的过流保护装置动作，迅速切除故障设备，从而大大减小了人体触电的危险。即使在故障未切除时人体触及故障设备的外露可导电部分，也由于人体电阻远大于保护接地电阻，通过人体的电流也较小，对人体的危害性相对也较小。

但在这种系统中，如果电气设备的容量较大，这一单相接地短路电流将不能使线路的保护装置动作，故障将一直存在下去，使电气设备的外壳带有危险的意外带电的对地电压。例如，保护某一电气设备的熔体额定电流为 30 A，保护接地电阻和中性点工作接地电阻均为 4 Ω 时，当该设备发生单相碰壳时，其短路电流仅为 27.5 A（相电压为 220 V），不能熔断 30 A 的熔体。这时电气设备外壳的对地电压为 110 V，远远超出了安全电压。所以 TT 系统只适用于功率不大的设备，或作为精密电子仪器设备的屏蔽接地。为了克服上述缺点，还应在线路上装设漏电保护装置。

2. IT 系统

IT 系统是在中性点不接地或通过阻抗接地的系统中，将电气设备正常情况下不带电的外露金属部分直接接地。矿井井下全部使用这种保护接地系统。

系统中没有装设保护接地时，如图 7-12（a）所示。当电气设备发生一相碰壳接地故障时，若人体触及带电外壳，则电流经过人体入地，再经其他接线两相对地绝缘电阻和对地分布电容流回电源。当线路对地绝缘电阻显著下降，或电网对地分布电容较大时，通过人体的电流将远远超过安全极限值，对人的生命构成了极大的威胁。

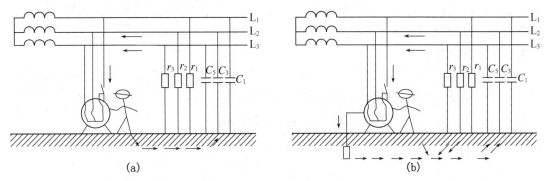

图 7 - 12　IT 方式保护接地系统

当装设保护接地装置时，如图 7 - 13(b)所示。当人触及碰壳接地的设备外壳时，接地电流将同时通过人体和接地装置流入大地，经另外两相对地绝缘电阻和对地分布电容流回电源。由于接地电阻比人体电阻小得多，所以接地装置有很强的分流作用，使通过人体的触电电流大大减小，从而降低了人体触电的危险性。

由于接地电阻与人体电阻是并联关系，所以接地电阻 R_z 越小，流过人体的电流也就越小。为了将流过人身的电流限制在一定范围之内，必须将接地电阻限制在一定数值以下。不同情况下的保护接地电阻要求值见表 7 - 4。

表 7 - 4　保护接地电阻要求值　　　　　　　　　　　　（单位：Ω）

电网名称	接地装置的特点	接地电阻
大接地电流电网	仅用于该电网接地	$R_E \leqslant 0.5$
小接地电流电网	1 kV 以上设备的接地	$R_E \leqslant 250/I_E \leqslant 10$
	与 1 kV 以下设备共用时的接地	$R_E \leqslant 120/I_E \leqslant 10$
1 kV 以下中性点接地与不接地电网	并列运行变压器总容量在 100 kVA 以上的接地	$R_E \leqslant 4$
	重复接地装置	$R_E \leqslant 10$
煤矿井下电网	接地网	$R_E \leqslant 2$

当人体触及带电的金属外壳时，人体接触部分与站立点之间的电位差叫接触电压。雷电流入地时，或载流电力线（特别是高压线）断落到地时，会在导线接地点及周围形成强电场。其电位分布以接地点为圆心向周围扩散、逐步降低而在不同位置形成电位差，人、畜跨进这个区域，两脚之间将存在电压，该电压称为跨步电压。在这种电压作用下，电流从接触高电位的脚流进，从接触低电位的脚流出，这就是跨步电压触电。

(二) 保护接地系统

为了降低保护接地装置的接地电阻，提高其可靠性，地面及矿井下都应设置保护接地系统。

1. 地面保护接地系统

接地体分为自然接地体和人工接地体。设计保护接地装置时,应首先考虑利用自然接地体,如地下金属管道(输送燃料管道除外)、建筑物金属结构和埋在土壤中的铠装电缆的金属外皮等。如果采用自然接地体接地电阻不满足要求或附近没有可使用的自然接地体时,应敷设人工接地体。

人工接地体通常采用垂直打入地中的管道、圆钢或角钢以及埋入土壤中的钢带。考虑到埋于地下的接地体会逐渐腐蚀,规定钢接地体的最小尺寸如表 7-5 所示。

表 7-5　钢接地体最小尺寸

材料名称	建筑物内	户外	地下
圆钢直径/mm	5	6	8
扁钢载面/mm^2	24	48	48
厚/mm	3	4	4
角钢厚/mm	2	2.5	4
钢管壁厚/mm	2.5	2.5	3.5

垂直埋入地中的接地体一般长 2~3 m,为防止冬季土壤表面冻结和夏季水分的蒸发而引起接地电阻的变化,接地体上端与地面应有 0.5~1 m 的距离。若采用扁钢作为主要接地体,其敷设深度一般不小于 0.8 m。埋入地中的接地体的上端与连接钢带焊接起来,就构成了一个良好的接地系统。

例如,变电所室外接地网,其布置情况如图 7-13(a)虚线部分所示。为了降低接触电压和跨步电压,接地体的布置形式要适当考虑,应尽量使电位分布均匀。因此,在环形接地网中间加装几条平行的扁钢均压带,在人员经常出入处加装帽檐式均压带,都能较好地降低电位变化的陡度,如图 7-13(b)所示。

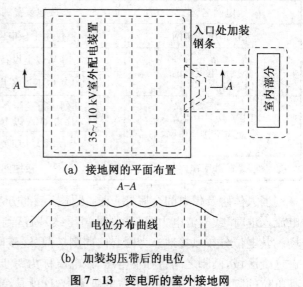

(a) 接地网的平面布置

(b) 加装均压带后的电位

图 7-13　变电所的室外接地网

2. 井下保护接地系统

保护接地、短路保护和漏电保护一起构成了井下的三大保护。

井下保护接地系统由主接地极、局部接地极、接地母线、辅助接地线、连接导线和接地线等组成,如图 7-14 所示。

主接地极装设在井底车场的水仓中。主接地极在主、副水仓中应各设一个,以保证在清理水仓或检修接地极时,有一个主接地极仍起接地作用。主接地极一般采用面积不小于 0.75 m^2、厚度不小于 5 mm 的钢板制成。

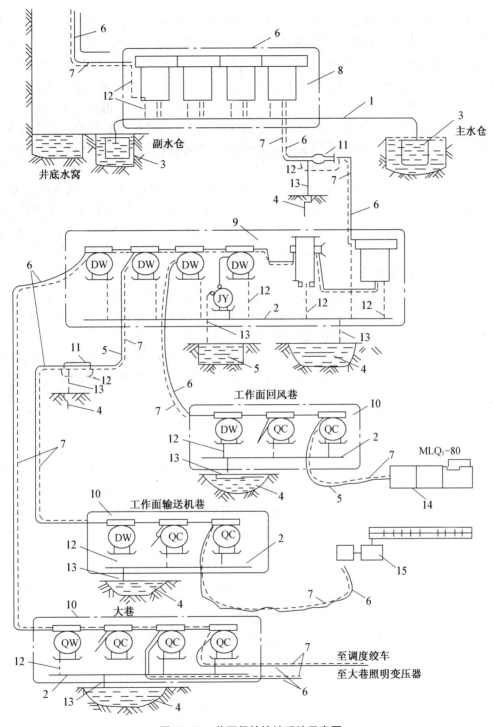

图 7－14　井下保护接地系统示意图

1—接地母线；2—辅助接地母线；3—主接地极；4—局部接地极；5—漏电保护用辅助接地极；6—电缆；
7—电缆接地导体；8—中央变电所；9—生产系统变电所；10—配电点；11—电缆接线盒；12—连接导线；
13—接地导线；14—采煤机；15—输送机

除主接地极外,其他接线用于保护接地的接地极称为局部接地极。为了保护接地系统的可靠性和降低接地电阻,在电气设备集中的地方还必须装设局部接地极。

局部接地极可用面积不小于 0.75 m²、厚度不小于 3 mm 的钢板放在巷道的水沟中。在无水沟的地方局部接地极可用直径不小于 35 mm、长度不小于 1.5 m 的镀锌钢管垂直打入潮湿的地中。此时为降低接地电阻,钢管上要钻直径不小于 5 mm 的透孔 20 个以上。

井下需要装设局部接地极的地点有每个装有固定设备的硐室、单独的高压配电装置、生产系统变电所、配电点、连接动力铠装电缆的接线盒、采煤工作面的机巷、回风巷以及掘进工作面等。

连接主接地极的母线称为接地母线。其他接线地点的接地母线称为辅助接地母线。接地极和电气设备外壳通过接地导线和连接导线接在接地母线上。各种接地母线、接地导线和连接导线应采用镀锌扁钢、镀锌钢绞线或裸导线,其截面应不小于规程规定的最小截面。

利用铠装电缆的金属外皮和非铠装电缆的接地芯线作为系统的接地线,将井下各处的接地装置连接起来,从而构成了井下的保护接地系统。

井下保护接地系统的接地电阻必须定期测量。根据《煤矿安全规程》的规定:接地网上任意保护接地点测得的接地电阻值,不得超过 2 Ω;每一移动式或手持电气设备同接地网之间的保护接地用的电缆芯线的电阻值,都不得超过 1 Ω。

井下保护接地系统的接地电阻在设计时一般不进行计算,只需按规程规定的接地装置的规格设计,一般即可满足接地电阻的要求。当接地电阻不能满足要求时,亦可采用降阻措施使其符合要求。

三、保护接零

地面低压电网为了获得 380/220 V 两种电压,采用三相四线制供电系统,其电源中性点采用直接接地的运行方式。直接接地的中性点称为零点,由零点引出的导线称为零线。

保护接零系统属于 TN(TN - C)系统,就是将电气设备正常情况下不带电的外露金属部分与电网的零线作电气连接,如图 7 - 15 所示。

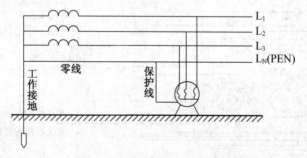

图 7 - 15 保护接零电气原理图

当电气设备发生一相碰壳时,则通过设备外壳造成相线对零线的金属性单相短路,使线路中的过流保护装置迅速动作,切断故障电路,减少了触电的概率。如果在电源被切断之前恰有人触及该带电外壳,则利用保护接零的分流作用,减少了人身触电电流,降低了接触电压,使人身触电的危险性得以减小。

保护接零与保护接地相比,其最大的优越性就是能使保护装置迅速动作,快速切断电源,从而克服了保护接地的局限性。接零系统必须注意以下问题:

(1) 保护接零只能用在中性点直接接地系统中,否则当发生单相接地故障时,由于设备外壳与地接触不良,不能使保护装置动作,此时当人触及任意接零的设备外壳时,故障电流将通过人体和设备流回零线,危及人身的安全。

(2) 在接零系统中不能一些设备接零,而另一些设备接地,这种情况属于在同一供电系统中,TN 方式和 TT 方式混合使用。如前所述,在 TT 方式下当接地设备发生单相碰壳时,线路的保护装置可能不会动作,使设备外壳带有 110 V 危险的对地电压,此时零线上的对地电压也会升高到 110 V,这将使所有接零设备的外壳全部带有 110 V 的对地电压,这样人只要接触到系统中的任一设备都会有触电的危险。

(3) 在保护接零系统中,电源中性点必须接地良好,其接地电阻不得超过 4 Ω。

(4) 为迅速切除线路故障,电网任何一点发生单相短路时,短路电流应不小于其保护熔体额定电流的 4 倍或不小于自动开关过电流保护装置动作电流的 1.5 倍。

(5) 为了保证零线不致断线和有足够的单相短路电流,要求零线材料应与相线相同,零线的截面应不小于表 7-6 所列数值。

表 7-6　零线允许的最小截面　　　　　　　　　　　　　　　　(单位:mm²)

相线	零线	
	在钢管、多芯导线、电缆中	架空线、户内、户外明线
1.5	1.5	
2.5	2.5	
4	4	4
6	6	6
10	10	10
16	16	16
25	16	25
35	16	35
50	25	50
70	35	50
95	50	50
120	70	70

四、重复接地

在三相四线制供电系统中,将零线上的一处或多处通过接地装置与大地再次连接的措施称为重复接地,如图 7-16 所示。

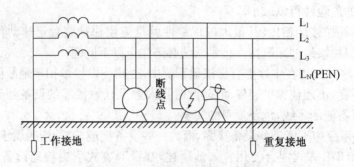

图 7-16 重复接地电气原理图

保护接零系统中,当零线断线,断线点负荷侧的设备发生单相碰壳时,其外壳的对地电压为电网的相电压(设外壳与地的接触电阻为无穷大),此时当人触及该外壳时,对人有绝对危险。当采用重复接地时,发生碰壳接地电气设备外壳的对地电压为断线点后面重复接地装置的总接地电阻与断线点前面接地装置总接地电阻的串联分压值,从而大大降低人身触及带电外壳的触电危险性。

重复接地不仅可降低零线断线时的危险性,在零线完好时也可以降低碰壳设备的对地电压,还能增大碰壳短路时的短路电流,以缩短线路保护装置的动作时间,还可以降低正常时零线上的电压损失。由此可见,在保护接零系统(TN 系统)中重复接地是不可缺少的。

为了提高保护接零系统的安全性能,应按以下要求进行可靠的重复接地:在架空线路的干线和分支线的终端及沿线每 1 km 处,零线都要进行重复接地;架空线的零线进出户内时,在进户处和出户处零线都应进行重复接地;户内的零线应与配电盘、控制盘的接地装置相连;每一处重复接地装置的接地电阻均不得大于 10 Ω。

零线的重复接地装置应充分利用自然接地体,以节约投资。

五、测量接地电阻值的步骤

井下总接地网接地电阻值的测定,要有专人负责,每季至少进行一次,并将测量结果记入记录簿内,以便查阅。新安装的接地装置,应在投入运行前,对其接地电阻值进行测量。在有瓦斯及煤尘爆炸危险的矿井内,进行接地电阻测量时,应采用安全火花型测量仪表(如北京电表厂生产的 ZC-18 型安全火花接地电阻测量仪)。如采用普通型仪表时,只准在瓦斯浓度为 1% 以下的地点使用,并采取一定的安全措施,报有关部门审批。

ZC-18 型安全火花接地电阻测量仪的电源,是由其内部的手摇式交流发电机供给,EC 端的输出电压不超过 27 V,输出电流不超过 13 mA。当 EC 两端直接短路时,其短路电流也不超过 17 mA,从而满足了安全火花的要求。

(一) ZC-18 型安全火花接地电阻测量仪的主要技术特征

(1) 量限:0~10 Ω 和 0~100 Ω 两挡。

(2) 刻度:电位器所带刻度盘上共分 10 个大格,每一大格又分为 10 个小格。当量限为 0~10 Ω 挡时,表盘上的倍率指示为"×1",因此刻度盘上的每一大格即为 1 Ω,每一小格即为 0.1 Ω。

当量限为 0～100 Ω 挡时，表盘上的倍率指示为"×10"，因此，应将刻度盘上的指示数乘10，才是被测的接地电阻值，即此时刻度盘上的每一大格为 10 Ω，每一小格为 1 Ω。例如，当指针指在刻度盘上的 9 时，则被测接地电阻值等于 90 Ω。

（3）准确度为额定值的±5%。

（4）发电机摇把的转速等于或大于 120 r/min。

（5）辅助接地极 C′和探针 P′的接地电阻值不大于 200 Ω。

（6）工作环境温度为 0～50 ℃，相对湿度为 98% 以下。

（二）接地电阻的测定方法

当采用 ZC－18 型安全火花接地电阻测量仪测定接地电阻时，其接线方法如图 7－19 所示，具体步骤如下：

（1）自被测接地极 E′起，使电位探针 P′和辅助接地极 C′按直线彼此相距 20 m 以上，并且应将电位探针 P′插于被测接地极 E′和辅助接地极 C′之间。

（2）用导线将 E′和仪表的端子 E，P′和端子 P，C′和端子 C 相连接。

（3）将仪表放置在水平位置，并检查检流计的指针是否指在零位，否则应用零位调节器 S_0 进行调整。

（4）转动量限转换开关 K_s，将倍率标度盘拨于"×10"倍数挡（即 0～100 Ω 挡），然后慢慢转动发电机的摇把，此时检流计的指针必然离开零位，向一侧偏转。与此同时，应转动电位器 R_0 的调节旋钮 S_0（其刻度盘也随之转动），使检流计的指针逐渐返回零位。

（5）当检流计的指针接近零位时，应加快发电机摇把的转速，使其达到 120 r/min 以上，然后继续调节电位器 R_0 的旋钮，让指针完全指在零位为止。此时指针所指刻度盘上的数字即为测量所得的读数。例如，图 7－17 中指针所指刻度盘上的数字为 2.50，即测得读数为 2.50。由于倍率盘的指示为"×10"，应将实际读数 2.50×10，即得所测的接地电阻值为 (2.5×10) Ω＝25 Ω。

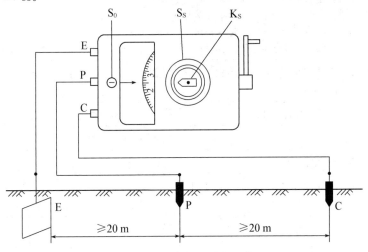

图 7－17　接地电阻测定示意图

S_0—零位调节器　S_s—电位器 R_s 的调节旋钮　K_s—量限转换开关

（6）若将倍率标刻度盘置于"×10"挡所测得的读数小于 1 时，则应将倍率标刻度盘转换至"×1"挡，然后再重新调节电位器的旋钮，使指针重又指零，才能得到更为准确的读数。

（三）测量注意事项

（1）用电压表检查被测接地网，如果已有电压存在，将会影响测量结果的准确性，应予以消除。

（2）测量主接地极处总接地网的过渡电阻时，应将一个主接地极与总接地网断开，以表示主接地极之一处于检修状态下总接地网的过渡电阻值。

（3）当被测接地极 E' 和辅助接地极 C' 之间的距离大于 20 m 时，若电位探针 P' 的位置与 E'、P' 不在同一条直线上，只要 P' 的位置离 E'、C' 之间连线的垂直距离为几米以上，其误差可以不计。但是，如果 E'、C' 之间的距离小于 20 m 时，则应将电位探针 P' 正确地插入在 E' 和 C' 的直线上。

（4）当检流计的灵敏度过高时，可将电位探针 P' 插入土壤的深度浅一些。

（5）将电位探针 P' 前后移动三次，重复进行测量，如三次测量的结果接近即可，并取其平均值。

（6）辅助接地极 C' 与电位探针 P' 应远离铠装电缆、电机车运输轨道等长大的金属物，最好与其垂直布置。

（7）当测量单个接地极的接地电阻值时，应先将其接地导线与接地网断开。

巩固提升

一、工作案例：接地保护装置的安装、使用和维护

任务实施指导书

工作任务	接地保护装置的安装、使用和维护		
任务要求	1. 按照《煤矿安全规程》的要求制作接地保护装置。 2. 按照《煤矿安全规程》的要求安装接地保护装置。 3. 按照《煤矿安全规程》的要求正确使用接地保护装置。 4. 按照《煤矿安全规程》和《机电设备完好标准》的要求进行日常维护接地保护装置。		
责任分工	1. 1人负责按照计划步骤指挥操作，2人安装；1～2人负责分析运行中故障的分析。 2. 进行轮换岗位。		
阶段	实施步骤	防范措施	应急预案
一、准备	1. 制作接地保护装置。	学生可省略。	
	2. 检查接地保护装置。	是否合乎要求。	
	3. 携带接地保护装置及电工仪表、工具、安装说明书等。		备有防火安全设施。

（续表）

阶段	实施步骤	防范措施	应急预案
二、安装	4. 认真阅读研究安装图纸。	携带安装图纸。	
	5. 安装要求做好基础选择工作。	材料、工具到位。	
	6. 按照安装要求、规定进行安装。		
三、检查	7. 按照安装要求对接地保护装置进行检查。	依据《机电设备完好标准》。	合乎要求。
	8. 按照工作票进行操作		不同工作任务操作票不同。
四、维护	9. 人为模拟设置故障。		
	10. 分析故障。		
	11. 进行维修。		
五、收尾	12. 整理工具，填写工作记录单。	检查工具是否齐全。	

二、实操案例：地面接零保护装置的安装、使用和维护

学习评价反馈书

	考核项目	考核标准	配分	自评分	互评分	师评分
知识点	1. 接地和接零的类型和概念。	老师抽问；完整答出满分；不完整得 2~7 分；不会 0 分。	8			
	2. 绝缘监视装置和零序电流保护装置组成和保护原理。	完整答出满分；不完整得 2~7 分；不会 0 分。	8			
	3. 井下接地保护装置的作用、结构、组成、保护原理和设置要求。	完整答出满分；不完整得 2~7 分；不会 0 分。	8			
	4. 井下三大保护：保护接地、短路保护、漏电保护。	完整答出满分；不完整得 2~7 分；不会 0 分。	8			
	5. 接地电阻值的测量方法。	完整答出满分；不完整得 2~7 分；不会 0 分。	8			
	小计		40			
技能点	1. 会安装、维护和检修地面接地与接零保护装置。	能熟练安装、维护和检修地面接地与接零保护装置得满分；不熟练得 7~14 分；不会 0 分。	15			
	2. 会制作、安装井下接地保护装置。	能熟练制作、安装井下接地保护装置得满分；不熟练得 7~14 分；不会 0 分。	15			
	3. 会测量接地电阻值。	能熟练测量接地电阻值得满分；不熟练得 10~19 分；不会 0 分。	20			
	小计		50			

（续表）

	考核项目	考核标准	配分	自评分	互评分	师评分
情感点	1. 学习态度。	遵守纪律、态度端正、努力学习者满分；否则 0～1 分。	2			
	2. 学习习惯。	思维敏捷、学习热情高涨满分；否则 0～1 分。	2			
	3. 发表意见情况。	积极发表意见、有创新建议、意见采用满分；否则 0～1 分。	2			
	4. 相互协作情况。	相互协作、团结一致满分；否则 0～1 分。	2			
	5. 参与度和结果。	积极参与、结果正确；否则 0～1 分。	2			
	小计		10			
合计			100			

说明：1. 考评时间为 30 分钟，每超过 1 分钟扣 1 分；2. 要安全文明工作，否则老师酌情扣 1～10 分。

主讲教师（签字）：_____ 指导教师（签字）：_____

效果检查：

学习总结：

思考练习题：

1. 简述地面接地和接零保护装置组成和保护原理。

2. 简述井下接地保护装置的作用、结构、组成和保护原理。

3. 测量接地电阻值。

4. 安装、维护和检修地面接地与接零保护装置。

5. 制作、安装井下接地保护装置。

任务四　过电压保护设备选择、运行与维护

任务要求：

1. 按照操作规程要求停电、做好准备工作。

2. 按照《电气安装工操作规程》安装，安装质量满足《安装工程质量检验评定标准》要求。

3. 按照《机电设备完好标准》要求进行日常维护。

工作情况：

1. 工作情况：由于某种原因造成设备的电压异常升高，其数值大大超过设备的额定电压，使设备绝缘击穿或闪络而损坏；不同的电气设备和建筑物都应有相应的过电压预防措施

加以保护。

2. 工作环境:通过对过电压产生的原因和电气设备、建筑物的具体情况分析,选择和安装电气设备预防大气过电压和内部过电压的设施。重在预防,否则,后果比较严重。重点在选择好防雷设备,难点在安装和维护上。

工作要求:

1. 基本知识要理解。

2. 安装设备:符合要求、接线正确。

3. 操作设备:严格按照有关规程和规定进行。

4. 设备维护:日常维护内容熟悉、迅速、正确。

相关知识

一、过电压的原因及危害

电力系统中电气设备的绝缘,在正常工作时只承受额定电压。由于各种原因,造成设备的电压异常升高,其数值大大超过设备的额定电压,使设备的绝缘击穿或闪络,这就是过电压,过电压分内部过电压和大气过电压两种。

内部讨电压是由于系统的操作、故障或某些不正常运行状态,使系统发生电磁能量的转换而产生的过电压。内部过电压的大小与电网电压成正比,通常是额定电压的 2.5~4 倍,最大不超过相电压的 7 倍。

大气过电压是指有雷云直接对地面上的电气设备放电或对设备附近的物体放电,在电力系统中引起的过电压。前者称直接雷击过电压,其值可达数百万伏,电流可达数十万安,危害性极大;后者称感应过电压,其幅值一般不超过 300 kV,个别可达到 500~600 kV。

大气过电压不仅对电力系统有很大危害,而且也可能使建筑物受到破坏,并能点燃易燃易爆品,危及人身安全,故应加强防雷措施。

二、大气过电压

(一) 直接雷击过电压

天空中的密集云块因流动而相互摩擦,从而形成带有正、负电荷的雷云。在雷云下面的大地将感应出异性电荷,雷云与大地形成一个巨大的"电容器",当其间的电场强度达到 25~30 kV/cm 时,空气产生强烈游离,形成指向大地的一段导电通路,称雷电先导。当雷电先导接近地面时,大地感应的异性电荷更加集中,特别是易于聚集在较突出部分或较高的地面,形成迎雷先导。当雷电先导与迎雷先导接触时,出现极大的电流并发出声和光,即雷鸣、闪电,这就是主放电阶段。主放电电流可达数十万安,是全部雷电流中的主要部分,此时电压可达百万伏。当雷电直接击中电气设备时,产生的过电压称直接雷击过电压。

雷电的破坏作用很大,它能伤害人、畜,击毁建筑物,造成火灾,并使电气设备的绝缘受到破坏,影响供电系统的安全运行。对直接雷击过电压,一般采用避雷针或避雷线进行保护。

（二）感应过电压

当架空线路的上方出现雷云时，静电感应作用会在架空线上感应出大量与雷云异性的束缚电荷，如图 7-20(a)所示。当雷云对大地上其他接线目标(如附近的山地或高大树木等)放电后，雷云所带电荷迅速消失，特别是主放电阶段，由于主放电电流很大且速度快，引起空间电场的突变，使导线上感应的束缚电荷得到释放，而成为自由电荷。自由电荷以电磁波的速度向两端急速涌去，从而在线路上形成感应冲击波，使所到之处的电压升高，这就是感应过电压，如图 7-20(b)所示。如遇线路某处或某一电气设备的对地绝缘较差时，感应过电压足以使其击穿。

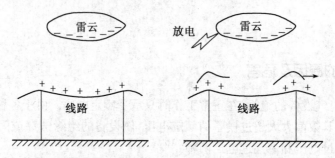

(a) 在线路上的感应束缚电荷　　(b) 雷云放电后，形成的感应冲击波

图 7-18　架空线路上的感应过电压

感应过电压的幅值一般不超过 300 kV，个别可达 500～600 kV，足以使 60～80 cm 的空气间隙击穿。虽然感应过电压的危害较直接雷击过电压的危害要小，但对 63 kV 及以下的电气设备还是有很大危害的，通常采用避雷器保护。

三、避雷针和避雷线的保护作用

接闪器就是专门用来接受直接雷击(雷闪)的金属物体。接闪的金属杆称为避雷针；接闪的金属线称为避雷线，或称架空地线；接闪的金属带称为避雷带；接闪的金属网称为避雷网。避雷针及避雷线是防止直接雷击的装置，它把雷电引向自身，使被保护物免受雷击。

避雷针是接地良好的、顶端尖锐的金属棒。它由接闪器、接地引下线和接地极三部分组成。接闪器由直径 12～20 mm，长为 1～2 m 的圆钢或直径为 20～25 mm 的钢管制成，接地引下线为截面不小于 25 mm^2 的镀锌钢绞线或直径不小于 6 mm 的圆钢制成，接地极为埋入土壤中的金属板或金属管。为了保护接地良好，三部分必须牢固地熔焊连接。

避雷线是接地良好的架空金属线，位于架空导线的上方。一般采用 35 mm^2 的钢绞线，主要用来保护 35 kV 及以上的架空输电线路。

四、避雷针及避雷线的保护范围

（一）避雷针及其保护范围

避雷针一般采用镀锌圆钢(针长 1 m 以下时直径不小于 12 mm，针长 1～2 m 时直径不小于 16 mm)或镀锌钢管(针长 1 m 以下时内径不小于 20 mm,针长 1~2 m 时内径不小于 25 mm)制成。它通常安装在电杆(支柱)或构架、建筑物上,它的下端要经引下线与接地装置连接。

避雷针的功能实质上是引雷作用,它能对雷电场产生一个附加电场(该附加电场是由于雷云对避雷针产生静电感应引起的),使雷电场畸变,从而将雷云放电的通道由原来可能向被保护物体发展的方向吸引到避雷针本身,然后经与避雷针相连的引下线和接地装置将雷电流泄放到大地中去,使被保护物免受直接雷击。所以,避雷针实质是引雷针,它把雷电流引入地下,从而保护了线路、设备及建筑物等。

避雷针的保护范围,以它能防护直击雷的空间来表示。我国过去的防雷设计规范(如 GBJ 57—83)和过电压保护设计规范(如 GBJ 64—83),对避雷针和避雷线的保护范围都是按"折线法"来确定的,而新颁国家标准 GB 50057—94《建筑物防雷设计规范》则规定采用 IEC 推荐的"滚球法"来确定。

所谓"滚球法"就是选择一个半径为 h_r,(滚球半径)的球体,沿需要防护直击雷的部位滚动,如果球体只接触到避雷针(线)或避雷针(线)与地面,而不触及需要保护的部位,则该部位就在避雷针(线)的保护范围之内。

单支避雷针的保护范围,按 GB 50057—94 规定,应按下列方法确定(见图 7-19)。

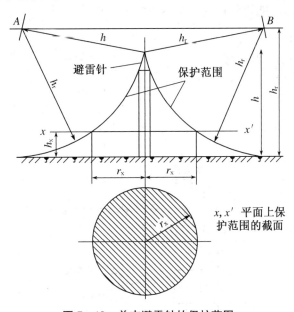

图 7-19　单支避雷针的保护范围

1. 当避雷针高度 $h \leqslant h_r$ 时

(1)距地面 h_r 处作一平行于地面的平行线。

(2)以避雷针的针尖为圆心,h_r 为半径,作弧线交于平行线的 A、B 两点。

(3)以 A、B 为圆心,h_r 为半径作弧线,该弧线与针尖相交并与地面相切。从此弧线起到地面止的整个伞形空间,就是避雷针的保护范围。

(4)避雷针在被保护物高度 h_x 的 xx' 平面上的保护半径按下式计算:

$$r_{x} = \sqrt{h(2h_r - h)} - \sqrt{h_x(2h_r - h_x)} \tag{7-3}$$

公式中 h_r 为滚球半径,按表 7-7 确定。

表 7-7　按建筑物防雷类别确定滚球半径和避雷网格尺寸

建筑物防雷类别	滚球半径 h_r/m	避雷网格尺寸/m
第一防雷建筑物	30	≤5×5 或≤6×4
第二防雷建筑物	45	≤10×10 或≤12×8
第三防雷建筑物	60	≤20×20 或≤24×16

2. 当避雷针高度 $h > h_r$ 时

在避雷针上取高度 h_r 的一点代替单支避雷针的针尖作圆心。其余的作法与 $h \leqslant h_r$ 时的做法相同。

关于两支及多支避雷针的保护范围。可参看 GB 50057—94 或有关设计手册,此略。

3. 案例

某厂在一座高为 30 m 的水塔侧建一变电所,其各部尺寸如图 7-20 所示,水塔顶装有一支高 2 m 的避雷针,问能否保护这一变电所?

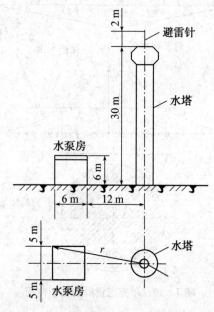

图 7-20　水塔避雷针的保护范围尺寸图

【解】

查表 7-7 得滚球半径 $h_r = 60$ m,而 $h = 30$ m$+2$ m$=32$ m,$h_x = 6$ m,由式(7-3)得避雷针保护半径为

$$r_x = \left[\sqrt{32 \times (2 \times 60 - 32)} - \sqrt{6 \times (2 \times 60 - 6)}\right] m = 26.9 \text{ m}$$

现变电所在 $h_x = 6\,\text{m}$ 高度上最远一角距离避雷针的水平距离为

$$r = \sqrt{(12+6)^2 + 5^2}\,\text{m} = 18.7\,\text{m} < r_x$$

由此可见,水塔上的避雷针完全能保护这一变电所。

(二) 避雷线

避雷线一般采用截面不小于 $35\,\text{mm}^2$ 的镀锌钢绞线,架设在架空线路的上面,以保护架空线路或其他接线物体(包括建筑物)免遭直接雷击。避雷线既是架空,又要接地,因此它又称为架空地线。避雷线的功能和原理与避雷针基本相同。

单根避雷线的保护范围。按 GB 50057—94 规定:当避雷线的高度 $h \geqslant 2h_r$ 时,无保护范围。当避雷线的高度 $h < 2h_r$ 时,应按下列方法确定(图 7-21)。但需注意,确定架空避雷线的高度时,应计弧垂的影响。在无法确定弧垂的情况下,等高支柱间的档距小于 120 m 时,其避雷线中点的弧垂宜采用 2 m,档距为 120~150 m 时宜采用 3 m。

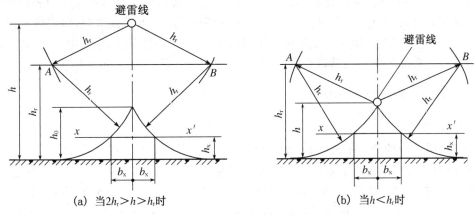

(a) 当 $2h_r > h > h_r$ 时　　　　　　(b) 当 $h < h_r$ 时

图 7-21　单根避雷线的保护范围

(1) 距地面 h_r 处作一平行于地面的平行线。

(2) 以避雷线为圆心,h_r 为半径,作弧线交于平行线的 A、B 两点。

(3) 以 A、B 为圆心,h_r 为半径作弧线,该两弧线相交或相切,并与地面相切。从该弧线起到地面止就是保护范围。

(4) 当 $2h_r > h_r$ 时,保护范围最高点的高度 h_0 按下式计算:

$$h_0 = 2h_r - h \tag{7-4}$$

(5) 避雷线在 h_r 高度的 xx' 平面上的保护宽度按下式计算:

$$b_x = \sqrt{h(2h_r - h)} - \sqrt{h_x(2h_r - h_x)} \tag{7-5}$$

式中:h——避雷线的高度;

h_x——被保护物的高度。

关于两根等高避雷线的保护范围,可参看 GB 50057—94 或有关设计手册,此略。

(三) 避雷带和避雷网

避雷带和避雷网主要用来保护高层建筑物免遭直击雷和感应雷。

避雷带和避雷网宜采用圆钢和扁钢,优先采用圆钢。圆钢直径应不小于 8 mm;扁钢截面应不小于 48 mm²,其厚度应不小于 4 mm。当烟囱上采用避雷环时,其圆钢直径应不小于 12 mm;扁钢截面应不小于 100 mm²,其厚度应不小于 4 mm。避雷网的网格尺寸要求如表 7 - 7 所示。

以上接闪器均应经引下线与接地装置连接。引下线宜采用圆钢或扁钢,优先采用圆钢,其尺寸要求与避雷带(网)采用的相同。引下线应沿建筑物外墙明敷,并经最短的路径接地,建筑艺术要求较高者可暗敷,但其圆钢直径应不小于 10 mm,扁钢截面应不小于 80 mm²。

五、避雷器

避雷器的作用是防止电气设备因感应雷击过电压而造成其绝缘击穿损坏。其工作原理为:避雷器一端与被保护设备连接,另一端接地,且避雷器的对地放电电压低于被保护设备的绝缘水平。此时,当过电压感应冲击波沿线路袭来时,避雷器首先放电,将雷电流泄漏入地,使被保护电气设备的绝缘不受危害。当过电压消失后,避雷器又能自动恢复到原来的对地绝缘状态。目前常用的避雷器有管型避雷器、阀型避雷器、压敏避雷器等。

(一) 保护间隙和管型避雷器

1. 保护间隙

保护间隙是一种最简单的防护感应过电压的保护装置,其保护原理如图 7 - 22 所示。它与被保护设备并联,并且它的绝缘水平低于被保护设备的绝缘水平。当雷电冲击波沿线路侵入时,保护间隙首先放电,将雷电流泄漏入地,保护了电气设备的绝缘不受危害。

保护间隙被击穿后,电网的工频电流将经间隙电弧而接地,形成工频续流。由于保护间隙熄弧能力小,不能熄灭工频续流,从而形成接地短路故障。这是不允许的,故保护间隙只能用于特定的场合。

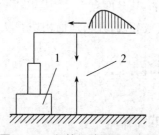

图 7 - 22　保护间隙原理示意图
1—电气设备;2—保护间隙

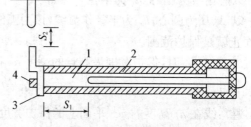

图 7 - 23　管型避雷器
1—产气管;2—棒形电极;3—环形电极;
4—动作指示器;S_1—内间隙;S_2—外间隙

2. 管型避雷器

管型避雷器的结构如图 7 - 23 所示,该避雷器实际上是一个具有较高熄弧能力的保护间隙。

管型避雷器克服了保护间隙熄弧能力小的缺点。它由产气管 1、内部间隙 S_1、外部间隙 S_2 等组成。产气管用纤维、有机玻璃、塑料或橡胶等产气材料制成。内部间隙 S_1 由棒形电极 2 和环形电极 3 组成,为熄弧间隙。当工频续流通过隙时,电弧高温使管壁的产气材料分解出大量的气体,管内压力增高,从环形电极的喷口处迅速喷出,形成强烈的纵吹作用,使电弧在续流第一次过零时熄灭。外间隙 S_2 的作用是使产气管在平时不承受工频电压,防止管子表面受潮后表面放电而产生接地故障。

管型避雷器只用于保护变电所的进线和线路的绝缘薄弱处。管型避雷器在使用时应注意:

(1) 通过管型避雷器的工频续流,必须在其规定的上、下限电流范围内。因为其熄弧能力由开断电流决定。续流太小时,产生气体少,不足以灭弧;续流太大时,管内压力过高,易使管子爆裂。

(2) 上限电流由管子的机械强度决定,下限电流由电弧与管壁接触的紧密程度决定。由于多次动作,材料气化,管壁变薄,内径增大,就不能再切断规定的电流值。为此,一般内径增大 $20\% \sim 25\%$ 时不能再用。

(二) 阀型避雷器

阀型避雷器主要用于保护变压器和高压电器免受感应过电压的危害。阀型避雷器的结构如图 7 - 24 所示,它由火花间隙和非线性电阻(阀片)组成。为防止潮气、尘埃等物的影响,全部元件都装在密封的瓷套内。

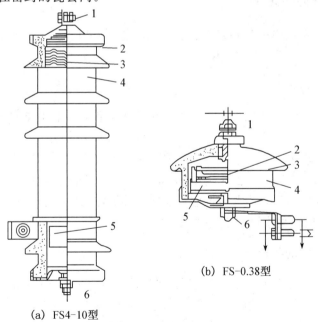

(a) FS4-10型　　　(b) FS-0.38型

图 7 - 24　高低压阀型避雷器的结构

1—上接线端;2—火花间隙;3—云母垫圈;

4—瓷陶管;5—阀片;6—下接线端

阀型避雷器根据额定电压的不同,采用了多间隙串联。多间隙串联后,由于分布电容的存在,造成各间隙上的电压分布不均匀。为了提高工频放电电压,使间隙上的电压分布均匀,在每个火花间隙上并联一个非线性电阻,该电阻称为均压电阻。

(三) 其他接线避雷器

1. 磁吹阀型避雷器

磁吹阀型避雷器是保护性能进一步得到改进的一种阀型避雷器。由于火花间隙采用了磁吹灭弧的方法,所以比普通避雷器的灭弧能力大为提高。其阀片采用高温烧结,通流能力大,阀片数目少,从而具有较低的残压。它专门用来保护重要的或绝缘较为薄弱的设备,如高压电动机等。

2. 压敏电阻型避雷器

压敏电阻型避雷器是一种新型避雷器。它仅有压敏电阻阀片,而无火花间隙。压敏电阻是由氧化锌、氧化铋等金属氧化物烧结制成的多晶半导体陶瓷非线性电阻元件,通常做成阀片状。其中氧化锌晶粒是低电阻率的,其间填充的多种金属氧化物微细粉末组成的晶界层是高电阻率的。当正常时,晶界层呈高电阻率状态。因此,在工频电压下,呈现极大的电阻,仅有数百微安电流通过,故无须火花间隙即可熄灭续流。在过电压时,电阻率急剧下降,流过阀片的电流急剧增大,起到过电压保护作用。压敏避雷器由于阀片通流能力强,故其体积较小。目前压敏避雷器广泛应用于电气设备的过电压保护。

六、变电所的防雷保护

变电所的防雷保护有防护直接雷击过电压和线路传来的感应入侵波过电压,还有避雷针上落雷时产生的感应和反击过电压。

(一) 直击雷的防护

变电所对直击雷的防护方法是装设避雷针,将需要保护的设备和建筑物置于保护范围之内。

在避雷针上落雷时,雷电流在避雷针上产生的电压降向被保护物放电,这一现象称为反击。独立的避雷针与被保护物之间应保持一定距离。为了避免发生反击,避雷针与被保护设备之间的距离不得小于 5 m,避雷针应有独立的接地体,其接地电阻不得大于 10 Ω;与被保护物接地体之间的距离不得小于 3 m。

(二) 雷电入侵波的防护

变电所利用装设在各母线段上的阀型避雷器防护雷电入侵波引起的过电压。

由于避雷器有一定的有效保护距离,所以避雷器与被保护设备的电气安装距离不能太远,否则在被保护设备上产生的过电压值将很大,起不到保护设备的目的。而变电所内最重要的设备是变压器,它的价格高,绝缘水平又较低,为了使变压器得到有效的保护,最好将避雷器与变压器直接并联。但实际上变压器与母线之间还有其他接线开关设备,致使它们之间不得不相距一定距离。所以,为了使避雷器有效地发挥其作用,故在安装避雷器时应满足

表 7-8 的规定。

表 7 - 8　阀型避雷器与被保护设备间的最大电气距离　　　　（单位：m）

电压等级/kV	装设避雷线的范围	到变压器的距离				到其他接线电器的距离
		变电所进线回路数				
		一	二	三	三以上	
35	进线段 全线	25 55	35 80	40 95	45 105	按到变压器距离增加 35% 计算
63	进线段 全线	40 80	65 110	75 130	85 145	
110	全线	90	135	155	175	

（三）进出线的防雷保护

1. 35～110 kV 变电所进线段的防雷保护

对于 35～110 kV 变电所的进线段，为了限制雷电入侵波的幅值和陡度，降低过电压的数值，应在变电所的进线段上装设防雷装置。图 7-25 所示为 35～110 kV 变电所进线段的标准保护方式。

图中 1～2 km 的避雷线用于防止进线段遭直接雷击及削弱雷电入侵波的陡度。若线路绝缘水平较高（木杆线路），其进线段首端应装设管型避雷器 F_1，用以限制进线段以外沿导线侵入的雷电冲击波的幅值，而其他接线线路（铁塔和钢筋混凝土电杆）不需装设。

对于进线回路的断路器或隔离开关，在雷雨季节可能经常断开，而线路侧又带电时，为了保护进线断路器及隔离开关免受入侵波的损坏，应装设管型避雷器 F_2。阀型避雷器 F 用于保护变压器及其他接线电气设备。

2. 6～10 kV 配出线的防雷保护

当变电所 6～10 kV 配出线路上落雷时，雷电入侵波会沿配出线侵入变电所，对配电装置及变压器绝缘构成威胁。因此在每段母线上和每路架空线上应装设阀型避雷器，如图 7-26 所示。对于有电缆段的架空线路，避雷器应装在电缆与架空线的连接处，其接地端应与电缆金属外皮相连。若配出线上有电抗器时，在电抗器和电缆头之间应装一组阀型避雷器，以防电抗器端电压升高时损害电缆绝缘。

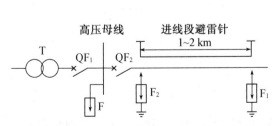

图 7 - 25　35～110 kV 变电所进线的防雷保护

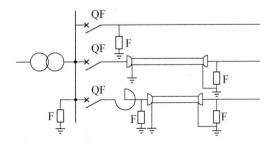

图 7 - 26　6～10 kV 配电所的防雷保护

七、高压电机的防雷保护

由架空线路供电或仅经过一段 $100\sim500$ m 的电力电缆供电的高压电机,由于它们的架空线路敞露在大气中,易于受到雷电活动的影响。而高压电机的绝缘水平比变压器低,沿架空线路入侵的雷电波对它的威胁较大,因此应采取必要的防雷措施。

(一) 不带电缆进线的电机防雷保护

单机容量为 $500\sim6000$ kW 或处在雷电较弱地区的高压电机防雷保护接线中,在长为 L 的架空进线段应设避雷线或避雷针进行直击雷的保护,L 一般为 $450\sim600$ m。若雷电落在该保护段以外时,雷电波需经过保护段向电机侵入。当经过该保护段时,管型避雷器 F_1 和 F_2 逐次击穿放电,从而降低了雷电波的幅值。同时雷电波经过保护段架空线路时其幅值也要逐渐衰减,这样使到达电机母线上的雷电波幅值大为减少。

在进线开关前装设的阀型避雷器 F_3,主要用来保护处于开路状态的高压断路器或隔离开关。装在电机母线上的磁吹阀型避雷器 F_4,其放电残压不大,用来保护电机免受雷电冲击波的危害。为了降低其残压,F_4 磁吹阀型避雷器的接地电阻不应小于 $2\ \Omega$。

为了保护电机的匝间绝缘和防止感应过电压,要求侵入电机的雷电波的波头陡度小些,因此在母线上装 $0.5\sim1\ \mu F$ 的电容器 C,当雷电波经过电容器时,电容器吸收一部分电荷,可使雷电波的波头陡度有所降低。

高压电机的三相定子绕组通常采用 Y 接线,其中性点对地是绝缘的。当雷电波侵入电机到达中性点时,通过装于电机中性点处的阀型避雷器 F_5 将雷电流泄入大地。装于该中性点的避雷器的额定电压不低于最大运行相电压。

(二) 具有电缆进线的电机防雷保护

对雷电活动比较强烈的地区,为了加强对高压电机的防雷保护,而采用有电缆进线段的保护接线,如图 7-27 所示。

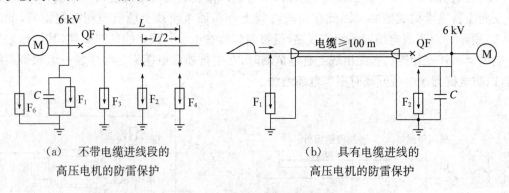

(a) 不带电缆进线段的
　　高压电机的防雷保护
(b) 具有电缆进线的
　　高压电机的防雷保护

图 7-27　高压电机的防雷保护

当雷电波涌到线路电缆段前方时,装在该处的阀型避雷器 F_1 放电。此时除部分雷电流侵入电缆芯线继续前进外,其余部分雷电流经 F_1 阀型避雷器后沿两条通路流入大地:一条是主要放电通路,它只经过 F_1 阀型避雷器的接地电阻入地;另一条放电通路是由进线电缆的首端电缆头接地线、电缆的金属外皮、进线电缆末端的电缆头接地线经磁吹阀型避雷器 F_2 的接地电阻入地。

当雷电流流经电缆金属外皮时,由于互感的作用,在电缆芯线上势必产生一个互感电势,其方向恰与流经芯线上雷电流的方向相反,从而降低了雷电流的幅值。靠电缆进线段的防护作用可以有效地将流经磁吹阀型避雷器 F_2 的雷电流限制在 3 kA 以下。这样既减轻了 F_2 的负担,又降低了放电后的残压,从而提高了防雷效果。同时由于电缆具有较大的电容,雷电波通过电缆芯线时也会使其波头较为平坦。

八、3～10 kV 架空线路的防雷保护

对于 10 kV 及以下架空线路,一般不装设避雷线。该电压等级下的架空线主要从以下几方面进行防雷保护:

(1) 加强线路绝缘。为使塔杆遭受雷击后线路绝缘不致发生闪络,应适当加强线路绝缘。如采用木横担、瓷横担的钢筋混凝土电杆,同时对顶相导线采用高一电压等级的绝缘子。采用铁横担时全部采用高一电压等级的绝缘子。

(2) 利用顶相线兼作防雷保护线。在线路遭受雷击并发生闪络时,为了不使它发展为短路故障而导致线路跳闸,可使三角形排列的顶线兼作防雷保护线,在顶线绝缘子上加装保护间隙,如图 7-28 所示。当线路遭受雷击时,由于顶线悬挂在上方而承受雷击,使保护间隙击穿,对地泄放雷电流,从而起到防雷保护作用。

(3) 绝缘薄弱处装设避雷器。对绝缘比较薄弱的电杆,如木杆线路上的个别金属杆及跨越杆、转角杆、分支杆、换位杆等应装设管型避雷器或保护间隙。

(4) 架空线路上设备的防雷保护。架空线路上的柱上断路器和负荷开关应装设阀型避雷器或保护间隙;经常断路运行的柱上断路器、负荷开关或隔离开关,应在两侧装设避雷器或保护间隙,其接地线应与柱上电气设备的金属外壳连接,接地电阻不应大于 10 Ω。

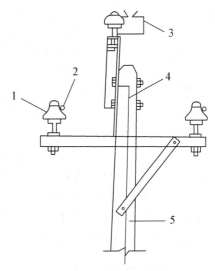

图 7-28　顶相线绝缘子附加保护间隙
1—绝缘子;2—架空导线;3—保护间隙;
4—接地引下线;5—电杆

九、低压架空线路的防雷保护

380/220 V 低压线路的防雷保护,一般可采取以下措施:

(1) 多雷地区。当变压器采用 Y,y 或 Y,yn 接线时,宜在低压侧装设一组阀型避雷器或保护间隙。变压器中性点不接地时,应在其中性点装设击穿保险。

(2) 重要用户。为了防止雷击低压架空线路时雷电波侵入建筑物,宜在低压线路进入

室内前 50 m 处安装一组低压避雷器,进入室内后再装一组低压避雷器。

(3) 一般用户。为了防止雷电波侵入,可在低压进线第一支持物处装设一组低压避雷器或击穿保险,也可将低压用户线的绝缘子铁脚接地,绝缘子铁脚接地的工频接地电阻不应超过 30 Ω。此时雷电流可通过接地线引入大地,避免低压电气设备遭受雷击及发生人身事故。

(4) 易受雷击的地段。直接与架空线连接的电动机或电度表,宜装设低压避雷器或保护间隙,防止雷电损坏电动机和电度表。

十、内部过电压产生的原因

电力系统在运行过程中,由于断路器操作和接地短路等,引起系统的某些参数发生变化,使电力系统由一种稳态过渡到另一种稳态。在过渡过程中,系统内部电磁能量振荡、互相转换和重新分布,可能在某些设备上或全系统中出现过电压。内部过电压的能量来源于系统本身,其大小与电网电压基本成正比,一般为额定电压的 2.5~4 倍,最大不超过相电压的 7 倍。内部过电压根据产生的原因可分为操作过电压、电弧接地过电压及谐振过电压等。

(一) 操作过电压

(1) 切断空载线路或并联电容器组时,如果断路器熄灭小电弧的能力差,导致电弧在触头之间多次重燃,可能引起电感—电容回路的振荡,从而产生过电压。切断电感性负载时,由于断路器强制熄弧,随着电感电流的遮断,电感中的磁能将转换为电能,会使电感性电路产生很高的感应电势,即过电压。在中性点不接地或经消弧线圈接地的 63 kV 及以下系统中,切断空载线路或电感负荷所出现的最大操作电压一般不超过 3.5 倍相电压。

(2) 切断空载变压器时,由于变压器的激磁电流较小,如断路器灭弧能力强时,可能在电流未过零时被强迫切断,出现截流现象,使变压器绕组中的电磁能量转化为电能,从而产生很高的过电压。过电压数值的大小与断路器的结构、回路参数、中性点接地方式、变压器接线和构造等因素有关。在中性点直接接地的电力网中,切断 110~330 kV 空载变压器时的过电压一般不超过 3 倍相电压。中性点不接地或经消弧线圈接地的 35~110 kV 电力网中,切断空载变压器时的过电压一般不超过 4 倍相电压。

(二) 电弧接地过电压

中性点对地绝缘的电网中,发生单相接地故障时,在接地点若产生不稳定的电弧,电弧就会发生时断时续的现象。由于系统存在电感和电容,这种间歇性电弧将导致多次重复的电磁振荡,在非故障相和故障相上产生严重的电弧接地过电压。这种过电压一般不超过 3 倍相电压,个别可达 3.5 倍相电压。

(三) 谐振过电压

电力系统中所有电流回路都包含着电容和电感,当这些参数组合不利时,由于某些原因可能引起谐振,此时出现的过电压叫作谐振过电压。在中性点不接地系统中,比较常见的是铁磁谐振过电压。此时过电压的幅值一般不超过 1.5~2.5 倍相电压,个别在 3.5 倍相电压以上。

可见,内部过电压与电力网的结构、参数、中性点接地方式、断路器的性能、操作方式等因素有关。在设计时,为了保证电力系统安全运行,一般均按以下电压值验算其绝缘水平:电压为 35～63 kV 及以下的电网取 4 倍相电压;110 kV 中性点经消弧线圈接地系统取 3.5 倍相电压;110～220 kV 中性点直接接地系统取 3 倍相电压,330 kV 取 2.75 倍相电压。对电压 220 kV 及以下的变电所和线路的绝缘,一般能承受通常可能出现的内部过电压。但为了防止内部过电压对绝缘较弱的电力设备的损坏,应采取适当措施予以防护。

十一、内部过电压防护措施

为防止切断空载变压器时产生的操作过电压对变压器绕组绝缘的损坏,可在变压器入口处装设阀型避雷器来保护。当产生过电压时,避雷器放电,从而降低了过电压值。由于空载变压器中的磁能比阀型避雷器允许通过的能量小得多,所以这种保护是可靠的。这种过电压保护用的避雷器,任何时候均不能退出运行。

为防止真空断路器或真空接触器切断感性负荷时产生的操作过电压对设备绝缘的损坏,可在电路中装设压敏电阻或阻容吸收装置来防护。图7-29所示为阻容吸收器的原理图。

图中电容 C_1、C_2、C_3 不仅可以减缓过电压的上升陡度,而且可以降低负荷回路的波阻抗,电阻

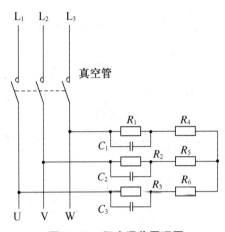

图 7 - 29 阻容吸收原理图

R_1～R_2 用来增强线路的绝缘,电阻 R_4～R_6 用来消耗过电压的能量,减少电弧重燃和对感性负荷绝缘的影响。

为防止电路中可能出现的谐振过电压,可采取调整电路参数等方法来防止这种过电压的发生。

巩固提升

一、工作案例:某矿变电所避雷器的选择、安装与维护

任务实施指导书

工作任务	某矿变电所避雷器的安装、使用和维护
任务要求	1. 按照有关要求选择避雷器。 2. 按照有关规定安装避雷器。 3. 按照有关规定和要求正确使用避雷器。 4. 按照有关要求进行日常维护避雷器。

（续表）

责任分工	1. 1人负责按照计划步骤指挥操作，2人安装；1～2人负责分析运行中故障的分析。 2. 进行轮换岗位。		
一、准备	1. 选择避雷器。		
	2. 检查检查。	是否合乎要求。	
	3. 携带安装工具和安装说明书等。		备有安全设施。
二、安装	4. 认真阅读研究安装图纸。	携带安装图纸。	
	5. 安装要求做好基础选择工作。	材料、工具到位。	
	6. 按照安装要求、规定进行安装。		
三、检查	7. 按照安装要求对避雷器进行检查。	依据《设备完好标准》。	合乎要求。
四、维护	8. 人为模拟设置故障。		
	9. 分析故障。		
	10. 进行维修。		
五、收尾	11. 整理工具，填写工作记录单。	检查工具是否齐全。	

二、实操案例

学习评价反馈书（自评、互评、师评等）

	考核项目	考核标准	配分	自评分	互评分	师评分
知识点	1. 大气过电压类型、产生原因、危害防护措施。	完整答出满分；不完整得2～7分；不会0分。	8			
	2. 大气过电压保护装置的类型和保护对象。	完整答出满分；不完整得2～7分；不会0分。	8			
	3. 变电所的防雷保护措施。	完整答出满分；不完整得2～7分；不会0分。	8			
	4. 内部过电压类型、产生原因及防护措施。	完整答出满分；不完整得2～7分；不会0分。	8			
	5. 阻容吸收装置的组成和过电压保护原理。	完整答出满分；不完整得2～7分；不会0分。	8			
	小计		40			
技能点	1. 选择和安装防雷保护装置。	能熟练选择和安装防雷保护装置得满分；不熟练得10～29分；不会0分。	25			
	2. 选择阻容吸收装置。	能熟练选择阻容吸收装置得满分；不熟练得10～29分；不会0分。	25			
	小计		50			

(续表)

	考核项目	考核标准	配分	自评分	互评分	师评分
情感点	1. 学习态度。	遵守纪律、态度端正、努力学习者满分;否则 0~1 分。	2			
	2. 学习习惯。	思维敏捷、学习热情高涨满分;否则 0~1 分。	2			
	3. 发表意见情况。	积极发表意见、有创新建议、意见采用满分;否则 0~1 分。	2			
	4. 相互协作情况。	相互协作、团结一致满分;否则 0~1 分。	2			
	5. 参与度和结果。	积极参与、结果正确;否则 0~1 分。	2			
	小计		10			
合计			100			

说明:1. 考评时间为 30 分钟,每超过 1 分钟扣 1 分;2. 要安全文明工作,否则老师酌情扣 1~10 分。

主讲教师(签字):_____ 指导教师(签字):_____

效果检查:

学习总结:

思考练习题:

1. 简述过电压的类型与防护措施。

2. 简述大气过电压类型和保护。

3. 内部过电压产生的原因有哪些? 如何防护?

4. 简述过电压防护装置选择的具体步骤。

5. 简述阻容吸收装置的组成和过电压保护原理。

6. 选择和安装防雷保护装置。

项目八　生产系统供电设计

学习目标

知识目标：

1. 防爆原理。

2. 矿用电气设备的类型、特点和作用。

3. 矿用电气设备技术数据的意义。

4. 矿用电气设备的选择方法。

5. 矿用电气设备的组成、结构和原理。

6. 矿用电气设备常见故障的分析和处理方法。

7. 供电系统和设备的检修方案制订原则。

8. 生产系统巷道与设备布置、通风系统、运输系统、采掘方法及采掘工程图的阅读。

9. 生产系统供电系统拟定、电缆与电气设备选择、开关保护整定与校验等设计方法。

10. 生产系统供电系统安装、调试、维修等操作规程的编制方法。

能力目标：

1. 会选择矿用电气设备。

2. 会安装、操作矿用电气设备。

3. 会分析和处理矿用电气设备的常见故障。

4. 会制订供电系统和设备的检修方案。

素养目标：

1. 有自学热情和独立学习的态度；能对所学内容进行较为全面的比较、概括和阐释。

2. 有自主工作的热情和创新精神。

3. 提高学生的工作组织能力。

4. 提高学生的社会实践能力。

5. 培养学生的职业道德意识。

6. 培养学生严慎细实的工作态度。

7. 提高学生团结协作的能力。

8. 提高学生分析和解决问题的能力。

9. 培养学生热爱科学、实事求是的学风和创新意识、创新精神。

学习指南

1. 小组成员共同学习所收集的资料，了解井下环境、特点。

2. 小组成员共同按照任务要求和工作要求编写《矿用电气设备选择工作计划》，编写

《矿用电气设备的安装、操作、维护和检修工作计划》。计划要符合实际、可行。

3. 小组成员共同探讨和修改工作计划,确定最佳工作计划,做出决策,同时确定小组人员分工。

4. 根据工作计划的分工和工作步骤,各司其职,分工合作,实施矿用电气设备选择查工作任务。

5. 组长负责按照工作计划步骤指挥实施;监督者负责检查控制项目,严格检查控制工作过程;实施者负责计划实施操作,服从组长指挥和监督者监督。

6. 工作完成后,小组成员分别对工作过程和工作结果进行自我评价、小组评价和师傅评价。

7. 针对存在的问题小组共同制订改进措施。

教学引导

1. 安全意识。

2. 供电要求。

3. 结合矿井供电系统模型讲授。

4. 在校内供电实训基地上课。

任务一　矿用电气设备选择

任务要求:

1. 准备工作并做好有关记录。

2. 熟悉矿用电气设备的类型、特点和作用。

3. 选择矿用电气设备的类型。

工作情况:

1. 工作情况:由于井下特殊的环境,电气火灾和爆炸事故占有很大比例,为了保证矿山设备的安全,我们必须认真选择矿用电气设备,防止发生意外事故。

2. 工作环境:从井下特殊的环境入手,进一步分析安全的重要性。

3. 学习情景:学习的主要思路就是围绕《煤矿安全规程》等基本要求进行学习。重点是选择矿用电气设备。

工作要求:

1. 准备工作:全面、细致。

2. 熟悉内容:科学、详细、全面。

3. 选择设备:正确、实用。

相关知识

在企业的火灾和爆炸事故中,电气火灾和爆炸事故占有很大比例,仅次于明火。电气火灾和爆炸事故一旦发生,将会造成人身安全的严重危害和国家财产的重大损失。因此,有必要要就和掌握电气防火防爆的安全措施及危险源辨别方法,防止电气火灾和爆炸事故的发生,保护财产和人身安全。

一、防爆原理

1. 瓦斯、煤尘的爆炸条件

矿井在开采过程中,从煤、岩层中不断地涌出瓦斯,其中有甲烷、乙烷、一氧化碳、二氧化碳和二氧化硫等气体,但主要是甲烷(CH_4),又名沼气。在正常温度和压力下,瓦斯浓度含量达 5%～15% 时,遇到点燃热源就会爆炸。实验表明,当电火花或灼热导体的温度达到 650～750 ℃以上时,就有引起瓦斯爆炸的可能。电火花最容易引起瓦斯爆炸的浓度是8.5%,而爆炸力最大的瓦斯浓度是 9.5%。爆炸时需要的最小能量为 0.28 mJ。

煤尘粒度在 1 μm～1 mm 范围内,挥发指数(即煤尘中所含挥发物的相对比例)超过10%,且飞扬在空气中的含量达 30～2 000 g/m³ 时,遇有 700～800 ℃点燃温度时便会爆炸,爆炸后还生成大量一氧化碳,它比瓦斯爆炸具有更大的危险性。爆炸最猛烈的煤尘含量是112 g/m³。

当然引起瓦斯、煤尘爆炸的点火源不仅是电弧和点火花,还有金属撞击和摩擦火花、炮焰、煤自然发火及明火等,在工作中应特别注意。

瓦斯、煤尘爆炸时产生很大的冲击力,具有极强的破坏性,人受到伤害,设备、巷道遭到破坏,是井下最大的恶性事故。

为了防止瓦斯、煤尘爆炸,可从两方面采取措施:一方面限制它们在空气中的含量,如加强通风,减少瓦斯浓度,对煤尘可用洒水和撒岩粉的方法,迫使其降落;另一方面就是控制井下各种引爆的火源和热源,使之不外露或低于点燃温度。

2. 电气设备的防爆途径

为了不使电气设备成为引起瓦斯爆炸的起因,一般采取以下方法加以预防。

(1) 采用隔爆外壳

将电气设备置于隔爆外壳内,隔爆外壳具有足够的机械强度,即使在壳内发生瓦斯爆炸,外壳也不至于破裂或变形,并且从间隙逸出壳外的火焰已受到足够的冷却,不足以点燃壳外的瓦斯和煤尘,即外壳必须有耐爆和隔爆性能。

耐爆性能由外壳的机械强度保证。实验证明,壳内爆炸压力与外壳的容积大小和形状有关。外壳形状以长方形为压力最小,故近年来隔爆电气设备的外壳多设计成长方体。外壳净容积越大,爆炸时产生的爆炸压力也越大,因此不同容积外壳的机械强度要求见表8-1。

表 8－1　隔爆外壳的试验压力

外壳容积/V/L	V≤0.5	0.5<V≤2.0	2.0<V
试验压力/MPa	0.35	0.6	0.8

为了保证隔爆性能要求外壳各部件之间的隔爆结合面符合一定的要求。这样当壳内发生爆炸时,火焰通过结合面间隙向外传播的过程中,受到足够的冷却,使其温度降至瓦斯点燃温度以下。因此,对结合面的间隙、最小有效长度和粗糙度均有一定要求。粗糙度的要求:对静止的隔爆结合面和插销套应不大于 6.3,对操纵杆应不大于 3.2。对隔爆结合面的最大间隙或直径差 W 和最小有效长度 L 及螺栓通孔至外壳内缘的最小长度 L_1 的要求见表 8－2。

表 8－2　矿用电气设备隔爆外壳隔爆结合面结构参数　　　（单位:mm)

结合面型式	L	L_1	W 外壳容积/L	
			$V≤0.1$	$V>0.1$
平面、止口或圆筒结构①	6.0	6.0	0.30	—
	12.5	8.0	0.40	0.40
	25.0	9.0	0.50	0.50
	40.0	15.0	—	0.60
带有滚动轴承的圆筒结构②	6.0	—	0.40	0.40
	12.5	—	0.50	0.50
	25.0	—	0.60	0.60
	40.0	—	—	0.80

注:① 对于操纵杆,当直径 d 不大于 6.0 mm 时,隔爆结合面的长度 L 须不小于 6.0 mm;直径 d 不大于 25 mm 时,L 须不小于 d;d 大于 25 mm 时,须不小于 25 mm。

② 当轴与轴孔不同心时,最大单边间隙须不大于 W 值的 2/3。

(2) 采用本质安全电路和设备

所谓本质安全电路和设备,就是在电路系统或电气设备上采取一定的技术措施,使之在正常和故障状态下产生的电火花能量,均不足以点燃瓦斯和煤尘。

电火花分为电阻性、电容性和电感性三种。电路开关在开、合过程或发生短路时,均能产生电火花,其能量大小取决于电源电压和回路阻抗。对纯电阻电路,火花能量取决于电压和电流;对电感电路主要取决于电流和电感;对电容电路主要取决于电压和电容。电火花能量是决定点燃瓦斯的主要参数,在设计本质安全电路时,必须限制火花能量。其方法主要有:

① 合理选择电气元件,尽量降低电源电压。

② 增大电路中的电阻或利用导线电阻来限制线路中的故障电流。

③ 采取消能措施,消耗或衰减电感元件中的能量。

由于电火花能量受到限制,故只适用于信号、通信、测量仪表、控制回路等弱电系统。且本电路不需隔爆外壳,具有体积小、重量轻、安全可靠等优点。

(3) 采用超前切断电源和快速断电系统

利用瓦斯、煤尘具有点火迟延的特性,使电气设备在正常和故障状态下产生的热源或电火花尚未引起瓦斯爆炸之前,即自然切断电源达到防爆的目的,此作用称超前切断电源。这种防爆原理,目前在防爆白炽灯、放炮器及屏蔽电缆保护系统中得到应用。

快速断电系统的工作原理是,电火花点燃瓦斯和煤尘需要一定时间,其时间长短因电路参数和故障原因不同而异,但最短不少于 5 ms。如果故障切除时间小于 5 ms,则无论电缆受何损伤,其火花均不能点燃瓦斯和煤尘。一般快速断电系统的断电时间为 2.5～3 ms。

二、矿用电气设备的类型、特点和作用

根据矿用电气设备结构特点及不同的要求,分为两大类:一类是矿用一般型电气设备;另一类是矿用防爆型电气设备。

1. 矿用一般型电气设备

矿用一般型电气设备,是指一些专为井下条件而生产的不防爆电气设备。它们与地面普通型电气设备相比较,其外壳坚固、封闭,能防尘、防滴、防溅;绝缘更加耐潮;与电缆连接采用专门的电缆接线盒或插销装置,没有裸露接头;接线端子相互之间以及和外壳之间,有增大的漏电距离和电气间隙;有防止从外部直接触及壳内带电部分的机械闭锁装置,因而适用于井下无瓦斯和煤尘爆炸危险的场所。矿用一般型电气设备的外壳上,标有"KY"。它与普通电气设备相比有以下特点:

① 外壳机械强度较高,防滴防溅。

② 绝缘材料耐潮性好。

③ 漏电距离及空气间隙较大。

④ 采用电缆进出线。

2. 矿用防爆型电气设备

矿用防爆型电气设备属于第Ⅰ类电气设备(用属于Ⅱ类),其外壳上和设备铭牌上都有"Ex"标志。它分为以下几种:

(1) 隔爆型电气设备(Exd Ⅰ)。隔爆型电气设备是具有隔爆外壳的电气设备,标志符号为"d"。这种设备将可能产生电火花和电弧的元件放在隔爆外壳中,使其与外界环境隔离。其旧标志符号为"KB"。

(2) 增安型电气设备(Exe Ⅰ)。又叫矿用安全型电气设备,其标志符号为"e"。增安型电气设备在正常运行中不会产生电弧、火花或可能点燃爆炸性混合物的高温,它不采用隔爆外壳,只是采取适当措施,以提高安全程度。在正常时有可能产生电火花的部分,须采取局部隔爆措施。其旧标志符号为"KA"。

(3) 本质安全型电气设备(Exi$_a$Ⅰ 或 Exi$_b$Ⅰ)。其标志符号为"i"(本安型又分 a 和 b 两个等级,a 等级安全程度高于 b 等级),本安型电气设备是指全部电路均为本安型电路的设备。其旧标志符号为"KH"。

（4）隔爆兼本质安全型电气设备（Exdi$_a$ Ⅰ 或 Exdi$_b$ Ⅰ）。其标志符号为"di"，这种电气设备是隔爆型与本安型的组合，它的非本安电路部分置于隔爆外壳中。其旧标志符号为"KBH"。

（5）充砂型电气设备（Exq Ⅰ）。其标志符号为"q"，充砂型电气设备外壳内充填砂粒材料，使其在规定的使用条件下壳内产生的电弧，传播火焰，外壳壁或砂粒材料的表面过热，但均不能点燃周围爆炸混合物。

（6）正压型电气设备（Exp Ⅰ）。它是一种具有正压外壳的电气设备，其标志符号为"p"，所谓正压外壳是指保持内部保护气体的压力高于周围爆炸性环境的压力，阻止外部混合性气体进入壳内。

此外，还有充油性电气设备（o）、无火花型电气设备（n）和特殊型电气设备（s）等。

3. 矿用电气设备的使用场所

在井下选择电气设备的类型时，应根据《煤矿安全规程》的有关规定选择。各类矿用电气设备的使用场所见表8-3。

表8-3 各种类型矿用电气设备的使用场所

使用场所 类 别	煤（岩）与瓦斯突出矿井和瓦斯喷出区域	瓦斯矿井				
		井底车场、总进风巷或主要进风巷		翻车机硐室	采区进风巷	总回风巷、主要回风道、生产系统回风道、工作面和工作面进风、回风道
		低瓦斯矿井	高瓦斯矿井①			
高、低压电机和电气设备	矿用防爆型（矿用增安型除外）②	矿用一般型	矿用一般型	矿用防爆型	矿用防爆型	矿用防爆型（矿用增安型除外）
照明灯具	矿用防爆型（矿用增安型除外）	矿用一般型	矿用防爆型	矿用防爆型	矿用防爆型	矿用防爆型（矿用增安型除外）
通信、自动化装置和仪表、仪器	矿用防爆型（矿用增安型除外）	矿用一般型	矿用防爆型	矿用防爆型	矿用防爆型	矿用防爆型（矿用增安型除外）

注：① 使用架线电机车运输的巷道中及沿该巷道的机电硐室内可以采用矿用一般型电气设备（包括照明灯具、通信、自动化装置和仪表、仪器）。

② 煤（岩）与瓦斯突出矿井的井底车场的主泵房内，可使用矿用增安型电动机。

巩固提升

一、工作案例:选择某矿矿用电气设备

任务实施指导书

工作任务	选择某矿矿用电气设备		
任务要求	1. 准备工作:做好记录。 2. 根据某矿的井下环境和电压等级进行选择矿用电气设备的类型。 3. 根据有关规定和某矿的实际情况选择矿用电气设备数量。 4. 根据有关计算结果选择矿用电气设备的容量。 5. 注意线路及设备的结构及各组成元件的作用。		
责任分工	1人负责分工;1人进行设备选型和选择数量,包括记录;1～2人进行有关计算并选择容量,包括记录;1～2人分析线路及设备的结构及各组成元件的作用,包括记录。		
阶段	实施步骤	防范措施	应急预案
一、准备	1. 做好组织工作,按照现场实际有组长分工。	课前要预习,并携带查阅、收集的有关资料。	分工要注意学生的个性、学习情况、个人特点。
	2. 携带有关铅笔、记录本、尺子等记录用品和供电系统图和有关设备说明书等。	做好带上所有电气设备的使用说明书和有关供电系统图。	
二、参数计算分析	3. 认真研究供电实际情况。		
	4. 分析设备电压等级。		做好记录。
	5. 分析设备的重要性。		做好记录。
	6. 进行计算分析。	带上有关计算用具等。	做好记录。
三、高压开关柜的选择	7. 确定矿用电气设备的型号、数量和容量。	可携带有关设备目录。 安全、可靠、实用、经济。	
四、现场处理	8. 分析计算数据。	资料齐全。	做好记录。
	9. 经老师或技术人员审核。		
	10. 现场清理。	现场干净、整洁。	
	11. 填写工作记录单。		

工作记录表

工作时间			指挥者		记录员	
工作地点			监督者		分析人	
记录内容	1. 设备性质。					
	2. 设备电压等级。					
	3. 有关计算分析结果。					
	4. 选择设备。					
	5. 设备结构、组成元件作用。					
	6. 现场处理情况。					
说明						

二、实操案例：更换线路选择中平能化集团某矿矿用电气设备

学习评价反馈书（自评、互评、师评等）

考核项目		考核标准	配分	自评分	互评分	师评分
知识点	1. 防爆原理。	完整答出满分；不完整得 2～9 分；不会 0 分。	10			
	2. 矿用电气设备的类型、特点和作用。	完整答出满分；不完整得 2～9 分；不会 0 分。	10			
	3. 矿用电气设备技术数据的意义。	完整答出满分；不完整得 2～9 分；不会 0 分。	10			
	4. 矿用电气设备的选择方法。	完整答出满分；不完整得 2～9 分；不会 0 分。	10			
	小计		40			
技能点	1. 会选择矿用电气设备。	能熟练选择和安装防雷保护装置得满分；不熟练得 25～49 分；不会 0 分。	50			
	小计		50			

（续表）

	考核项目	考核标准	配分	自评分	互评分	师评分
情感点	1. 学习态度。	遵守纪律、态度端正、努力学习者满分；否则 0～1 分。	2			
	2. 学习习惯。	思维敏捷、学习热情高涨满分；否则 0～1 分。	2			
	3. 发表意见情况。	积极发表意见、有创新建议、意见采用满分；否则 0～1 分。	2			
	4. 相互协作情况。	相互协作、团结一致满分；否则 0～1 分。	2			
	5. 参与度和结果。	积极参与、结果正确；否则 0～1 分。	2			
	小计		10			
合计			100			

说明：1. 考评时间为 30 分钟，每超过 1 分钟扣 1 分；2. 要安全文明工作，否则老师酌情扣 1～10 分。

主讲教师（签字）：_____ 指导教师（签字）：_____

效果检查：

学习总结：

思考练习题：

1. 简述矿用电气设备的防爆原理。

2. 简述矿用电气设备的技术数据。

3. 选择矿用电气设备。

任务二　矿用电气设备的安装、操作、维护

任务要求：

1. 按照操作规程要求停电、做好准备工作。

2. 按照《电气安装工操作规程》安装，安装质量满足《安装工程质量检验评定标准》要求。

3. 严格按照操作规程进行使用接地与接零保护装置。

4. 按照《机电设备完好标准》要求进行日常维护。

工作情况：

1. 工作情况：电气设备的安装、操作、维护、维修是矿井维修电工的经常性工作，安装维护维修质量的好坏对生产有决定性的作用，也是对机电技术人员的基本要求。

2. 工作环境：从井下特殊的环境入手，进一步分析电气设备的安装、操作、维护、维修的方法，并分析电气设备的原理、安装和使用方法。

3. 学习情景：学习的主要思路就是围绕企业井下特殊的环境，而容易发生电气故障，造成事故。重点是电气设备的安装与维护。难点是电气设备的原理和故障的查找。

工作要求：

1. 基本知识要理解。

2. 安装设备：符合要求、接线正确。

3. 操作设备：严格按照有关规程和规定进行。

4. 设备维护：日常维护内容熟悉、迅速、正确。

5. 故障查找：正确、迅速、分析合理。

相关知识

一、KBSGZY 型移动变电站

1. 型号及含义

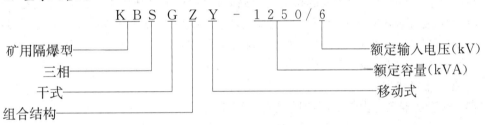

2. 结构概述

组成移动变电站的高压开关、干式变压器和低压开关分别用螺栓连接成一体，高压电源经高压电缆连接器或高压开关的引入装置，接到高压开关；低压电源经由电缆引入装置，可以与 1140 V，120 mm² 及以下矿用电缆配合。

(1) 高压开关和低压开关

高压开关有高压负荷开关和高压真空开关两种；高压负荷开关与低压馈电开关配套使用；高压真空开关与低压电源保护箱配套使用。高压真空开关、低压馈电开关和低压电源保护箱具有漏电、过载、短路、断相、过电压和失压等保护功能。

高压负荷开关使用操作手柄进行手动合闸或分闸。与其配套的低压馈电开关上设有复位、自检、试验、电合、手分等按钮和电压表、电流表、电阻表及指示器件。

高压真空开关具有隔离开关和真空断路器，真空断路器同时具有电动合闸和手动合闸，面板上有复位、自检、试验、分闸、合闸等按钮和液晶显示板。与其配套的低压保护箱内部不设断路器，但有复位、自检、试验等按钮和液晶显示板，将低压运行状态反馈到高压开关上实现保护。

移动变电站的高、低压开关之间设有电气连锁。高压开关大盖与高压开关箱体之间有电气连锁；低压开关箱与大盖之间有机械连锁，以保证高压开关和低压开关箱盖未盖严时不能进行分合闸操作。

（2）移动变电站用干式变压器

① 高压分接电压

移动变电站用干式变压器的输入电压可适应额定电压±5%的线路电压。如果需要改变高压输入分接电压时，在确认变压器不带电的状态下，打开箱体上的高压接线盒盖，按表8-4改变高压分接板上的连接片位置。出厂时连接上一律在 X2—Y2—Z2，即额定输入电压 6000 V 或 10000 V 挡上。

表8-4　移动变电站调压接线及调压等级

电压调整率	连接片位置	对应输入电压(V)	
		6 kV 级	10 kV 级
+5%	X1—Y1—Z1	6300	10500
额定	X2—Y2—Z2	6000	10000
-5%	X3—Y3—Z3	5700	9500

② 低压输出电压

额定容量为 50~1000 kVA 的移动变电站，可以用改变低压侧联结组的方法变换输出电压，在确认变压器不带电状态下，打开变压器低压侧手孔盖或低压箱盖，改变低压接线板上的连接片联结方式，即可得到相应的低压输出电压，即：

Y 接 1200 V 变换为△接 693 V；Y 接 693 V 变换为△接 400 V。

③ 变压器过热保护

在干式变压器箱壳内部上层空腔设有温度监视器件（温控开关）。H 级绝缘变压器装有 125 ℃温控开关，而 B 级绝缘变压器装有 80 ℃温控开关。温控器均为常开触点。其控制线引入到低压馈电开关箱，末端可接 127 V，0.3 A 的声音报警器；若引入到高压真空开关，则实现超温保护。

3. 6 kV 级矿用隔爆型移动变电站三个组成部分技术参数

6 kV 级矿用隔爆型移动变电站三个组成部分技术参数见表8-5。

表8-5　6 kV 级矿用隔爆型移动变电站三个组成部分技术参数

型号	额定容量(kVA)	干式变压器		高压开关		低压开关	
		高压6 kV 额定电流(A)	低压额定电流（低压额定电压）(A)	额定电压(V)	额定电流(A)	额定电压(V)	额定电流(A)
KBSGZY-250/6	250	24.06	208.3/360.75 (693 V/400 V)			660 380	
KBSGZY-315/6	315	30.31	151.6/262.5 (1200 V/693 V)	6	100	1140 660	400
KBSGZY-400/6	400	38.49	192.5/333.3 (1200 V/693 V)				

（续表）

型号	额定容量（kVA）	干式变压器		高压开关		低压开关	
		高压6 kV额定电流（A）	低压额定电流（低压额定电压）（A）	额定电压（V）	额定电流（A）	额定电压（V）	额定电流（A）
KBSGZY－500/6	500	48.11	240.6/416.7（1200 V/693 V）				500
KBSGZY－630/6	630	60.62	303.1/525（1200 V/693 V）				
KBSGZY－800/6	800	77.0	385/666.5（1200 V/693 V） 133.88（3450 V）		100	1140 660 3300	500 800 200
KBSGZY－1000/6	1000	96.23	481/833（1200 V/693 V） 167.35（3450 V）			1140 660 3300	630 1000 200
KBSGZY－1250/6	1250	120.28	601.4（1200 V） 209.2（3450 V）			1140 3300	630 400
KBSGZY－1600/6	1600	154.0	769.8（1200 V） 267.8（3450 V）			1140 3300	800 400
KBSGZY－2000/6	2000	192.46	334.7（3450 V）			3300	400
KBSGZY－2500/6	2500	240.57	418.38（3450 V）		400	3300	500
KBSGZY－3150/6	3150	397.73	527.16（3450 V）			3300	630

4. 使用与操作

高压为负荷开关、低压为馈电开关的移动变电站操作要领：

① 先合高压开关，然后将低压开关操作电源合闸。这时低压开关分闸指示灯亮，仪表照明灯亮，检漏单元闭锁指示灯亮，电压表指示变压器空载输出电压。

② 按低压开关"复位"按钮，检测灯亮，允许合闸。

③ 按动低压开关"合闸"按钮，馈电开关合闸，分闸指示灯灭，合闸指示灯亮。

④ 需要分闸时，先断开低压馈电开关，后断开高压负荷开关。

高压为真空开关、低压为保护箱的移动变电站操作要领：

① 高压隔离开关合闸，高压显示屏显示运行画面，低压为保护箱显示屏有显示。

② 按高压开关的"复位"按钮，高压显示屏允许合闸，按"电合"按钮，高压真空断路器合闸，高压显示屏显示电源状态。

③ 需要分闸时，按动高低压侧开关的"电分"或"手分（急停）"按钮的任何一个，则高压真空断路器迅速合闸。

5. 故障原因和处理方法

移动变电站故障原因和处理方法见表8－6。

表 8-6 移动变电站故障原因和处理方法

序号	故障现象	原因	处理方法
1	绝缘电阻低	在运输过程中变压器受潮瓷套管表面潮湿或存在裂纹	1. 先擦拭高低压瓷套管表面 2. 对器身进行干燥
2	开关显示故障、不能合闸	高低压开关连锁不良开关控制部分存在问题	1. 检查连锁 2. 参照开关说明数处理
3	输出电压不正确	核对变压器高压调压端与输入电压是否吻合	检查高压调压连接片位置是否正确
4	变压器空载运行温度异常	铁芯多点接地	抽出器身排出故障部位
5	变压器负载运行时温度异常	如未超负荷运行,则绕组绝缘受损	抽出器身进行检查
6	变压器运行时噪音异常	各紧固处存在松动现象	抽出器身检查紧固
7	温控器不动作	多数情况连线断,偶有温控器件损坏	检查温控器件和连接线

二、BGP9L-□／6AK 矿用隔爆型高压真空配电装置

1. 型号及含义

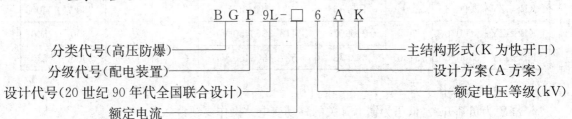

2. 结构概述

配电装置总体结构如图 8-1 所示,可分为隔爆箱和机芯小车两大部分,隔爆箱由壳体、箱门、后盖(两块)、接线腔、底架等主要部分组成。壳体为长方体结构。中间有一隔板,将壳体分为前后两腔,在前腔,装有机芯小车,小车上装有真空断路器、电压互感器、电流互感器压敏电阻、继电保护装置、高压熔断器、隔离插销动触头等。在箱体中间隔板上装有 6 个插销静触头座和穿墙式七芯接线柱。隔离板右上角装有照明灯,静触头座装有防护遮蔽板,及联锁装置,后腔分为上、下室(中间横隔板不起防爆作用)。上室有三根导电杆作为贯穿母线固定在箱体两侧的绝缘座上,在下室高压电缆引入口内侧装有一只零序互感器。在下室左右两侧上还装有小出线嘴,用户可以引出控制线,实现远方控制。另外下室底板上,还有一终端电阻,它接在接线端子上,若用户使用的负载电缆是 UGSP 型监视屏蔽电缆,并要求绝缘监视保护时,将下室底板上终端电阻取下,将电缆中的监视线与地线分别接到原终端电阻的两个接线柱上,终端电阻的引出线分别与电缆另一端的监视线与地线连接即可。

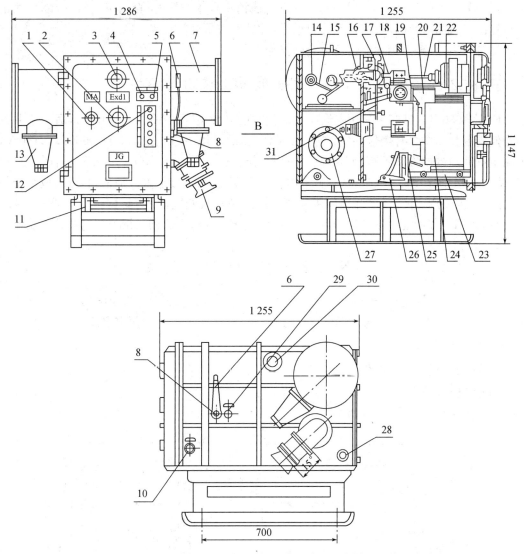

图 8 - 1　BGP9L -□／6AK 矿用隔爆型高压真空配电装置总体结构试图

1—断路器分合观察窗；2—电度表观察窗；3—保护显示器；4—电动合闸按钮；5—分闸按钮；6—断路器手动合闸手柄；7—接线盒；8—断路器手动合闸操作轴；9—橡套电缆头；10—隔离插销操作轴；11—辅助导轨；12—实验复位照明按钮；13—铠装电缆头；14—绝缘座；15—贯穿母线；16—静触头座；17—照明灯；18—动触头；19—电流互感器；20—断路器；21—高压熔断器；22—电压互感器；23—机芯小车；24—综合保护装置；25—过电压保护装置；26—隔离操作机构；27—零序电流互感器；28—小出线嘴；29—断路器手分操作柄；30—隔离插销观察窗；31—防护罩联锁装置。

配电装置前为快开门，配电装置在运行过程中切不可松动任何一个螺栓和链锁装置，若须打开箱门，请务必将断路器置于"分闸"位置。门上都有电度表，里示器及断路器分合闸标牌及视察窗，装用"过载""短路""漏电""监视"试验按钮，"复位""照明"按钮及真空断路器电动分合闸按钮。

配电装置前门设计有安全联锁装置,隔离插销在合闸位置时,箱门不能打开,隔离插销分闸到位时,把联锁轴旋进定位套开口槽中,此状态方可开门。

门打开后,隔离插销不能进行分合间操作。

三、KBZ–630/1140(660)矿用隔爆型智能真空馈电开关

KBZ–630/1140(660)矿用隔爆型智能真空馈电开关(以下简称馈电开关),适用于井下和其他周围介质中含有爆炸性气体(甲烷混合物)的环境中,在交流 50 Hz,660 V,1140 V,电流至 630 A 的中性点不接地的三相电网中,作为配电总开关或分支开关。具有欠压、过载、短路、漏电闭锁、漏电保护,选择性漏电保护等功能,可外接远方分励按钮,可组成系统使用,亦可单独使用,并有风电瓦斯闭锁功能,使用 DSP 微处理器,具有 RS–485 或 CAN 通信接口,适用于移动变电站低压侧,还具有超温报警及高低压联锁及精确的电度计量功能。

1. 型号及含义

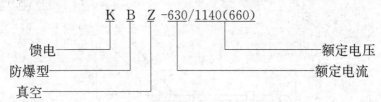

2. 结构特征与工作原理

(1) 结构特征

馈电开关外形如图 8–2 所示。

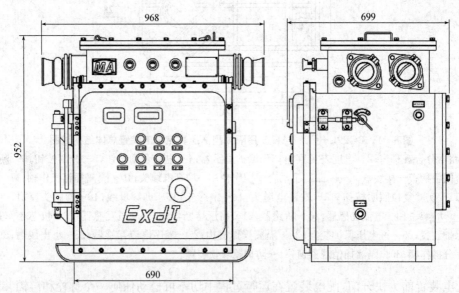

图 8–2 馈电开关外形尺寸图

馈电开关构成如图 8–3 所示。馈电开关由滑撬上的方形隔爆外壳部件,固定在外壳主腔内的主控单元和通过铰链安于外壳上的主腔门盖部件组成。

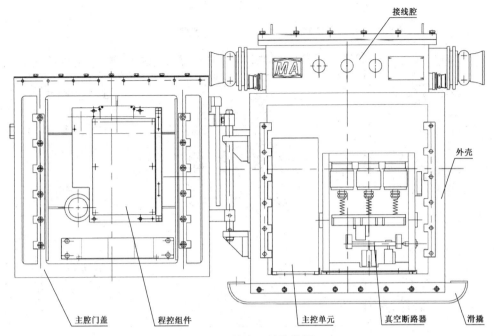

图 8 - 3 馈电开关构成图

主腔门盖部件如图 8 - 4 所示。它由平面止口式钢板门盖、程控组件和液晶显示组件构成。

主腔门盖部件外面如图 8 - 5 所示。开门时需先将馈电开关机壳右侧的机械联锁顶杆旋至门盖平面以内，然后提起馈电开关左侧固定于铰链上的操作手把，将门盖向上抬起大约 30 mm 后（不要抬得过高）即可拉动门盖右侧拉手将门打开。关门时，用手平提铰链上的操作手把，转动门盖将其合拢（转动门盖时注意：① 操作手把抬起的高度，避免操作手把上部的凸轮与铰链顶撞。② 避免门盖组件与主腔的联接线束损坏），然后将馈电开关左侧的操作手把压下，将门盖下压到位，再将机械联锁顶杆旋至门盖平面以外。

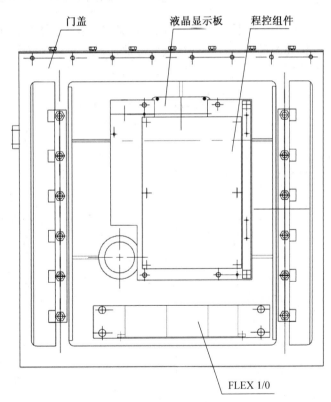

图 8 - 4 馈电开关主腔门盖(内面)图

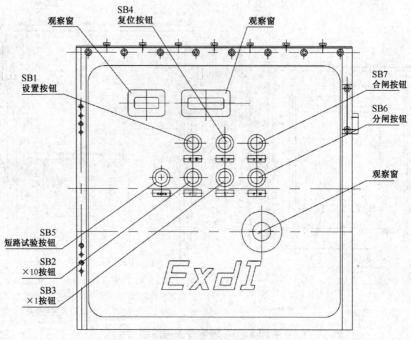

图 8-5　馈电开关主腔门盖(外面)图

程控组件包括程控电路板、底板和安装在底板背面的操作按钮,如图 8-6 和图 8-7 所示。程控组件通过接插件与其他部件进行电联接。必要时将接插件拔出,并将程控组件上的紧固螺钉拧下,程控组件即可取下。

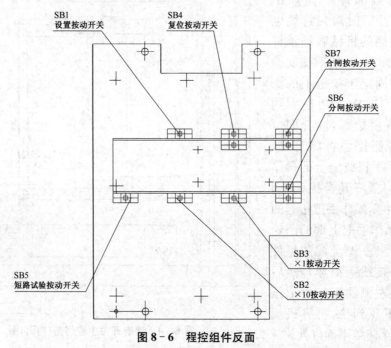

图 8-6　程控组件反面

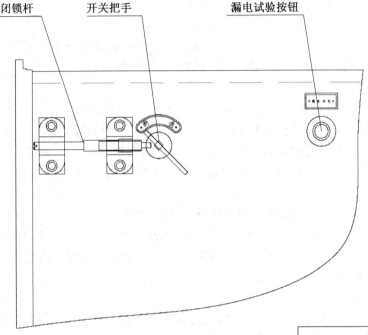

图 8-7　机械联锁机构

操作按钮用于运行状态及参数的设置、短路试验及近控时对馈电开关进行合闸和分闸控制。馈电开关右侧上方的旋钮用于漏电试验。

主控单元的电器和元件主要安装于固定芯架上,部分器件安装于固定芯架后面及右侧的隔爆主腔内,如图 8-8 所示。主控单元主要由以下器件组成:

① 真空断路器 ZK1-630/1.14 用以闭合及分断主回路,辅助触头用于控制线路。

② 电源变压器 T1(1140 V、660 V/220 V、24 V、36 V)。电源滤波器 LBQ(DL-2D)。

③ 控制变压器 T2(220 V/22 V、11 V、11 V)。

④ 千伏级熔断器 FU1(RL5-5A/1140)。熔断器 FU2、FU3、FU4、FU8。

⑤ 电流互感器 LH1。

⑥ 交流中间继电器 JZ1、JZ2、JZ3。

⑦ 中继电源 ZJD1、ZJD2。

⑧ 漏电检测部件等。

馈电开关控制线路使用的导线:千伏级为红色;接地为黑色;其他为别的颜色。千伏级导线套有耐热塑料套管,导线两端套有标线号的短套管。

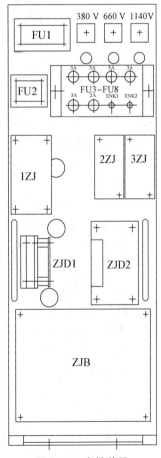

图 8-8　主控单元

外壳部件包括方形隔爆外壳和机械闭锁机构。隔爆外壳由主腔和接线腔构成。

（2）工作原理

KBZ-630/1140(660)用隔爆型智能真空馈电开关采用了 16 位微控制器,控制信号的采集、保护功能的实现和主回路的通断控制均由微控制器完成。

① 合闸/分闸控制

馈电开关具有近控或远控功能,其控制合闸/分闸的回路共用一套。按合闸按钮时,合闸回路光电耦合器导通,微控制器检测到此信号后便认为外界需要馈电开关合闸,液晶显示器显示"控制合闸",若此时没有漏电闭锁故障且原来的故障也复位,则微控制器向真空断路器输出合闸信号,通过中间继电器带动真空断路器闭合,同时停止漏电闭锁检测,进入漏电保护检测状态。

按分闸按钮时,分闸回路光电耦合器导通,微控制器检测到此信号后便认为外界需要馈电开关分闸,液晶显示器显示"控制分闸",微控制器向真空断路器输出分闸信号,通过中间继电器带动真空断路器分闸,同时停止漏电保护检测,进入漏电闭锁检测状态。没有分闸及合闸控制时液晶显示器显示"控制无"。

② 故障保护

电流互感器 LH1 将 0～6300 A 的电流信号转换成 0～150 V,无源电流采样器将 0～150 V 的电流信号转换成 0～1 V 电压信号,通过运算放大器产生 0～5 V 电压信号送入微控制器进行 A/D 采样。无源电压采样器将 0～50 V 的电压信号转换成 0～1 V 电压信号,通过运算放大器产生 0～5 V 电压信号送入微控制器进行 A/D 采样。

根据电压、电流有效值的定义,微控制器采用交流直接采样的方法,实时跟踪电网频率,动态调整采样间隔,每周波采样 20 点。微控制器对采样的电压信号进行运算滤波,计算电压结果大于 1.15 倍额定电压时自动显示过压;计算电压结果小于 0.85 倍额定电压时自动显示欠压。微控制器同时对采样的三相电流信号进行运算滤波,计算电流结果任何一相连续大于速断电流值一定时间(0～2500 ms)后自动显示短路,并立即断开真空断路器;计算电流结果任何一相大于 1.2 倍以上额定电流时,微控制器根据过载倍数,依据反时限原则,自动显示过载,并断开真空断路器;计算电流结果任何两相电流值持续相差 0.58 倍以上时,微控制器延时,到达 120 s 时,自动显示缺相,并断开真空断路器。

电路工作时,微控制器将检测的电流信号经光电耦合器隔离后进行 D/A 转换,对应 0～1.4 倍额定电流输出 1～5 mA 电流。

3. 主要技术特征

额定工作电压:660 V、1140 V。

额定工作电流:630 A。

额定工作制:长期工作制。

最大分断能力:1140 V、12.5 kA。

操作方式:电动合闸、电动分闸。

① 失压保护

失压时馈电开关自动跳闸,瞬时动作;。

② 过载保护

整定值为 50～630 A,过载保护特性见表 8-7。

表 8-7　过载保护特性

过载倍数	动作时间	状态	复位方式	复位时间
1.05	2 h 不动作	冷态		
1.20	0.2～1 h	热态	手动	＜2 min
1.50	90～180 s	热态	手动	＜2 min
2.00	45～90 s	热态	手动	＜2 min
4.00	14～45 s	热态	手动	＜2 min
6.00	8～14 s	冷态	手动	＜2 min

过载保护动作后馈电开关不能自动恢复,故障消除后,须按复位按钮馈电开关才能重新合闸。

③短路保护

短路保护动作电流整定范围为 1500～6300 A,瞬动或 0～2500 ms 可调。短路保护动作后馈电开关不能自动恢复,故障消除后,须按复位按钮馈电开关才能重新合闸。

④漏电闭锁与漏电保护

动作值及动作时间见表 8-8。

表 8-8　动作值及动作时间

主电路额定工作电压(V)	漏电动作电阻整定值(kΩ)	漏电闭锁动作电阻整定值(kΩ)	1 kΩ 电阻动作时间(ms)
1140	20	40	≤50
660	11	22	≤80

漏电闭锁:在分闸状态下,主回路对地绝缘电阻下降到表 8-8 漏电闭锁动作值以下时,漏电闭锁保护动作,馈电开关禁止合闸。当主回路对地绝缘电阻恢复到表 8-8 漏电闭锁动作值 1.5 倍以上时自动复位。

漏电保护:在合闸状态下,主回路对地绝缘电阻降到表 8-8 漏电保护动作值以下时,漏电保护动作,馈电开关跳闸。当主回路对地绝缘电阻恢复到表 8-8 漏电闭锁动作值 1.5 倍以上时自动复位。

⑤缺相保护

当馈电开关主回路三相工作电流中的任何两相电流连续相差 0.58 倍以上 120 s 时,馈电开关缺相保护动作。

缺相保护动作后馈电开关不能自动恢复,故障消除后,须按复位按钮馈电开关才能重新合闸。

具有二路故障保护接点输出,接点容量为 220 V、5 A。

具有一路电流检测信号输出,可选电流信号 DC 1～5 mA 或脉冲频率信号 200～1000 Hz,均对应 0～1.4 倍额定电流。

具有"短路试验"按钮及漏电试验旋钮用于进行短路及漏电试验;具有"设置""×1"

"×10""复位"按钮用于功能设置及故障复位;具有"合闸"及"分闸"按钮用于馈电开关的就地合闸及分闸。

4. 常见故障及处理方法

表 8-9　常见故障及处理方法

故障现象	原因分析	排除方法
开关送电后无指示,合闸不动作。	前级没有来电	检查前级电源、电压
	熔断丝 FU1 断	检查 FU1
	主控板故障	检查主控板
开关送电后有指示,合闸不动作。	漏电闭锁	检查线路绝缘
	前级电源电压过低	检查前级电源电压
	熔断丝 FU2 断	检查 FU2
	中继 ZJ1 有故障	检查中继 ZJ1

四、QJZ-500/1140(660)S 矿用隔爆兼本质安全型双速智能真空电磁起动器

1. 用途及型号含义

（1）用途

QJZ-500/1140(660)S 矿用隔爆兼本质安全型双速电动机智能真空电磁起动器（以下简称起动器）适用于井下和其他周围介质含有爆炸性（甲烷混合物）的环境中,在交流 50 Hz、1140 V 或 660 V,电流至 500 A 的线路中,对三相鼠笼型双速感应电动机进行起动和停止控制。

起动器使用 PIR-400SX 智能型单片机综合保护器,具有过载、相不平衡、漏电闭锁、短路等保护及相应的故障显示。显示采用 10×5 汉字字符液晶显示器,配合菜单式界面,操作直观简便。

起动器的控制电路使用 XD-3 型本质安全型先导组件,使其远方控制电路为本质安全型电路。

（2）型号含义

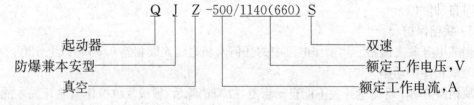

2. 主要技术参数

（1）基本参数

① 基本参数如表 8-10 所示。

表 8-10　基本参数

额定电压	额定电流	电源额定频率	工作制	工作类型
1140 V、660 V	500 A	50 Hz	长期工作制	AC—3 AC—4

② 可控制双速电动机的最大功率($\eta \times \cos \Phi = 0.75$ 时):425 kW(660 V 时)或 735 kW(1140 V 时)。

③ 漏电闭锁外电路:最高电压(AC):36 V、220 V。

④ 本安电路参数:

本安电路电压 U_0:AC 18 V/DC 9 V;

本安电路电流 I_0:AC 12 mA/DC 6 mA。

本安先导电路的外部电路须符合以下要求:

线路电感:≤1.0 mH/km,线路电容:≤0.1 μF/km。

控制电缆使用 UH—3×2.5+1×1.5,$L \leqslant 300$ m,当使用其他型号、规格、长度的电缆时,须保证其电缆的分布电感与分布电容符合以上数值的要求。

⑤ 漏电闭锁外电路:最高电压(DC)≤17 V;最大短路电流(DC)≤0.1 mA。

⑥ 起动器电缆引入装置允许引入电缆外径:

动力电缆:Φ32～Φ72 mm,

控制电缆:Φ10.6～Φ23 mm。

(2)起动器对电动机的起停有两种控制方式

① 远控:从上接线腔接线端子排 21、31 和 50 号线处,按原理图外接远控按钮及二极管,用以对电动机进行起停控制。

② 近控:使用起动器本身的按钮,对电动机进行起停控制。

(3)起动器起动双速电动机由低速向高速的转换方式

① 自动转换:在保护器的自动状态下,自动转换又分定时和电流两种方式,两种方式的转换通过保护器的菜单设定。

② 手动转换:在保护器的手动状态下,可实现电动机低、高速的手动转换。电动机低速起动后,始终运行在低速状态,当按下起动器本身的手动高速按钮 SB3 后,转向高速。

(4)起动器的保护性能

起动器使用 PIR-400SX 智能型单片机综合保护器,该保护器采用了先进的微处理器技术,高精度的数据处理及先进的保护算法,保护精度高、反应速度快。能完成漏电闭锁、过载、过流、短路闭锁、断相、欠压等多种保护功能。该保护器的保护特性如下:

① 主电路漏电闭锁保护

保护性能见表 8-11。

表 8-11　主电路漏电闭锁保护性能

额定电压(V)	闭锁动作值(kΩ)	解锁动作值(kΩ)	动作值允许误差(%)
660	22	33	≤+20
1140	40	60	

漏电检测回路在停机时检测负载绝缘情况,当绝缘电阻降到相应的闭锁动作值时,保护继电器的动合触点断开控制回路,闭锁起动器的控制回路。

② 过载保护

过载动作时间采用反时限实时计算,具有热记忆特性,满足表 8-12 规定。

表 8-12　过载动作时间

序号	过电流/整定电流	动作时间		起始状态
1	1.05	2 h 不动作		冷态
2	1.2	<20 min		热态
3	1.5	<3 min		
4	6	可返回时间	≥8 s	冷态

注:"可返回时间"是指通过给定倍数的过电流,在规定时间内,当电流降至整定电流值后,应长期不动作。

③ 短路保护

当电流达到 8~10 倍整定电流时,短路保护动作切断起动器,动作时间 $0.2\ \text{s} < t < 0.4\ \text{s}$,短路保护动作后,可按下复位按钮进行手动复位。

④ 相不平衡保护

表 8-13　相不平衡保护特性

序号	过电流/整定电流		动作时间	起始状态
	任意两相	第三相		
1	1.0	0.9	不动作	冷态
2	1.15	0	<20 min	热态

(5) 保护器显示功能

① 三相电流,系统电压。

② 合闸运行,分闸待机。

③ 过载;相不平衡;短路;漏电闭锁。

④ 单、双速运行,高、低速运行。

⑤ 故障查询。

⑥ 累计信息。

3. 结构组成

起动器由方形外壳、安装主电器件的抽屉式芯架和安装辅助电器元器件的控制芯板等组成。为便于在使用时的移动,在外壳的底部装有拖架。

外壳分为主腔和接线腔。

主腔采用平移式快速开门机构。前门与隔离开关之间具有可靠的机械联锁,保证在隔离开关处于接通位置时,前门不能打开;在前门打开时,用常规的方法,隔离开关不能接通。

开门操作时,在外壳右面,按下总停止按钮,把隔离开关手柄打向停止位置,向内旋进闭锁销,向外拉动前门上的手柄,前门即可打开。关门时,进行与上述相反的操作,但须注意防止门体与壳体法兰隔爆面的碰撞。

接线腔在壳体的上部。接线腔盖板与壳体的联接为螺栓紧固结构。腔内布置主回路和控制回路接线端子,侧壁备有主回路进出接线口四个,控制接线口四个。

前门上设有起动按钮、停止按钮、试验按钮和手动高速按钮。前门上的观察窗装有保护器,用以观察保护信号及运行情况,前门内侧的控制芯板装有各种继电器、转换开关、先导组件等。控制芯板的安装为合页式,维修容易,拆装方便。抽屉式芯架置于主腔底板的滑道上,打开前门将芯架两端的 M8 固定螺栓拧下,再将真空接触器上、下 6 根动力线拆下,即可将芯架滑道抽出。

4. 电气系统工作原理

工作原理如图 8-9 所示。

(1) 使用一台起动器控制单台双速电动机

控制单台电动机时,起动器应做以下预先设置:

① 拨动开关 S1 倒向"正常工作",S2 按所需要的远近控方式,选择"近控"或"远控",S4 倒向"自动"。

② 保护器设置为"单台双速运行"。

自动转换高速:

首先,将隔离换向开关打向"正"或"反"的位置,则控制回路获得电源。

其次,将转换开关 SA 转到"双速"。

如 S4 选择"自动",此时,低、高速转换通过保护器控制,分为时间和电流两种方式。然后再对双速运行参数按需要进行设定。最后,按下起运按钮:电机低速 1KX1 闭合→1K 线圈有电→1K1 闭合→1KM 线圈有电→电机低速起动(1KM2 闭合自保)。

在时间方式下,当设定时间到达后;在电流方式下,当起动电流降到保护器 A1 整定值的 0.8~1.2 倍以下后,保护器接点 KB0 接点闭合,而后,2K 线圈有电→2K1 闭合→2KM 线圈有电→电机高速起动(2K7 断开→1K 线圈失电→1K1 断开→电机低速绕组断电→1KM 线圈失电)。

手动转换高速:

起动器接通电源后,转换开关 SA 转向"低速",保护器工作模式设定"单台双速运行",S4 选择"手动",按下起动按钮,低速起动过程同自动转换,当需起动高速时,只需按下起动器本身的手动高速按钮,其后的起动过程同自动转换。

(2) 使用两台起动器控制两台双速电机

当一台运输机由两台双速电机拖动时,用两台起动器即可控制两台双速电动机的起停,控制两台电动机时,两台起动器应指定其中的一台作为首台起动器,另一台为末台起动器。

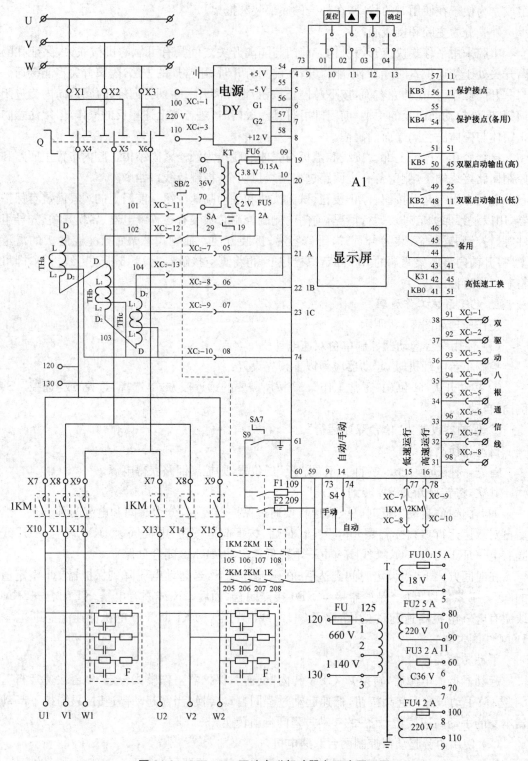

图 8 - 9 QJZ - 500 双速电磁起动器主回路原理图

① 自动转换

对两台起动器应做以下预先设置：

对首台起动器,拨动开关 S1 倒向"正常工作";S2 按所需远近控方式,选择"远控"或"近控";S4 倒向"自动"。按"双速联机接线图",用控制电缆联结两台起动器。对末台起动器,拨动开关 S1 倒向"正常工作";S4 状态与主令起动器一致;S2 倒向"远控"。

起动器接通电源后：

a. 将两台起动器的转换开关 SA 转到双速位置;

b. 首台起动器：保护器设置为"双回路首台双速运行";

c. 末台起动器：保护器设置为"双回路末台双速运行"。

设定运行参数：

只有首末台高速启动时间间隔由末台起动器的保护器设定,设定值为 1 s,其余参数由保护器设定。其中,主令保护器的双回路首末台低速启动时间间隔出厂设定值为 1 s,双回路首末台低速运行时间设置为 10 s,不要予以更改。

两台联锁：

按下主令起动器的起动按钮,首台起动器的先导组件动作,KX1 闭合,接通首台起动器的控制电路,首台起动器低速起动;经过保护器设定时间的延时后,通过联机通信信号使末台起动器低速起动。而后,首台起动器按照设定的低、高速转换方式,转换为高速;末台起动器经延时后转换为高速。末台起动器的高速延时为 1 s。

② 手动转换

手动模式下,只能选择"单台双速运行""双回路首台双速运行"及"双回路末台双速运行"这三种模式。其余的模式,如果"手动"功能被设置,则会提示"模式设置错误",手动转换只能在 S4 选择"手动"时实现。此运行状态时,首台起动器的转换开关 SA 转向"双速",保护器设置为"双回路末台双速运行"。首末台起动器间的低速起动时间间隔由保护器控制,间隔为 1 s;高速起动时间间隔由末台起动器的时间继电器控制,其时间设定为 1 s。起动器运行前,必须首先对保护器进行复位。

低速运行：

如果运输机需长期低速运转,只能在自动状态下实现。S4 选择自动,两台起动器的保护器一台设置为"双回路首台低速运行",另一台设置为"双回路末台低速运行"。

高速点动：

把任一台起动器的转换开关 SA 转向"停止";起动器的开关 S1 倒向"高速点动",保护器设为"双速运行"。按手动高速按钮 SB3,对电动机进行高速点动控制,用以确定电动机的转向,联机前必须测定转向。点动后,需对两台起动器的保护器分别进行复位,然后才能正常工作。

（3）保护与整定

电机保护：

无论是单台或是两台电机在运行中,只要有过载、过流、短路、相不平衡、欠压等故障,都能使智能综合保护器动作断开先导电路而停机。

起动器中的 71、72 端子,供接电动机中予埋的温度继电器接点 RJ。电动机在工作中温升超过允许值时,RJ 断开起动器的控制电路而停机。如果不使用 RJ,应短接 71、72 端子。

保护功能的试验:

合闸运行时不能进行试验。试验只能在开关分闸状态下进行。包括过载保护试验、短路保护试验、三相不平衡保护试验,漏电闭锁试验。试验过程中暂时屏蔽保护功能,试验结束 3 s 后保护功能重新投入。

在试验时,在保护器主菜单中选择"保护试验",然后按起动器前门的试验按钮 SB2,在 3 s 内将试验信号接进来。如果未检测到该信号不达到试验标准,则会提示该信号对应的试验"不正常"。

额定电流与额定电压的整定:

保护器额定电流和额定电压在保护功能设置中设定,如无特殊要求,设定为起动器的额定电流和额定电压。

5. 使用、维护及故障处理

起动器(尤其是储存较长时间的起动器)在使用前应:

① 检查真空接触器的真空灭弧室是否完好,有无损伤。

② 检查各隔爆接合面有无锈蚀、损伤、紧固件是否松动。

③ 检查导线连接处是否松动。

④ 检查是否存在其他不安全、不得运行的情况,若发现问题,应及时排除,方能使用。

根据电动机的额定电流,设定好额定电流。再按上述相关条试验保护器性能,在运行中发生保护动作,起动器将自动停止,此时根据故障显示可判断故障性质。

上述操作完成后,即可按需要的运行方式,起动电动机。

先导组件具有本质安全和防自起动功能。

若进行开关内部维修,必须首先按下急停复位按钮,然后将隔离换向开关倒向停止位置锁定并观察电源指示灯熄后,方可开门,再经验明确实停电后才可工作。建议每班工作前对起动器进行一次全面检查,并利用试验按钮试验保护功能是否正常。进出线电缆连接应牢固,未使用的进出口应按规定封好,各防爆面及前门锁扣机构应定期涂油防锈。

故障分析与排除方法见表 8-14。

表 8-14　故障分析与排除方法表

	故障现象	原因分析	排除方法
单机运行	闭合换相开关,电源指示灯不亮。	1. 指示灯坏 2. 控制变压器保险丝	1. 更换指示灯 2. 更换 2 A 保险管
	闭合换相开关,电源指示灯亮,保护器动作正常,按下起动按钮起动器不动作。	1. 控制变压器保险丝 2. 转换开关 SA 或拨动开关 S1～S4 设定不正确 3. 接线腔中 71 和 72 未处理 4. 停止按钮急停兼复位按钮触电接触不良 5. 先导组件故障 6. 中间继电器故障	1. 更换保险管 2. 重新设定 3. 按保护与整定中的电机保护处理 4. 处理触点或更换按钮 5. 更换先导组件 6. 更换中间继电器

(续表)

	故障现象	原因分析	排除方法
双机联动	闭合隔离换相开关,按下起动按钮,主令起动器正常,受令起动器不动作。	1. 联机线接错 2. 受令起动器单机故障 3. 受令起动器保护器输出端子48、49未闭合	1. 参照联机接线图检查接线 2. 按单机运行排除 3. 更换受令起动保护器
	闭合换相开关,按下起动按钮,主令起动器与受令起动器正常起动,但接触器保持不了。	1. 联机线接错 2. 辅助触点接触不良	1. 参照联机接线图检查接线 2. 处理辅助触点

五、QJZ－630/1140(660)－4 矿用隔爆兼本质安全型多回路真空电磁起动器

QJZ－630/1140(660)－4 矿用隔爆兼本质安全型多回路真空电磁起动器(以下简称起动器),适用于爆炸性气体环境及井下,系统电压为 1140 V 或 660 V(出厂默认为 1140 V)线路中,提供四路电气设备的启动、停止控制及保护。

QJZ－630/1140(660)－4 矿用隔爆兼本质安全型多回路真空电磁起动器以主控器为核心,具有程序控制、保护模块化、可靠性高、抗震动、抗干扰等特点。对四路电气设备的过压、欠压、短路、超温、过载、过流、三相不平衡、电机绝缘进行监控和保护,并具有瓦斯闭锁和低压漏电保护功能。采用全中文液晶人机界面,能显示各回路电机运行状态、电流、工作电压及各种故障信息,具有良好的人机对话功能,使操作人员对设备工作情况一目了然。

1. 型号及含义

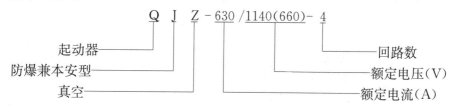

2. 主要参数及结构特点

系统工作电压:AC 1140/660 V。

额定频率:50 Hz。

控制回路额定电压:AC 220 V/AC 120 V/AC 24 V/AC 36 V/DC 24 V/DC 12 V。

AC 220 V 为接触器提供工作电压。

AC 120 V 为对外提供的工作电压。

AC 24 V 为对外提供的工作电压。

AC 36 V 为控制系统提供工作电压。

DC 24 V 为温度检测模块触摸屏等提供工作电压。

DC 12 V 为 CX4－4/12 操作箱和 GJC4 低浓度瓦斯传感器提供工作电压。

额定电流:630 A。

额定功率:950/550 kW。

输出回路:4 路。

供电:由前级移动变电站供电。

起动器是按照 GB 3836.1—2000《爆炸性气体环境用防爆电气设备通用要求》、GB 3836.2—2000《爆炸性气体环境用防爆电气设备隔爆型电气设备》和 GB 3836.4—2000《爆炸性气体环境用电气设备本质安型 i》的标准设计,属隔爆兼本质安全型电气设备。其隔爆壳体是用钢板焊制的两个通过接线端子相互连接的独立腔体。

起动器箱分主腔和接线腔,均为隔爆型结构,主要电器元件都安装在起动器箱主腔内,接线腔用于对外部设备的接线,主腔、接线腔和壳体上均设有接地螺栓。

起动器整体为长方形,如图 8-10 所示,箱门和上盖用螺栓和箱体紧固,箱门只有在隔离开关处于断开的位置才允许打开,大部分电器元件均装在主腔内,主腔内芯子分为后板、

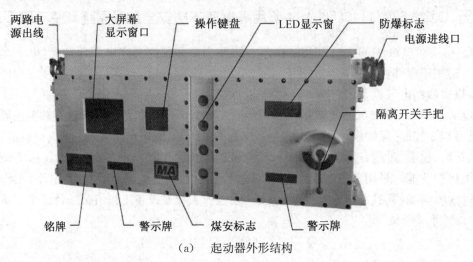

（a） 起动器外形结构

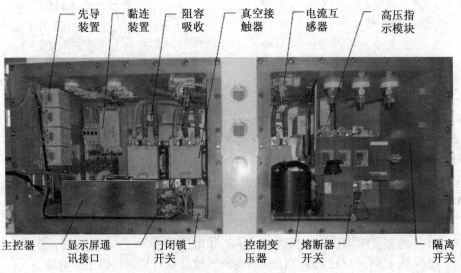

（b） 起动器内部结构

图 8-10 转动器结构图

主控器和底板装配三部分。主腔的右侧装有隔离开关、保护隔板、熔断器和控制变压器,主腔左侧安装主控器,可编程控制器、直流电源、保护以及中间继电器等主要器件都集成在主控器内,通过 2 只 36 针快速插头与外围器件连接。后板上安装真空接触器、电流互感器和阻容吸收等器件。壳体中间视窗装有 32 个 LED 灯,显示故障信息。

接线腔通过接线嘴用电缆与电源、电机及其他关联器件相连。接线腔内装有 1 组三相电源接线端子,4 组电机接线端子,6 个九芯低压接线端子和 2 个接地端子。在其后壁上共设置了 14 个接线嘴,后壁右边上的 2 个接线嘴可穿入 ϕ127 mm^2 电缆与电源相连;后壁中间上的 4 个接线嘴可穿入 ϕ103 mm^2 电缆,与 4 台电机相连;另外 8 个小接线嘴用于连接外部的控制信号电缆。

接线腔盖与箱体用螺栓紧固,并设有严禁带电开盖警告牌。接线腔和主腔内电源线端子均设有绝缘保护板和隔板,可防止误操作危害人身安全。

真空起动器外壳焊有接地螺栓,通过专用接地导线将壳体与地线相连。起动器箱的壳体材质为 Q235A 钢。

安装后运行前要进行参数设置,并经过严格测试,非专业电气人员不要随意进行参数调整。

在各回路电机停止状态下,将工作模式切换到近控模式下(送电后默认是远控方式),按下矩阵键盘对应的"参数设置"键,屏幕上出现密码对话框,在对话框中输入密码,密码要在 10 秒内输入,否则无效。输入密码后按下"确认"键,进入参数设置画面,在参数设置画面中,红色字体(设置时此参数是闪烁的)表示当前在设置参数,画面会出现提示操作,按"下翻""上翻"可以变换选择参数组,按"确认"进入,在进入后再次按下"下翻"或"上翻"可以继续选择项目,在选择需要调节的项目以后,再次按下"确认"将进行下一步操作,画面全部带有操作提示。

图 8-11　起动器参数系统设置界面

"返回"表示在当前状态下返回上一级菜单;"确认"表示在当前状态下进入下一级操作;"上翻"表示在当前操作模式下进行切换操作;"下翻"表示在当前操作模式下进行切换操作;"．"表示退出参数设置功能。

　　各回路参数设置见表 8-15。

表 8-15　起动器参数设置表

序号		参数名称	设置范围	出厂值	说明
1		A 相系数	19000~21000		校准回路一 A 相电流值
2		B 相系数	19000~21000	20000	校准回路一 B 相电流值
3		C 相系数	19000~21000	20000	校准回路一 C 相电流值
4		主从时间	0~120	5	在作为从机时的延时起动时间
5	回路一	绝缘系数	100~800	400	修正本回路的绝缘报警值
6		额定电流	0~300	300	本回路的电机额定电流
7		温保数值	100~200	135	本回路的电机温度报警值
8		24 V 漏电	1000~5000	2000	24 V 电源绝缘监测值
9		主从设置	主、从、高、低	主	本回路类型设置
10		从机选择	第一第二第三第四	无	本回路作为主机时的从机回路
11		A 相系数	19000~21000	20000	校准回路二 A 相电流值
12		B 相系数	19000~21000	20000	校准回路二 B 相电流值
13		C 相系数	19000~21000	20000	校准回路二 C 相电流值
14		主从时间	0~120	5	在作为从机时的延时起动时间
15	回路二	绝缘系数	100~800	400	修正本回路的绝缘报警值
16		额定电流	0~300	300	本回路的电机额定电流
17		温保数值	100~200	135	本回路的电机温度报警值
18		低压漏电	2000~8000	5000	127 V 电源绝缘监测值
19		主从设置	主、从、高、低	主	本回路类型设置
20		从机选择	第一第二第三第四	无	本回路作为主机时的从机回路

序号	参数名称		设置范围	出厂值	说明
21		A 相系数	19000～21000	20000	校准回路三 A 相电流值
22		B 相系数	19000～21000	20000	校准回路三 B 相电流值
23		C 相系数	19000～21000	20000	校准回路三 C 相电流值
24		主从时间	0～120	5	在作为从机时的延时起动时间
25	回路三	绝缘系数	100～800	400	修正本回路的绝缘报警值
26		额定电流	0～300	300	本回路的电机额定电流
27		温保数值	100～200	135	本回路的电机温度报警值
28		电压系数	50～150	100	系统电压的调整系数
29		主从设置	主、从、高、低	主	本回路类型设置
30		从机选择	第一第二第三第四	无	本回路作为主机时的从机回路
31		A 相系数	19000～21000	20000	校准回路四 A 相电流值
32		B 相系数	19000～21000	20000	校准回路四 B 相电流值
33		C 相系数	19000～21000	20000	校准回路四 C 相电流值
34		主从时间	0～120	5	在作为从机时的延时起动时间
35	回路四	绝缘系数	100～800	400	修正本回路的绝缘报警值
36		额定电流	0～300	300	本回路的电机额定电流
37		温保数值	100～200	135	本回路的电机温度报警值
38		过压数值	1000～2000	1318	系统过压保护数值
39		主从设置	主、从、高、低	主	本回路类型设置
40		从机选择	第一第二第三第四	无	本回路作为主机时的从机回路

3. 工作原理及操作

（1）电路组成

① 主回路

主回路主要由隔离开关、真空接触器、阻容吸收电路以及电流互感器组成。

隔离开关作为电源开关，当其闭合时主回路各接触器下端得电。通过控制回路可以闭合真空接触器。各回路利用阻容吸收电路吸收主回路过电压。电流互感器检测各回路电流，转换成电压信号送可编程控制器，通过程序对电机进行保护，并通过显示窗和液晶屏显示故障原因。

② 控制电源

控制电源主要是提供控制系统各种电压等级的控制电压。

控制电源主要由电源变压器、熔断器开关、整流单元、本安电源、霍尔传感器、接触器组成，霍尔传感器和接触器共同组成对 220 V 和 24 V 回路漏电检测及断电保护，故障解除后通过按复位按钮可以重新供电。电源变压器为 1140 V 和 660 V 两种电压等级通用。

③ 控制回路

控制回路以可编程控制器(简称 PLC)为核心,通过内部程序运算控制继电器输出,控制各电机的启动和停止。同时 PLC 接收电流互感器的信号、漏电检测信号、KM1～KM4 反馈信号、电机温度保护信号,通过程序控制实现对整个电控系统的保护功能。SB1 可连接外部的隔爆型按钮,作为真空起动器的紧急停止按钮,按下后各电机将不能启动,运转中的电机立即停止。

④ 电气联锁

控制回路中有多处电气联锁。

第一处:系统设置为主从方式时,主从回路之间有启动联锁。

第二处:系统设置为高低速方式时,高速和低速之间有一互锁。

第三处:在开关箱门处设置限位开关,确保箱门没关闭情况下不能开机。

第四处:利用微动开关保证隔离换向开关在无负荷情况下停、送电。

⑤ 正反转机械记忆

隔离开关有机械记忆,防止停电后再送电时造成电机的反转。

(2) 系统保护

① 漏电闭锁

当系统送电后,主控器对各回路进行漏电检测,当绝缘阻值(参考值:1140 V 为 40 kΩ,660 V 为 22 kΩ)过低时,电机不能启动,并显示该回路漏电。

② 低压漏电保护

当 AC 220 V、AC 120 V、AC 100 V、AC 24 V 低压线路对地绝缘过低,达到规定值(参考值:AC 220 V 为 5 kΩ,AC 120 V 为 3 kΩ,AC 24 V 为 2 kΩ)时保护动作,显示 120 V 漏电或 24 V 漏电,并使 KA3 或 KA4 断开。

③ 电机温度保护

预埋在电机内部的热敏电阻 Pt100 阻值随温度发生改变,当电机绕组温度达到 135 ℃±5 ℃时,温度检测模块检测到电机温度超温,并将信号送给 PLC,PLC 判断电机超温,发出电机超温故障指令,停止该回路电机,同时显示该回路超温,待电机冷却后自动复位。

④ 各电机过载保护

当电机出现过载时,主控器对电机采取反时限过载保护。主控器动作,送出停止信号,使电机停止,并且显示电机过载,3 min 后自动复位。

⑤ 各电机三相不平衡及断相保护

当电机出现断相及三相不平衡率达到 60% 时,主控器动作,送出信号,使电机停止,显示电机断相,故障消失后按复位按钮复位。

⑥ 各电机过流保护

当各回路电流达到额定电流 8～10 倍时,主控器 200～400 ms 动作,送出信号,使电机停止,显示过流,故障消失后按复位按钮复位。

⑦ 系统过电压、欠电压保护

当系统电压超过额定电压 15% 时(闪烁),启动时低于额定电压 75% 或长时间低于额定电压 85％时,主控器动作,送出信号,使电机停止同时显示电压异常。

⑧ 瓦斯闭锁保护

用户应按照瓦斯监控系统的要求来维护瓦斯传感器,通过遥控器调整报警值和断电值。当开机前瓦斯超限时,显示瓦斯闭锁,机器无法启动。当机器运转时,瓦斯超限,主控器发出停机信号,停止各回路运行(起动器预留隔离型开关量本安瓦斯接口,用户需要自行购买瓦斯探头)。

(3) 操作显示

系统在送电初始显示开机界面,3 s 后自动转到工作界面。如果系统送电后一直显示初始化界面,则表示显示器和主控器之间通信异常,请检查主控器和显示屏之间的通信。

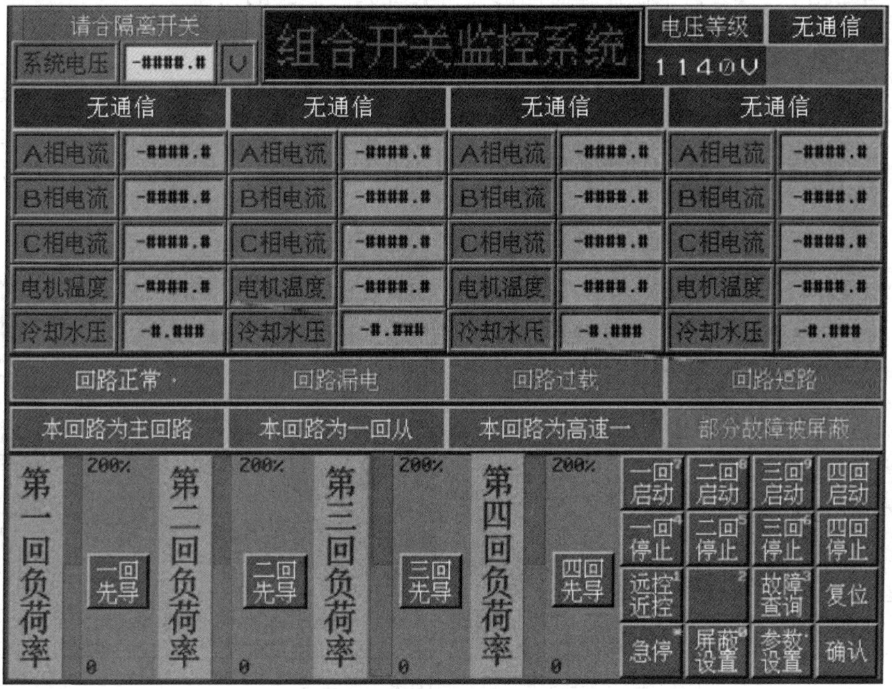

图 8‑12　显示器工作界面

在工作界面中可以显示真空启动器的大部分运行状态,以图 8‑20 所示为例,介绍工作界面中各部分的显示内容。

① 左上角的红色"请合隔离开关"表示隔离开关没合上,可能是其相关的辅助触点断开导致。在其下面显示系统电压当前值。

② 右上角"电压等级"处显示的是当前系统工作的电压等级(1140 V 或者 660 V);"无通信"处正常工作时显示的是系统的控制模式(近控/远控/遥控)。

③ 中间部分监视四个回路的工作状况,显示各相电流以及当前的主从回路和故障信息:

第一回路的绿色"回路正常"表示第一回路正常,当前没故障。

第二回路的红色"回路漏电"表示第二回路当前故障状态。

第一回路显示的"本回路为主回路",表示本回路为本真空起动器的主回路(真空起动器可以存在多个主回路)。

第二回路"本回路为一回从"则表示第二回路是第一回路的从机,从机跟随时间由参数设置中的主从时间决定,第二回路在第一回路启动后延时自动启动。

第三回路显示的"本回路为高速一"表示第三回路为高速回路一,它由低速回路一来启动,延时时间由参数设置中的主从时间决定。

第四回路的"部分故障被屏蔽"表示第四回路有保护被屏蔽,如保护被屏蔽则该保护不能起到保护作用,"部分故障被屏蔽"和本回路的控制方式交替显示。

④ 显示画面的下方显示四个回路的负荷率,以及各个回路先导模块的状态。

⑤ 显示屏右下角,显示操作键盘的状态以及其对应按键的功能。

4. 故障处理及日常维护与保养

起动器具有历史故障查询功能,能够记录16条故障信息内容。在运行画面下,按下"故障查询"功能键即可进入历史故障记录界面,查询当前和历史故障信息内容。连续按下"上翻""下翻"和"确认"三个功能键,即可清楚所有故障记录,按下"."即可退出该历史故障记录画面返回运行画面。

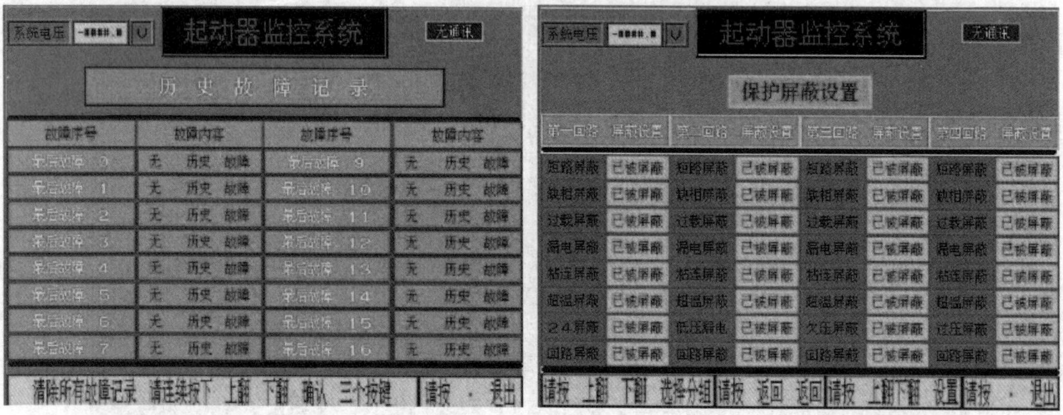

图 8-13　故障显示界面

当起动器及其外围设备出现故障时,起动器将做出相应的保护动作,特殊状况时可适当屏蔽部分保护功能应急,保护屏蔽应确保在人身安全和设备安全有保障的前提下进行。在运行画面下,按下"保护屏蔽"功能键即可进入保护屏蔽设置界面,对需屏蔽的故障内容进行设置。按下"上翻""下翻"键选择分组和进行设置,按"返回"键返回分组,按"."即可退出保护屏蔽设置画面返回运行画面。

常见故障及处理方法见表 8-16。

表 8-16　常见故障处理方法

故障现象	原因分析	排除方法	备注
送电后电源灯不亮	检查电源是否有点	重新送电	
	显示模块是否烧坏	更换	

（续表）

故障现象	原因分析	排除方法	备注
液晶显示屏不亮	检查是否供电	重新送电	
	检查空气开关 QF1	检修、更换	
	开关电源没有输出	更换开关电源	
第一回路不启动	系统有急停信号	检查恢复	
	主回路绝缘值低	测量电机绝缘	
	主控器与先导模块连线脱落	检修、更换	
	先导模块是否有信号	检修、更换	
	先导模块外部接线错误	调整外部两根接线	
	系统其他故障	检查排除	观察液晶屏
第二回路不启动	系统有急停信号	检查恢复	
	主回路绝缘值低	测量电机绝缘	
	主控器与先导模块连线脱落	检修、更换	
	先导模块是否有信号	检修、更换	
	先导模块外部接线错误	调整外部两根接线	
	系统其他故障	检查排除	观察液晶屏
第三回路不启动	系统有急停信号	检查恢复	
	主回路绝缘值低	测量电机绝缘	
	主控器与先导模块连线脱落	检修、更换	
	先导模块是否有信号	检修、更换	
	先导模块外部接线错误	调整外部两根接线	
	系统其他故障	检查排除	观察液晶屏
第四回路不启动	系统有急停信号	检查恢复	
	主回路绝缘值低	测量电机绝缘	
	主控器与先导模块连线脱落	检修、更换	
	先导模块是否有信号	检修、更换	
	先导模块外部接线错误	调整外部两根接线	
	系统其他故障	检查排除	观察液晶屏
视窗显示不亮	视窗显示没电	检查主控器 5 V 输出	
	和主控器通信不上	检查通信线	

（续表）

故障现象	原因分析	排除方法	备注
各电机均不启动	有电机漏电 有急停信号 有瓦斯信号 有其他故障	针对显示屏提示检查相应故障并修复	

有紧急情况时，首先按下外部急停按钮或操作键盘上的急停键，停止真空起动器，将隔离开关手柄扳至断开位置，切断前级电源，检查输入端和输出端的导线连接是否正常，检查各电气元件、线路是否有损坏现象。

巩固提升

一、工作案例：矿用隔爆真空电磁起动器的安装、维修

任务实施指导书

工作任务	矿用隔爆真空电磁启动器维修安装		
任务要求	1. 按照操作规程要求停电、做准备工作。 2. 按照《矿井维修电工操作规程》要求检测、排除故障，检修质量满足《井下电气设备检查标准》。 3. 按照所接电源和负荷调节矿用隔爆真空电磁启动器。 4. 按照《机电设备检修技术规范》要求试验和试运行。 5. 按照《电气安装工操作规程》安装，安装质量满足《安装工程质量检验评定标准》要求。 6. 按照《机电设备完好标准》要求进行日常维护。		
责任分工	1人负责按照计划步骤指挥操作，1人负责监督操作，1人负责执行指令。		
阶段	实施步骤	防范措施	应急预案
一、准备	1. 穿戴工作服、安全帽、矿灯、自救器、手套、绝缘靴。 2. 携带万用表、验电笔、便携瓦检仪、套扳、扳手、螺丝刀、塞尺、直尺、设备说明书、常用备件。	下井前检查万用表、便携瓦检仪、备件、矿灯是否良好，不得带火种。	下井时必须注意避灾路线，一旦发生爆炸、火灾、水灾等重大事故，可以从避灾路线上井。
	3. 断上级电源开关，闭锁、挂警示牌。	必须确认断开的是电源开关。	如有人触电，立即脱离电源，实施抢救。
	4. 测瓦斯浓度。	必须测定周围 20 m 内无瓦斯。	如浓度＞1%，采取通风措施，降低瓦斯浓度到1%以下方可继续下一步操作。
	5. 打开电磁启动器外盖，并验电（验电时必须脱手套）。	必须用相同电压等级的验电笔。	如仍带电，必须再次核查电源开关是否断开，确认验电后无电方可继续操作。
	6. 戴手套依次三相对地放电。	先接地，再分别接三相回路。	可利用万用表的表笔做放电导线。

(续表)

阶段	实施步骤	防范措施	应急预案
二、检修开关本体故障	7. 拆卸。① 将开关放倒,依次拆开本体与外壳之间的各连线。② 卸下本体座的螺栓,抽出本体。	① 各螺母、弹簧垫片零件不得丢失。② 本体抽出时不要碰损按钮、插件等易损件,抽出后不得落地,必须挂到操作台上。	最后拆地线,以防拆除过程中误送电导致触电!一旦螺帽等零件丢失或本体元件损坏,立即更换上备件。
	8. 检测断路故障点。将万用表打至欧姆挡(低阻挡),并验表,分别测量:(1) 主回路各相回路电阻。① 将隔离开关合闸,测电源侧各相首尾端(电源接线柱与接触器主触头电源侧接线柱间)电阻。② 将隔离开关反向合闸,再测上述电阻。③ 测负荷侧各相首尾端(接触器主触头负荷侧接线柱与负荷接线柱间)电阻。④ 控制变压器一次绕组电阻。(2) 辅助回路各路电阻。① 3、4 端电阻(2、9 短接、选择开关打至"近控",按下启动按钮时)。② 自锁接点回路 1、2 端电阻(按下自锁触点时)。③ 联锁触点回路 13、地端电阻(按下接触器辅助触点时)。④ 整流器交流侧电源回路 4、7 端(按下中间继电器触点)电阻。⑤ 接触器线圈回路共阴极、共阳极间电阻(不按和按下接触器辅助触点时)。⑥ 检漏回路 33、D3 端电阻。	① 电阻无穷大方为断路!电阻大于回路正常阻值为接触不良。② 如发现上述问题,需缩小查找范围,即将隔离开关分闸、电路一分为二,分段测量,对有断路或接触不良的路段,再进一步缩小范围、分段测量。直至找到故障点。③ 表笔必须接触良好,以防表笔接触不良导致误判断。④ 为防止漏测,必须按照顺序测量。	时间紧急下可以采用直观法快速检测故障:根据开关通不上电,且上级电源有电下,判断为断路故障。观察主回路及辅助回路的发生下列现象处即断路点:① 接线柱接触不良或压绝缘胶皮。② 导线断线、断头。③ 开关被卡合不上或合上接触不良。不拆卸本体下用万用表低阻挡测量各回路电阻。各接线端可在接线盒、综合保护装置、接触器顶端的整流电路板上找到。
	9. 修复断路点。将断路点接通,并检测正常为止。	接触不良者,要用细砂纸打磨掉连接处氧化层,或修复弹簧。	对于导线或接线头断线,需用电烙铁焊接。
	10. 检测短路故障点。将万用表打至欧姆挡(低阻挡),并验表,隔离开关合闸,分别测下列电阻:① 主回路进线侧各相间电阻。② 主回路出线侧各相间电阻。③ 控制变压器二次侧各绕组间电阻。	电阻为零方为短路!尤其相间并联变压器、三相阻容装置等,只要相间电阻与其电阻相等即为正常。如发现短路,拆开并联电路,缩小查找范围测量,直至找到短路点。	时间紧急下可以采用直观法快速检测故障:根据短路保护动作指示判定为短路。再观察导线或触点有下列现象处即短路点:① 有焦痕。② 有焦味。③ 火线搭接。
	11. 修复短路点。① 将短路部分导线缠绕自黏绝缘胶带。② 检测绝缘正常为止。		

（续表）

阶段	实施步骤	防范措施	应急预案
	12. 测漏电故障点。将万用表打至欧姆挡（高阻挡），并验表，合上隔离开关，分别测下列电阻：① 主回路电源侧各相间电阻。② 主回路电源侧各相对地电阻。③ 主回路负荷侧各相间电阻。④ 主回路负荷侧各相对地电阻。	电阻小于漏电闭锁值方为漏电！尤其注意并联控制变压器回路，其阻值可能为零，但低阻挡检测时不为零既可。如发现漏电，需拆开所在电路进一步测量，直至查找出漏电点。	时间紧急下可以采用直观法快速检测故障：根据漏电保护动作指示评定为漏电。再观察导线或触点有下列现象处即为漏电点：① 绝缘破损。② 绝缘受潮。③ 导线碰壳。
	13. 修复漏电点。① 将导线绝缘破损处缠绕足够的自黏绝缘胶带。② 绝缘受潮可用干布擦除。	测绝缘电阻正常为止。	一旦绝缘烧毁，应更换。对不运行的设备也可以放入干燥剂吸潮。
三、调电源电压	14. 调变压器。将控制变压器一次侧接至电网电压（660 V）抽头。	用万用表测试是否接至 380 V 抽头。	不清楚哪个抽头为 660 V，用万用表测定 0 端与另外两端电阻，阻值小的一端
	15. 调保护。将综合保护接至电网电压（660 V）侧。		
四、调保护装置动作值	16. 调过载保护。按过载保护动作值≤所接负荷电流调整。	电动机额定电流未知时，可以根据经验公式：容量除以千伏数，商乘系数 0.76，即 $I = 0.76P/U_N$。	设本开关所带负荷为：刮板机 40 kW，660 V。$I_N = 0.76 \times 40/0.66$ A＝46 A。
	17. 检测触头。① 真空管不得损伤、漏气。② 检查真空管的真空度及触头的超行程、三相接触同期度。超行程不合要求时须通过调节绝缘拉杆连接头与真空灭弧室动导电杆相连的带螺纹导向杆，旋入或旋出螺纹长度来调节超行程。	将弹簧分闸时的长度减去合闸时的长度即触头的超行程。三相分合闸同期性的差别一般不大于 2 mm。	超行程的变化能够反映真空管触头的磨损量。每次检修时应调整超行程并做好记录。当触头磨损量累计达到一定水平时，应及时更换真空管。
五、维护	18. 检查导线及其接线柱、固定螺栓。	导线不能出现断线、甩头、接触不良；螺栓、卡爪及弹簧垫、等齐全、紧固。	
	19. 外观检查与维护。隔爆外壳要防止受损、锈蚀，定期涂防锈漆。检查壳体是否有永久变形、裂纹、锈蚀。闭锁、外壳螺栓及局部接地和辅助接地是否齐全、可靠。	拆卸隔爆外盖不能重锤敲打，打开外盖后，隔爆接合面朝上，不许用接合面作为工具台；用毛刷在隔爆接合面上涂凡士林或防锈油，但不准涂油漆；接线盒与主腔间不得通气。	如发现隔爆外壳失爆（失去耐爆性和隔爆性），必须修复，对于无法修复者，必须更换。

阶段	实施步骤	防范措施			应急预案
	20. 检测隔爆性能。隔爆接合面不得锈蚀、损伤。检查隔爆间隙、粗糙度、宽度以及喇叭嘴的密封圈是否满足要求，固定螺栓、垫片有无丢失松动。	最小有效长度 L(mm)	螺栓孔至外壳边缘最小长度 L_1(mm)	最大间隙 W(mm)	用塞尺检查间隙，用直尺检查宽度。
		<12.5	≥6.0	≤0.3	
		<25.0	≥8.0	≤0.4	
		<40.0	≥9.0	≤0.5	
六、安装	21. 安装本体。① 将开关放倒，依次连接辅助回路 1、2、8、9、13 端，主回路进线端、出线端并固定。② 放入本体，将电路板的接地线套入固定螺栓，依次套入弹簧垫、垫片，拧入螺栓固定。	① 端子不能接错。固定时不能缺少弹簧垫、垫片，螺帽要紧固，但不能过紧，以免划扣。② 放入本体时小心，不要碰损按钮、插件等。不要将电路板接地线与火线短路。			一旦丢失零件或损坏部件，必须立即更换上备件。
	22. 连接外电路。1) 近控：① 将电源端 X1、X2、X3 经电缆与电源连接；② 将负荷端 D1、D2、D3 经电缆与负荷连接；③ 将电缆接地芯线与接地端连接；④ 将辅助端 2、9 接地；2) 远控：① 2、地端断开，接远控停止按钮；② 1、3 端接远控启动按钮。3) 联控：被锁台 2、地断开与主锁台 13、地端连接。	① 近控接线时，必须将选择开关打至"近控"。② 远控接线时，须将选择开关打至"远控"。③ 联控接线时，如果被锁台为远控时，须将被控台的 9、地端断开，分别与主控台的 13、地端连接。			
	23. 检测断路故障点。将万用表打至欧姆挡（低阻挡），并验表，将隔离开关合闸，分别测量主回路各相进出线接线柱间的电阻。	同实施步骤 7 的防范措施。			
	24. 检测短路故障点。将万用表打至欧姆挡（低阻挡）并验表，分闸下分别测进出线侧各相间电阻。	同实施步骤 8 的防范措施。进线侧各路变压器为并联，故电阻小于安装前测量的，不为零既可。			注意，隔离开关分闸与否，所测阻值不同。为此需将所并各开关的隔离开关均置于分闸状态。
	25. 测漏电故障点。万用表打至欧姆挡（高阻挡），并验表，合上隔离开关，分别测各相对地电阻。	同实施步骤 9 的防范措施。			
	26. 通电。合上级电源开关，拆除警示牌。	必须确认无人在馈电开关上工作。			如有人触电，立即脱离电源，观察其状况实施抢救。无呼吸者做人工呼吸；无心跳者做胸外心脏按压。

（续表）

阶段	实施步骤	防范措施	应急预案
七、试运行	27. 启动。合上电磁启动器隔离开关。按下启动按钮,电动机启动。	必须按下停止按钮同时操作隔离开关手柄。	启动时,手不要离开开关,注意观察,如馈电开关通电后发现冒烟、短路、有人触电等,立即切断电源。
	28. 反向。按下停止按钮,同时反向搬动隔离开关,再按下启动按钮。电动机反向运行。	停止时,注意观察电动机转向,反向启动时,观察电动机是否反转。	
	29. 短路试验。① 先按下停止按钮。② 打开前盖。③ 将综合保护选择开关至"短试"位。④ 合上外盖。⑤ 按下启动按钮,观察是否启动。	井下不能带电开盖,必须合盖后试验。如还能启动,说明短路保护有故障。	如保护装置有问题,需首先切断上级电源开关,更换综合保护插件。重新试验到正常为止。
	30. 漏电试验。① 打开前盖。② 将选择开关至"漏试"。③ 合上前盖。④ 按启动按钮观察是否启动。	如能启动,说明漏电闭锁有故障。	
	31. 过载试验。① 打开前盖。② 将选择开关至"过试"。③ 合上前盖。④ 按启动按钮观察是否启动。	如能启动,说明过载保护有故障。	
八、收尾	32. 合上隔爆外盖,整理工具,填写工作记录单。	检查工具或异物未落在外壳内。	

工作记录表

工作时间		工作地点		指挥者		监督者		操作者
工作内容								

检测记录

检测断路故障	电源侧 正向				电源侧 反向				负荷侧				中间继电器线圈回路				自锁		互锁		检漏		整流交流侧		整流直流侧		
	X1路	X2路	X3路	断点	X1路	X2路	X3路	断点	D1路	D2路	D3路	断点	TC二次绕组 3、4端	3K线圈	断点	不良	1、2端	不良	13、地	不良	33、D3端	断点	4、7端	断点	1KM4闭合	1KM4断开	断点
首尾端电阻（Ω）																											

（续表）

检测短路故障	电源侧					负荷侧			
	X1~X2	X2~X3	X3~X1	T一次侧	短路点	D1~D2	D2~D3	D3~D1	短路点
电阻（Ω）									

检测漏电故障	电源侧						负荷侧						
	X1~X2	X2~X3	X3~X1	X1~E	X2E	X3~V	漏电点	D1~D2	D2~D3	D3~D1	D1~E	D2~E	D3~E	漏电点
绝缘电阻（MΩ）													
装后绝缘（MΩ）													

主触头检测	超行程			三相接触同期度		
	U	V	W	U	V	W

出现的问题	

二、实操案例：矿用隔爆自动馈电开关的安装、维修

学习评价反馈书（自评、互评、师评等）

考评项目	考评指标		满分分值	自评分	互评分	师评分
知识考评（40分）	1. 能说出矿用隔爆真空电磁启动器的结构特点、类型、使用场所。	少说一点扣2分。	10分			
	2. 能说出矿用隔爆真空电磁启动器的工作原理。	少说或说错一项扣1分。	15分			
	3. 能说出矿用隔爆真空电磁启动器的电路图阅读方法。	少说或说错一项扣2分。	10分			
	4. 能说出矿用隔爆真空电磁启动器的安装、维护、检修步骤与要求不同自动馈电开关之处。	少说或说错一项扣1分。	5分			

(续表)

考评项目		考评指标	满分分值	自评分	互评分	师评分
能力考评（50分）	1. 能阅读矿用隔爆真空电磁启动器的原理图、安装图。	少说或说错一项扣2分。	10分			
	2. 能对照说明书识别真空电磁启动器的各组成部分。	少说或说错一项扣2分。	10分			
	3. 能按照要求拆装、调试矿用隔爆真空电磁启动器。	少说或说错一项扣3分。	15分			
	4. 能按照要求维护、检修矿用隔爆真空电磁启动器。	少说或说错一项扣1分。	15分			
情态考评（10分）	1. 学习态度。	遵守纪律、学习认真，迟到扣1分；学习敷衍了事扣2分；旷课扣3分。	3分			
	2. 学习情趣。	积极探讨2分，能参与讨论1分，否则不得分。	2分			
	3. 工作态度。	工作质量好计3分；工作质量一般计3分，工作敷衍计2分，工作马虎计2分，工作错误造成损失计1分，工作未完成不计分。	3分			
	4. 工作情趣。	有工作热情1分，主动协助他人工作2分；消极怠工不得分。	2分			
合计			100			

说明：1. 考评时间为60分钟，每超过1分钟扣1分；2. 要安全文明工作，否则老师酌情扣1～10分。

主讲教师（签字）：_____ 指导教师（签字）：_____

效果检查：

学习总结：

思考练习题：

1. 简述高压为负荷开关，低压为馈电开关的移动变电站操作要领。

2. 简述馈电开关常见故障及处理办法。

任务三　生产系统供电系统的设计

任务要求：

1. 按照《煤矿安全规程》的要求布置生产系统变电所硐室。

2. 按照《电气安装工操作规程》安装生产系统变电所、移动变电站、工作面配电点的电气设备及其高低压电缆，安装质量满足《机电设备检修技术规范》要求。

3. 按照负荷额定电压及实际输出电压调节矿用隔爆变压器一二次侧连接及高低压开关的电压抽头。

4. 按照《井下三大保护整定细则》整定生产系统供电系统高低压开关的保护装置动作值。

5. 按照《机电设备检修技术规范》要求试验和试运行。

6. 按照《矿井维修电工操作规程》要求检测、排除故障，检修质量满足《机电设备检修技术规范》要求。

7. 按照《机电设备完好标准》要求进行日常维护。

工作情况：

1. 工作情况：本任务属于安装维修井下供电系统这一大型任务下生产系统供电系统安装维修任务。本任务具体包括生产系统变电所的硐室布置、设备布置、隔爆高低压配电装置、隔爆变压器及其电缆安装前的检测、运输、安装、连接、调试、局部接地极及电气设备接地的安装，生产系统供电系统设备使用中的维护以及发生故障时的检修。

2. 工作环境

① 在生产系统变电所、工作面平巷安装、调试、检修、维护生产系统电气设备。

② 电源来自井下中央变电所高压开关柜的出线侧。

③ 负荷为工作面平巷的移动变电站隔爆高压配电箱或配电点隔爆低压馈电开关。

④ 设备：BPG-9L 型矿用隔爆真空高压配电箱；YJV22-6 型交联聚氯乙烯电缆；MYPTJ-3.6/6 金属屏蔽监视型软电缆；KSGB-315/6 型隔爆变压器；BKD9-400 型隔爆自动馈电开关。

⑤ 工具：套扳、扳手、克丝钳、电工刀、螺丝刀、高压验电笔、万用表、便携式瓦检仪。

工作要求：

1. 按照收集资料、制订计划、做出决策、实施计划、检查控制、评价反馈的步骤进行工作。

2. 按照现场组织，进行分工；每个学生必须按照所担任的角色，实施任务。

3. 每次任务前，由班长组织召开班前会，传达学习及工作任务、要求、劳动分工及安全注意事项。

4. 在劳动过程中由班组长和监督员进行检查和考评等。

5. 任务结束后召开班后会，总结任务完成的情况与考评结果。

相关知识

一、设计步骤

根据原始资料对生产系统供电设计步骤如下：

（1）确定生产系统变电所、工作面配电点、移动变电站的位置。

（2）拟定生产系统供电系统图。

（3）进行负荷统计计算，并确定无功功率补偿方案和计算补偿电容器容量。

（4）确定变压器的容量、型号及台数。

（5）选择供电电缆。

（6）计算短路电流。

（7）选择开关及起动器。

（8）继电保护装置整定计算。

（9）确定生产系统保护接地系统。

（10）由供电电气设备确定生产系统变电所硐室尺寸和设备的布置方案。

当生产系统变电所、工作面配电点、移动变电站的位置确定之后，即可拟定供电系统图。对生产系统供电系统图的拟定应满足供电安全、可靠、经济、系统简单、操作方便等企业对供电的要求。

供电系统图拟定的具体原则如下：

1. 生产系统高压供电系统的拟定原则

（1）供综采工作面的生产系统变（配）电所由两回路电源线路供电。除有综采外的生产系统变电所由单回电源线路供电。

（2）生产系统变电所双回路电源供电时，应分别设置电源进线开关。两回路电源供电时，当采用一回路供电，另一回路备用时，母线可不分段；当两回路电源同时供电时，母线应分段并设联络开关，确保正常分列运行。

（3）单电源进线的生产系统变电所，当变压器的台数不超过两台、无高压出线时，可不设电源进线总开关；当变压器的台数超过两台或有高压出线时，应设电源进线总开关。

（4）生产系统变电所的高压馈出线应设专用开关控制。

（5）由井下中央变电所向生产系统供电的单回路电缆供电线路上允许串接生产系统变电所，但串接的生产系统变电所不得超过三个。

2. 生产系统低压供电系统的拟定原则

（1）在保证企业对供电要求的前提下，力求所用设备最少。

（2）一台起动器控制一台用电设备。

（3）当生产系统变电所变压器台数在两台或两台以上时，应合理分配变压器的负荷，原则上一台变压器负担一个工作面的用电负荷。

（4）变压器尽量不并联运行。

（5）从变电所向各配电点或自配电点到各用电设备宜采用辐射式供电，上山及下顺槽输送机宜采用干线式供电。

（6）配电点起动器在三台以下时，一般不设配电点进线自动馈电开关。

（7）工作面配电点最大容量电动机用的起动器应靠近配电点进线。

（8）供电系统应尽量避免回头供电。

（9）低瓦斯矿井掘进工作面的局部通风机，可采用装有择性漏电保护装置的供电线路供电或采用与采煤工作面分开供电。

（10）瓦斯喷出区域、高瓦斯矿井、煤（岩）与瓦斯（二氧化碳）突出的矿井中，掘进工作面的局部通风机都应实行三专（专用变压器、专用开关、专用线路）供电。经矿总工程师批准，也可采用装有选择性漏电保护装置的供电线路供电，但每天有专人检查一次，确保局部通风机可靠运转。

（11）局部通风机和掘进工面中的电气设备，必须装有风电闭锁装置。在瓦斯喷出区域、高瓦斯矿井、煤（岩）与瓦斯突出矿井中的所有掘进工作面应装设两闭锁（风电闭锁、瓦斯电闭锁）设施。

供电系统图应用单线图画出，图中应标出开关、起动器、变压器和动力设备的型号、容量或电流等，图中的电缆应标出型号、截面、芯数和长度。

二、案例分析——矿井某生产系统供电系统设计

1. 生产系统供电系统

此供电系统以某矿实际生产系统为例，如图 8-14 和图 8-15 所示。

矿井地面变电站由两趟 35 kV（有些大型矿井采用 110 kV）线路供电，两趟 35 kV 线路来自两个不同的电源。在地面变电站将 35 kV 降压为 6 kV，向地面的主、副井提升设备、通风机、压风机、洗煤厂等供电，同时地面变电站将 6 kV 降压为 380 V 供电地面低压动力及照明用电。

从地面变电站两段不同的 6 kV 母线上引出两条高压输电电缆，通过井筒入井送到井下中央变电所。在井下中央变电所通过高压配电装置将电能分配给井底车场附近的高压用电设备，并向各生产系统变电所供电。同时在井下中央变电所还设置了动力变压器将 6 kV 电压降到 380 V（或 660 V），向井底车场及附近巷道、硐室的低压动力设备供电。此外，还设置了照明、信号综合保护装置，将 380 V（或 660 V）电压进一步降到 127 V，供井底车场及附近硐室照明、信号专用。

从井下中央变电所用高压电缆将 6 kV 电能送到生产系统变电所，生产系统变电所用变压器将电压降到 1140 V、660 V（或 380 V），用低压电缆分别送到各个工作面附近的配电点，再分别送给各动力设备。如果是综采工作面，6 kV 高压经生产系统变电所的配电装置送到工作面附近的移动变电站，移动变电站将 6 kV 电压降低到 1140 V，再分配给各用电负荷。生产系统巷道中的照明、信号由照明、信号综合保护装置供电。

2. 综采工作面供电系统及组成

图 8-16 所示为综采工作面供电系统图。6 kV 高压系统由高压隔爆配电箱、移动变电站、高压屏蔽电缆等组成。1140 kV 低压系统由低压馈电开关（设有漏电、过流、短路保护装置）、真空电磁启动器（多回路）、低压屏蔽电缆等组成。

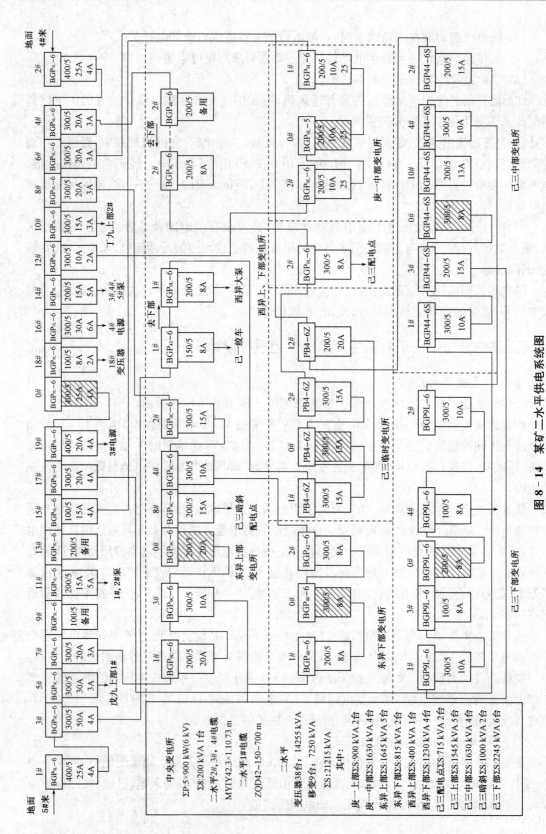

图 8-14 某矿二水平供电系统图

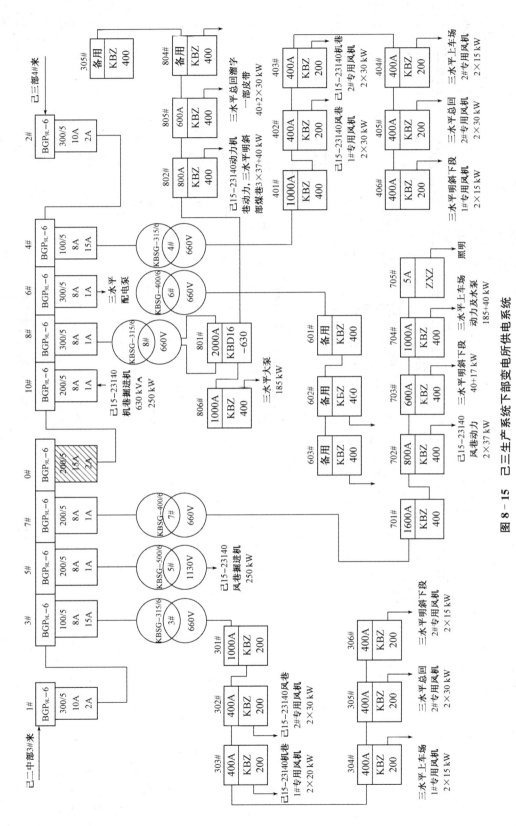

图 8-15 己三生产系统下部变电所供电系统

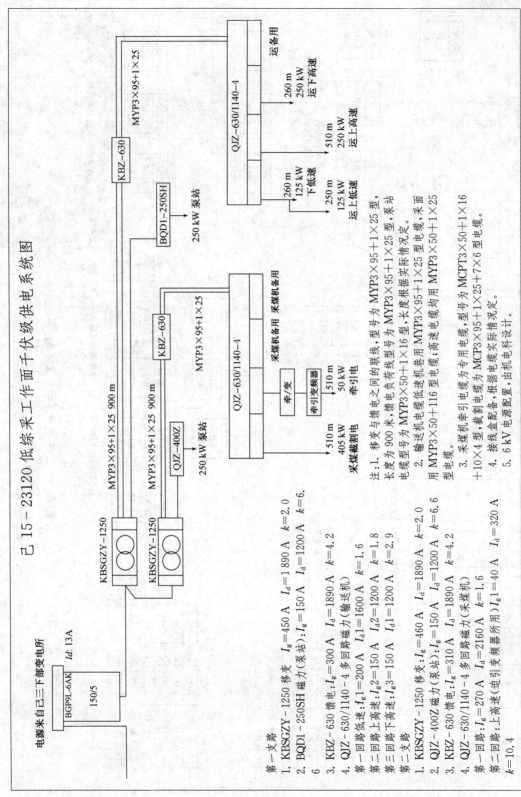

已15－23120低综采工作面千伏级供电系统图

图 8－16　已15－23120综采工作面供电系统图

3. 工作面配电点的设置

工作面配电点是工作面及其附近巷道供电的中心,随着工作面的推进而移动。

配电点的设备组成:工作面配电点的设备一般有低压配电开关、电磁启动器等。

配电点的位置:一种是将开关设备安装在工作面平巷壁的专用巷道,一般距工作面50～100 m,如掘进工作面的配电点大都设在掘进巷道的进风侧或掘进巷道的贯通巷道内,一般距工作面80～100 m。另一种是将开关设备等装在移动变电站平车上,在运输槽一侧敷设轨道,平车随着工作面的推进而移动。

4. 供电设备参数计算

己 15-23120 综采工作面,采面走向长度 1100 m,采长 237 m,采高平均 1.6 m,储量 58×10^{7} kg。因此主要综采设备拟定为采煤机 MG2×100/456 电牵引采煤机,总装机容量为 456 kW,额定电流为 310 A(270 A+40 A)、刮板输送机为 SGZ-764/500,总装机容量为 500 kW,额定电流高速为 300 A(2×150 A),低速为 200 A(2×100 A),转载机为 SZZ-40T 型(其额定电压 660 V,由机电科设计),泵站 GRB-400/31.5,总装机容量为 250 kW,额定电流为 150 A。

考虑到远距离供电的实际情况,结合现有实际设备情况,故决定一支路设备为采煤机和 1 号液压泵。二支路设备为运输机和 2 号液压泵。

(1) 一支路设备选择

① 移动变电站

负荷视在功率计算:$S_1=\dfrac{kx\sum Pe}{\cos\varPhi}=0.79\times706/0.7$ kVA=797 kVA

故选用型号为 KSBGZY-1250/6 移动变电站,它的额定容量为 1250 kVA>797 kVA,符合设计要求。

② 根据长时工作电流选择校验电缆截面

$$I_g=270\text{ A}+40\text{ A}=310\text{ A}$$

故选用型号为 MYP3×70+1×25 电缆两根,它的长时工作电流可以达到 2×210 A=420 A>310 A,符合设计要求。

其他电缆选择原则相同,故选用采煤机电缆:MCP3×95+1×25+4×4 和 MCPT3×50+1×16+10×4。运输机电缆:高速均为 MYP3×50+1×16 型;低速机巷为 MYP3×70+1×25 型,采面为 MYP3×35+1×16 型;泵站电缆:MYP3×50+1×16 型。

(2) 根据电压降检验电缆选择是否合适(供电距离 1470 m,有 10% 余量)

① 第一支路

移动变电站正常起动时的电压降 U_{TQ}:

$$U_{TQ}=U_T\cdot I_{2e}/I_{Te}$$
$$=38.158\times1270/1250=39\text{ V}$$

起动时的干线电压降 U_{gQ}:

$$U_{gQ}=1.732P\cdot R\cdot L/A$$
$$=1.732\times766\times0.0175\times880/140\text{ V}=146\text{ V}$$

起动时的支线电压降 U_{zQ}：

$$U_{zQ}=1.732P \cdot R \cdot L/A$$
$$=1.732×766×0.0175×590/95 \text{ V}=144 \text{ V}$$

$$1\text{♯油泵 } U_{zQ}=1.732P \cdot R \cdot L/A$$
$$=1.732×410×0.0175×20/50 \text{ V}=5 \text{ V}$$

起动时总的电压降 ΔU_Q：

$$\Delta U_Q =U_{TQ}+U_{gQ}+U_{zQ}$$
$$=(39+146+144+5)\text{V}=334\text{V}<342\text{V}(\Delta U_Q<U_{qmax}\text{在允许范围内})$$

② 第二支路

移动变电站正常起动时的电压降 U_{TQ}：

$$U_{TQ}=U_T \cdot I_{2e}/I_{Te}$$
$$=38.158×840/1250 \text{ V}=26 \text{ V}$$

起动时的干线电压降 U_{gQ}：

$$U_{gQ}=1.732P \cdot R \cdot L/A$$
$$=1.732×547×0.0175×880/140 \text{ V}=104 \text{ V}$$

起动时的支线电压降 U_{zQ}：

$$U_{1zQ}=1.732P \cdot R \cdot L/A$$
$$=1.732×274×0.0175×330/70 \text{ V}=39 \text{ V}$$
$$U_{2zQ}=1.732P \cdot R \cdot L/A+U_{1zQ}$$
$$=1.732×274×0.0175×260/35+39 \text{ V}=101 \text{ V}$$

$$2\text{♯油泵 } U_{zQ}=1.732P \cdot R \cdot L/A$$
$$=1.732×410×0.0175×20/50 \text{ V}=5 \text{ V}$$

起动时总的电压降 ΔU_Q：

$$\Delta U_Q =U_{TQ}+U_{gQ}+U_{zQ}$$
$$=(26+104+39+101+5)\text{V}=275 \text{ V}<342 \text{ V}(\Delta U_Q<U_{qmax}\text{在允许范围内})$$

（3）以二相短路电流校验过流保护的灵敏度中 K_i

根据《电工设计手册》查二相短路电流进行校验，为了便于说明问题，见表 8-17。

表 8-17　过流保护整定值及灵敏度系数

设备名称	过流保护整定值(A)	二相短路电流(A)	灵敏度系统 K_i(>1.2)
一支路移变	1890	4930	2.6
二级馈电开关	2000	8289	4.1
采煤机一支路	2160	5017	2.3
采煤机二支路	320	3199	10.0
1♯泵站	640	8232	12.9

(续表)

设备名称	过流保护整定值(A)	二相短路电流(A)	灵敏度系统 $K_i(>1.2)$
二支移动变电站	1890	4930	2.6
二级馈电开关	2000	8289	4.1
运输机下高速	1200	3199	2.7
运输机上高速	1200	4770	4.0
运输机低速	1600	3199	2.0
2#泵站	640	8232	12.9

巩固提升

一、工作案例:某矿生产系统供电设计

图 8-17 所示为中平能化集团某矿某供电系统。试根据此图进行选择整定。

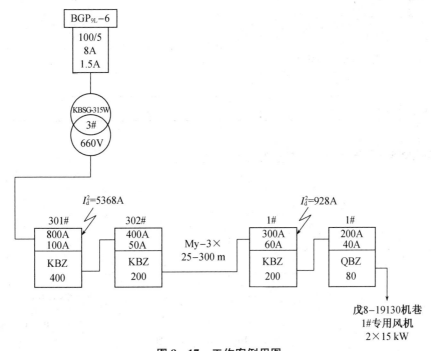

图 8-17　工作案例用图

任务实施指导书

工作任务	＿＿＿＿＿＿＿生产系统供电设计
任务要求	1. 准备工作:做好记录。 2. 根据已给图纸和数据分析结果进行设计整定。 3. 注意各组成部件的作用。
责任分工	1人负责分工;1~2 人进行负荷统计及有关计算等,包括记录;1~2 人根据有关参数选择设计整定,包括记录。

(续表)

阶段	实施步骤	防范措施	应急预案
一、准备	1. 做好组织工作,按照现场实际有组长分工。	课前要预习,并携带查阅、收集的有关资料。	分工要注意学生的个性、学习情况、个人特点。
	2. 携带有关铅笔、记录本、尺子等记录用品和供电系统图和有关设备说明书等。	做好带上所有电气设备的使用说明书和变电所供电系统图。	
二、参数计算分析	3. 认真研究供电系统图。		
	4. 分析电压等级。	带上变电所供电系统设计说明书。	做好记录。
	5. 负荷统计计算分析。	带上变电所供电系统设计说明书。	做好记录。
	6. 进行有关计算。	带上变电所供电系统设计说明书。	做好记录。
三、导线的选择	7. 初选设备、导线。	可携带有关设备、导线目录。安全、可靠、实用、经济。	
	8. 校验设备、导线。		
	9. 选定设备、导线。		
四、现场处理	10. 分析结果。	资料齐全。	做好记录。
	11. 经老师或技术人员审核。		
	12. 现场清理。	现场干净、整洁。	
	13. 填写工作记录单。		

二、实操案例:某矿某供电系统的选择整定

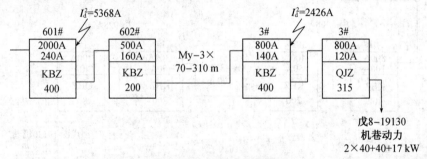

图 8-18 实操案例用图

学习评价反馈书(自评、互评、师评等)

	考核项目	考核标准	配分	自评分	互评分	师评分
知识点	1. 矿用电气设备的类型、特点和作用。	完整答出满分;不完整得 2~7 分;不会 0 分。	8			
	2. 矿用电气设备的选择方法。	完整答出满分;不完整得 2~7 分;不会 0 分。	8			
	3. 矿用电气设备的类型、组成、结构和原理。	完整答出满分;不完整得 2~7 分;不会 0 分。	8			

（续表）

考核项目		考核标准	配分	自评分	互评分	师评分
知识点	4. 供电系统和设备的检修方案制订原则。	完整答出满分；不完整得 2～7 分；不会 0 分。	8			
	5. 生产系统供电设计步骤。	完整答出满分；不完整得 2～7 分；不会 0 分。	8			
	小计		40			
技能点	1. 能选择矿用电气设备。	能熟练选择和安装防雷保护装置得满分；不熟练得 5～9 分；不会 0 分。	10			
	2. 能安装、操作矿用电气设备。	能熟练安装、操作矿用电气设备得满分；不熟练得 5～9 分；不会 0 分。	10			
	3. 能分析和处理矿用电气设备的常见故障。	能熟练分析和处理矿用电气设备的常见故障得满分；不熟练得 5～9 分；不会 0 分。	10			
	4. 能进行生产系统供电设计。	能熟练进行生产系统供电设计得满分；不熟练得 5～9 分；不会 0 分。	10			
	5. 能解决在生产系统供电中遇到技术问题。	能熟练解决在生产系统供电中遇到技术问题得满分；不熟练得 5～9 分；不会 0 分。	10			
	小计		50			
情感点	1. 学习态度。	遵守纪律、态度端正、努力学习者满分；否则 0～1 分。	2			
	2. 学习习惯。	思维敏捷、学习热情高涨满分；否则 0～1 分。	2			
	3. 发表意见情况。	积极发表意见、有创新建议、意见采用满分；否则 0～1 分。	2			
	4. 相互协作情况。	相互协作、团结一致满分；否则 0～1 分。	2			
	5. 参与度和结果。	积极参与、结果正确；否则 0～1 分。	2			
	小计		10			
合计			100			

说明：1. 考评时间为 60 分钟，每超过 1 分钟扣 1 分；2. 要安全文明工作，否则老师酌情扣 1～10 分。

主讲教师（签字）：_____　指导教师（签字）：_____

效果检查：

学习总结：

思考练习题：

1. 简述生产系统供电设计步骤；变电所位置确定；供电系统拟定；负荷计算；短路电流计算；设备、导线选择和保护整定。

2. 到生产矿收集生产系统供电设计原始资料，进行生产系统供电设计。

项目九 变电站工种职场练兵

学习目标

1. 变电站运行工：设备监视、倒闸操作、设备巡视、设备验收、事故处理。
2. 变电检修工：设备检修、安装调试、设备巡视、事故抢修、文明生产。
3. 电测仪表工：电三表、钳形表、摇表、万用表等修理、检定、维护及故障处理。

学习指导

电务厂实训基地是员工素质登高工程的重要组成部分。利用谢庄变电站老主控室的建筑和变电站改造退运及闲置设备，参照典型综自变电站标准建设而成，可满足变电运行工、变电检修工、继电保护工、高压试验工、装表接电工、电测仪表工、低压电工等七大供电主体专业工种的实操培训，以基础实操技能为重点，突出专业理论知识和实际操作相结合。本项目以运行工、检修工、电测仪表工为重点实操内容。

任务一 变电运行工职场练兵

任务要求：

变电站运行工主要工作职责是对变电站内的电气设备进行监视、控制、操作、巡视、维护和事故处理，同时对设备运行状态进行分析，在设备出现异常及事故时，及时进行处理，以保证变电站和电力系统的安全、稳定、优质、经济运行。

工作任务：

变电站运行工在实训基地可以完成的工作任务包括设备监视、倒闸操作、设备巡视、设备验收、事故处理。

规章制度：

变电站运行工在实训基地和日常工作中应遵守的规章制度包括《电业安全工作规程》《中平能化集团集团电力调度规程》《电务厂变电站制度汇编》《变电站现场运行规程》《变电站标准化作业指导书》及其他相关规章制度。

一、设备监视

1. 运行监视的作用

常规变电站运行监视主要靠集中监控屏来实现，随着综合自动化的普及，监控系统后台机成为监视运行的主要手段。电力系统的运行信息与电网的安全运行息息相关,是变电站进行运行分析、倒闸操作、事故处理的基础,必须强化变电站运行监视来保障电力系统的安全需求。

2. 运行监视项目

(1) 监视母线电压棒图是否平衡;系统频率是否符合规定范围;站用电和直流系统的各测量值是否正常;线路电压、主变温度、有功、无功等运行参数是否正常。

(2) 监视断路器位置、刀闸位置、接地刀位置、各种设备状态、瓦斯、气压信号等。

(3) 监视保护的定值、投退情况、动作记录、定值区号等。

(4) 监视告警音响和事故音响是否正常。

(5) 监视越限值、遥信变位、SOE记录、遥控遥调操作记录、故障录波、事故追忆等。

(6) 查看运行设备的日报表、月报表、最大值、最小值、电压电流有功无功的实时曲线、电流的历史曲线。

(7) 查看一次设备的运行方式和系统接线图,查看全站安全措施的布置情况。

3. 运行监视的注意事项

(1) 监控主机发生反应缓慢、死机、卡滞现象,对各类数据的监测不是实时数据,影响判断。

(2) 报文的定义含糊、不确切,不同的厂家在定义时会有不同,这就要求运行人员必须熟悉监控系统说明书。

(3) 有些地方信号分级不合理会对运行人员查看分类信息有影响,事故信号、开关变位、告警信号级别的正确定义十分重要。

(4) 有些预告信号是没有音响告警的,这就需要运行人员及时监视弹窗事件信息。

(5) 未经批准不得随意改变监控主机上的参数设置,不得随意改动数据库

(6) 发生事故时会有大量的信息上送,运行人员应当有筛选主要信息的能力,以便进行准确的判断。

(7) 全站负荷并非真实负荷,而是使用调恒压源模拟一次回路电压,可调恒流源模拟一次回路电流,查看后台测量值和潮流图时应注意这一点。

二、倒闸操作

1. 倒闸操作的基本概念

倒闸操作是将电气设备从一种状态转换为另一种状态的一系列操作,使电气设备从一种状态转换到另一种状态的过程叫倒闸,所进行的操作叫倒闸操作。电力系统对用户的停电和送电、运行方式的改变和调整、设备改为检修和投入运行等都是通过倒闸操作来进行的,倒闸操作是变电运行值班员的主要工作任务。

2. 倒闸操作项目

馈出线路的停、送电操作(站内工作或线路工作);电力变压器的停、送电操作;母线停、送电操作;继电保护软硬压板的投、退操作;对二次回路操作:连接片、熔断器,二次电源刀闸、空气开关、切换开关等;交、直流系统的馈出开关操作。

3. 倒闸操作基本流程

(1) 受理调度下达的操作计划。

(2) 审核研究操作计划,进行危险点分析。

(3) 填写操作票。

(4) 审核操作票。

(5) 模拟演习。

(6) 操作票签字。

(7) 操作前准备。

(8) 值班长联系调度操作。

(9) 倒闸操作。

(10) 操作结束。

(11) 布置现场安全措施。

具体操作步骤参如图 9 - 1 所示。

4. 倒闸操作注意事项

(1) 手车操作摇进摇出过程用力要均匀,以免用力迅速使连锁机构和位置信号受损。

(2) 断路器合闸前应确认有关继电保护已按规定投入。

(3) 断路器在合闸后应检查储能机构已储能。

(4) SF_6 断路器气体压力异常,发出闭锁信号时,应立即断开断路器的控制电源,并及时处理。

(5) 主变压器停电时应先负荷侧再拉电源侧,送电时顺序相反。

(6) 变压器充电时应投入全部继电保护。

(7) 接地线应先装接地端再接导体端。接地端一般在验电前装好,验明无电后,要用导体端由外向内快速在三相接头处放电并装上接地线。

(8) 断路器设有手动分合断路器按钮。当断路器控制回路异常无法进行电动操作时,可手动按下分/合按钮,进行断路器分合操作。

(9) 接地开关和断路器及柜门均有联锁,只有在断路器处于试验位置或抽出柜外才可以合分接地开关,也只有在接地开关分闸后才可把断路器由试验位置摇至工作位置,不可强行操作。

(10) 观察带电显示器,确认不带电方可合接地刀闸。

(11) 当储能回路或电机异常时,通过储能手柄手动进行储能。

(12) 将断路器手车摇入时若受阻,不可强行操作,应检查接地刀是否分闸到位。

(13) 接地刀闸拉开后,操作孔处联锁板应自动弹回,遮住操作孔,开关柜后门应闭锁。

(14) 拉熔断器时,先拉开中间相,后拉开边相合时顺序相反。

(15) 拉直流熔断器时,先拉正极,后拉负极。合时顺序相反。

(16) 在装设接地线时验电时,应选用合格且相应电压等级的验电器,仿真站使用的并非真正意义上的高压,高压侧 380 V,低压侧仅有 24 V,在选用验电器时应注意这点。

(17) 35 kV 母线停送电时,因为没有真实设置母线电压互感器,在操作程序中应考虑进去。

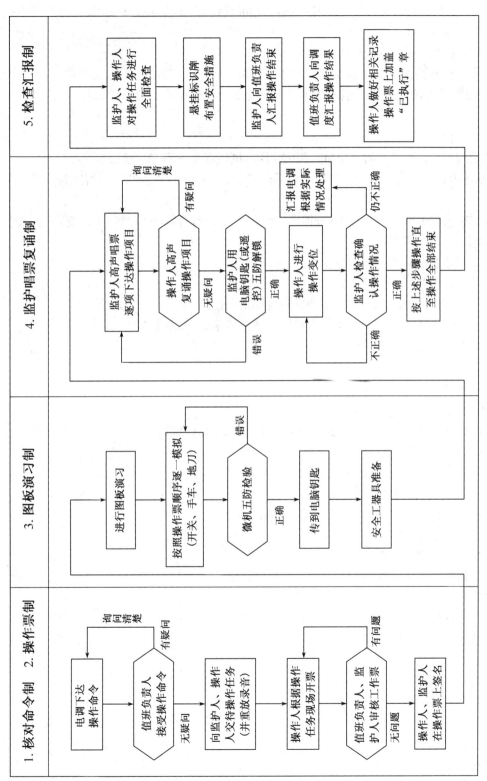

图 9 - 1　变电站倒闸闸操作流程图

（18）操作主变充电时,虽然主变按照施工标准接线,但不真实投入使用,但是必须模拟检查主变充电正常。

5. 倒闸操作实例

A:"今天计划性停电工作。实 601 馈线 1 线路停止运行解除备用做安全措施,B 作为本次操作的监护人,C 作为本次操作的操作人,我作为本次操作的总监护,对操作任务是否明白?"

B、C:"明白!"

A:"就位!"(A、B、C 同时坐下)电话声响 B、C 同时起立站到 A 身后。

A(拿起电话重复电调命令):"10 点 10 分,实 601 馈线 1 线路停止运行解除备用做安全措施!"

A(A 转身面向 BC):"10 点 10 分馈线 1 线路停止运行解除备用做安全措施,下面放录音。对操作任务是否明白?"

B、C:"明白!"(BC 转身面对面)

B:"准备操作票!"

C(手拿准备好的操作票):"操作票准备完毕请审核!"

B:"操作票审核无误! 进行操作票签字!"(BC 签字后,B 手拿操作票)

B:"下面进行图版演习!"(B、C 同时转身,C 在前,走到五防机下,就位)

C:"是!"

B:"认清盘位,实 601 馈线 1。"

C(手指 601):"实 601 馈线 1。"

B:"图版演习结束,现在进行远方操作!"(起立,走到后台机)

C:"是!"

B:"认清盘位,实 601 馈线 1。"

C(手指 601):"实 601 馈线 1。"

B:"后台操作结束,穿戴绝缘工具进入现场实际操作。"

C:"是!"(B、C 进入 6 kV 高压室)

B:"检查安全用具是否合格!"

C:"经检查安全用具合格!"

B:"穿戴安全用具!"

C:"是!"(携带安全工器具,进行操作)

B:"认清盘位。"

C:"实 601 馈线 1。"

B:"实 601 馈线 1。"

B:"检查实 601 确在断开位置。"

C:"经检查实 601 确在断开位置。"

B:"抽出实 601 手车。"

C:"抽出实 601 手车。"

B:"执行!"

C:"是!"

B:"检查实 601 手车确已抽出。"

C:"经检查实 601 手车确已抽出。"

B:"检查实 601 三相电压指示灯全部熄灭。"

C:"经检查实 601 三相电压指示灯全部熄灭。"

B:"推上实 601 地。"

C:"推上实 601 地。"

B:"执行!"

C:"是!"

B:"检查实 601 地确已合好。"

C:"经检查实 601 地确已合好。"

B:"悬挂标示牌。"

C:"是!"

B:"全面检查!"

C:"是!"

C:"经检查实 601 馈线 1 线路停止运行解除备用做安全措施。"

B:"操作结束!"

三、设备巡视

1. 设备巡视的目的、意义

为了监视设备运行情况,以便及时发现和消除设备缺陷,预防事故发生,确保设备连续安全运行,要对变电站的设备进行巡视检查。

2. 巡视项目内容

(1) 巡视项目

金属开关柜巡视、电力变压器巡视、电缆巡视、保护测控屏巡视、交直流系统巡视、电度表屏巡视、通信系统巡视、后台机巡视等。

(2) 巡视检查中的相关内容。

① 设备巡视方法

目测法:通过观察来发现设备的异常现象,如变色、变形、位移、松动、放电、冒烟、渗油、断股断线、闪络痕迹、挂搭异物、腐蚀污秽等。

耳听法:通过变电站一、二次设备(如变压器、接触器)正、异常运行时发出不同的声响来判断设备运行状态及故障性质。

鼻嗅法:电气设备的绝缘材料一旦过热会向周围空气发出异味。

手触法:对不带电的设备外壳可靠接地的设备,检查其温升时需要用手触试检查。对二次设备发热、振动等可以用手触法检查。对带电的高压设备,禁止使用手触法测试。

检测法:借助红外成像仪、测温仪器设备检查设备发红、发热情况。

② 设备巡视的类别

变电站巡视可分为正常巡视、交接班巡视、夜间闭灯巡视、特殊巡视。

3. 主要设备巡视项目

（1）变压器的巡视检查

① 一次引线无断股、散股现象。

② 套管无破损、放电现象。

③ 温度计指示温度正常，并与监控后台监控显示一致。

④ 主变本体音响均匀、无杂音。

⑤ 控制箱和二次端子箱应关严，无受潮。

⑥ 各部位的接地应完好。

⑦ 各种标志应齐全明显。

⑧ 各种保护装置应齐全、良好。

（2）高压开关柜的巡视检查

① 门窗应关牢。

② 开关柜的各机械位置指示应与实际状态一致，开关、小车的位置指示灯与实际位置一致。

③ 开关机构已储能，机械储能指示正确，储能指示灯亮。

④ 柜内无放电、电机转动、振动等异常声音。

⑤ 各仪表指示正确。

⑥ 带电显示指示灯亮灭应符合设备实际状态。

⑦ 前后柜门应关好，锁具完好，处于锁闭状态。

⑧ 观察孔关闭严密。

⑨ 高压出线电缆头、各铝排连接处应无放电、过热、异味和异常声音，电缆孔洞应封堵完整。

⑩ 保护装置的巡视按保护屏中的保护巡视要求进行。

（3）直流屏的巡视检查

① 检查下列电压或电流正常：各充电模块输出电压、电流，直流母线电压、直流母线电流（或合闸母线）电压、充电电流。

② 各负荷开关、切换开关的位置、信号灯指示应符合运行要求。

③ 装置内部无异常响声，手感无过热现象，通风孔不受封堵。

④ 直流系统集中监控器的运行灯应亮，告警灯应灭，面板显示的直流设备运行参数符合实际运行状态，无告警信息，各告警光字牌应灭。

⑤ 柜内应无异常响声、无异味。

⑥ 各柜门应全部关好。

（4）低压交流屏的巡视检查

① 各段低压母线电压指示正常。

② 各低压负荷开关位置符合运行要求，其位置信号与实际位置一致。

③ 各低压屏内的各空开接线端子、母排连接头、刀闸触头无发热现象。

④ 低压柜内的继电器、二次接线端子排接线、电能表端子应清洁，无过热、变色、锈蚀现象，二次接地线完好，接头无松脱。

⑤ 低压柜内各种保险应完好。

⑥ 低压柜外观应清洁,无严重变形、锈蚀等现象,屏底无杂物。

(5) 保护控制屏的巡视检查

① 保护控制装置液晶面板显示的运行参数、时间、通信状态等正常,无异常告警信息。

② 保护控制装置定值区符合运行要求。

③ 保护控制装置的运行指示灯亮。

④ 保护控制装置的告警指示灯灭。

⑤ 保护控制装置的跳闸出口及重合闸动作指示灯灭。

⑥ 线路保护装置(或 KK 把手)的开关分、合位置指示灯的亮灭应与开关位置一致。

⑦ 操作箱的合位指示灯与开关位置一致,跳闸指示灯、重合闸指示灯灭。

⑧ 保护屏中运行的保护装置压板位置状态符合正常运行要求。

⑨ 保护屏各切换开关的位置符合正常运行要求。

⑩ 保护屏后与运行保护及自动装置有关的直流电源空开、PT 量空开信号电源空开应处于合上位置。

(6) 主控室的巡视检查

① "事件""告警"记录列表及光字牌是否有异常信息。

② 监控机的光字牌有无新报警,是否已全部确认。

③ 检查监控后台各类告警信息无异常。

④ 在后台检查测控、保护装置通信是否正常。

⑤ 各分支间隔的光字信号报警情况,新报警必须记录和确认,已消失的报警信号记录后清除。

4. 巡视注意事项

(1) 巡视要按照巡视路线图进行巡视,防止遗漏。

(2) 模拟夜间巡视照明要充足。

(3) 高压设备区巡视时要戴安全帽,注意安全距离。

(4) 设备接地时巡视应穿绝缘靴。

(5) 巡视 35 kV SF$_6$ 设备时无法真实通风 15 分钟,但要模拟进行。

(6) 巡视时禁止做无关的事。

(7) 主变并不真实投运,所以对于主变的声音检查只能模拟进行。

四、事故处理

1. 事故处理的意义

由于各方面的原因,如自然灾害、设备缺陷、继电保护误动、运行人员误操作等,可能使变电站、电力系统发生事故。电网中的事故影响整个电网的安全、经济运行。因此,在电网发生事故的情况下,正确、迅速地处理事故,其意义十分重大。

2. 在仿真站可完成的事故处理内容

(1) 35 kV 一段母线失压事故

35 kV 进线相间永久性故障。

35 kV 进线相间永久性故障,上级开关重合成功,瞬时失压。

35 kV 母线及其连接设备故障。

(2) 全站失压事故

联络合位时某进线线路相间短路。

联络在合位时母线故障。

两个上级电源均失压。

(3) 6 kV 一段母线失压事故

变压器差动保护跳闸。

变压器重瓦斯保护跳闸(本站采用干式变压器,此故障需要模拟进行)。

变压器过流保护跳闸:① 母线及其连接设备故障;② 线路故障,开关拒动;③ 线路故障,保护拒动。

(4) 6 kV 馈线开关跳闸

6 kV 馈线相间短路。

6 kV 馈线两相接地。

(5) 35 kV 系统单相接地故障:

① 永久性接地;② 瞬时接地。

(6) 6 kV 系统单相接地故障

① 永久性接地;② 瞬时接地。

(7) 此外还可进行开关 SF$_6$ 气体压力降低、变压器过负荷、直流系统接地、设备过热、变压器温度高、通信故障以及一些二次回路异常的处理

3. 事故处理的一般原则和处理程序

(1) 一般原则

① 正确判断事故的性质和范围,迅速限制事故的发展,消除事故的根源,解除对人身和设备的威胁。

② 用一切可能的方法保持无故障设备继续运行,以保证对用户的正常供电。

③ 尽快对已停电的用户恢复供电,并优先恢复站用电和重要用户的供电。

④ 调整电力系统的运行方式,使其恢复正常运行。

⑤ 将损坏设备隔离,为检修工作做好安全措施,以便缩短抢修时间。

(2) 处理程序(见图 9 - 2)

① 判断故障性质。发生事故时,根据后台信号、继电保护及自动装置动作情况、仪表、设备的外部象征等进行分析、判断。

② 判明故障范围。根据保护动作情况及仪表、信号反映,值班人员应到故障现场,严格执行安全规程,对一次设备进行全面检查,以确定故障范围。

③ 解除对人身和设备安全的威胁。若故障对人身和设备安全构成威胁,应立即设法消除,必要时可停止设备运行。

④ 保证非故障设备的运行。应特别注意将未直接受到损害的设备进行隔离,必要时起动备用设备。

⑤ 做好现场安全措施。对于故障设备,在判明故障性质后,值班人员应做好现场安全

措施,以便检修人员进行抢修。

　　⑥ 及时汇报。

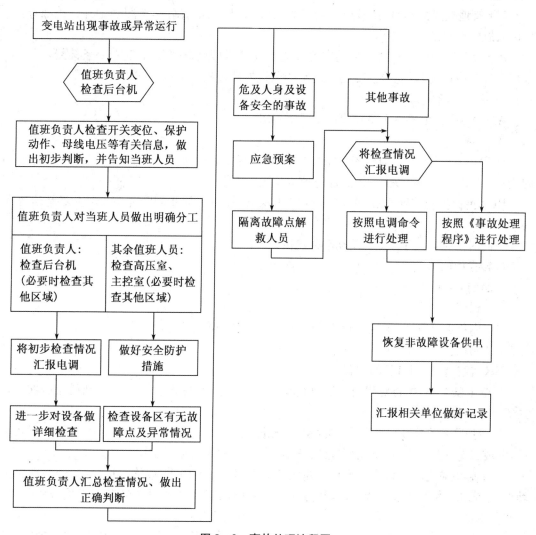

图 9 - 2　事故处理流程图

4. 事故处理注意事项

（1）当事故情况比较严重、出现信号较多时,为避免耽误调度对事故的处理时间,应先向调度对事故性质做简要汇报,告知开关跳闸、保护动作等情况,不要因为记录信号而耽误了汇报调度。

（2）事故处理过程中应及时记录调度命令。

（3）事故处理中,仿真站中的站用电是独立设置,不会因系统失压而失压,但在模拟事故演练时应将可能的低压交流失压考虑进去。

（4）合闸操作时应注意观察表计有无冲击。远方合闸不成功时不能简单地认为合闸失灵,也要考虑是否线路上有故障未消除,有时候可能是后加速保护动作没有信号报出。

（5）某些紧急情况，为防止事故扩大，解除对设备和人身危害，可以按照事故处理细则先处理后汇报调度。

（6）接地故障处理时，设备虽非真实通以高压，仍应视为高压，按照规定穿戴绝缘靴，不得进入故障点规定距离之内。

（7）处理馈线开关拒跳造成的主变过流事故时，因为单段母线上仅有一条馈线，可思考模拟多条馈线情况，以完善主变越级跳闸的试送处理过程。

5. 事故处理实例

A下令：第三个科目军事化事故处理"开始"。

B："事故"。

B（手指后台机）："实时告警栏报出'实1♯主变差动动作'合闸；实351、实61开关绿灯闪光；实6 kV I 段母线失压；其他设备带负荷运行正常。"

B（手指保护测控屏）说："实351、实61开关开关变位，初步判断为实1♯主变差动动作跳闸。"

C同时手指："实1♯主变差动动作跳闸。"

C转身面向B。

B面向C："C！"

C："到！"

B："你负责检查实1♯主变情况我检查保护动作情况。"

C："明白！"

B、C各自转身到自己的位置。

C戴上安全帽，携带对讲机。迅速跑步到实1♯主变（保护动作范围），到后检查实1♯主变有无故障迹象。

B转身跑步到实1♯主变保护柜，到后认准（手指）保护盘名称，立即检查实1♯主变保护，发现实1♯主变差动保护动作，然后检查其他设备保护是否动作。

B拿起电调电话向调度员汇报："谢庄变电站B，10点10分10秒，实1♯主变差动保护动作；造成岳6 kV I 段母线失压，其他保护无动作，实1♯主变设备情况正在检查中"。立即放下电话。

B向厂调汇报："谢庄变电站站B，10点10分10秒，实1♯主变差动保护动作跳闸。"

此时C通过对讲机向B汇报："值班负责人，实351、实61确已断开，经检查实1♯主变高压侧套管有放电痕迹。"

B立即拿起电话向电调汇报："谢庄变电站B，实1♯主变差动保护动作，无其他保护动作，实1♯主变高压侧套管有放电痕迹"。此时C跑到B面前（立正站立）。

B复诵："10点11分，合上实60。""是！"

B面向C："10点11分，合上实60，现在放音，（录音播放完）对操作任务是否明白？"

C："明白！"

B："现在进行模拟演习。"

C："是！"

C在前，B在后，跑步到五防机后，整齐转身，由B手指五防机上操作盘位说："认准盘位,实60。"

C手指实60复诵到:"实60。"

B:"合上实60。"

C:"合上实60。"

B手指:"执行!"

C:"是!"

B:"演习完毕,现在后台机操作。"

C:"是! C在前,B在后,跑步到后台机后,整齐转身。

B手指后台机上操作盘位说:"认准盘位,实60。"

C手指后台机实60,复诵到:"实60。"

B:"合上实60。"

C:"合上实60。"

B手指:"执行!"

C:"是!"

B手指:"合上实60遥信已变位,6 kV Ⅰ段母线恢复供电,C你进行设备现场详细检查,我向电调、厂调汇报。"

C:"是!"转身,跑步检查设备。

C(通过对讲机)说:"实60开关确已合好,6 kV Ⅰ段母线运行正常。"

B:"明白。"

B拿起电调电话:"谢庄变电站B,10点12分,合上实60;6 kV Ⅰ段母线恢复供电。"

B向厂调、有关领导汇报:"谢庄变电站B,10点12分,6 kV Ⅰ段母线恢复供电,实1#主变高压侧套管有放电痕迹。"此时C跑到B面前(立正站立);

B:"C!"

C:"到!"

B:"做好记录,记准时间。"

C:"是!"

C:"记录已做好。"

B:"点评(内容略)!"

B:"点评完毕!"

五、设备验收

1. 设备验收的目的、意义

为保障在新建、扩建、大小修、预试的一、二次变电设备顺利送电及送电后的良好、稳定、可靠运行,必须按部颁有关规程的技术标准经过验收合格、手续完备后方能投入运行,避免设备在投运后被迫停电和发生事故。

2. 实训基地可完成的设备验收项目

变压器验收项目。

KYN开关柜验收项目。

GG1A 开关柜验收项目。

电力电缆验收项目。

继电保护装置定值验收项目。

综合自动化装置(后台监控系统)验收项目。

微机保护装置验收项目。

3. 设备验收工作流程

(1) 工作班全部工作结束后,由工作负责人填写所内修试记录簿或断保工作记录簿。

(2) 工作负责人陪同值班人员到现场交代、验收,检修设备应恢复到许可时的原来状态。

(3) 值班人员应根据工作票工作内容,按有关设备验收项目逐条进行验收。

(4) 值班人员还应检查工作场地,应做到工完料尽场地清。

(5) 值班人员验收结束,双方在工作票上签名,办理终结手续。收回临时安全设施,恢复常设遮栏及安全措施。之后在工作票上盖上"已执行"章,一份交工作负责人带回,另一份由值班人员收执存档。

(6) 当一个回路有数张工作票时,应在最后结束的工作票记录簿旁盖"全部工作已终结"章。值班人员在所有工作票全部终结并根据记录的验收结果确认是否可投运,并及时向调度汇报。

4. 设备验收注意事项

(1) 设备检修后,应先由检修工作负责人自验收,之后再由值班人员进行验收。

(2) 在设备的安装或检修施工过程中需要中间验收时,变电所当值负责人应指定专人配合进行,对其隐蔽部分,施工单位应做好记录。

(3) 新设备或重要设备由工区会同有关部门派人共同负责验收。

(4) 在大小修、预试、继电保护、仪表校验后,由有关修试人员将情况记入记录簿中,并注明是否可以投入运行,无疑问后方可办理完工手续。

(5) 当验收的设备个别项目未达到验收标准,而系统又急需投入运行时,需经单位总工程师批准,方可投运,并将请示意见、决定记入记录簿。

(6) 检查设备上应无遗留物件,特别要注意工作班施工时装设的接地线、短路线、扎丝等均应拆除。

(7) 现场验收时应模拟检修现场做好安全措施和技术措施,认真核对设备名称及编号,避免认错盘位,防止误触带电设备。

(8) 仿真站采用的电压虽非真实高压,但是在验收时应对带电设备视为高压设备,按照安全规程规定,保持足够的安全距离,以符合仿真站的仿真需求。

(9) 验收前,将验收作业中使用的安全帽、绝缘手套、扳手、手车操作手柄、地刀操作手柄、盘门手柄、高低凳、干抹布等需要用到的工具准备到位,并且要求掌握工具的正确使用方法,使用扳手检查紧固螺丝时要注意力度大小,防止损坏设备。

(10) 验收工作中应小心谨慎,避免碰损瓷质部分、二次线、电气元件等设备。

(11) 工器具等物品使用后应随人员撤离时带出,并进行清点核对,防止现场遗漏物品及工具。

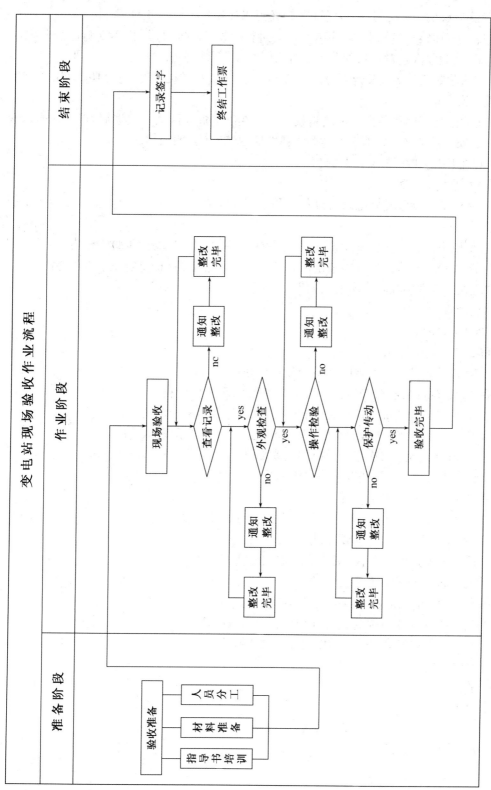

图 9 - 3　变电站设备验收工作流程图

5. 设备验收实例——对实 601(馈线 1)开关柜设备验收

C:"实 601(馈线 1)工作已全部结束,准备进行验收,现在进行分工,我为验收总监护,A 为监护人,B 为验收人。对各自的分工是否明白?"A、B 共同回答:"明白!"

A:"本次验收工作需要安全帽三顶,绝缘手套一副,对讲机一对,是否明白?"B、C:"明白!"并戴上安全帽。

A:"危险点环境因素分析。本次验收工作存在以下危险因素,一、误碰,误动非检修设备;二、超过安全距离触电。对验收危险点是非明白?"B、C:"明白!"

A:"现在开始验收。"B、C:"明白!"

(以下验收均为手指口述)

A 手持 PDA:"验收检修记录及设备消缺情况。"B 验收检查后:"检修记录及设备消缺验收合格。"

A 手持 PDA:"验收高压试验记录。"B 验收检查后:"高压试验记录验收合格。"

A 手持 PDA:"验收微机保护整定记录。"B 验收检查后:"保护整定记录验收合格。"

A:"现在进入现场验收。"B:"明白!"

A:"认清盘位。"

B:"实 601(馈线 1)。"

A 重复:"实 601(馈线 1)。"

A 手持 PDA:"装上二次保险并检查接触良好。"

B 装上二次保险验收检查后:"二次保险接触良好,验收合格。"

A 手持 PDA:"检查面板压板、控制开关投入位置及信号指示情况。"

B 验收检查后:"面板压板、控制开关投入位置及信号指示,验收合格。"

A 手持 PDA:"检查二次接线及电缆出线部分。"

B 验收检查后:"二次接线及电缆出线部分验收合格。"

A 手持 PDA:"验收开关近控分合操作。"

B 进行开关近控分合操作验收后:"开关近控分合操作验收合格。"

A 手持 PDA:"验收小车防误系统。"

B 试摇入小车验收后:"小车防误系统验收合格。"

A 手持 PDA:"验收拉合接地刀。"

B 拉合接地刀验收后:"拉合接地刀验收合格。"

A 手持 PDA:"验收保护定值和保护压板投入情况。"

B 验收后:"保护定值和保护压板投入验收合格。"

A:"验收完毕!"

B:"明白。"

返回主控室。

A:在检修记录及高压试验记录签名。

A:和工作负责人分别签名,终结工作票。

任务二　变电检修工职场练兵

任务要求：

变电站检修工主要工作职责是对变电站内的一次电气设备进行定期检修、安装调试、日常维修、设备巡视、隐患排查与整改、事故抢修等工作。认真执行 OPM＋军事化管理，严格落实各项规章制度及标准化作业，精心修试，保证质量，不留缺陷，不留隐患，杜绝检修事故，实现安全生产。

工作任务：

变电站检修工在实训基地可以完成的工作任务包括设备检修、安装调试、设备巡视、事故抢修、文明生产。

规章制度：

变电站运行工在实训基地和日常工作中应遵守的规章制度包括《煤矿安全规程》《电业安全工作规程》《变电检修规程》《现场作业规程》《变电检修标准化作业指导书》以及其他相关规章制度。

一、设备检修

1. 设备检修的目的

定期检修电气设备是电力系统安全运行的一项重要措施。

（1）电网中运行的电气设备的初始状态有好有坏，工作条件互有差别，有的到期却并不需要检修，而有的虽未到期，却很可能需要检修。电气设备的定期大修制度，是不管运行设备有无问题，即使是健康设备，只要到期必须大修，极易造成电气设备"小病大治，无病亦治"的盲目无谓检修现象。

（2）有些变电站，在建设时，因受当时资金和其他因素的影响，造成投运后主结线不合理，运行调度方式单一，供电可靠性差，主变或三侧（两侧）断路器等停电影响较大的设备到期需停电检修时，由于受系统运行的要求或地方行政干预的影响，而不能按时进行停电大修或预试，致使设备检修、试修周期的延长，从而不能掌握设备的内在实际运行状态。

（3）同一母线上所属设备单元，因其工作性质和投运时间的不同，必然导致大修和试验周期的不同。若在设备停电检修、试验计划缺乏科学安排的情况下，常使本应由一次停电即可进行完所有的大修和试验项目时，反需要安排在几个不同时段内停电修试，而造成频发性的停电损失。

2. 设备检修的工作流程

（1）进入工作现场参加早讲评。

（2）听从工作负责人分配工作任务及工作中自己的职位。

（3）工作前进行工器具准备。

（4）认清工作地点及周围安全措施是否完备。

（5）在工作中严格执行标准化作业指导书，复诵及互唱声音响亮。

（6）在检修过程中，发现问题及时报告工作负责人，不断擅自处理。

（7）工作中相互关心、相互监督，团结协作，确保安全。

（8）工作结束后，自检完毕后向小组组长汇报工作内容。

（9）在工作负责人验收合格后填写检修记录及修试卡。

（10）全部验收合格后，清理工作现场并撤离。

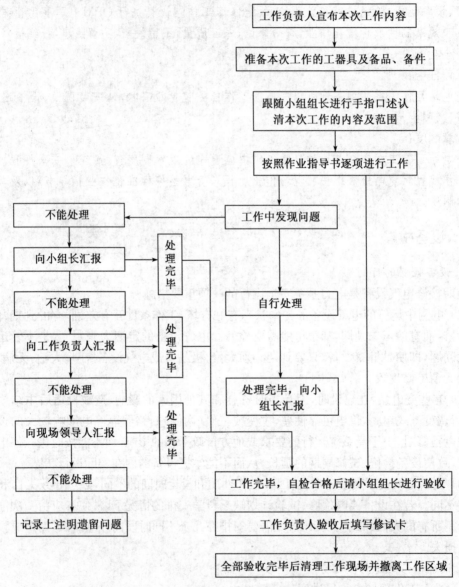

图 9 - 4 检修工作人员工作流程图

3. 设备检修项目

（1）变压器的检修

变压器是一种通过改变电压而传输交流电能的静止感应电器。它根据电磁感应的原理,把某一等级的交流电压变换成另一等级的交流电压,以满足不同负荷的需要。

变压器的主件是铁芯、绕组、油箱、分接开关;附件是套管、储油柜、防爆装置、散热器、气体继电器、净油器、油位计及信号油温计等。

变压器大修项目:对外壳进行清洗、试漏、补漏及重新喷漆;对所有附件(油枕、安全气道、散热器、所有截门气体继电器、套管等)进行检查、修理及必要的试验;检修冷却系统;对器身进行检查及处理缺陷;检修分接开关(有载或无载)的接点和传动装置;检修及校对测量仪表;滤油;重新组装变压器;按规程进行试验。

变压器小修项目:做好修前准备工作;检查并消除现场可以消除的缺陷;清扫变压器油箱及附件,紧固各部法兰螺丝;检查各处密封状况,消除渗漏油现象;检查一、二次套管,安全气道薄膜及油位计玻璃是否完整;检查气体继电器;调整储油柜油面,补油或放油;检查调压开关转动是否灵活,各接点接触是否良好;检查吸湿器硅胶是否变色;进行定期的测试和绝缘试验。

变压器器身大修检修项目:检查绕组有无变形,绝缘是否完整,是否缺少垫块;检查铁心应夹紧,无松散变形;检查连接件,所有螺栓均应紧固并有防松措施;检查调压装置与引线连接是否正确;进行电气试验;清理油箱底部,排净残油,检查并更换各处阀门和油堵的密封垫。

（2）互感器的检修

互感器是一种用以传递供给测量仪器、仪表和保护、控制装置信息的变换器,它按变换的对象可分为电流互感器和电压互感器。

互感器定期小修检修项目:检查一、二次引出线头接触情况;清理瓷瓶、油标、外壳;检查处理各部密封缺陷;检查调整油面。

非全密封互感器检查上帽密封,检查隔膜是否破损和积水,更换呼吸器内受潮的吸湿剂。查看运行设备的日报表、月报表、最大值、最小值、电压电流有功无功的实时曲线、电流的历史曲线。

电流互感器的定期检修项目:检查电流互感器接线端子是否过热,一次接线柱有无松动,有无异声及焦臭味;检查油位应正常,器身外壳和膨胀器等无渗漏油现象;瓷质部分应清洁完整,无破裂和放电现象;定期检查绝缘情况,对充油电流互感器定期取油样,试验油质情况;检查电流表的三相指示值应在允许范围内,不允许过负荷允许;检查二次侧接地线是否良好,应无松动及断裂现象,运行中电流互感器二次侧不得开路。具有呼吸器的互感器,应检查呼吸器内干燥剂是否受潮变色。

电压互感器的定期检修项目:检查绝缘子应清洁、完整、无损坏及裂纹,无放电痕迹及电晕声响;检查油位保持正常、油色透明、器身外壳和储油柜等处无渗漏油现象;定期检查互感器的绝缘情况,对充油电压互感器定期取油样,试验油质情况;检查互感器在运行中是否发出异常响声,有无焦臭味;检查高压接线柱有无松动、接触不良等缺陷,二次回路应无短路现象,外壳及二次绕组的接地应牢固。具有呼吸器的互感器,应检查呼吸器内干燥剂是否受潮变色。

（3）高压断路器的检修

高压断路器是电力系统中最重要的控制和保护电器。断路器在电力系统中起着两方面的作用：一是控制作用，即根据电力系统运行需要，将一部分电力设备或线路投入或退出运行；二是保护作用，即在电力设备或线路发生故障时，通过继电保护装置作用于断路器，将故障部分从电力系统中迅速切除，保证电力系统的无故障部分正常运行。

真空断路器定期检修项目：真空灭弧室的检修—检查真空灭弧室有无破裂、漏气；检查灭弧室内部零件有无氧化；完好无误后，再清理表面尘埃和污垢。清理瓷瓶、油标、外壳。操动机构的检修—检查各机构元件、弹簧卡销、定位销有无断裂脱落，连接螺栓及紧固件无松动，分合闸电磁铁外观良好，手推分合电磁铁芯无卡滞、异常现象；检查各传动系统动作灵活。测量开距、超行程，通过调节分闸限位螺钉的高度来达到规定值。

SF$_6$ 断路器定期检修项目：检修时首先回收 SF$_6$ 气体并抽真空，对断路器内部进行通风；工作人员应戴防毒面具和橡皮手套，将金属氟化物粉末集中起来，装入钢制容器，并深埋处理，以防金属氟化物与人体接触中毒；检修中严格注意断路器内部各带电导体表面不应有尖角毛刺，装配中力求电场均匀，符合厂家各项调整、装配尺寸的要求；检修时还应做好各部分的密封检查与处理，瓷套应做超声波探伤检查。

（4）过电压保护的检修

避雷器是用来限制过电压的一种保护电器，既可保护电气设备受瞬态过电压的危害，又能限制工频续流的持续时间和幅值。

避雷器的检修项目：外部擦拭清扫，做到外表无尘埃、无污垢；金属构件去锈并油漆；检查连接部件有无松脱异常并处理；检查集水孔是否堵塞，法兰连接处是否有缝隙；对于小面积瓷件损伤处，可用环氧树脂修补。

（5）高压开关柜的检修

KYN44—12 型高压开关柜由柜体和中置式可抽出部件（即手车）两大部分组成，具有"五防"机械闭锁功能，可配置 VD4、VS1 和 ZN28(Z)型多种断路器。

高压开关柜"五防"闭锁装置：防止带负荷操作隔离开关；防止带电合接地开关；防止接地开关合上时送电；防止误入带电间隔；手车式开关柜有防误拔开关柜二次插头功能。

高压开关柜"五防"闭锁装置的检修：检查所有机械件及连接件有无变形、损坏，有变形、损坏的及时进行处理或更换；检查活门机构及活门提升机构上的紧固件有无松动，弹簧卡圈、弹性挡圈、紧固螺钉等有无振动、断裂、脱落；检查机构运动及摩擦部位，对导杆及转轴清理后涂润滑脂；检查手车、活门及提升机构；检查底盘车的连锁装置；检查接地开关连锁功能；检查防误拔开关柜二次插头。

二、安装调试

1. 真空断路器的安装与调试

（1）安装前的基本要求

① 真空断路器通常情况下应该安装在干燥的室内，安装后必须保证其垂直度，特别是真空灭弧室与上下连接线座支持瓶应保持垂直状态，经验数据大约控制在 1 mm 以内。当

然,真空断路器、真空灭弧室动触头处的导向板、连接头以及绝缘拉杆等在出厂前均经过了认真装配,仔细调整了同期、合闸弹跳等出厂试验检查,现场安装一般不需要拆卸和调整,只需检查各部件螺丝有无松动,若有松动应将其拧紧。

② 真空断路器安装调试前,还应仔细阅读产品使用说明书,按照规定进行安装和试验,安装完毕后,即可进行调整前的试验。试验时应先手动分合闸 3 次,认真检查框架上油缓冲器的工作情况,以及传动部分、操动机构无异常现象,便可进行电动分合闸操作。电动分合闸操作可以先以 100% 额定分合闸电压操作 3～5 次,再以 80% 稳定合闸电压、65% 额定分闸电压操作 3～5 次,无异常现象后,再以 110% 额定合闸电压及 120% 额定分闸电压操作 3～5 次,应灵活可靠,最后以 30% 额定分闸电压进行操作,断路器应不得分闸。

(2) 试验要求

① 试验过程中若发现异常,则应该进一步仔细观察,认真检查真空断路器各部位的工作情况,有无卡死、侧向力的作用或者动作不灵活的地方,分析原因,采取相应办法给予排除。

② 触头开距的调整。触头开距可以从真空灭弧室动导电杆的分合闸后长度测得,如达不到要求,可通过调整油缓冲垫的厚度和调节动导电杆连接头的长短取得。

③ 超行程的调整。某一相不合格时,通过调节绝缘拉杆连接头的长短来实现,如三相均不合格时,可调整垂直连杆的长度。

④ 合闸弹跳和分闸弹振的调整。发现真空灭弧室合闸弹跳超标时,可调整超行程,轴销之间的配合间隙。分闸弹振目前国内还没有一起测量,一般检查分闸终了时油缓冲器活塞与滚轮是否转动。

2. 高压开关柜的安装调试

开关柜出厂时其设备的技术参数已调至最佳工作状态,但为了便于运输和吊装没有进行整体拼装。安装时应根据工程需要与图纸说明,将开关柜运至特定的位置,如果一排开关设备排列较长(为 10 台以上),拼柜工作应从中间部位开始。一般情况下,柜体拼装应与主母线的安装交替进行,这样可避免柜体安装好后,安装主母线困难。

(1) 柜体安装

① 卸去开关柜吊装板及开关柜后封板。

② 松开母线隔室顶盖板(泄压盖板)的固定螺栓,卸下母线隔室顶盖板。

③ 松开母线隔室后封板固定螺栓,卸下母线隔室后封板。

④ 松开断路器隔室下面的可抽出式水平隔板的固定螺栓,并将水平隔板卸下。

⑤ 在此基础上,依次于水平、垂直方向拼接开关柜,开关柜安装不平度不得超过 2 mm。

⑥ 当开关设备已完全拼接好时,可用 M12 的地脚螺栓将其与基础槽钢相连或用电焊与基础槽钢焊牢。

(2) 主母线的安装及电缆连接

① 用洁净干燥的软布擦拭母线,检查绝缘套管是否有损伤,在连接部位涂上导电膏或者中性凡士林。

② 按照 U、V、W 三相主母线上的编号依次拼装相邻柜主母线,将主母线和对应的分支母线搭接处用螺栓穿入,上螺母扣牢但不紧固。

③ 按规定力矩紧固主母线及分支母线的连接螺栓。

④ 母线应柔顺地插入套管中绝缘隔板并定位,固定好。

⑤ 扣上母线搭接处的绝缘盒套。

⑥ 在连接电缆时,若电缆截面太大,可先拆开电缆盖板,将电缆穿过电缆密封圈后与对应的一次出线排连接,随后将此盖板合并后用螺栓紧固。电缆孔处密封圈开口大小应在安装现场视电缆截面而进行裁定。当电缆头与出线连接好后,需要专配电缆夹将电缆夹紧,以防电缆坠落。

(3) 二次线的穿接

① 将开关柜继电器、仪表室顶端的小母线顶盖板固定螺栓松开,然后移开,留出施工空间。

② 安装并连接小母线。

③ 当二次线为电缆进出时,移开柜底左侧二次电缆盖板及柜侧走线槽盖板,进行二次电缆连接,随后将二次电缆盖板及柜侧走线槽盖板盖好。

④ 用预制的连接排将各柜的接地主母线连接在一起,并在适当的位置与建筑预设的接地网相连接。

⑤ 将所拆卸的开关柜后封板、母线隔室顶盖板(泄压盖板)、可抽出式水平隔板等复原后用螺栓紧固。

(4) 开关柜安装后的调试

① 调整手车导轨,且应水平、平行,轨距应与轮距相配合,手车推拉应轻便灵活,无阻卡及碰撞现象。

② 调整隔离静触头的安装位置应正确,安装中心线应与触头中心线一致,且与动触头(推进柜内时)的中心线一致;手车推入工作位置后,动触头与静触头接触紧密,动触头顶部与静触头底部的间隙应符合产品要求,接触行程和超行程应符合产品规定。

③ 调整手车与柜体间的接地触头是否接触紧密,当手车推入柜内时,其触头应比主触头先接触,拉出时应比主触头后断开。

④ 结合操动机构的试验,检查手车在工作和试验位置的定位是否准确可靠。在工作位置隔离动触头与静触头准确可靠接触,且能合闸分闸操作;在试验位置动、静触头分离,且能进行分合闸空操作。

⑤ 二次回路辅助开关的切换触点应动作准确,接触可靠。柜内控制电缆或导线束的位置不妨碍手车的进出,并应固定牢固。

⑥ 电气连锁装置、机械连锁装置及其之间的连锁功能的动作准确可靠,符合产品说明书上的各项要求。

⑦ 按规定项目进行电气设备的试验。

(5) 验收

开关柜安装完成后应进行分、合闸操作机构机械性能,防误闭锁和连锁试验。不同元件之间设置的各种连锁均应进行不少于 3 次的试验,以试验其功能是否正确。

① 设备安装水平度、垂直度在规定的合格范围内。

② 所有辅助设施安装完毕,功能正常。

③ 柜门开闭良好,所有隔板、侧板、顶板、地板的螺栓齐全、紧固。

④ 开关操作顺畅,分合到位,机械指示正确,分、合闸位置明显可见。

⑤ 防误装置机械、电气闭锁应动作准确、可靠。

⑥ 外壳、盖板、门、观察窗、通风窗和排气口防护等级符合要求,有足够的机械强的和刚度。

⑦ 柜内照明齐全。

⑧ 柜的正面及背面各电器、端子排等编号、名称、用途及操作位置,标字清楚未有损伤脱色。

⑨ 带电部位的相间、对地、爬电距离、安全距离应符合产品的技术要求。同时检查柜中设备正常时不带电的金属部位及安装构架是否接地可靠。

⑩ 对照原理接线图仔细检查一次母线和二次控制操作线的接线是否正确、可靠、牢固,同时应用 1000 V 绝缘电阻表测试二次线的绝缘电阻,一般应不大于 10 MΩ,互感器二次是否可靠接地。

⑪ 对于移开式(手车)柜还要检查以下项目:检查防止电气误操作的"五防"装置齐全,并动作灵活可靠;手车推拉应灵活轻便,无卡阻、碰撞现象,相同型号的手车应能互换;手车推入工作位置后,动触头顶部与静触头底部的间隙应符合产品要求;手车和柜体间的二次回路连接插件应接触良好;安全隔离板应开启灵活,随手车的进出而相应动作;柜内控制电缆的位置不应妨碍手车的进出,并应牢固;手车与柜体间的接地触头应接触紧密,当手车推入柜内时,其接地触头应比主触头先接触,拉出时接地触头比主触头后断开。

三、设备巡查

1. 变电设备巡查的意义

变电设备专业巡查是变电检修人员一项重要的日常工作,能发现设备异常并及时消除缺陷。设备巡视是获取设备最新状态信息的主要手段,通过及时、有效的专业巡视、特殊时段巡视和特殊设备的巡视,能及时掌握设备状态,为准确制订检修策略、保证设备安全运行奠定良好基础。

2. 实操基地可完成的变电设备巡查项目

金属开关柜巡视、电力变压器巡视、电缆巡视等。(重点讲述电缆巡视,其他巡视参考一般巡视)

3. 电缆巡查

(1)巡查周期

敷设在土中、隧道中以及沿桥梁架设的电缆,每 3 个月至少一次。根据季节及基建工程特点,应增加巡查次数。

电缆竖井内的电缆,每半年至少一次。

发电厂、变电所的电缆沟、隧道、电缆井、电缆架及电缆线段等的巡查,至少每 3 个月一次。

对挖掘暴露的电缆,按工程情况,酌情加强巡视。

电缆终端头,有现场根据运行情况每 1～3 年停电检查一次。

（2）巡查的注意事项

对敷设在地下的每一电缆线路，应查看路面是否正常，有无挖掘痕迹及路线标桩是否完整无缺等。

电缆线路上不应堆置瓦砾、矿渣、建筑材料、笨重物件、酸碱性排泄物或砌堆石灰坑等。

安装有保护器的单芯电缆，在通过短路电流后，每年至少检查一次阀片或球间隙有无击穿或烧熔现象。

隧道内的电缆要检查电缆位置是否正常，接头有无变形漏油，温度是否正常，构件是否遗落，通风、排水、照明灯设施是否完整。特别要注意防火设施是否完善。

四、事故抢修

1．事故抢修的主要任务

（1）尽速限制事故发展，消除事故的根源并解除对人身和设备的危险。

（2）用一切可能的方法保持设备继续运行，以保证对用户的供电正常。

2．实操基地可完成的事故抢修项目

变压器故障处理、互感器绕组故障处理。

3．变压器故障处理

（1）运行中出现异常情况的检修

指示表计发现有不正常的剧烈摆动。

在运行中出现不正常的运行声响，如在变压器内部有撕裂声响。

在正常冷却剂正常负载下，变压器温度出现不正常的升高。

变压器的压力释放阀或安全气道动作或爆破。

严重漏油或严重缺油。

油质严重劣化。

套管上出现裂纹、潜行放电或闪络痕迹。

油中色谱监测时的数据有明显变化。

（2）变压器的故障检查项目

变压器发生故障后，必须从外部开始详细检查，进行必要的电气试验，根据检查和试验的结果具体分析，找出故障原因，确定必要的检修项目，切不可草率从事，盲目拆卸。

查看运行记录并进行分析，根据继电保护动作情况分析故障原因。如果气体继电器动作，表明变压器内产生了大量气体，应首先检查气体继电器内的油面和变压器内的油面高度。若气体继电器内已充有气体，则须察看气体的多少，并迅速鉴别气体的颜色、气味和可燃性，从而初步判断变压器故障的性质和原因。若差动继电器动作，应在其保护范围内进行检查，并配合电气试验分析故障原因。

① 外部检查

发现变压器出现故障，首先应从外部详细检查，同时做必要的试验，分析和判定故障可能原因及提出检修方案：

检查储油柜的油面是否正常；安全气道的防爆膜是否爆破；套管有无炸裂；变压器外壳温度如何；油箱渗漏油情况如何；一次侧引线是否松动，有无发热现象；再根据仪表指示和运行记录进行分析。

根据气体继电器动作情况,收集气样,鉴定气体的可燃性和颜色进行分析。如果气体呈黄色,不燃烧,则是木质材料过热;如果气体呈淡灰色,有强烈臭味,则是绝缘纸过热;如果气体呈灰色或黑色,气体易燃,则是变压器油过热故障。

根据差动保护的动作,配合试验进行一系列深入的分析。

② 电气试验

绝缘电阻的测定。

直流泄漏和交流耐压试验。

绕组直流电阻的测定。

变压比测定。

开路试验。

绝缘油样试验。

4. 互感器绕组故障处理

不论电压互感器还是电流互感器,在投入运行中绕组也常发生直流电阻不平衡、绝缘电阻低、吸收比小,绕组开路、短路、接地及放电故障。

(1) 互感器故障类别

绕组绝缘击穿故障。

接线错误造成计量不准及线路故障。

互感器局部放电故障。

介质损耗角正切值不合格及突变。

(2) 互感器故障现象

① 绕组绝缘击穿时出现的现象

不论是主绝缘还是匝间绝缘击穿,均会造成和互感器联结的计量仪表读数不准或无读数。

绕组冒烟,产生异味,电力系统停电。

互感器局部过热和局部产生放电现象。

② 放电时出现的故障现象

外部放电处,如套管同引线联结处出现打火,闪络现象,还听到"吱—吱"放电声。

互感器放电时还能嗅到一种臭氧的气味。

③ 介质损耗不合格或突变时产生的现象

绕组的绝缘电阻低。

具有吸湿器的互感器吸湿剂变色。

5. 避雷器故障处理

(1) 受潮及处理

密封小孔未焊牢引起潮气进入,可以密封试验后,焊牢小孔,仔细检查焊口,防止虚焊。

密封垫圈老化开裂,失去密封作用,可以更换密封垫圈。

瓷套与法兰胶合处不平整或瓷套有裂纹,可以采用加厚密封垫圈办法来调整或重新胶合,瓷套有裂纹应予调换。

上下密封底板位置不正,四周密封螺栓受力不均或松动,可以在检修复装时,注意橡皮垫圈位置,在旋紧底板时防止垫圈位移。

(2) 工频放电电压不合格及处理

放电电压偏高,可以调换弹簧,增加压力或更换良好的小瓷套,更换云母垫圈。

放电电压偏低,可以清洗间隙电极、烘燥绝缘垫圈或更换压力适当的弹簧及破碎小瓷套,更换不合格的分路电阻并重新调整。

(3) 电导电流不合格及处理

分路电阻老化、变质,可以测试分路电阻,更换不合格者。

分路电阻受潮,可以进行烘燥后重新组合。

(4) 阀片损坏及处理

阀片受潮后表面呈白色氧化物,可以将阀片进行干燥处理,测量残压后重新组合使用。

制造不良或内过电压下经常动作造成阀片上出现放电黑点或贯穿性小孔,可以更换右贯穿性小孔的阀片,测量有黑点阀片之残压,更换不合格者。

6. 真空断路器的故障处理

(1) 真空断路器常见故障类型

真空断路器的常见故障只要有真空断路器本体故障和操动机构故障。真空断路器本体故障是比较低的,故障产生时会影响真空断路器开断过电流的能力,并导致断路器的使用寿命急剧下降,严重时会引起开关爆炸。

真空断路器本体故障。

真空灭弧室真空度降低。

回路电阻超标。

真空断路器本体绝缘强度降低。

操动机构故障。

二次回路电气故障。

储能电动机、分闸线圈、合闸线圈和行程开关等机械元件故障。

(2) 真空断路器常见故障原因分析

① 真空度降低的原因

真空灭弧室的材质或制作工艺存在问题,真空灭弧室本身存在微小漏点。

真空灭弧室内波纹管的材质或制作工艺存在问题,多次操作后出现漏点。

② 回路电阻超标的原因

真空断路器触头烧损。

导电回路接触不良。

(3) 真空断路器故障查找前的检查、试验和故障处理要求

① 故障查找前的检查

绝缘部件表面,检查有无裂纹、明显划痕、闪络痕迹等现象,绝缘子固定螺钉有无松动。

检查引线有无发热现象,连接螺栓有无松动。

检查断路器外观有无异常外观。

检查操动机构应完好、无明显机械元件变形和线圈烧坏等。

② 故障查找前的试验

测量真空灭弧室的真空度。

测量回路电阻。

绝缘电阻测量。

③ 故障处理要求

必须正确地判断故障位置后才能进行处理，不可盲目地乱拆乱动。

不允许将真空断路器当作踏脚平台，也不许把东西放在真空断路器上面。

不许用湿手、脏手触摸真空断路器。

更换故障部件时应先做好标记，防止更换位置和接线错误。

使用表计和仪器检查时，要注意检查开关的状态，并熟悉仪器仪表的使用功能。

故障处理工作结束后，一定要查清有没有遗忘使用过的工具盒器材。

（4）ZN28-12 型真空断路器的故障现象、原因及处理方法

表 9-1 ZN28-12 型真空断路器故障原因及处理方法

项目	故障现象	故障原因	故障处理方法
断路器本体部分	真空度降低，导电回路增大	测试检查不合格	更换真空灭弧室
	同期及接触行程合格，三相开距不合格	调整垫片厚度不当	增减垫片片数，使之合格
	同期不合格	绝缘拉杆调整不当	调整绝缘拉杆长度使之合格同时应考虑接触行程
	接触行程及开距不合格	传动拉杆调整不当	调整传动拉杆长度
电磁机构	电动合闸跳跃	① 掣子卡滞② 掣子与环间隙达不到 2 mm±0.5 mm 要求③ 合闸辅助触点断开过早	① 检查掣子转轴润滑及其复位弹簧情况② 卸下底座，取下铁芯，调整铁芯顶杆高度③ 调整辅助开关拉杆长度使辅助开关触点在断路器动、静触头闭合后断开
	分闸速度合格合闸速度低	合闸母线电压低导线压降大使合闸线圈端电压低	调整母线电压或增大导线线径
	分闸速度合格合闸速度低	传动系统卡滞	转动摩擦部位涂润滑油
	合闸速度合格分闸速度低	分闸拉力小	调整分闸弹簧长度
弹簧机构	拒合、拒分	分、合闸半轴与扣板扣接量过大	调节分合闸半轴上各自调节螺钉使扣接量在 1.8~2.5 mm 之间
	分合闸不可靠	分、合闸半轴与扣板扣接量过大	
	分闸速度合格合闸速度低	合闸弹簧拉力小	调整合闸弹簧拉长度
	分闸速度低	分闸拉力小	调整分闸弹簧长度

7. SF₆ 断路器的故障处理

(1) 断路器的本体故障现象、故障原因及处理方法

① 故障现象

SF₆气体密度过低,发出报警。

SF₆气体微水量超标、水分含量过大。

导电回路电阻值过大。

触头位置超出允许值。

三相联动操作时相间位置偏差。

② 故障原因

气体密度继电器有偏差。

SF₆气体泄漏。

检测时,环境温度过高。

干燥剂不起作用。

触头磨损。

操作连杆损坏。

③ 处理方法

检查气体密度继电器的报警标准,看密度继电器是否有偏差。

检测时温度是否过高,可在断路器的平均温度＋25 ℃时,重新检测。

触头磨损,则对其进行更换。

更换损坏的操作连杆,检查各触头有无可能的机械损伤。

(2) 断路器的操动机构的故障现象、故障原因及处理方法

① 故障现象

拒动。

误动。

弹簧储能异常。

② 故障原因

二次回路接触不良,连接螺钉松。

合闸铁芯卡住。

辅助开关未切换。

熔丝熔断。

合闸掣子支架松动。

分闸掣子扣入深度太浅或扣入面变形。

限位开关位置不当。

棘轮或大小棘爪损伤。

③ 处理方法

检查、拧紧连接螺钉,使二次回路接触良好。

修理或者更换分、合闸线圈。

检查继电器,修理触点或者进行更换。

检查储能电动机是否过电流保护。

检查限位开关位置,重新进行调整。

检查机械系统是否故障,进行修理,必要时,更换零件。

8. 高压开关柜的故障处理

(1) 高压开关柜的故障类型

① 电气回路故障

不能电动合闸。

不能电动分闸。

不能储能。

② 机械故障

手动、电动都合不上闸。

手动能分闸、电动不能分闸。

③ 防误装置故障

断路器位置不对应、不到位。

活门失灵。

接地开关不能分、合闸。

电缆门开闭失控。

④ 其他部件故障

其他部件故障包括绝缘部件、母线、电缆、避雷器、互感器等故障。

(2) 高压开关柜故障原因分析

① 高压开关柜电气系统故障

高压开关柜拒分、拒合现象主要原因如下:

合闸熔丝熔断、跳闸熔丝熔断、保护干线断线、控制开关损坏等原因造成的。

储能电动机、储能控制电路故障,造成无法储能。

② 操动机构及其传动系统机械故障

由于机构调整不到位,造成分、合闸受阻,是导致拒动占比较高的故障。

③ 开关柜防误装置失灵

开关柜防误连锁装置失灵是开关柜故障的重要原因之一,防误连锁失灵既有机械连锁的原因,也有电气连锁的原因。可以导致不能正常工作,甚至会危及人身和设备安全。

④ 设备绝缘部件故障

设备绝缘部件受潮、表面有裂纹和放电。

⑤ 母线、电缆等连接部件接触不良

(3) 高压开关柜故障查找前的检查及故障处理要求

① 故障查找前的检查

在打开高压开关柜柜门前应先对柜体进行安全检查,然后才能打开柜门检查柜内设备,当发现问题时应做好记录,并用仪器设备做进一步检查判断。

② 对开关柜柜体检查的内容

检查绝缘部件的表面有无裂纹、明显划痕、闪络痕迹等现象,绝缘子固定螺钉有无松动。

检查母线、引线有无发热现象,连接螺栓有无松动,母线接头处的示温片有无变色和脱落。

检查开关柜接地装置是否接地完好。

检查互感器、避雷器等设备外观有无异常。

检查隔离开关或接地开关外观有无异常。

检查断路器外观有无异常。

③ 对操动机构检查的内容

操动机构中重点检查的主要元件有分合闸线圈、辅助开关、合闸接触器、二次接线端子、分合闸控制开关、操作电源功率元件、电磁连锁机构的电磁线圈和储能电动机及控制元件等。

其中,分合闸线圈烧损基本上是机械故障引起线圈长时间带电所致;辅助开关及合闸接触器故障虽表现为二次电气故障,实际多为触点转换不灵或不切换等机械原因引起;二次接线故障基本是二次线接触不良、断线及端子松动引起储能电动机不能正常工作。

④ 高压开关柜故障处理要求

对高压开关柜进行故障处理时,要尽量避免带电检查,确实需要带电检查时应做好必要的防护措施。

必须正确地判断故障位置后才能进行处理,不可盲目地乱拆乱动。

不允许将真空断路器当作踏脚平台,也不许把东西放在真空断路器上面。

不许用湿手、脏手触摸真空断路器。

更换故障部件时应先做好标记,防止更换位置和接线错误。

使用表计和仪器检查时,要注意检查开关的状态。

故障处理工作结束后,一定要查清有没有遗忘使用过的工具和器材。

(4) 高压开关柜故障处理案例

某供电公司新建变电站安装有十几台 10 kV 中置式高压开关柜(配置的 VS1 真空断路器)运行后不久,发现开关柜储能回路的时间保护继电器大多数都存在发热现象,并有烧损继电器的故障发生。于是,该供电公司的技术专家对故障进行了认真分析查找,制订了相应的技术处理措施。

① 故障分析

设备情况。真空断路器 VS1 采用的是弹簧操动机构,在开关柜上设置的时间保护继电器是为了保护储能电动机,其整定的时间为 15 s,目的是当弹簧能量释放后,储能控制的微动开关 S1 触点接通,电动机运转,使开关再次储能以备下次合闸或重合闸使用。

当储能回路发生问题微动开关断不开或电动机运转储不上能,时间超过 15 s 后,时间保护继电器不动作,断开电动机控制回路,使电动机停电,防止电动机长时间运转而烧损。电动机储能的时间小于 15 s,完全符合保护电动机的要求。

经过现场设备和现象观察后,确认了故障的存在,但从开关柜上看时间和中间继电器都是布置在开关外部(即开关柜上门内),其目的是为了保护电动机,为何会发热?仔细分析二次回路设计图纸动作原理,再核查实际接线后,便分析出了其中的原因是微动开关 S2 有错。

② 故障原因分析

当空气断路器 ZK12 在合位,电动机回路储能,微动开关 S1 为动断触点,中间继电器 K 为动断触点,储能回路接通储能电动机运转,进行弹簧拉伸储能以备开关合闸用。而时间继电器 KT 回路里串接的储能位置微动开关 S2 接成动合触点,时间继电器不启动。中间继电器 K 回路的串接时间继电器 KT 触点,因时间继电器未动作所以也是断开的,中间继电器不启动。

而正常弹簧储能完成后,微动开关 S1 的动断触点断开变成开断触点,储能电动机回路断开,电动机停止运转,与此同时,串接在时间继电器 KT 回路的微动开关 S2 动作变成闭合触点。使时间继电器带电动作,经过 15 s 后,时间继电器的触点接通,使中间继电器通电动作,其动断触点打开,之后时间继电器一直通电,保持动作状态,直到下一次开关合闸能量释放,微动开关 S2 转换状态,在弹簧储能电动机运转时才失电返回,但储完能后一直处于通电动作状态。这就是时间继电器过热及烧损的原因。并且时间继电器未起到保护电动机的作用。它是在正常储能完成后微动开关 S1 转换才启动的 S2 接通,如果非正常储能微动开关不动作,电动机烧损,时间继电器也不会启动,更起不到保护电动机的作用。而时间继电器是不允许长时间通电启动的。

③ 故障处理

从以上分析可以看出在时间保护二次回路上微动开关 S2 是错误接线,应将串接在时间继电器回路里的微动开关 S2 改接成动断触点与 S1 同样状态,就可以实现时间保护的目的,时间继电器也不会长期通电,造成过热、烧损现象,并真正起到保护储能电动机的目的。

经过将 S2 动合触点改成动断触点,并进行了模拟故障和其他试验,设备完全消除了隐患,同时对该批开关柜进行了相应的改造。

通过上述故障案例分析可以发现开关柜的故障是多种多样的,即使是保护回路出问题,如果不及时加以处理也会造成严重隐患,危及安全运行。对于检修人员来说故障处理不能简单地只熟悉一次元件和机械故障,也要学会二次回路检查分析,提高综合能力,才能有效地排查故障。同时,在检修设备时更要注意防止触点接错,完善设备的闭锁保护功能。对于旧设备要进行完善化改造;对于新设备的投入,也应该注重产品的质量选择,建立厂家信誉档案库,尽量防范产品的设计缺陷,并对新设备同样应加强运行维护。

五、文明生产

1. 电力员工的职责

自觉遵守电力安全生产工作条例并监督执行。

自觉遵守劳动纪律,认真贯彻执行与安全有关的各种法规和规程制度。

及时反映和按规程规定处理一切危及人身和设备系统安全的情况。

有权制止任何人的违章作业。

有权拒绝接受和执行有明显可能造成人身伤亡和设备重大损坏的违章指挥。

对上级单位和领导人的决定和命令有异议时有权提出意见。

积极参加安全检查和安全日活动。

积极参加技术革新、科学管理,提出合理化建议,提高安全生产水平。

2. 手指口述

工作中每个作业班人员必须熟悉自己当天所进行的工作及工作现场的安全情况、工作进度等。并能对根据本当天进行的工作结合本岗位情况进行细致、正确的"岗位描述"。

工作中作业班人员必须按照"监护"制度、"手指口述"制度进行工作,不执行手指口述不能进行工作,在确认完毕后,方能进行该项工作。

眼看、心想、口述、手指必须联动一致,必须与作业现场的实际情况相符。

例如:修试车间检修 6 kV 高压开关柜。

(1) 手指 6 kV××开关柜说:"××开关柜定检。"

(2) 手指断路器分合闸指示器说:"开关已断开。"

(3) 手指两侧隔离刀闸说:"两侧刀闸已拉开。"

(4) 手指控制保险、合闸保险说:"控制保险、合闸保险已解除。"

(5) 手指刀闸处接地线说:"接地线已做好。"

(6) 手指高压盘说:"今天的主要工作是断路器、下隔离刀闸、操作机构检修,工作中应检修到位,不留死角,注意防止断路器运动伤人,低压触电,高压触电,注意与相邻带电设备的安全距离,具备工作条件。"

(7) 工作负责人:"工作任务、工作地点、工作重点、安全注意事项是否明白?"

(8) 工作班人员:"明白!"

(9) 工作负责人:"开始工作。"

任务三　电测仪表工职场练兵

任务要求:

电测仪表工主要工作职责是对各类电三表、钳形表、摇表、万用表等表计进行修理、检定、维护及故障处理。确保仪表指示准确、安全运行。

工作任务:

电测仪表工在实训基地可以完成的工作任务包括:电流表的检定、校准、检测;电压表的检定、校准、检测;功率表的检定、校准、检测;电测仪表的安装、更换;电测仪表的故障处理。

规章制度:

电测仪表工在实操基地和日常工作中应遵守的规章制度包括《电业安全工作规程》、JJG 124—2005《电流表、电压表、功率表及电阻表检定规程》、JJG 622—1997《绝缘电阻表检定规程》、JJF 1075—2001《钳形电流表校准规范》《仪表标准化作业指导书》以及其他相关规章制度。

一、电流表、电压表、功率表的检定、校准、检测

1. 检定、校准、检测的目的及内容

电流表、电压表、功率表分别是测量电流、电压和功率的专用仪表,它们的误差在使用中

会直接影响测量的准确性。为保证电流、电压和功率测量的准确、可靠,按 JJG 124—2005《电流表、电压表、功率表及电阻表检定规程》规定,应在规定时间周期内,对电流表进行检定、校准、检测。其主要内容是使用标准装置对电流表、电压表、功率表的误差进行检定、校准、检测。

2. 危险点分析及控制措施

由于检定、校准、检测过程中需要通电进行,安全工作要求主要参照国家电网公司《电力安全工作规程》有关规定执行。这里主要强调,为了防止在检定、校准、检测过程中电流/电压/功率回路开路,必须认真检查接线,连接导线应有良好绝缘。

3. 检定、校准、检测的环境条件

(1) 被检定、校准、检测电流表置于参比环境条件中,应有足够的时间(通常为 2 h),以消除温度梯度的影响。除制造厂另有规定外,不需要预热。

(2) 有关影响量的标准条件和允许偏差见表 9-2。

表 9-2　影响量的标准条件和允许偏差

影响量	标准条件	允许偏差	
		准确度等级等于和小于0.2	准确度等级等于和大于0.5
环境温度	20 ℃	±2 ℃	±5 ℃
相对湿度	40%～60%	40%～60%	40%～80%

4. 现场检定、校准、检测的步骤

(1) 外观检查。被检定、校准、检测电流表应无明显影响量的缺陷。

(2) 标准装置检查。检查标准装置电源设置开关位置,应与选择的仪器电源方式匹配。标准装置应无电流回路开路、电压回路短路或接地情况发生。

(3) 标准装置预热。接通电源,预热标准装置 30 min。

(4) 测试线检查。测试导线应绝缘良好,无破损。

(5) 接线。将被检定、校准、检测电流表/电压表/功率表的测量端钮与标准装置电流/电压/功率输出端相连接,所有端钮与导线连接应紧密、牢固。

(6) 根据被检定、校准、检测电流表型式设置标准装置工作参数。

(7) 对被检定、校准、检测电流表/电压表/功率表进行基本误差、偏离零位的检定、校准、检测,并记录数据。

(8) 检定、校准、检测结束,将标准装置输出复位,关闭电源,拆除接线。

(9) 对数据进行计算,检定合格的电流表/电压表/功率表贴合格证,校准、检测的可贴计量确认标识。

5. 检定、校准、检测结果处理

(1) 基本误差

$$\gamma = (X - X_0)/XN \times 100\%$$

式中:X——被检定、校准、检测电流表/电压表/功率表的指示值;

X_0——被测量的实际值;

XN——引用值。

（2）误差处理

对检定、校准、检测的数据进行修约化整处理，并出具检定、校准证书或检测报告。原始记录填写应用签字笔或钢笔书写，不得任意修改。

二、电测仪表的安装、更换

1. 安装、更换前的准备

（1）根据停电与否开具第一或第二工作票。

（2）所派工作负责人和班组人员是否适当和充足，现场工作至少由 1 名工作人员及现场监护人员 1 名方能开展工作，工作人员必须具备必要的电气知识，掌握本专业作业技能，全体人员必须熟悉《国家电网公司电力安全工作规程》的相关知识，熟悉现场安全作业要求，并经《国家电网公司电力安全工作规程》考试合格。

（3）准备必要的工器具。

2. 停电时电测仪表的安装与更换工作程序

（1）从表尾处拆除仪表的电压线、电流线（电流、功率表时）。

（2）对角拆除固定螺栓。

（3）从仪表盘正面小心取出需更换的电测仪表。

（4）将需安装或更换的电测仪表核对无误后，从仪表盘正面装入安装槽内，对角线固定螺栓。

（5）连接表尾处的电压线、电流线（电流、功率表时）。

（6）由监护人员检查，确认现场操作所动线路是否全部恢复到正常状态。

3. 带电时电测仪表的安装与更换工作程序

（1）验电：用万用表交流电压挡在表尾处测量需要断开的连接线电压；确定所更换的电测仪表无漏电现象。

（2）将端子排电流短接片（更换电流、功率表时），观察并确定仪表无电流指示后，从表尾处拆除电流连接线。

（3）从表尾处逐相拆除电压连接线，并用绝缘胶带将电压接线头完全包好。

（4）对角拆除固定螺栓，取出更换的电测仪表。

（5）将需安装或更换的电测仪表装入安装槽内，对角线固定螺栓。

（6）连接电压线。

（7）连接电流线（更换电流、功率表时）。

（8）缓慢打开端子排短路片，直至完全打开（更换电流、功率变送器时），由监护人员观察仪表指示量的变化，如有异常应立即将短路片恢复短接。

（9）由监护人员检查，确认现场操作所动线路是否全部恢复到正常状态，与值班人员联络确定仪表已恢复到正常状态。

（10）清理工作现场，结束工作票。

三、电测仪表的故障处理

1．常见的故障类型与现象

电测仪表一旦出现故障主要是通过量值反映出来，通常由值班员提出。常见故障有：

（1）卡针，此现象是指针不能指到规定位置，可通过指针或动圈转动间隙处理。

（2）仪表内指针或动圈断线，此现象一般是指针不动。

（3）误差超差，有两种原因：一是所选电测仪表变比与实际情况不符；二是仪表误差超出允许范围。

2．故障前的处理准备

（1）根据停电与否开具第一或第二种工作票。

（2）所派工作负责人和班组人员是否适当和充足，现场工作至少由 1 名工作人员及现场监护人员 1 名方能开展工作，工作人员必须具备必要的电气知识，掌握本专业作业技能，全体人员必须熟悉《国家电网公司电力安全工作规程》的相关知识，熟悉现场安全作业要求，并经《国家电网公司电力安全工作规程》考试合格。

（3）准备标准装置和必要的工器具。

3．故障处理工作程序

（1）核对所配置的仪表规格、变比与实际情况是否一致，如不一致更换符合要求的电测仪表。

（2）手指轻敲仪表正面表壳，观察仪表指针情况，卡针轻微是轻敲表盘可解决，严重时需要将仪表拆除后处理。

（3）在确定无上述两种情况后，检查仪表内部动圈或定圈是否有断线情况，动圈或定圈断线一般是指针指向零，在小负荷时需要和其他显示设备做比较，如其他显示设备有数值，而仪表连线正常，基本可判定仪表内部动圈或定圈有断线的可能。如确定动圈或定圈断线，应将仪表拆除后处理。

（4）确定上述三种情况都正常后，对电测仪表进行误差测试。

（5）故障处理完毕后，清理现场，由值班员确认电测仪表恢复正常工作，结束工作票。

4．注意事项

（1）除轻敲仪表表壳外，所有故障处理都需将仪表拆除，在脱离工作状态下进行。

（2）故障处理时，不能影响其他设备的正常工作。

四、万用表、钳形表的使用方法

1．万用表的使用

万用表是综合性仪表，可测量交流或直流的电压、电流，还可以测量元件的电阻以及晶体管的一般参数和放大器的增益等。

（1）使用万用表前要校准机械零位和电气零位，若要测量电流或电压，则应先调表指针的机械零位；若要测量电阻，则应先调表指针的电气零位，以防表内电池电压下降而产生测量误差。

（2）测量前一定要选好挡位，即电压挡、电流挡或电阻挡，同时还要选对量程。初选时应从大到小，以免打坏指针。禁止带电切换量程。量程的选择原则是"U、I 在上半部分、R 在中间较准"，即测量电压、电流时指针在刻度盘的 1/2 以上处，测量电阻时指针指在刻度盘的中间处才准确。

（3）测量直流时要注意表笔的极性。测量高压时，应把红、黑表笔插入"2500 V"和"－"插孔内，把万用表放在绝缘支架上，然后用绝缘工具将表笔触及被测导体。

（4）测量晶体管或集成件时，不得使用 R×1 和 R×10k 量程挡。

（5）带电测量过程中应注意防止发生短路和触电事故。

（6）不用时，切换开关不要停在欧姆挡，以防止表笔短接时将电池放电。

2. 钳形表的使用

钳形电流表分高、低压两种，用于在不拆断线路的情况下直接测量线路中的电流。其使用方法如下：

（1）使用高压钳形表时应注意钳形电流表的电压等级，严禁用低压钳形表测量高电压回路的电流。用高压钳形表测量时，应由两人操作，非值班人员测量还应填写第二种工作票，测量时应戴绝缘手套，站在绝缘垫上，不得触及其他设备，以防止短路或接地。

（2）观测表计时，要特别注意保持头部与带电部分的安全距离，人体任何部分与带电体的距离不得小于钳形表的整个长度。

（3）在高压回路上测量时，禁止用导线从钳形电流表另接表计测量。测量高压电缆各相电流时，电缆头线间距离应在 300 mm 以上，且绝缘良好，待认为测量方便时，方能进行。

（4）测量低压可熔保险器或水平排列低压母线电流时，应在测量前将各相可熔保险或母线用绝缘材料加以保护隔离，以免引起相间短路。

（5）当电缆有一相接地时，严禁测量。防止出现因电缆头的绝缘水平低发生对地击穿爆炸而危及人身安全。

（6）钳形电流表测量结束后把开关拨至最大程挡，以免下次使用时不慎过流；并应保存在干燥的室内。

主要参考文献

1. 陈小虎. 工厂供电技术. 北京:高等教育出版社 ,2015.
2. 刘介才. 工厂供电. 北京:机械工业出版社,2015.
3. 张学成. 工矿企业供电. 北京:煤炭工业出版社,2010.
4. 安全生产监督管理总局. 煤矿安全规程. 北京:应急管理出版社,2022.
5. 唐志平. 供配电技术. 北京:电子工业出版社,2019.
6. 曹金福. 供配电技术. 北京:化学工业出版社,2011.
7. 王永红. 供配电技术. 西安:西安电子科技大学出版社,2019.
8. 刘兵. 矿山供电. 徐州:中国矿业大学出版社,2004.
9. 顾永辉. 煤矿电工手册. 北京:煤炭工业出版社,2015.
10. 单文培,邱玉林. 供配电技术手册. 北京:中国电力出版社,2015.
11. 李树元,李光举. 供配电技术. 北京:中国电力出版社,2015.